# 秒懂 WPS Office 应用技巧

博蓄诚品 编著

全国百佳图书出版单位

·北 京·

## 内容简介

本书以“图解”的形式分别对WPS Office的应用技能进行了讲解，包含WPS文字、WPS表格、WPS演示以及其他特色功能。

全书共12章，循序渐进地对WPS Office入门知识，文档的编辑处理、自动化排版、样式应用，表格数据的输入、统计、分析，函数的使用，图表的应用，幻灯片的编辑，动画效果的设计，演示文稿的放映，PDF文档的处理，流程图功能的应用，思维导图的绘制等内容进行了讲解。书中重难点一目了然，案例安排贴近实际需求，引导读者边学习一边思考一边实践，让读者不仅知其然，更知其所以然。

本书采用全彩印刷，版式轻松，语言通俗易懂，配套二维码视频讲解，学习起来更高效便捷。同时，本书附赠了丰富的学习资源，为读者提供高质量的学习服务。

本书不仅适合行政、文秘、财会、销售、设计等办公室职员阅读，也适合在校师生使用，还可作为相关培训机构的教材及参考书。

**图书在版编目（CIP）数据**

秒懂WPS Office应用技巧 / 博蓄诚品编著. —北京：化学工业出版社，2023.4

ISBN 978-7-122-42806-6

Ⅰ.①秒… Ⅱ.①博… Ⅲ.①办公自动化-应用软件-教材 Ⅳ.①TP317.1

中国国家版本馆CIP数据核字（2023）第016339号

责任编辑：耍利娜　　　　文字编辑：吴开亮
责任校对：王鹏飞　　　　装帧设计：尹琳琳

出版发行：化学工业出版社（北京市东城区青年湖南街13号　邮政编码100011）
印　　装：河北京平诚乾印刷有限公司
880mm×1230mm　1/32　印张$10^1/_4$　字数298千字　2023年6月北京第1版第1次印刷

购书咨询：010-64518888　　　　售后服务：010-64518899
网　　址：http://www.cip.com.cn
凡购买本书，如有缺损质量问题，本社销售中心负责调换。

定　　价：59.80元

# 前言
PREFACE

编写这本书的目的是让初学者能够在最短的时间内学会并掌握WPS Office这一工具的应用技能。

本书摒弃了大而全、冷而专的理论方式，而是选择在有限的篇幅中用最直观的方式对知识内容进行呈现，书中采用了大量图示、引导线、重难点标识，让读者眼到（看会）、心到（悟透）、手到（会用）。

本书不是千篇一律的工具书，而是一本通俗易懂、实用性强的“授人以渔”之书。

## 1. 本书内容安排

第一章的内容至关重要，不仅介绍了WPS Office软件的基础操作、个性化设置等知识，还对各组件能完成的案例效果做了展示，读者可对WPS Office的功能以及各组件的实际用途一目了然。在了解这些知识后，接着逐一对文字、表格、演示等内容展开介绍。

**本书内容一览**

| WPS 第一课 | WPS 文字 | WPS 表格 | WPS 演示 | 特色功能 |
|---|---|---|---|---|
| 个性化设置 | 编辑常规文档 | 数据输入和编辑 | 制作常规幻灯片 | PDF文件 |
| 通用设置 | 设置图文表混排 | 数据统计与分析 | 制作动画幻灯片 | 流程图 |
| 作品展示 | 自动化排版技术 | 应用公式函数 | 放映与输出幻灯片 | 思维导图 |
| | | 创建与编辑图表 | | |

## 2. 选择本书的理由

（1）以图代文，化繁为简

本书版式灵活，操作步骤清晰明确，以图解的方式取代长篇大论的文字说明，一图抵万言，学习起来更轻松。

（2）精华提炼，干货满满

本书介绍的知识点经过多次提炼，将日常工作中频繁操作的、急需解决的、容易忽略的问题进行归纳总结，让读者少走弯路，真正掌握核心技能。

（3）难易结合，满足多层次人群阅读需求

本书内容难易结合，知识面广泛，适合不同层次的职场人士阅读学习。不管你是初入职场的小白，还是稍有基础或是想提升技能的办公达人，都能从本书中收获相应的知识。

## 3. 学习本书的方法

（1）有针对性地学习

✓ 如果是小白读者，建议循序渐进，从每款组件的基础知识学起，逐步掌握更多技能。

✓ 如果有简单的WPS Office操作能力，建议通读目录，标注要学习的内容，你会发现本书中还有很多内容值得你研究。

✓ 如果感觉WPS Office用得还可以，但是还想进一步提升自己，建议有针对性地学习，专攻自身薄弱的领域，快速完善技能。

（2）多动手实践

俗话说“纸上得来终觉浅”。如果只学习新知识，而不动手实践，会造成学与用的脱节。因此建议学完某个知识点后，要立即实践，以保证将操作技巧熟记于心。

（3）寻找最佳的解决方案

在处理问题时，要学会变换思路，寻找最佳解决方案。在寻求多解的过程中，你会有意想不到的收获。所以建议多角度思考问题，锻炼自己的思考能力，将问题化繁为简，这样可以牢固地掌握所学知识。

## 4. 本书的读者对象

✓ WPS Office基础薄弱的新手；

✓ 有基础但不能熟练应用工具的职场人士；

✓ 想要自学WPS Office的爱好者；

- ✓ 需要提高工作效率的办公人员；
- ✓ 刚毕业即将踏入职场的大学生；
- ✓ 大、中专院校以及培训机构的师生。

本书在编写过程中力求严谨细致，但由于时间与精力有限，疏漏之处在所难免，望广大读者批评指正。

编者

# 目录
CONTENTS

## 第1章 学习WPS Office第一课

# 第2章 全面掌握文档编辑

# 第3章 图文表混排

# 第 4 章　自动排版技术

# 第5章 数据的输入与编辑

# 第 6 章　数据的统计与分析

## 第7章 公式与函数的应用

# 第10章 交互动画效果设置



# 第11章 放映与输出文稿

# 第12章　WPS Office特色功能应用

扫码观看
本章视频

# 第1章 学习WPS Office第一课

WPS Office集文字处理、电子表格、演示文稿为一体，具有内存占用低、运行速度快、体积小巧等优势，符合现代中文办公的需求。用户在使用WPS之前，需要先认识WPS Office。本章将对WPS Office的功能应用进行简单介绍。

# 1.1 软件的个性化设置

WPS具有区别于其他软件的个性化设置，下面将对其进行介绍。

## 1.1.1 显示或隐藏功能区

默认情况下功能区由文件、开始、插入、页面布局、引用、审阅等选项卡，以及选项卡中的命令组成，如图1-1所示。当不需要显示功能区时，用户可以将其隐藏起来。

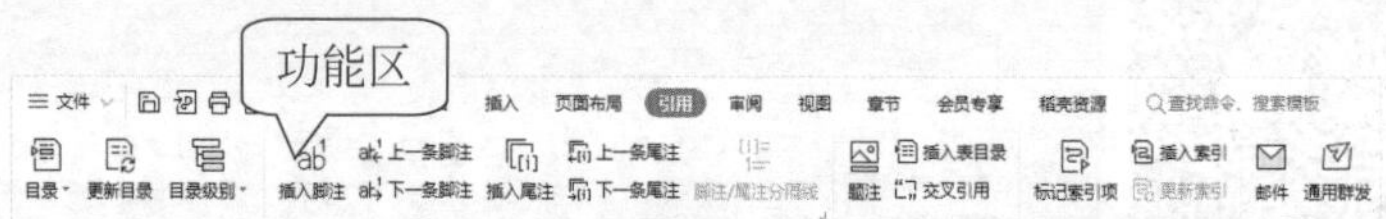


图1-1

用户只需要单击“隐藏功能区”按钮，即可将功能区隐藏起来，如图1-2所示。单击“显示功能区”按钮，即可将功能区显示出来。

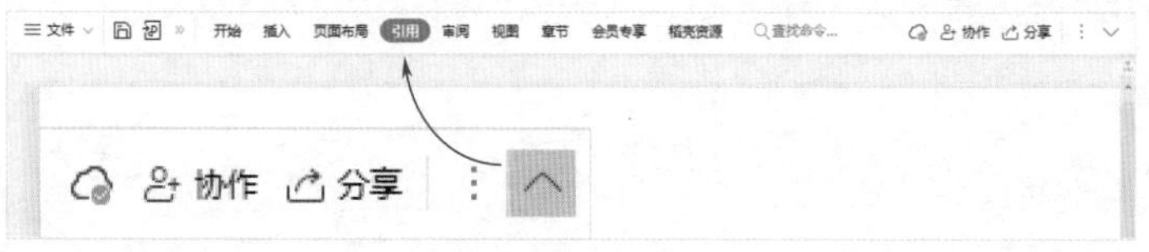


图1-2

此外，单击“文件”按钮，选择“选项”选项，打开“选项”对话框，在“视图”选项卡中勾选“双击选项卡时隐藏功能区”选项，单击“确定”按钮，如图1-3所示。之后，用户只需要双击选项卡，就可以隐藏功能区；再次双击选项卡，就可以显示功能区。

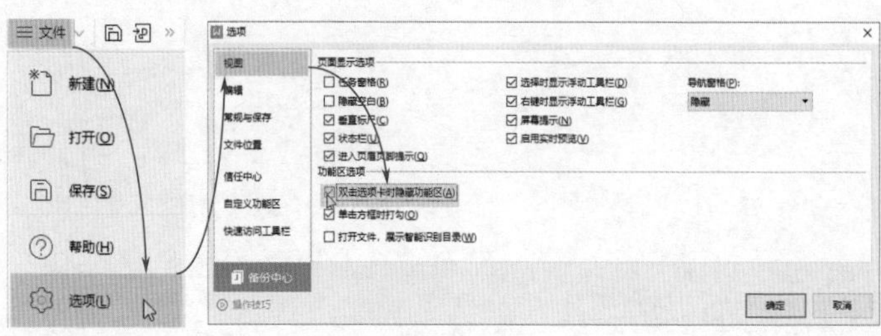


图1-3

## 1.1.2 隐藏WPS中的任务窗格

使用WPS编辑文档时，会在文档右侧出现任务窗格，如图1-4所示。该窗格有时不便于用户操作，此时可以将任务窗格隐藏起来，如图1-5所示。

图1-4　　图1-5

隐藏任务窗格的方法很简单，只需要右击任务窗格，在弹出的快捷菜单中选择“隐藏任务窗格”选项即可，如图1-6所示。或者在“视图”选项卡中取消勾选“任务窗格”复选框即可，如图1-7所示。

图1-6　　图1-7

### 知识链接

用户打开“选项”对话框，在“视图”选项卡中取消“任务窗格”的勾选（图1-8），也可以隐藏任务窗格。

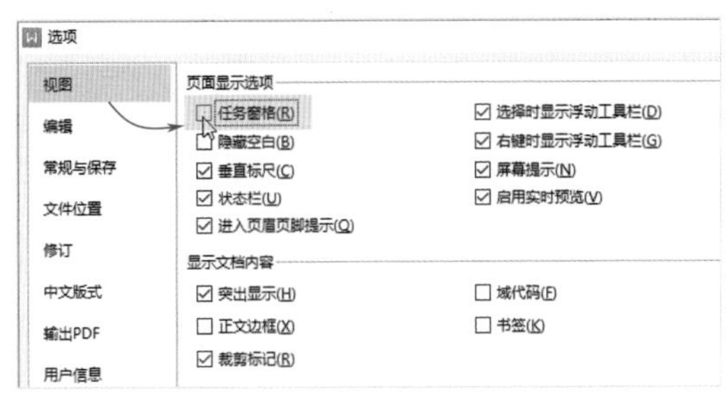


图1-8

### 1.1.3 将命令添加到快速访问工具栏

为了操作方便，用户可以将命令添加到快速访问工具栏，例如添加“打印预览”命令，如图1-9所示。

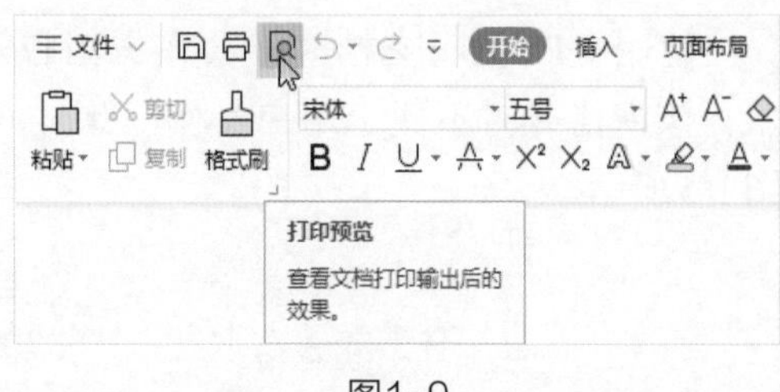


图1-9

如图1-10所示，单击“文件”按钮，选择“选项”选项，打开“选项”对话框，选择“快速访问工具栏”选项，在右侧列表框中选择“打印预览”命令，单击“添加”按钮，将其添加到“当前显示的选项”列表框中，单击“确定”按钮即可将“打印预览”命令快速添加到访问工具栏上。

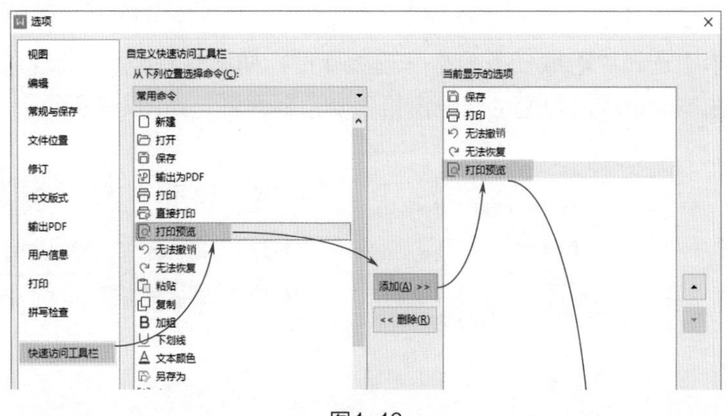


图1-10

此外，在快速访问工具栏中单击“ ”按钮，从列表中勾选需要的命令，即可将该命令快速添加到访问工具栏中，如图1-11所示。

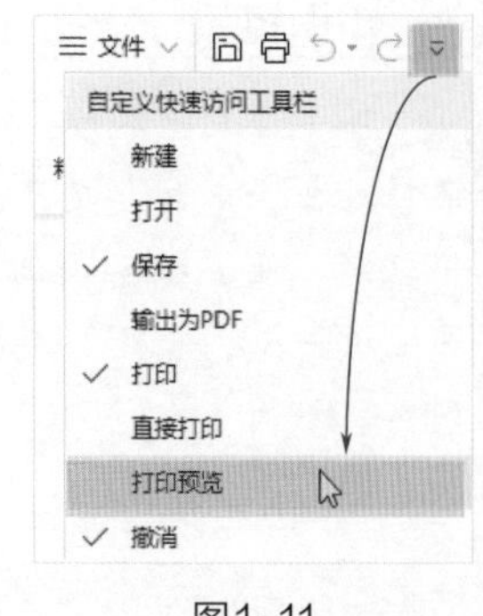


图1-11

#### 知识链接

如果用户想要将命令从快速访问工具栏中删除，则右击该命令，从弹出的快捷菜单中选择“从快速访问工具栏删除”选项即可。

### 1.1.4 设置WPS界面皮肤

WPS的界面皮肤默认是清爽的灰色界面，用户可以根据个人喜好，设置其他类型的界面皮肤，如图1-12所示。

图1-12

在“首页”界面中单击“稻壳皮肤”按钮，弹出“皮肤中心”窗口，从中选择需要的皮肤样式即可，如图1-13所示。

图1-13

**注意事项**

在"皮肤中心"窗口中，一些皮肤需要用户开通会员或超级会员才能使用。

### 1.1.5 显示或隐藏浮动工具栏

当用户选择文本或右击文本时，系统默认显示浮动工具栏，如图1-14所示。用户可以通过设置，隐藏或显示浮动工具栏。

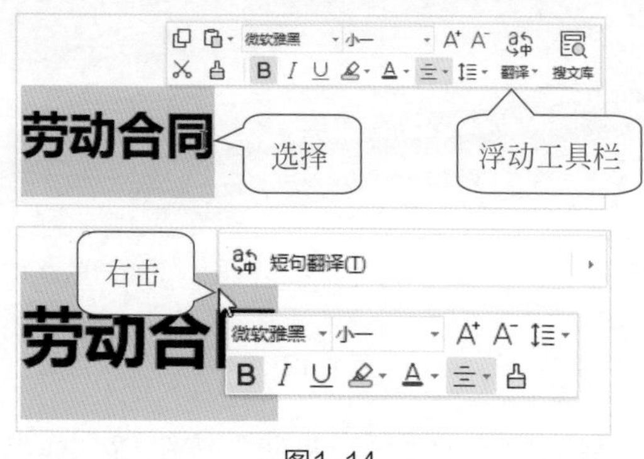


图1-14

只需要打开"选项"对话框，在"视图"选项卡中取消勾选"选择时显示浮动工具栏"和"右键时显示浮动工具栏"选项，如图1-15所示。

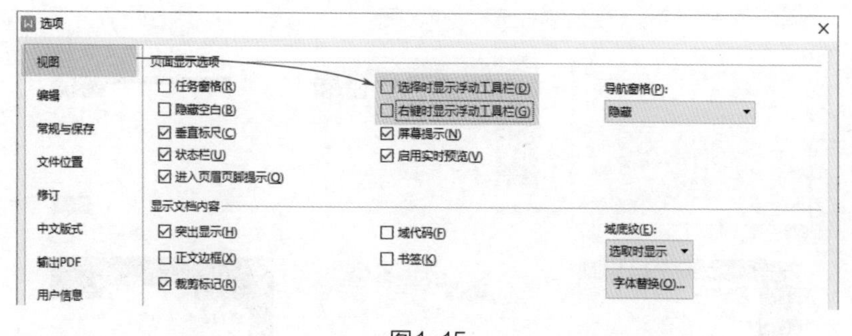


图1-15

此时，选择文本或右击文本时，都不会显示浮动工具栏，如图1-16所示。

图1-16

## 知识链接

如果用户在“视图”选项卡中勾选“标尺”复选框，则文档的左侧和上方会出现标尺，如图1-17所示。

图1-17

# 1.2 文件的通用操作

在WPS中，一些操作技巧不仅在文档中适用，在电子表格和演示文稿中也同样适用。下面将介绍文件的通用操作。

## 1.2.1 将文件分享给好友

用户可以将文件分享给指定的好友，来查看或编辑。例如分享文档、电子表格、演示文稿等，如图1-18所示。

图1-18

其中，在“文件”列表中选择“分享文档”选项，打开“将文件分享给好友”窗口，选择分享方式，这里选择“复制链接”，用户只需要将复制的链接发送给指定的人查看/编辑，如图1-19所示。

图1-19

## 知识链接

用户可以使用QQ或微信，将复制的链接发送给好友，如图1-20所示。好友只需要单击该链接就可以打开文件。

【金山文档】将文件分享给好友
https://kdocs.cn/l/caTHdSH8XlWp

图1-20

## 1.2.2 清除文件使用记录

用户在WPS中查看或编辑文件后，再次打开文件，WPS中会显示最近使用的文件记录，如图1-21所示。这样容易泄露资料安全以及个人隐私，此时可以选择清除文件使用的记录。

图1-21

如果最近使用的文件记录数目不多，则可以单击文件记录右侧的“从列表中清除记录”按钮×，一条一条地清除记录，如图1-22所示。

图1-22

如果最近使用的文件记录数目非常多，则可以右击文件记录，从弹出的快捷菜单中选择“清除全部本地记录”选项，一次性地清除所有本地记录，如图1-23所示。

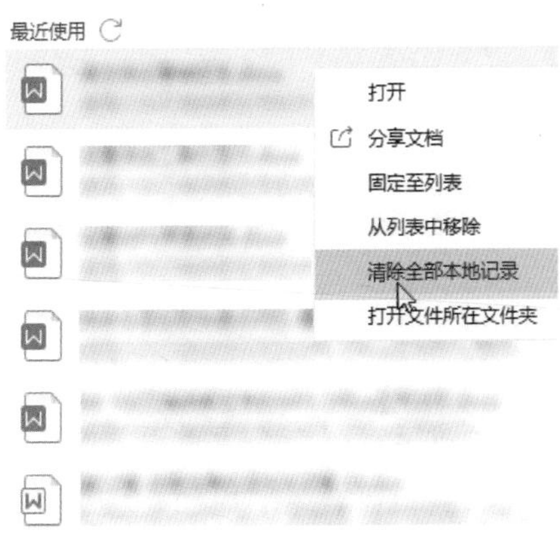


图1-23

### 1.2.3 将文件保存到云文档

为了防止文件的丢失，用户除了对文件进行备份外，还可以将其保存到云文档中，如图1-24所示。

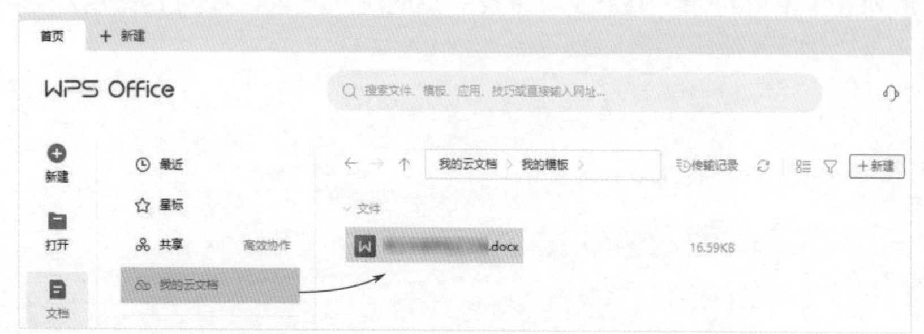


图1-24

只需要右击已打开的文件窗口，从弹出的快捷菜单中选择“保存到WPS云文档”选项，打开“另存文件”对话框，选择保存位置，如图1-25所示。最后单击“保存”按钮即可。

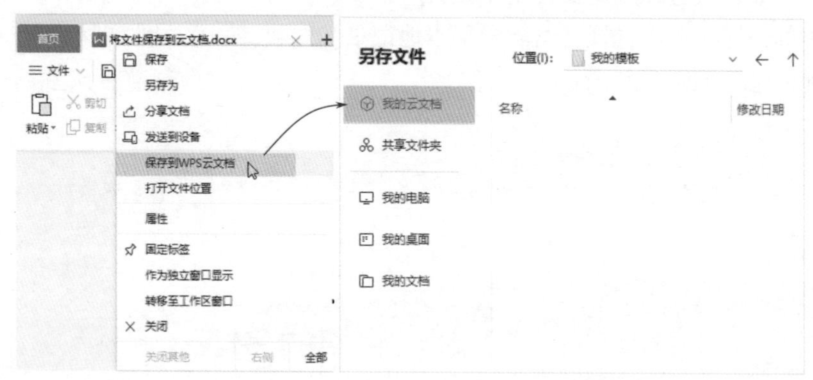


图1-25

将文件保存到云文档后，用户在“首页”界面中选择“文档”选项，并选择“我的云文档”选项，在“我的模板”文件夹中就可以查看保存的文件。

## 知识链接

在云文档中，用户单击文件后，在文件上方，可以对文件进行“复制”“剪切”“下载/更新”“删除”等操作，如图1-26所示。

图1-26

## 1.2.4 修改文件自动备份时间

当用户对文件进行修改后，系统会自动对文件进行备份。如果原文件丢失，用户可以查看备份文件，如图1-27所示。

图1-27

为了防止系统备份不及时，用户可以修改文件自动备份的时间，在“文件”列表中选择“备份与恢复”选项，然后选择“备份中心”选项，打开“备份中心”窗口，单击“本地备份设置”按钮，如图1-28所示。

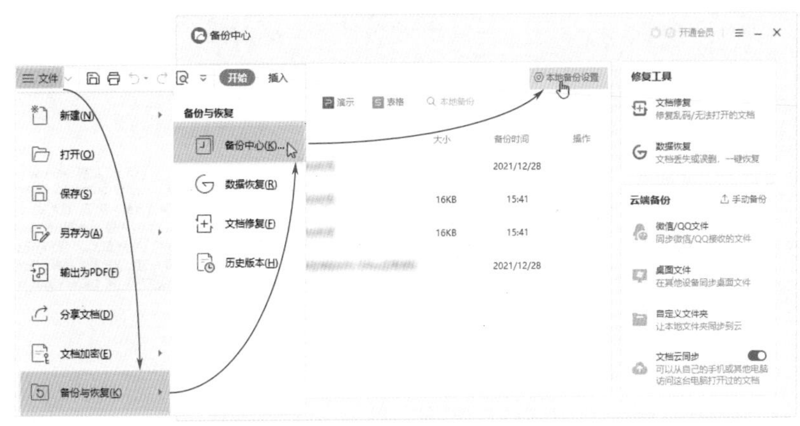


图1-28

打开“本地备份配置”对话框，从中可以设置自动备份时间、备份存放的磁盘等，如图1-29所示。

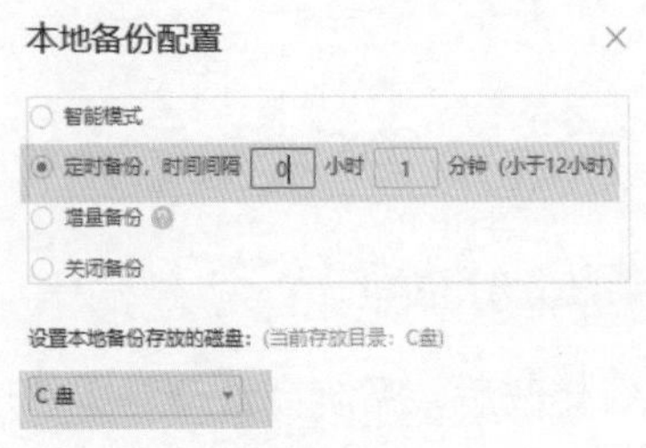


图1-30

## 知识链接

用户在“备份中心”窗口中，单击文件右侧的“打开文件”按钮（图1-30），即可打开备份文件。

图1-30

### 1.2.5 快速修复我的文档

当无法打开文档或打开的文档是乱码时（图1-31），用户可以对文档进行修复操作。

图1-31

其中，在“文件”列表中选择“备份与恢复”选项，然后选择“文档修复”选项，打开“文档修复”窗口，将需要修复的文档拖拽到这个区域（图1-32），然后解析文档。

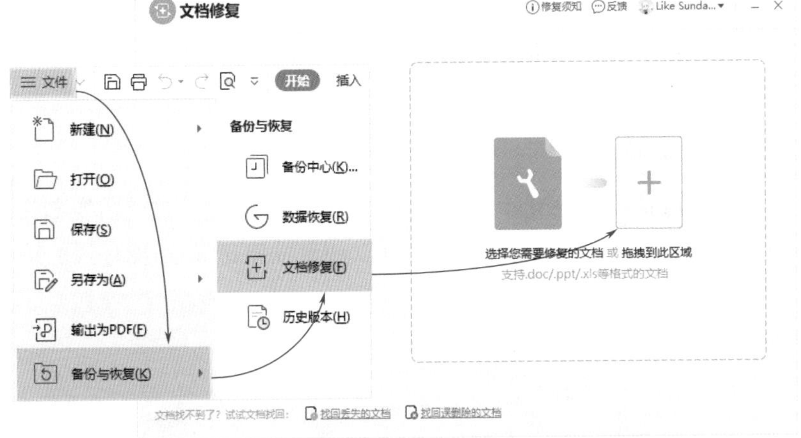


图1-32

解析文档后弹出一个窗口，设置修复文档的保存位置，单击“确认修复”按钮即可，如图1-33所示。

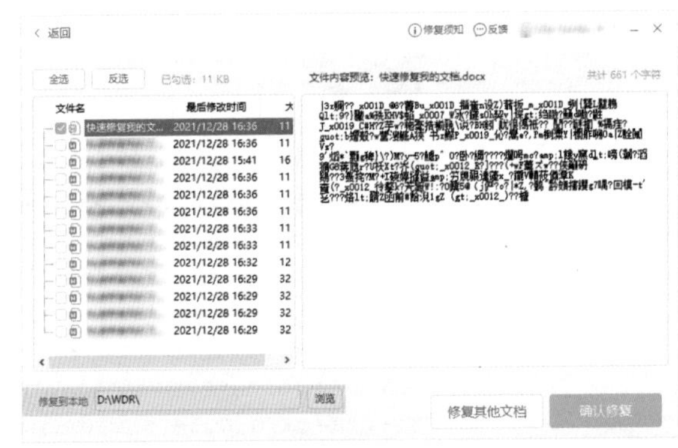


图1-33

## 注意事项

要想使用“文档修复”功能，用户需要开通超级会员。因此，除非文档损坏非常严重，一般不建议使用该功能。

# 1.3 无所不能的WPS Office

WPS文字、WPS表格和WPS演示是WPS Office软件最重要的三个组件，而思维导图、流程图、PDF等是WPS Office软件自带的特色功能。下面将简单介绍WPS Office软件的三组件和特色功能的应用。

### 1.3.1 文字文档作品展示

文字文档主要用来制作各种类型的文档，例如合同、通知、简历、企业简介、论文等，下面将对一些文字文档作品进行展示。

（1）企业简介

对外宣传企业形象时，一般会简单介绍企业概况，这就需要制作企业简介，如图1-34所示。企业简介可以用最简洁的语言及有限的篇幅来介绍公司的业务、经营理念和发展历程。

图1-34

功能分析：制作企业简介需要用到图片功能、文本框功能、形状功能等。

（2）个人简历

个人简历是求职者发给招聘单位的一份个人简要介绍，其中包括求职者的基本信息、教育背景、工作经历等，如图1-35所示。一份优秀的简历，可以提高求职者的面试概率。

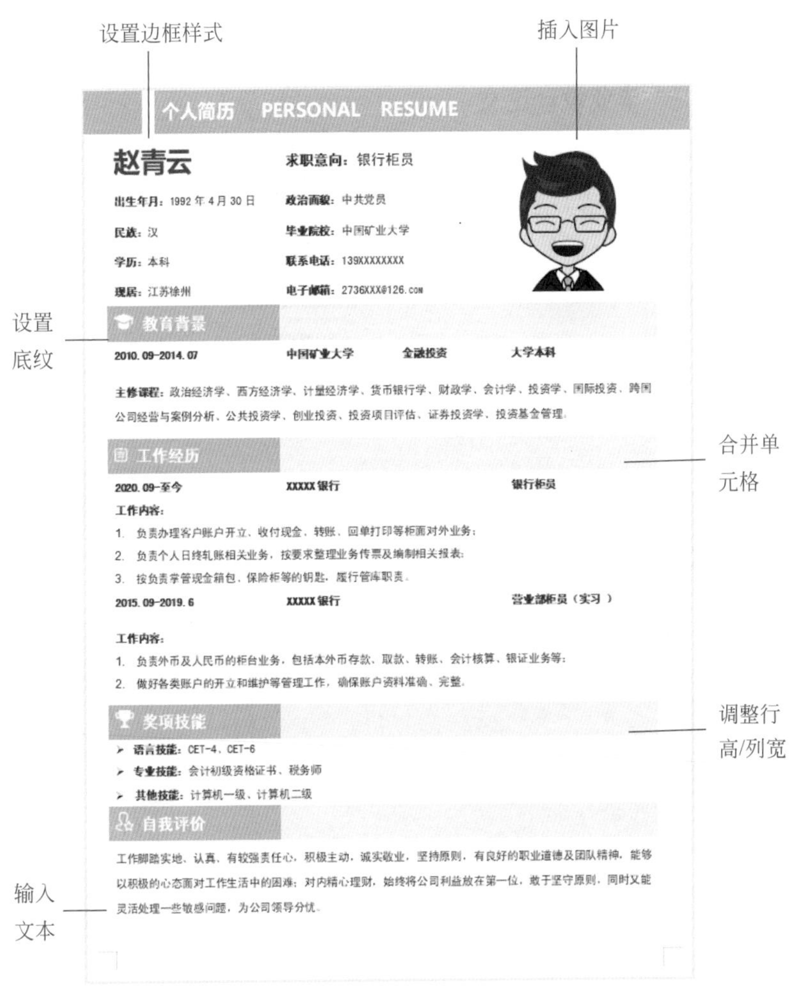


图1-35

功能分析：制作个人简历主要用到表格功能，包括合并单元格、调整行高/列宽、设置底纹和边框等。

（3）毕业论文

毕业论文是应届毕业生必须制作的文档，如图1-36所示。它对学生顺利毕业至关重要，是学业的最后一个环节。

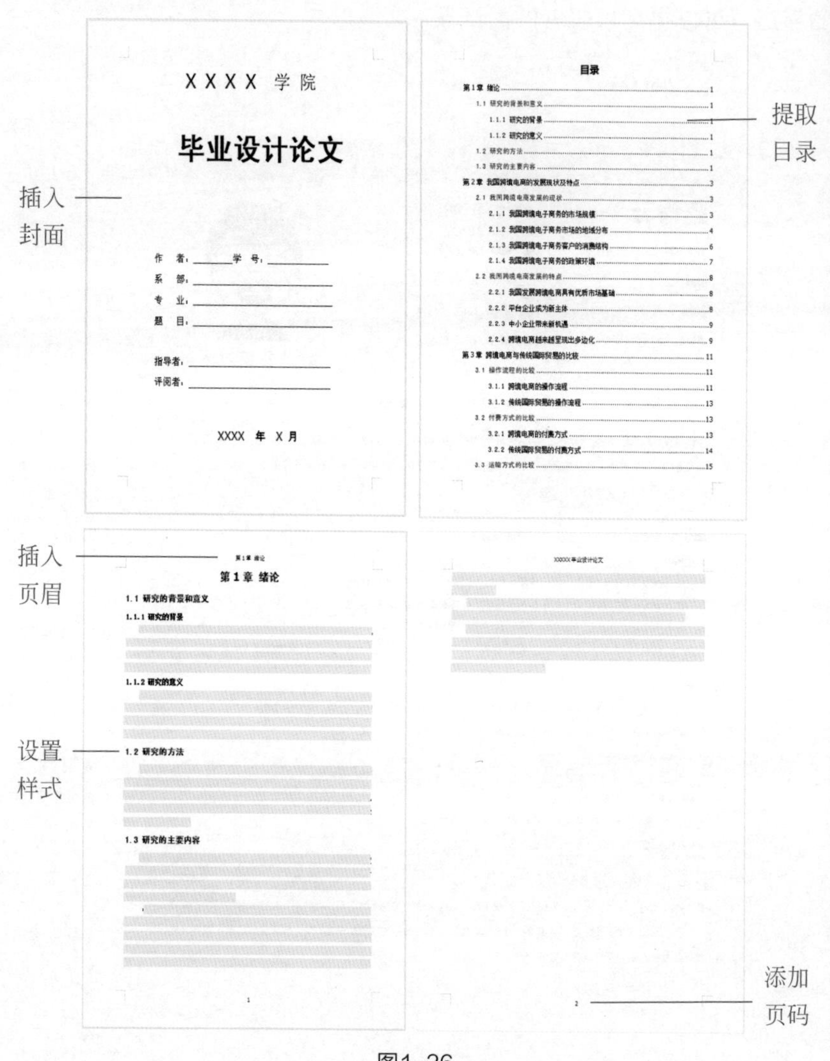


图1-36

功能分析：制作毕业论文主要用到文档的自动排版功能，包括插入封面、提取目录、添加页眉页脚、添加页码、样式的使用等。

## 1.3.2　电子表格作品展示

电子表格主要用来制作数据报表，例如财务报表、考勤表、销售统计表、图表等，下面将对一些电子表格作品进行展示。

（1）考勤表

考勤表用来统计员工的出勤情况，并作为工资发放的参照，如图1-37所示。它是人事部必不可少的一张表格。

**考勤统计表**

| 出勤 | 事假 | 病假 | 旷工 |
|---|---|---|---|
| √ | ▲ | □ | ○ |

单位名称：德胜科技　部门：研发部　考勤日期：2021 年 11 月

| 序号 | 姓名 | 一 | 二 | 三 | 四 | 五 | 六 | 日 | 一 | 二 | 三 | 四 | 五 | 六 | 日 | 一 | 二 | 三 | 四 | 五 | 六 | 日 | 一 | 二 | 三 | 四 | 五 | 六 | 日 | 一 | 二 | 合计 | | | |
|---|---|---|---|---|---|---|---|---|---|---|---|---|---|---|---|---|---|---|---|---|---|---|---|---|---|---|---|---|---|---|---|---|---|---|---|
| | | 1 | 2 | 3 | 4 | 5 | 6 | 7 | 8 | 9 | 10 | 11 | 12 | 13 | 14 | 15 | 16 | 17 | 18 | 19 | 20 | 21 | 22 | 23 | 24 | 25 | 26 | 27 | 28 | 29 | 30 | 出勤 | 事假 | 病假 | 旷工 |
| 1 | 刘全 | √ | √ | √ | √ | √ | √ | √ | √ | √ | √ | √ | √ | √ | √ | √ | ○ | √ | √ | √ | √ | √ | √ | √ | √ | √ | √ | √ | √ | √ | √ | 29 | 0 | 0 | 1 |
| 2 | 王晓 | √ | √ | √ | √ | √ | √ | √ | √ | √ | √ | √ | √ | √ | √ | √ | √ | √ | √ | √ | √ | √ | √ | ○ | √ | √ | □ | √ | √ | √ | √ | 28 | 0 | 1 | 1 |
| 3 | 赵宇 | √ | √ | √ | ▲ | √ | √ | √ | √ | √ | √ | √ | √ | √ | √ | √ | √ | √ | √ | √ | √ | √ | √ | √ | √ | √ | √ | √ | √ | √ | √ | 29 | 1 | 0 | 0 |
| 4 | 张倩 | √ | √ | √ | √ | √ | √ | √ | √ | √ | √ | √ | √ | √ | √ | √ | √ | √ | √ | √ | √ | √ | √ | √ | √ | √ | □ | √ | √ | √ | √ | 29 | 0 | 1 | 0 |
| 5 | 李甜 | √ | √ | √ | √ | √ | √ | √ | √ | √ | ○ | √ | √ | √ | √ | √ | √ | √ | √ | √ | √ | √ | √ | √ | √ | √ | √ | √ | √ | √ | √ | 29 | 0 | 0 | 1 |
| 6 | 王婷 | √ | √ | √ | √ | ▲ | √ | √ | √ | √ | √ | √ | √ | √ | √ | √ | □ | √ | √ | √ | √ | √ | √ | √ | √ | √ | √ | √ | √ | √ | √ | 28 | 1 | 1 | 0 |
| 7 | 孙蕾 | √ | √ | √ | √ | √ | √ | √ | √ | √ | √ | ▲ | √ | √ | √ | √ | √ | √ | √ | √ | √ | √ | √ | √ | □ | √ | √ | √ | √ | √ | √ | 28 | 1 | 1 | 0 |
| 8 | 周丽 | √ | √ | √ | √ | √ | √ | √ | √ | √ | √ | √ | √ | √ | √ | √ | √ | √ | √ | √ | √ | √ | √ | √ | √ | √ | √ | √ | √ | √ | √ | 30 | 0 | 0 | 0 |
| 9 | 刘元 | √ | √ | ▲ | √ | √ | √ | √ | √ | □ | √ | √ | √ | √ | √ | √ | √ | √ | √ | √ | √ | √ | √ | √ | √ | √ | √ | √ | √ | √ | √ | 28 | 1 | 1 | 0 |
| 10 | 孙杨 | √ | √ | √ | √ | √ | √ | √ | √ | √ | ○ | √ | √ | √ | √ | √ | √ | √ | √ | ▲ | √ | √ | √ | √ | √ | √ | √ | √ | √ | √ | √ | 28 | 1 | 0 | 1 |

图1-37

功能分析：制作考勤表需要用到TEXT函数、COUNTIF函数、条件格式功能、数据有效性等。

（2）领用登记表

为了规范办公用品的领用，保证员工日常工作需要，因此需要制作办公用品领用登记表，如图1-38所示。

| 序号 | 物品名称 | 单位 | 日期 | 领用数量 | 领用部门 | 领用人 | 经办 | 备注 |
|---|---|---|---|---|---|---|---|---|
| 1 | 便利贴 | 个 | 2021-10-05 | 5 | 销售部 | 赵琪 | 王晓 | |
| 2 | 记号笔 | 支 | 2021-10-07 | 8 | 生产部 | 张玉 | 王晓 | |
| 3 | 胶水 | 个 | 2021-10-11 | 25 | 设计部 | 韩慧 | 王晓 | |
| 4 | 笔筒 | 个 | 2021-10-15 | 15 | 财务部 | 李佳 | 王晓 | |
| 5 | 订书机 | 个 | 2021-10-20 | 2 | 财务部 | 姜辉 | 王晓 | |
| 6 | 卷笔刀 | 个 | 2021-10-24 | 5 | 设计部 | 王颖 | 王晓 | |
| 7 | 橡皮 | 个 | 2021-10-26 | 3 | 销售部 | 刘佳 | 王晓 | |
| 8 | 笔记本 | 本 | 2021-10-30 | 15 | 设计部 | 李楠 | 王晓 | |

图1-38

功能分析：制作办公用品领用登记表需要用到填充功能、自定义数字格式、边框和底纹功能等。

（3）图表

为了直观地展示数据，需要使用图表，如图1-39所示。其中不同的数据类型，需要使用不同的图表，这样才能更好地分析数据。

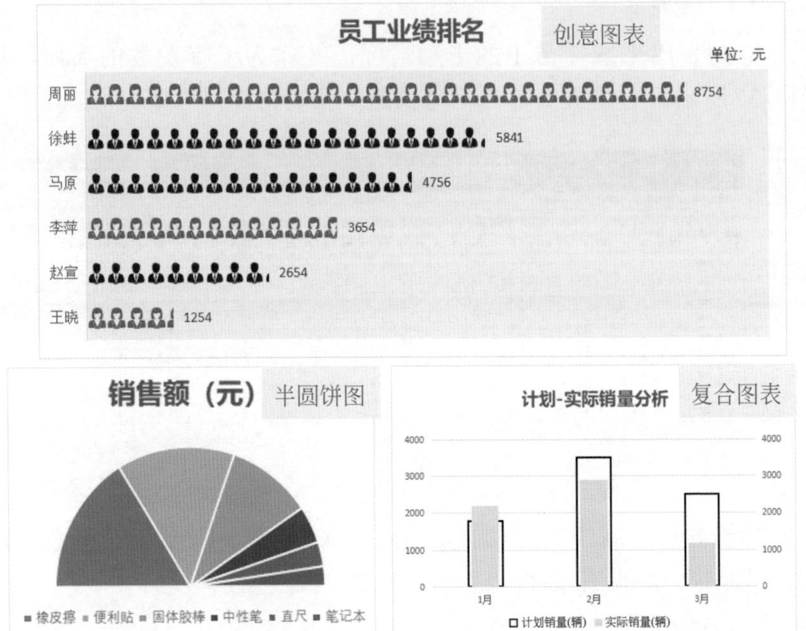


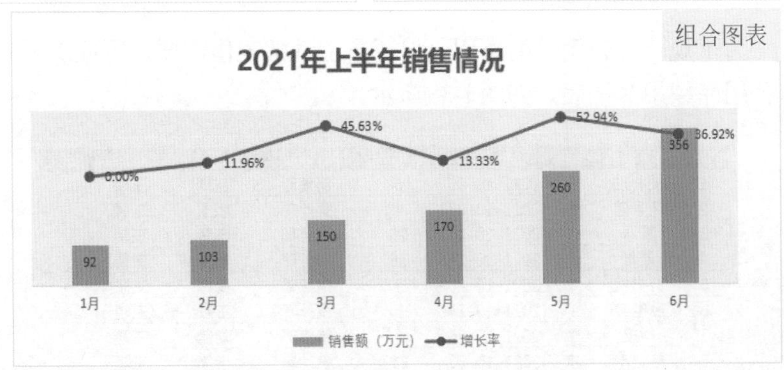


图1-39

功能分析：制作图表需要用到图表功能，包括图表的插入、图表元素的添加、数据系列的美化与填充、坐标轴的设置等。

### 1.3.3 演示文稿作品展示

演示文稿主要用来制作演讲文稿，例如教学课件、公益宣传、企业宣传等，下面将对一些演示文稿作品进行展示。

（1）公益宣传

使用演示文稿来宣传一些公益类的主题，可以达到更好的效果，如图1-40所示。其不仅可以图文并茂地展示内容，还可以动态地呈现数据。

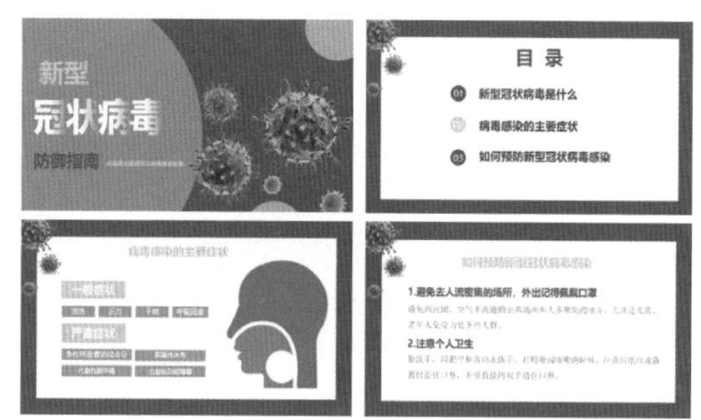


图1-40

功能分析：制作公益宣传演示文稿主要用到文字设计技巧、页面排版技巧以及图片/图形的使用。

（2）教学课件

在教学课件中使用音频和视频（图1-41），更能起到烘托氛围的作用，可以快速吸引观众的注意力。

图1-41

功能分析：制作教学课件主要用到文字、图片、图形、音频、视频等功能。

### 1.3.4 特色功能作品展示

WPS Office软件的特色功能包括PDF、流程图、思维导图、金山海报等。使用这些特色功能，可以非常便捷地制作出想要的效果。下面将对部分特色功能作品进行展示。

（1）思维导图

思维导图（图1-42）是一种将思维形象化的方法，便于快速记忆、阅读和学习，有利于人脑扩散思维的展开。

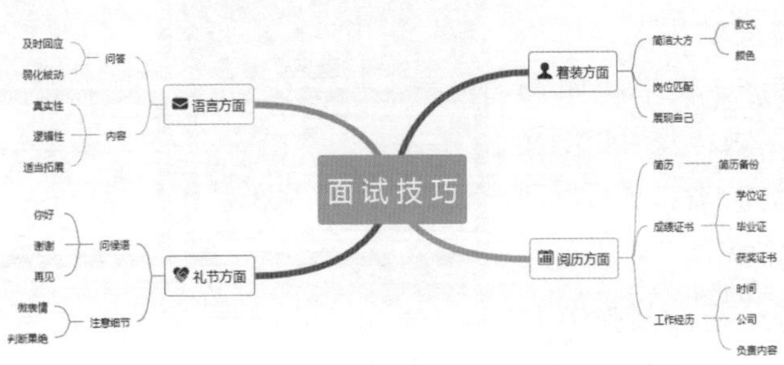


图1-42

功能分析：制作“面试技巧”思维导图需要用到思维导图功能，包括插入主题、插入图标、设置节点样式、更改主题风格、结构等。

（2）流程图

千言万语不如一张流程图，其可以直观地描述一个工作过程的具体步骤（图1-43），形象直观，各种操作一目了然。

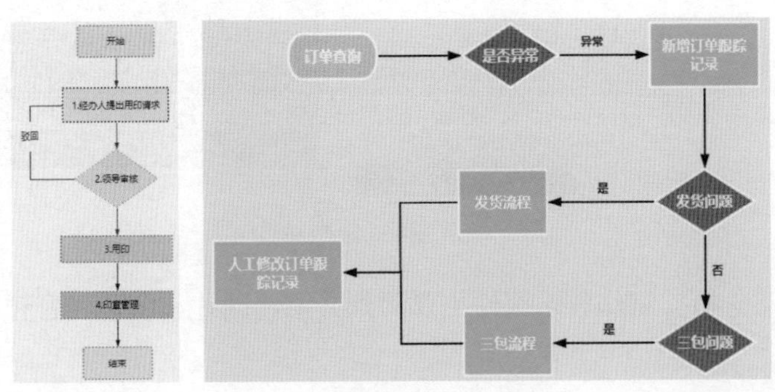


图1-43

功能分析：制作流程图需要掌握绘制流程图的方法，以及对流程图的线条样式、连线类型的设置。

扫码观看
本章视频

# 第2章 全面掌握文档编辑

文档中必不可少的元素是文本。在文档中输入文本很简单，但想要输入一些特殊的文本，还要掌握WPS文字的操作技巧才行。本章将对特殊文本的输入、文本的编辑、文本格式的处理、文档内容的保护等相关技巧进行讲解，以便帮助用户解决工作中遇到的问题。

# 2.1 文本内容的编写

一些特殊文本，例如$CO_2$、®、☑等，是不能通过键盘直接输入的，那么，这类文本该如何输入呢？下面将对特殊文本的输入方法进行介绍。

## 2.1.1 快速输入$X^n$和$X_n$格式的文本

通常在论文、化学试卷、数学试卷中，需要输入$X^n$和$X_n$格式的文本。例如，化学元素如图2-1所示，关于x的数学方程如图2-2所示。

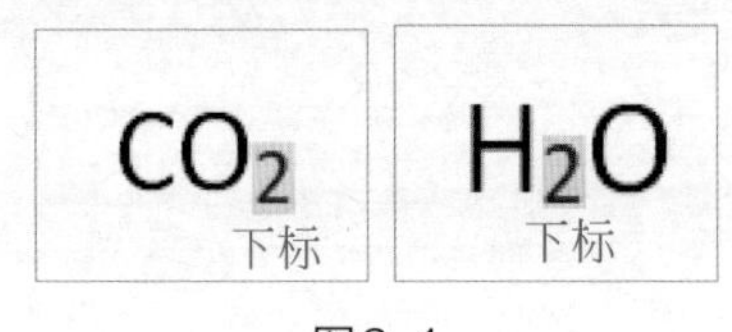


图2-1

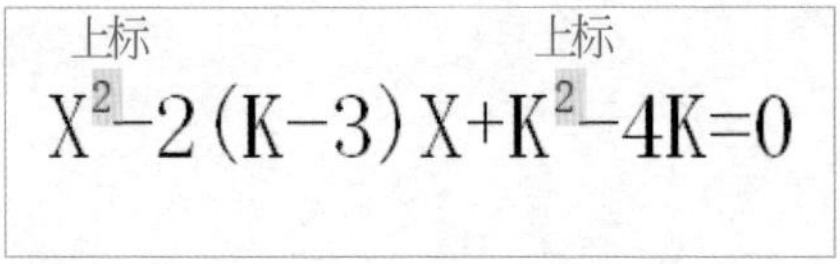

上标　　上标

$$X^2-2(K-3)X+K^2-4K=0$$

图2-2

其实，用户使用“上标”和“下标”选项，可以快速完成$X^n$和$X_n$的输入，如图2-3所示。

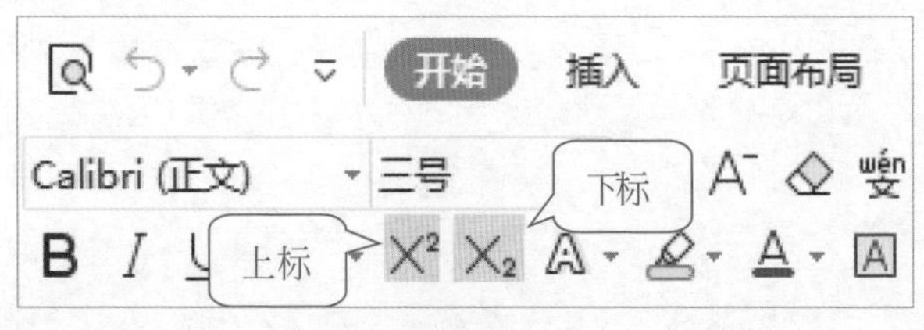


图2-3

输入化学式CO2，然后选择数字2，在“开始”选项卡中单击“下标”按钮，即可将数字2设置为下标，如图2-4所示。

输入数学方程，选择数字2，单击“上标”按钮，即可将数字2设置为上标，如图2-5所示。

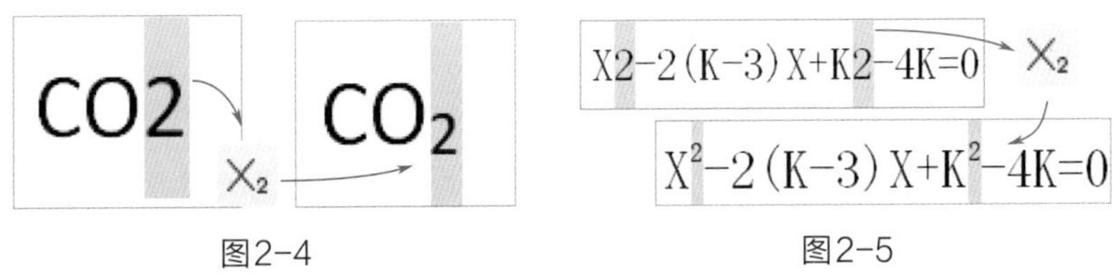


图2-4　　图2-5

## 知识链接

选择数字2，按【Ctrl+Shift+=】组合键，可以快速将数字2设置为上标；按【Ctrl+=】组合键，可以快速将数字2设置为下标。

## 2.1.2 输入带圈的字符

在对文档进行排版时，为了使文档内容看起来更加有条理，可以使用①、②、③这种带圈的数字，如图2-6所示。

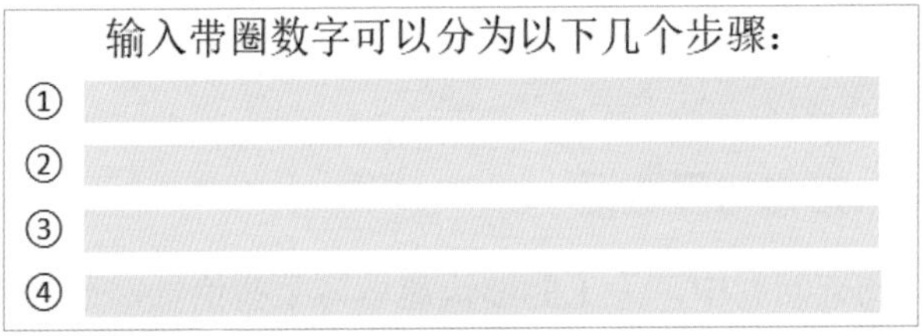

输入带圈数字可以分为以下几个步骤：

①

②

③

④

图2-6

输入带圈的字符（如①等），可通过“带圈字符”选项和“符号”选项来实现，如图2-7所示。

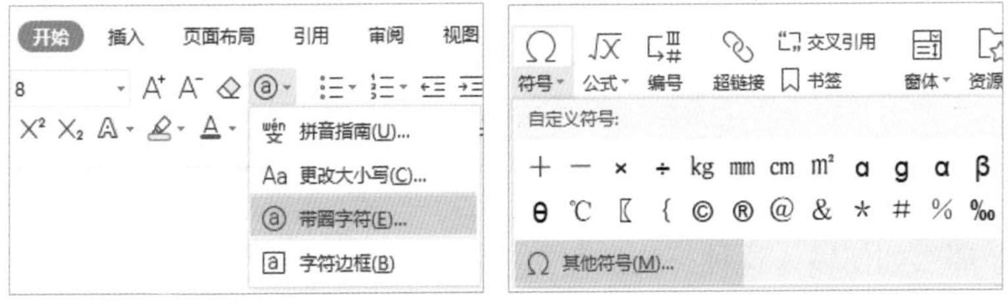


图2-7

在“开始”选项卡中单击“其他选项”下拉按钮，选择“带圈字符”选项。在打开的“带圈字符”对话框中设置“样式”“文字”和“圈号”，即可输入带圈的数字①，如图2-8所示。

在“插入”选项卡中单击“符号”下拉按钮，选择“其他符号”选项，在打开的“符号”对话框中进行相关设置即可，如图2-9所示。

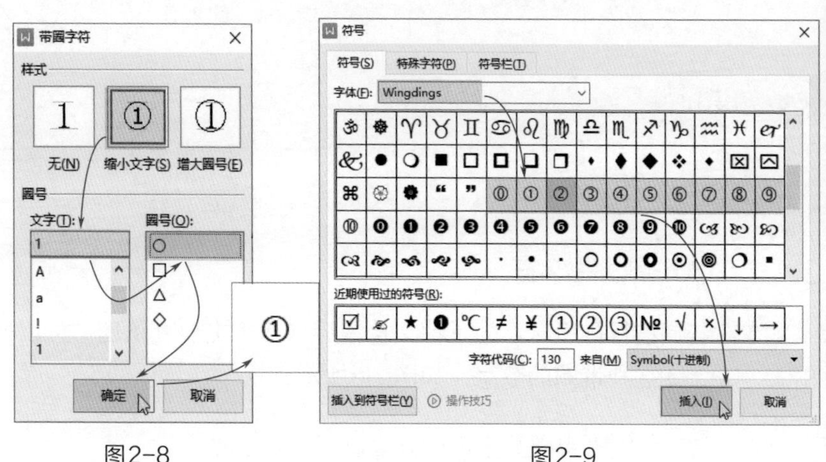


图2-8　　图2-9

## 2.1.3　输入打钩的复选框

在一些调查问卷中，为了能够快速填写某些信息，通常在文档中使用可以打钩的复选框，如图2-10所示。

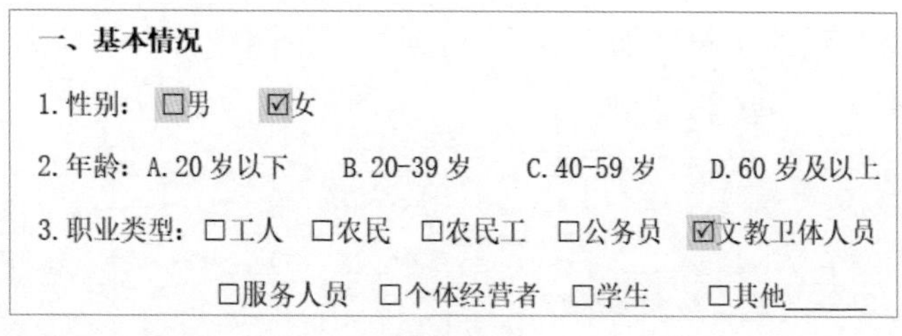

**一、基本情况**

1. 性别：☐男　☑女

2. 年龄：A. 20岁以下　B. 20-39岁　C. 40-59岁　D. 60岁及以上

3. 职业类型：☐工人　☐农民　☐农民工　☐公务员　☑文教卫体人员

☐服务人员　☐个体经营者　☐学生　☐其他______

图2-10

那么如何输入这种打钩的复选框呢？用户通过“搜狗工具栏”和设置“字体”格式可以实现，如图2-11所示。

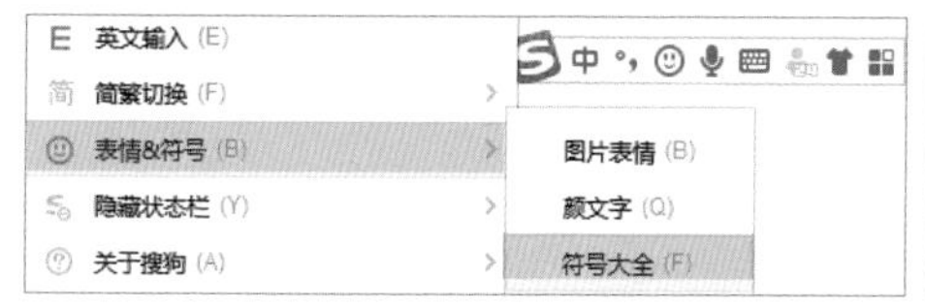


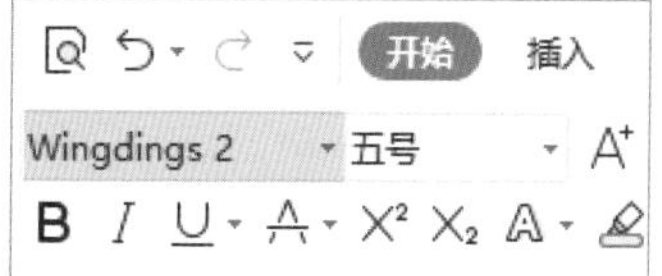


图2-11

右击搜狗工具栏，从弹出的菜单中选择“表情&符号”选项，接着选择“符号大全”选项。在弹出的“符号大全”对话框中单击“选中”选项，即可插入一个打钩的复选框，如图2-12所示。

在文档中输入R，将其字体格式设置为“Wingdings 2”，即可快速插入一个打钩的复选框，如图2-13所示。

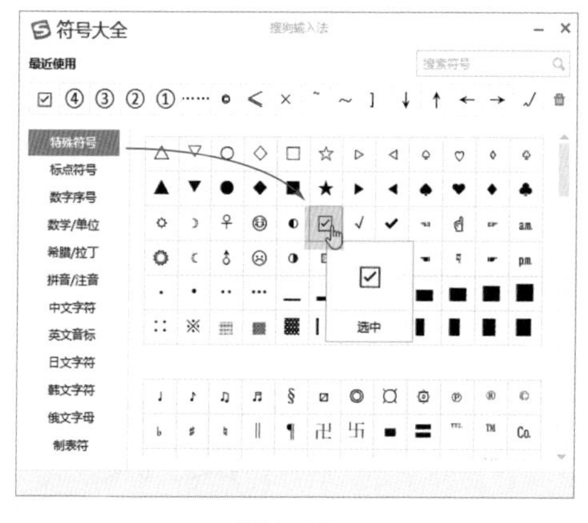


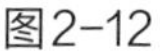
图2-12

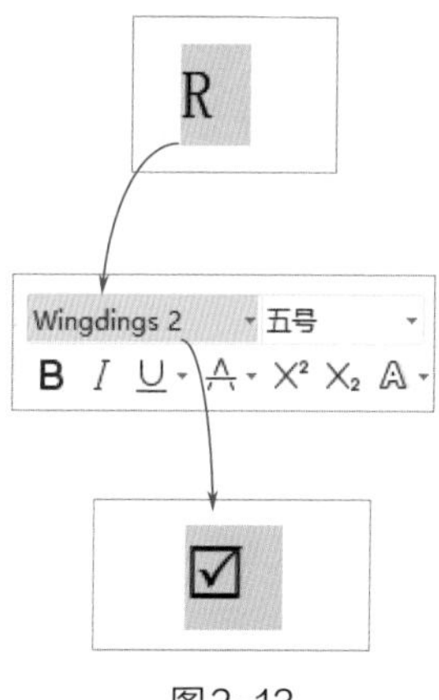


图2-13

## 2.1.4 为生僻字注音

如果在文档中出现生僻字，为了能够准确地读出该词语，用户可以为词语添加拼音，如图2-14所示。

| tāo tiè<br>饕餮 | mào dié<br>耄耋 | kǒngzǒng<br>倥偬 |
|---|---|---|

图2-14

为词语添加拼音其实很简单，通过“拼音指南”选项就可以实现，如图2-15所示。

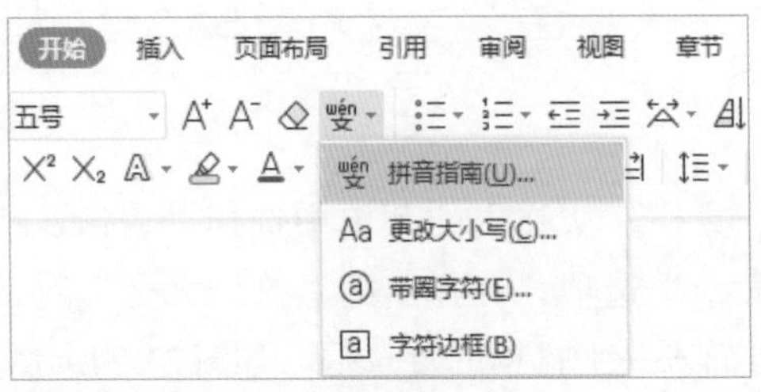


图2-15

在“开始”选项卡中单击“其他选项”下拉按钮，选择“拼音指南”选项。在打开的“拼音指南”对话框中默认显示所选词语的拼音，用户可以设置拼音的“对齐方式”“字体”“字号”等，单击“确定”按钮，即可为所选词语添加拼音，如图2-16所示。

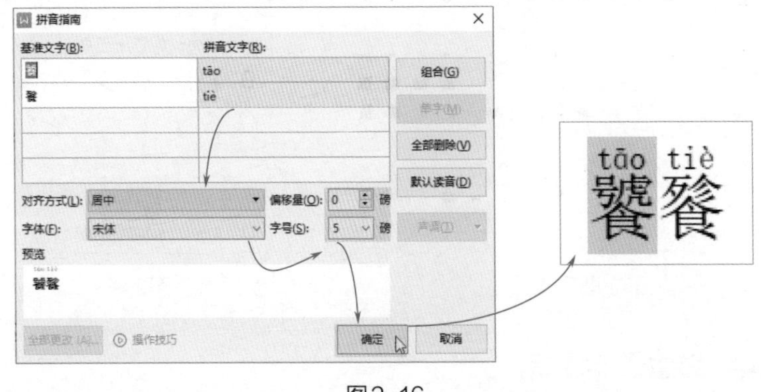


图2-16

### 知识链接

如果用户想要将拼音删除，则在“拼音指南”对话框中，单击“全部删除”按钮即可。

## 2.1.5 快速插入数学公式

在数学试卷中输入公式时，一些简单的公式可以通过键盘输入，但输入非常复杂的公式（图2-17），需要用到“公式”命令。

三、解答题(66 分)

17.（6 分）计算：$-2^2+(\tan 60^{\circ}-1)\times\sqrt{3}+\left(-\frac{1}{2}\right)^{-2}+(-\pi)^{\circ}-\left|2-\sqrt{3}\right|$

图2-17

通过“公式”命令，用户不仅可以插入内置的“二次公式”“二项式定理”“勾股定理”等公式，还可以根据需要插入新公式，如图2-18所示。

在“插入”选项卡中单击“公式”下拉按钮，选择“插入新公式”选项，即可在文档中插入一个“在此处键入公式。”文本框，如图2-19所示。

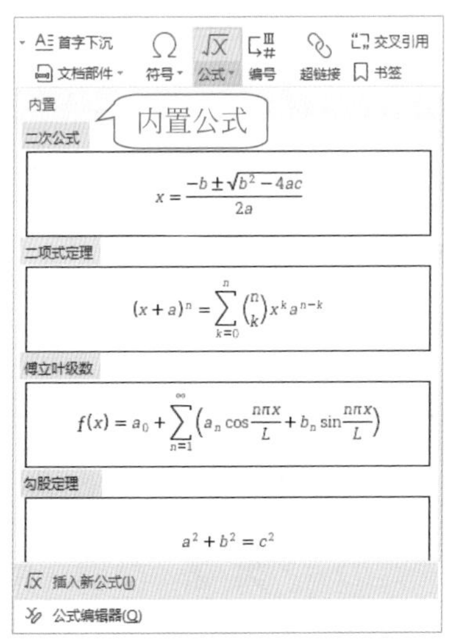


图2-18

三、解答题(66 分)

17.（6 分）计算：在此处键入公式。

图2-19

在“公式工具”选项卡中，通过功能区中的命令，输入由括号、分数、根式、运算符等组成的公式，如图2-20所示。输入好公式后，在页面的空白处单击，即可将公式插入文档中。

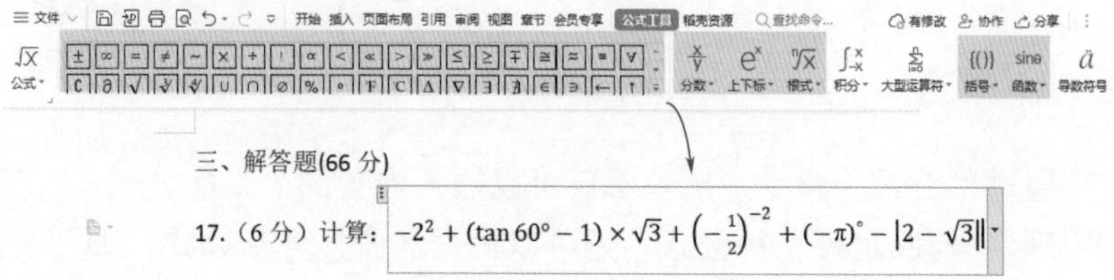

三、解答题(66分)

17.（6分）计算：$-2^2+(\tan 60^\circ-1)\times\sqrt{3}+\left(-\frac{1}{2}\right)^{-2}+(-\pi)^\circ-|2-\sqrt{3}|$

图2-20

## 知识链接

如果用户想要将公式删除，则单击公式左上角按钮，按【Delete】键即可，如图2-21所示。

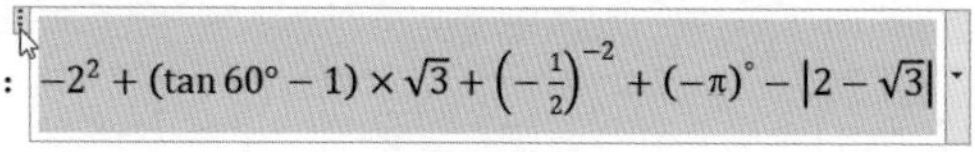

：$-2^2+(\tan 60^\circ-1)\times\sqrt{3}+\left(-\frac{1}{2}\right)^{-2}+(-\pi)^\circ-|2-\sqrt{3}|$

图2-21

## 2.1.6 将数字转换为大写格式

在处理合同、单据或订单等文档时，通常需要将阿拉伯数字金额转换成大写人民币金额，如图2-22所示。

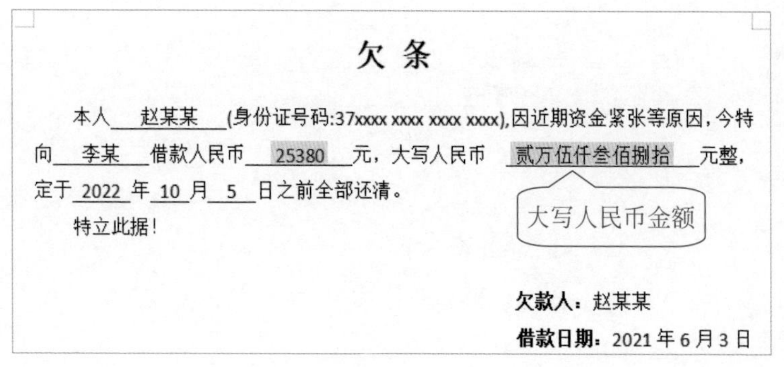

欠 条

本人＿赵某某＿(身份证号码:37xxxx xxxx xxxx xxxx),因近期资金紧张等原因，今特向＿李某＿借款人民币＿25380＿元，大写人民币＿贰万伍仟叁佰捌拾＿元整，定于＿2022＿年＿10＿月＿5＿日之前全部还清。

特立此据！

**欠款人：** 赵某某

**借款日期：** 2021年6月3日



图2-22

如果直接输入大写的数字，会比较麻烦。用户使用“编号”命令，可以轻松地将阿拉伯数字金额转换成大写金额，如图2-23所示。

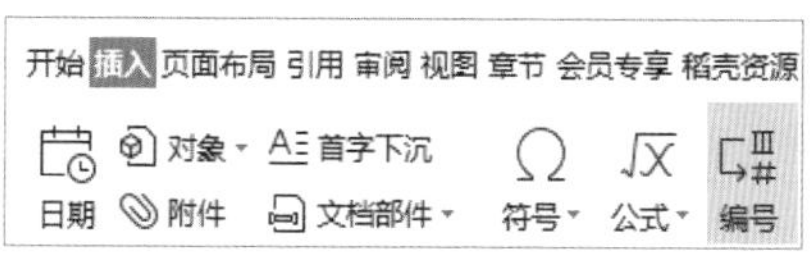


图2-23

用户输入数字“25380”后，将其选中，在“插入”选项卡中单击“编号”按钮，打开“插入编号”对话框，在“数字类型”列表框中选择合适的类型，单击“确定”按钮即可，如图2-24所示。

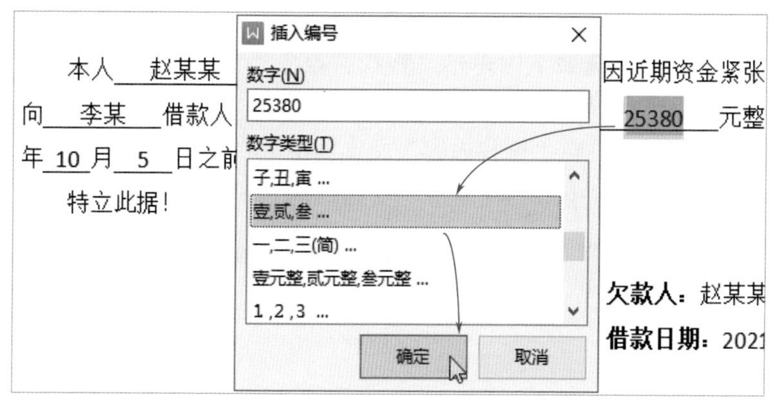


图2-24

## 2.2 文本的编辑技巧

文档中的内容需要修改编辑时，用户通过“查找替换”功能，可以批量对文档中的内容进行编辑。下面将介绍“查找替换”的使用技巧。

### 2.2.1 一次性删除文档中的空格

从网页或其他文档中复制的文本，容易出现许多空格，如图2-25所示。如果逐一手动删除，费时又费力，有什么方法可以一次性删除空格呢？

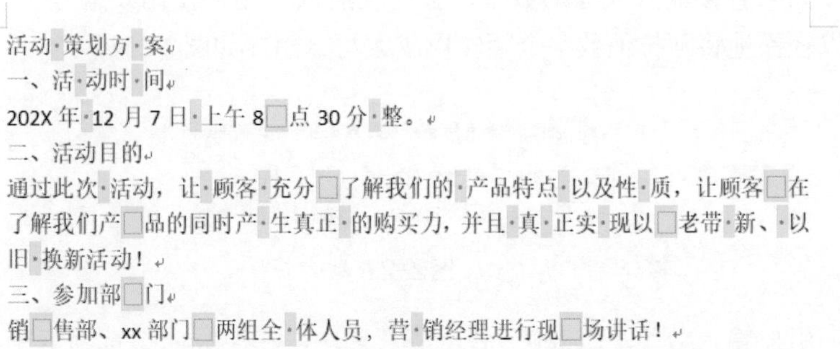

活动 策划方 案
一、活 动时 间
202X 年 12 月 7 日 上午 8 点 30 分 整。
二、活动目的
通过此次 活动，让 顾客 充分 了解我们的 产品特点 以及性 质，让顾客 在了解我们产 品的同时产 生真正 的购买力，并且 真 正实 现以 老带 新、 以旧 换新活动！
三、参加部 门
销 售部、xx 部门 两组全 体人员，营 销经理进行现 场讲话！

图2-25

其实，要想实现批量删除操作，用户使用“替换”选项即可，如图2-26所示。

图2-26

在“开始”选项卡中单击“查找替换”下拉按钮，选择“替换”选项，打开“查找和替换”对话框，在“查找内容”文本框中输入空格，取消“区分全/半角”复选框的勾选，单击“全部替换”按钮，即可将文档中的半角空格和全角空格全部删除，如图2-27所示。

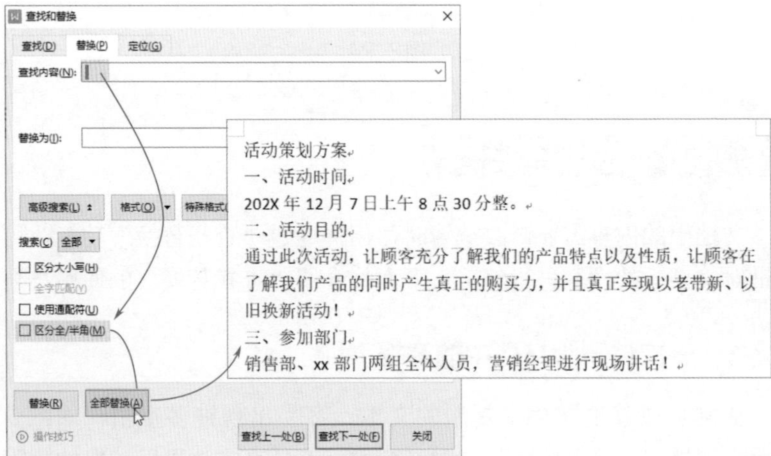


图2-27

### 2.2.2 使用替换功能修改字体格式

当需要大量修改文档中的字体格式时，例如将字体为“微软雅黑”、字号为“小四”、颜色为红色并加粗的文本（图2-28），替换成字体为“宋体”、颜色为黑色的文本（图2-29），可使用替换功能修改字体格式。

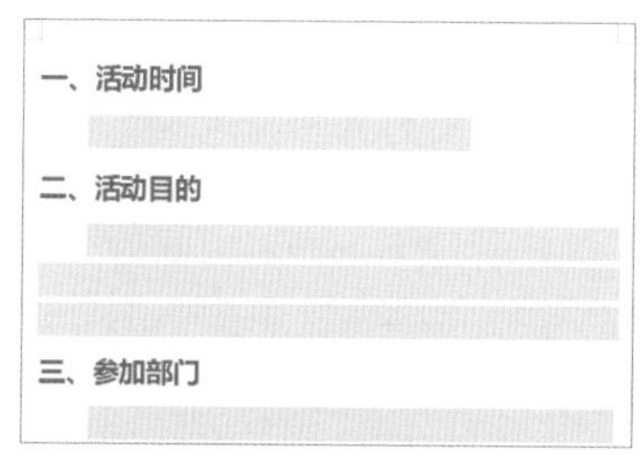


图2-28

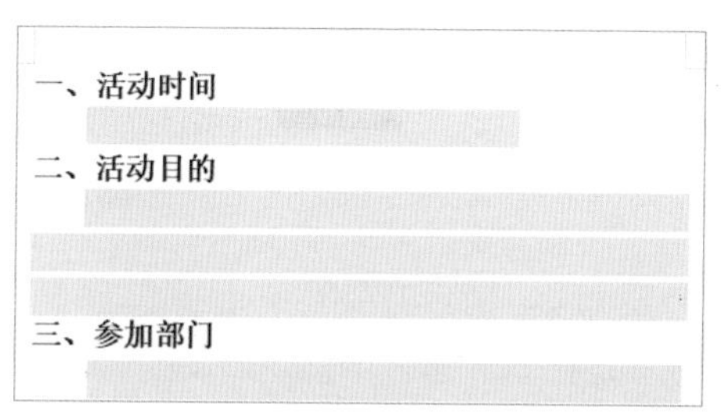


图2-29

按【Ctrl+H】组合键，打开“查找和替换”对话框，将光标插入到“查找内容”文本框中，单击“格式”按钮，选择“字体”选项，如图2-30所示。打开“查找字体”对话框，设置“中文字体”“字形”“字号”“字体颜色”，单击“确定”按钮，如图2-31所示。

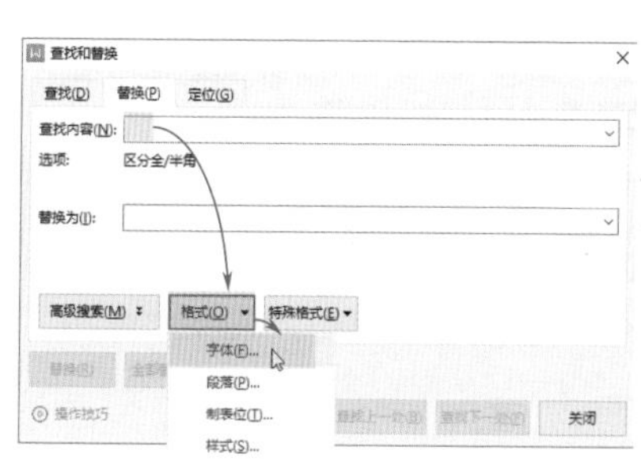


图2-30

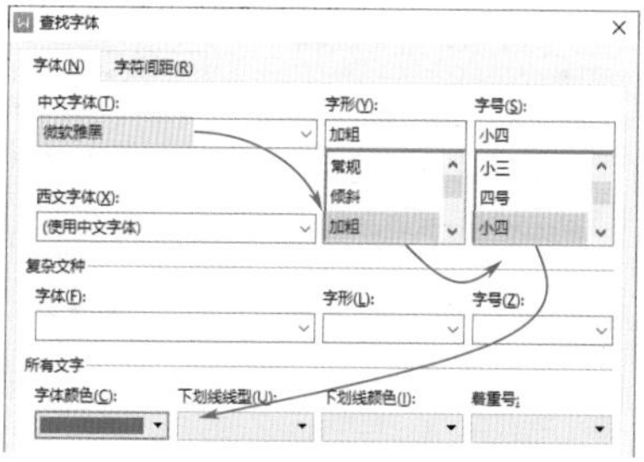

图2-31

将光标插入到“替换为”文本框中，单击“格式”按钮，选择“字体”选项，打开“替换字体”对话框，同样设置“中文字体”“字形”“字号”和“字体颜色”，如图2-32所示。单击“确定”按钮，最后进行全部替换即可。

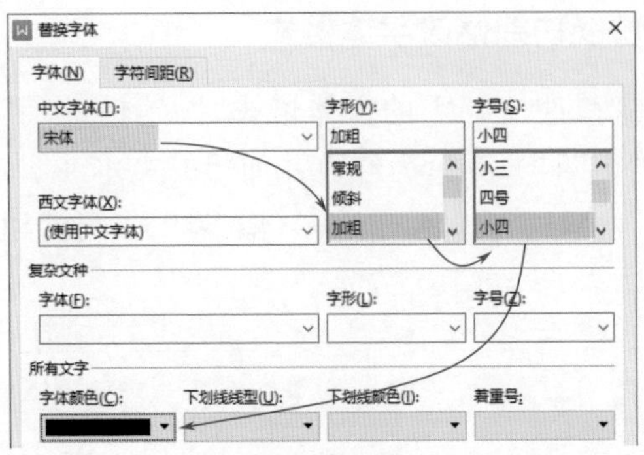


图2-32

## 2.2.3 使用查找功能标注文档中的关键字

在长篇文档中想要找到某个关键词，并将其标注出来（图2-33），只靠眼睛一个个地搜寻，无疑是大海捞针，那么有什么快捷的方法吗？

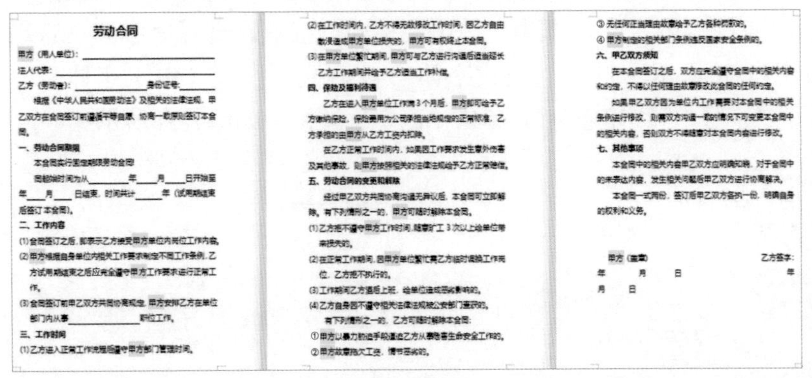

图2-33

其实，只要利用“查找”功能（图2-34），就可以轻松找到所需文本内容。

图2-34

按【Ctrl+F】组合键，打开“查找和替换”对话框，在“查找内容”文本框中输入“甲方”，单击“突出显示查找内容”按钮，选择“全部突出显示”选项（图2-35），即可将文档中所有的“甲方”文本用黄色底纹标注出来。

查找和替换
查找(D)
替换(P)
定位(G)
查找内容(N):
甲方
选项:
区分全/半角
高级搜索(M)
格式(O)
特殊格式(E)
突出显示查找内容(R)
在以下范围中查找(I)
全部突出显示(H)
清除突出显示(C)
查找上一处(B)
查找下一处(F)
关闭

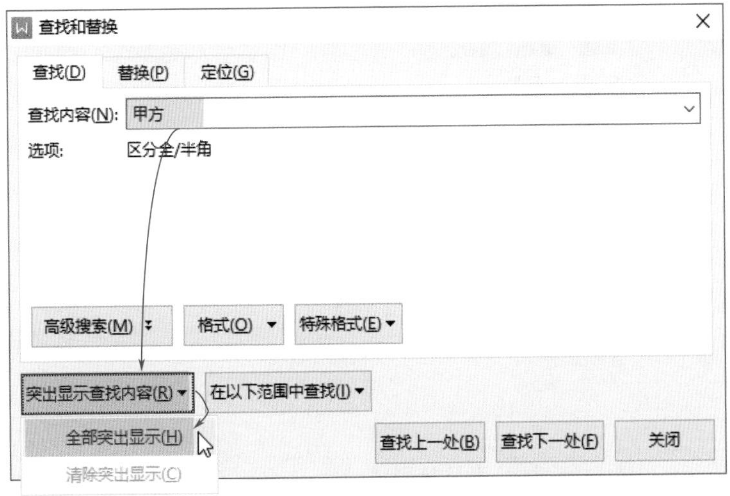

图2-35

## 2.2.4 使用通配符进行模糊查找

如果用户需要查找某个词，但是忘掉了该词的完整文字，而只记得部分词语，例如快速查找姓名为“李××国”的文本，如图2-36所示。

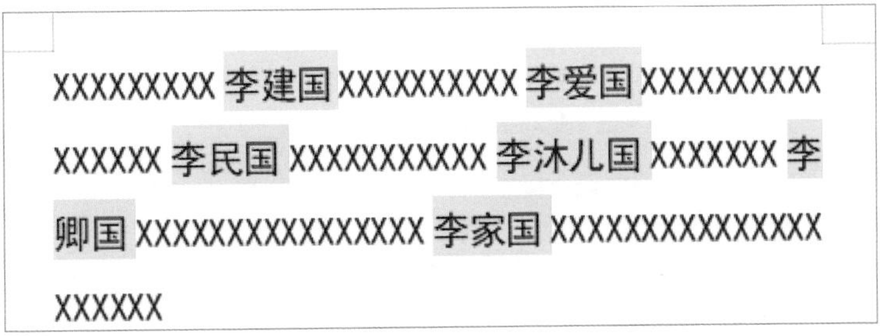

XXXXXXXXX 李建国 XXXXXXXXXX 李爱国 XXXXXXXXXX
XXXXXX 李民国 XXXXXXXXXXX 李沐儿国 XXXXXXX 李
卿国 XXXXXXXXXXXXXXXX 李家国 XXXXXXXXXXXXXXX
XXXXXX

图2-36

遇到这种情况，可以使用通配符“*”和“?”进行模糊查找。在WPS中，代码“?”代表任意单个字符，而“*”代表任意字符串。

按【Ctrl+F】组合键，打开“查找和替换”对话框，在“查找内容”文本框中输入“李*国”，勾选“使用通配符”复选框，单击“突出显示查找内容”按钮，选择“全部突出显示”选项（图2-37），即可将文档中姓名为“李××国”的文本突出显示出来。

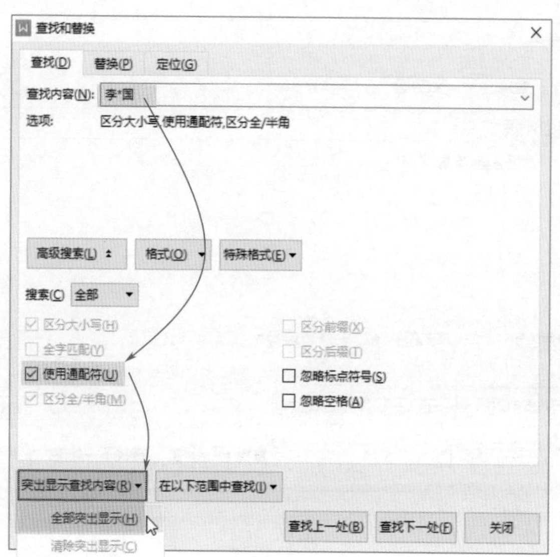


图2-37

## 注意事项

在使用通配符"?"或"*"时，必须勾选"使用通配符"复选框，才能准确地查找替换，如图2-38所示。

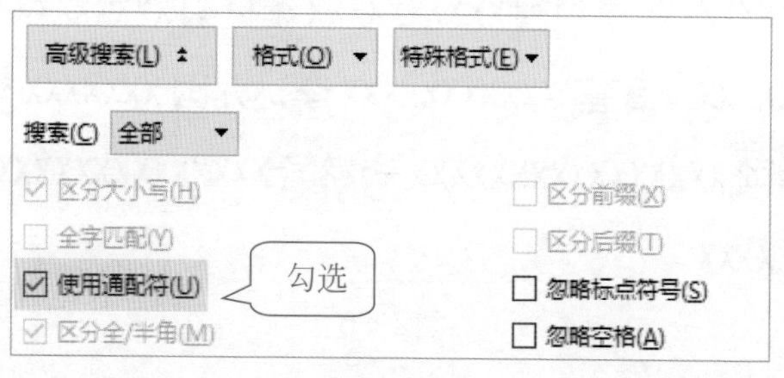


图2-38

### 2.2.5　通过查找和替换功能制作试卷填空题

在试卷中通常有许多填空题，如图2-39所示。除了在需要填写内容的地方手动添加下划线外，还有没有更便捷的方法呢？

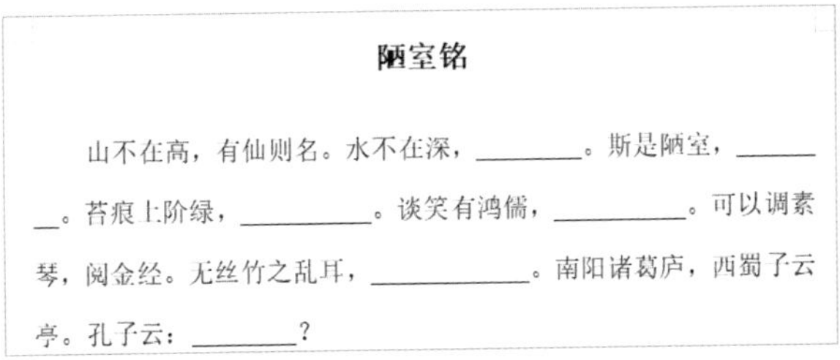

陋室铭

山不在高，有仙则名。水不在深，________。斯是陋室，________。苔痕上阶绿，________。谈笑有鸿儒，________。可以调素琴，阅金经。无丝竹之乱耳，________。南阳诸葛庐，西蜀子云亭。孔子云：________？

图2-39

用户使用“查找和替换”功能，可以一次性添加下划线，非常方便、快捷。首先需要将填写内容的字体设置为红色，如图2-40所示。

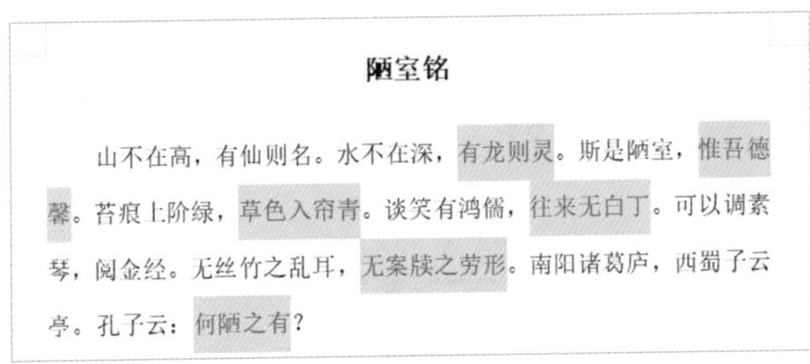

陋室铭

山不在高，有仙则名。水不在深，有龙则灵。斯是陋室，惟吾德馨。苔痕上阶绿，草色入帘青。谈笑有鸿儒，往来无白丁。可以调素琴，阅金经。无丝竹之乱耳，无案牍之劳形。南阳诸葛庐，西蜀子云亭。孔子云：何陋之有？

图2-40

打开“查找和替换”对话框，将查找字体设置为宋体、常规、五号，字体颜色设置为红色，将替换字体设置为下划线、下划线颜色为黑色、字体颜色为白色。单击“全部替换”按钮，即可将红色文本替换成下划线，如图2-41所示。

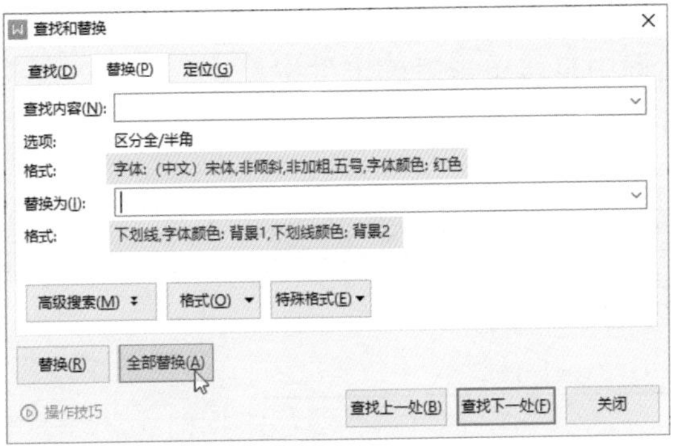

查找和替换

查找(D) 替换(P) 定位(G)

查找内容(N):

选项: 区分全/半角

格式: 字体:（中文）宋体,非倾斜,非加粗,五号,字体颜色: 红色

替换为(I):

格式: 下划线,字体颜色: 背景1,下划线颜色: 背景2

高级搜索(M) 格式(O) 特殊格式(E)

替换(R) 全部替换(A)

操作技巧 查找上一处(B) 查找下一处(F) 关闭

图2-41

## 2.3 文本格式的设置

为了使文档中的内容更加美观、符合要求，通常需要对文本的格式进行设置。下面将介绍一些格式的设置技巧。

### 2.3.1 将两行文本合并成一行

通常在红头文件中，需要让两行文字在一行中显示，如图2-42所示。那么如何制作出该效果呢？

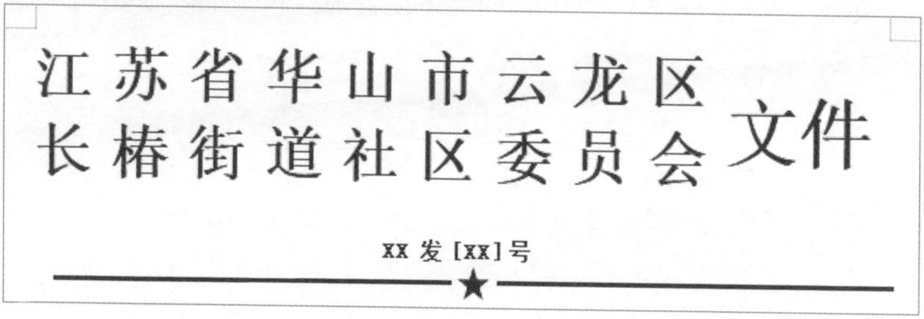

江苏省华山市云龙区
长椿街道社区委员会
文件
XX发[XX]号

图2-42

用户使用“双行合一”选项，可以让两行文字在一行中显示，如图2-43所示。

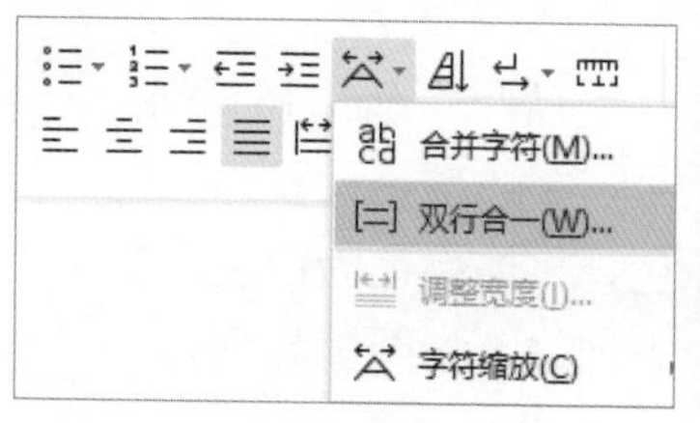

选择文本（图2-44），在“开始”选项卡中单击“中文版式”下拉按钮，选择“双行合一”选项，在打开的“双行合一”对话框中直接单击“确定”按钮，如图2-45所示。

合并字符(M)...
双行合一(W)...
调整宽度(I)...
字符缩放(C)

图2-43

江苏省华山市云龙区长椿
街道社区委员会文件
XX发[XX]号

图2-44

双行合一
文字(T):
江苏省华山市云龙区长椿街道社区委员会
带括号(E):
括号样式(B):
删除(R)
确定
取消

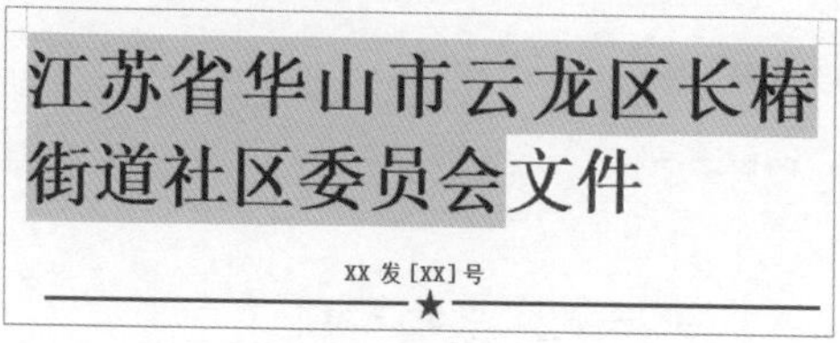

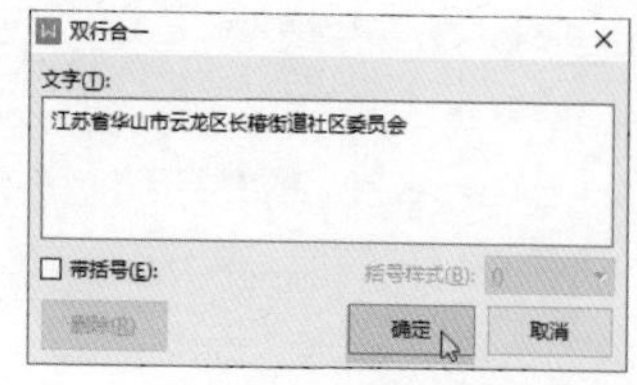

图2-45

最后设置“江苏省华山市云龙区长椿街道社区委员会”文本的“字体”和“字符间距”即可，如图2-46所示。

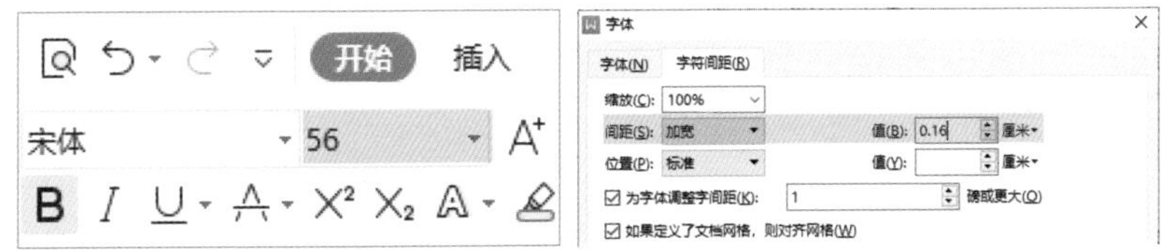

图2-46

## 2.3.2 格式刷的妙用

格式刷的功能非常强大，可以简化操作步骤，使工作内容变得更加简单、省时。在给文档中大量的内容重复添加相同的格式时，就可利用格式刷来完成，如图2-47所示。

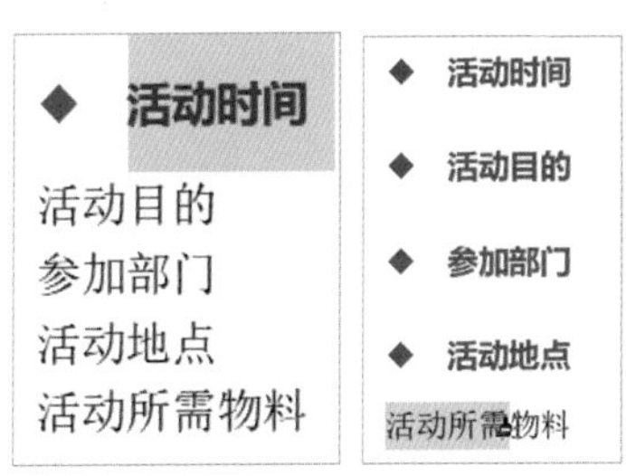

图2-47

首先选择设置了格式的文本，如图2-48所示。在“开始”选项卡中单击“格式刷”按钮，如图2-49所示。鼠标光标变为小刷子形状，然后选择需要复制格式的文本即可，如图2-50所示。

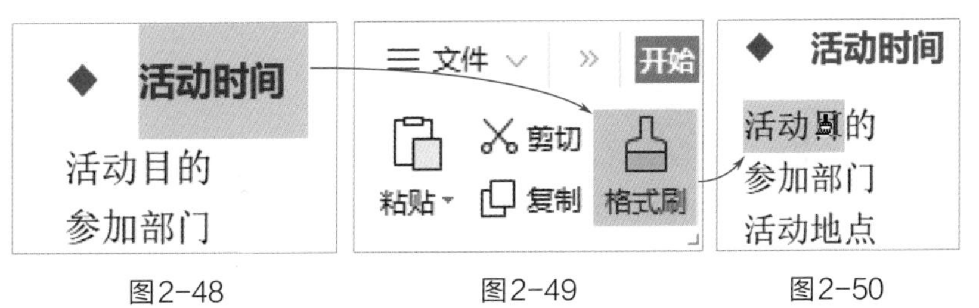

图2-48　　图2-49　　图2-50

此外，单击“格式刷”后，用户也可以将光标移至文本的左侧，当光标变为“ ”形状时单击，也可以复制格式，如图2-51所示。

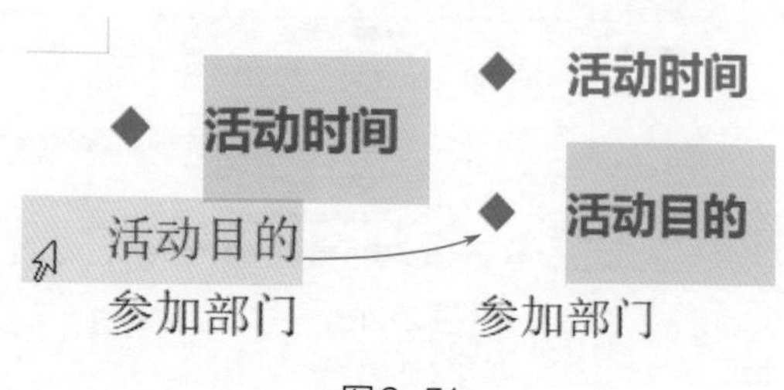


图2-51

## 知识链接

如果想每次只复制一次格式，然后不断地使用格式刷，则可以双击“格式刷”按钮，这样鼠标左边就会一直出现一个小刷子，就可以不断地使用格式刷了。若要取消，可以再次单击“格式刷”按钮，或者用键盘上的【Esc】键来关闭。

### 2.3.3 轻松处理英文单词分行显示

当行尾有单词或者网址时，西文总是会自动换行，导致上一行空白，文档看起来不是很美观，如图2-52所示。

图2-52

此时，用户可以设置文本的段落格式。选择文本并右击，从弹出的快捷菜单中选择“段落”命令，如图2-53所示。打开“段落”对话框，在“换行和分页”选项卡中勾选“允许西文在单词中间换行”复选框，如图2-54所示。最后单击“确定”按钮。

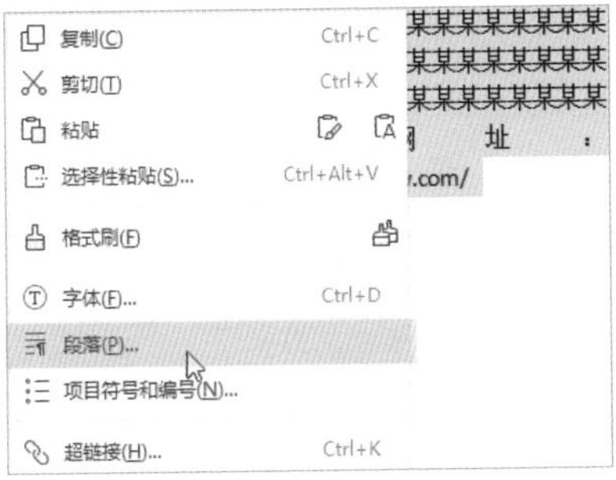

图2-53

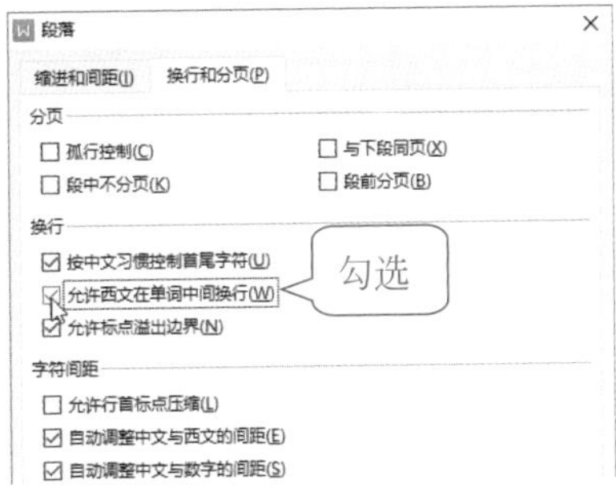


图2-54

文档中的网址在某一处换行显示，如图2-55所示。

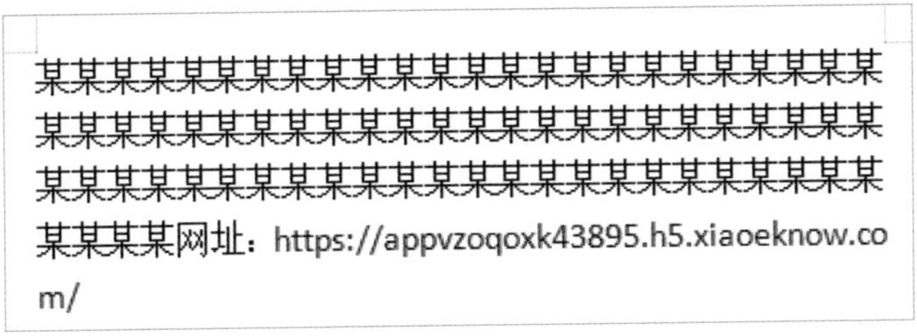

图2-55

### 知识链接

用户按【Alt+O+P】组合键，可以快速打开“段落”对话框。

## 2.3.4 为文档中的条目设置编号

为了使文档中的内容更具有条理性，方便看出先后顺序，通常为其添加编号。在排版规则条令、试题试卷时，编号可以帮助节省大量的时间和避免重复操作，如图2-56所示。

图2-56

设置编号非常简单，通过“编号”选项，用户不仅可以为段落添加内置的编号样式，还可以自定义编号样式，如图2-57所示。

选择需要添加编号的段落，在“开始”选项卡中单击“编号”下拉按钮，选择“自定义编号”选项。在打开的“项目符号和编号”对话框中选择任意一种编号样式，单击“自定义”按钮，如图2-58所示。

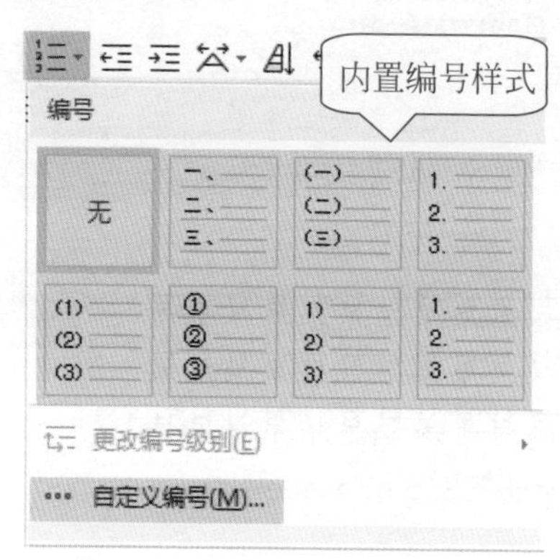


图2-57

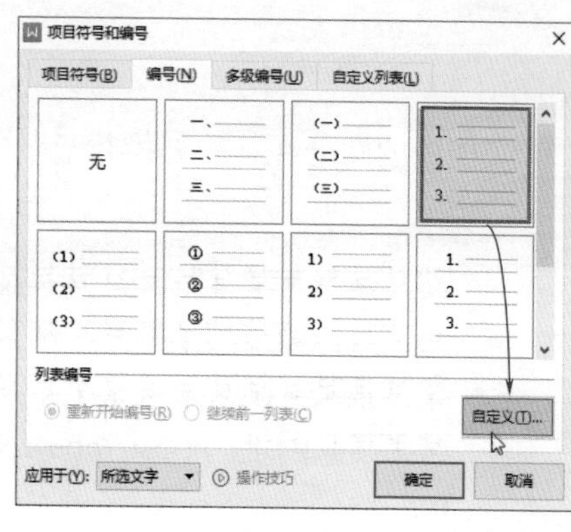


图2-58

打开“自定义编号列表”对话框，设置“编号格式”和“编号样式”，单击“字体”按钮，如图2-59所示。在打开的“字体”对话框中设置编号的字体、字形、字号等，如图2-60所示。单击“确定”按钮，即可为段落添加自定义的编号样式。

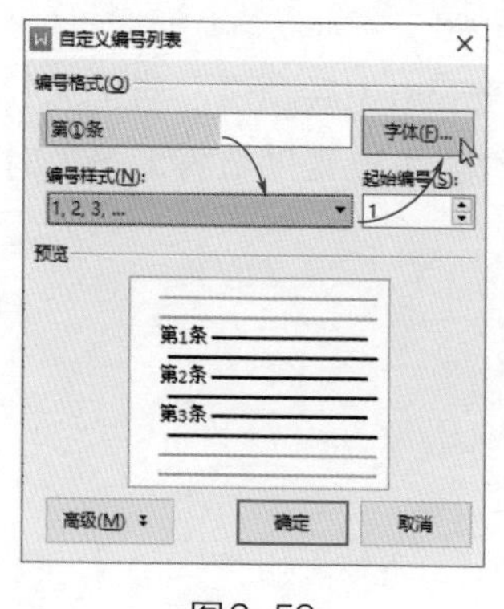


图2-59

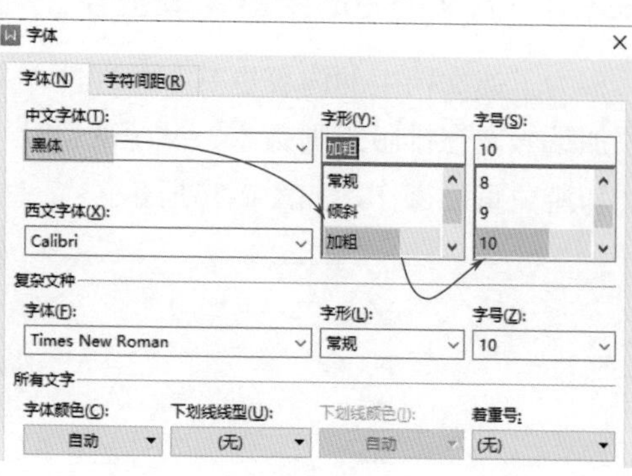


图2-60

## 2.3.5 为文档添加特殊项目符号样式

项目符号是一种平行排列标志，表示在某项下可有若干条目。项目符号本身并没有实际意义，但对视觉化呈现至关重要，如图2-61所示。

图2-61

项目符号和编号的设置方法差不多，通过“项目符号”选项，用户不仅可以为段落添加内置的项目符号样式，还可以自定义项目符号样式，如图2-62所示。

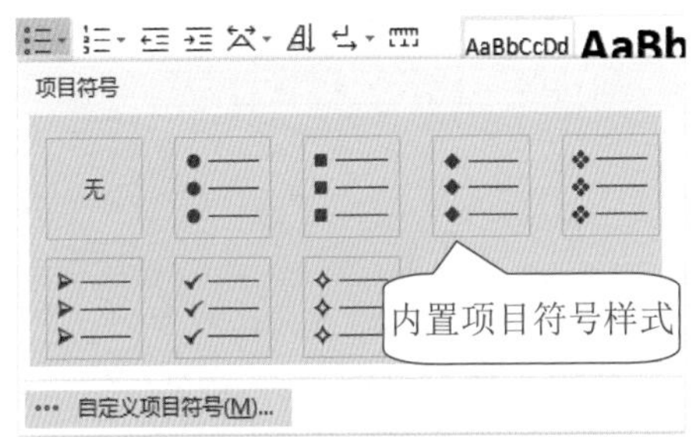


图2-62

选择需要添加项目符号的段落，在“开始”选项卡中单击“项目符号”下拉按钮，选择“自定义项目符号”选项，在弹出的“自定义项目符号列表”对话框中选择任意一种项目符号样式，单击“自定义”按钮，打开“自定义项目符号列表”对话框，如图2-63所示。

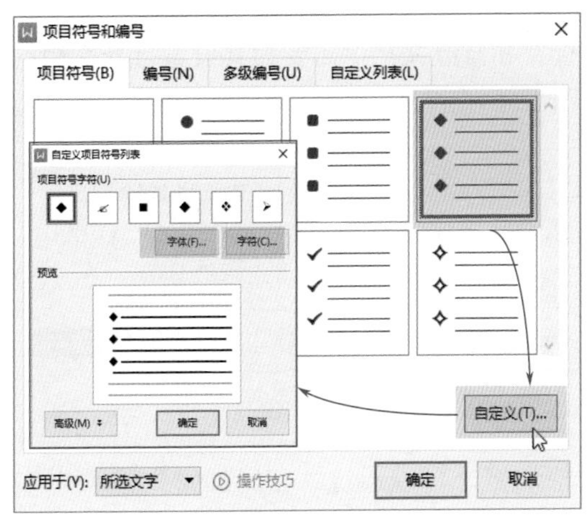


图2-63

用户通过单击“字符”按钮，可以在“符号”对话框中选择符号的样式，如图2-64所示。单击“字体”按钮，可以在“字体”对话框中设置符号的大小和颜色，如图2-65所示。

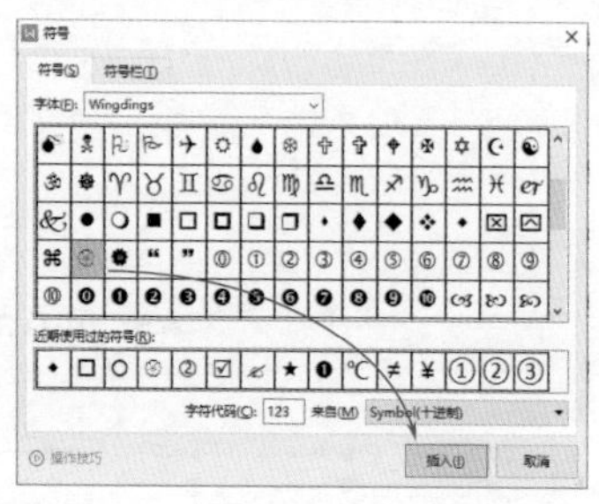


图2-64

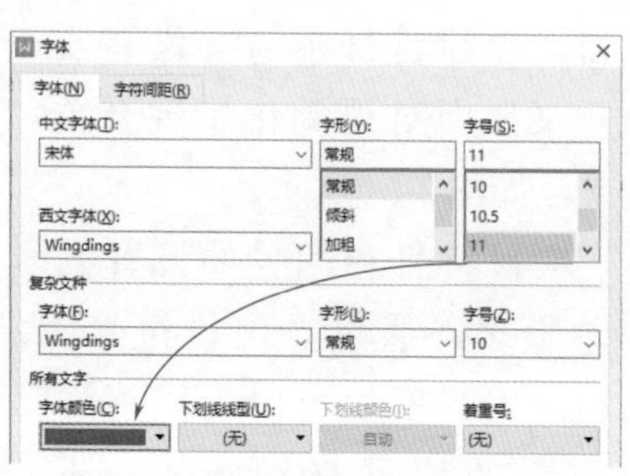


图2-65

# 2.4 文档保护的方法

为了防止他人随意查看或修改文档中的内容，需要对一些特殊文档进行保护。下面将介绍保护文档的技巧。

## 2.4.1 设置文档打开和修改密码

对于一些包含重要信息的文档（例如标书、合同、保密协议等），为了防止他人查看和修改文档，需要为其设置打开文档的密码和修改文档的密码，如图2-66所示。

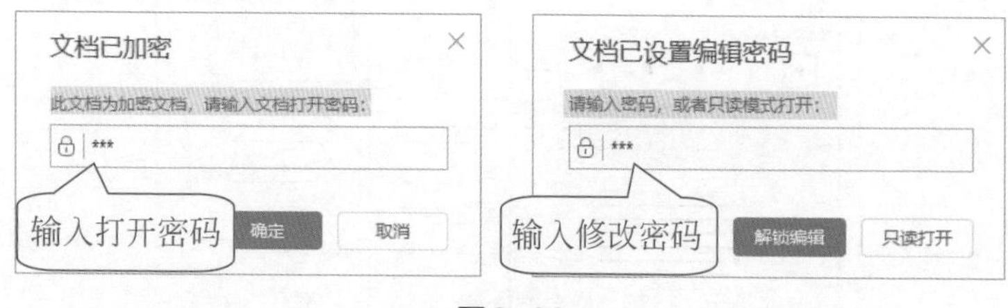


图2-66

要想为文档加密，可以通过“密码加密”选项来实现，如图2-67所示。单击“文件”按钮，选择“文档加密”选项，然后选择“密码加密”，打开“密码加密”窗口，从中设置“打开文件密码”“修改文件密码”和“密码提示”，单击“应用”按钮，如图2-68所示。保存文档后，再次打开该文档，提示输入打开密码，才能打开该文档；输入修改密码，才能编辑文档。

图2-67

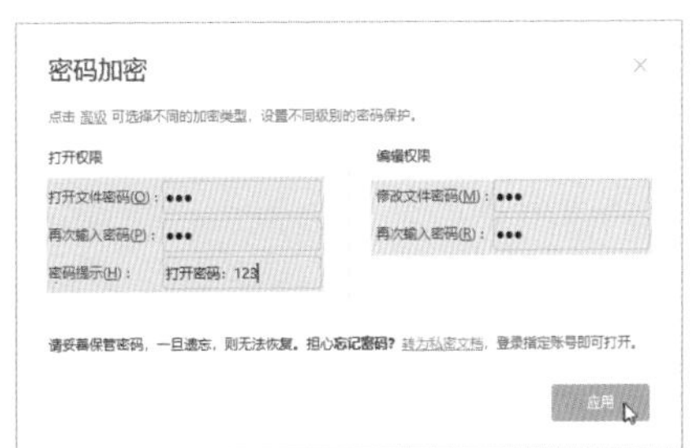


图2-68

此外，设置密码提示的作用是：如果用户输入两次错误的打开密码，则会在下方显示密码提示信息，如图2-69所示。

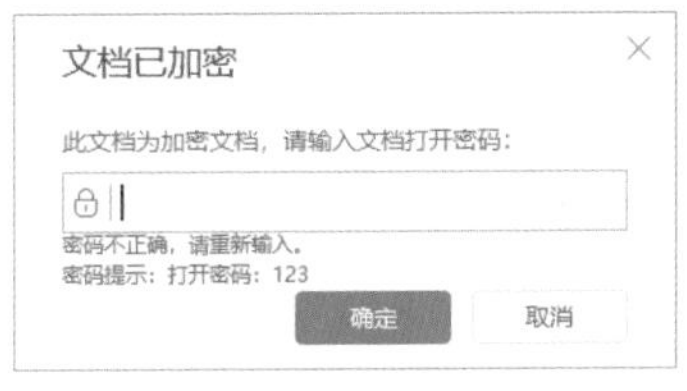


图2-69

**知识链接**

如要取消文档加密，则再次打开“密码加密”窗口，从中删除“打开文件密码”和“修改文件密码”即可。

## 2.4.2 限制编辑文档内容

有的文档需要设置只能查看文档内容，而不能对内容进行编辑，如图2-70所示。这该如何操作呢？

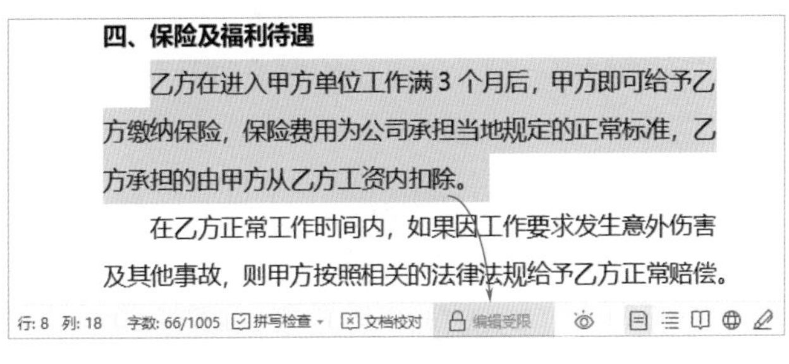

**四、保险及福利待遇**

乙方在进入甲方单位工作满 3 个月后，甲方即可给予乙方缴纳保险，保险费用为公司承担当地规定的正常标准，乙方承担的由甲方从乙方工资内扣除。

在乙方正常工作时间内，如果因工作要求发生意外伤害及其他事故，则甲方按照相关的法律法规给予乙方正常赔偿。



图2-70

如果用户想要限制他人对文档进行编辑，则可以使用“限制编辑”选项，如图2-71所示。

图2-71

在“审阅”选项卡中单击“限制编辑”按钮，打开“限制编辑”窗口，设置文档保护方式，单击“启动保护”按钮，在弹出的“启动保护”对话框中设置保护密码，单击“确定”按钮即可，如图2-72所示。

如果用户想要取消限制编辑，则在“限制编辑”窗口中单击“停止保护”按钮，在打开的“取消保护文档”对话框中输入设置的密码即可，如图2-73所示。

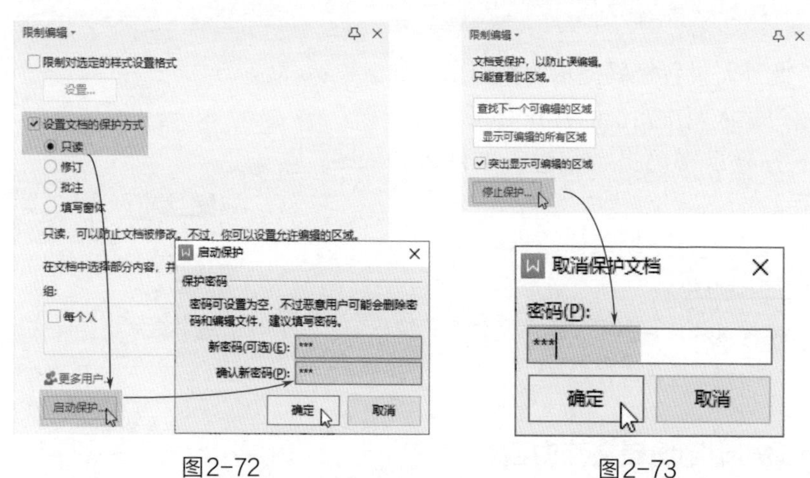


图2-72

图2-73

## 2.4.3 设置文档权限

如果用户需要指定某个人可以查看或编辑文档，可以设置文档的权限，其中通过“文档权限”命令就可以实现，如图2-74所示。

图2-74

在“审阅”选项卡中单击“文档权限”按钮，打开“文档权限”窗口，开启“私密文档保护”，然后单击“添加指定人”按钮，如图2-75所示。

图2-75

打开“添加指定人”窗口，用户可以通过“微信”“WPS账号”“邀请”这三个选项来添加指定人，如图2-76所示。只有被指定的人，才可以查看或编辑文档。

图2-76

### 2.4.4 将文档另存为PDF格式

PDF文件是一款便携的电子文档格式。使用PDF电子文档，不仅方便浏览阅读文件，而且还可以防止他人随意更改文件内容，如图2-77所示。

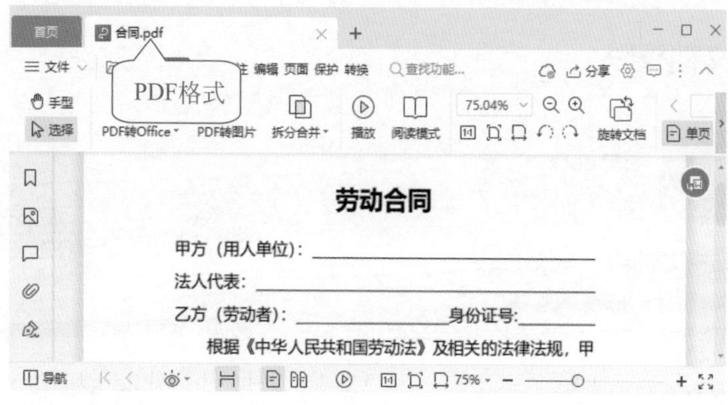


图2-77

如果用户想要将文档转换成PDF格式，则可以通过“输出为PDF”选项实现，如图2-78所示。单击“文件”按钮，选择“输出为PDF”选项，打开“输出为PDF”窗口，设置“输出选项”“保存位置”，单击“开始输出”按钮，即可将文档输出为PDF格式。在“操作”栏中单击“打开文件”按钮，即可查看输出的PDF文件，如图2-79所示。

图2-78

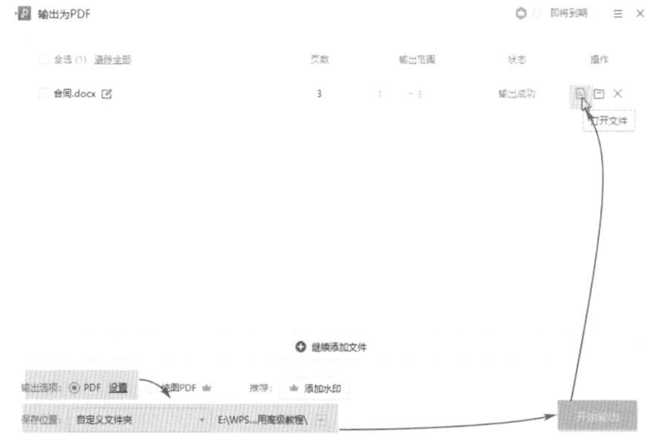


图2-79

## 2.4.5 将文档转换为图片

将文档转换成图片（图2-80），同样可以起到保护文档的作用，因为用户只能查看文档内容，而不能修改内容。

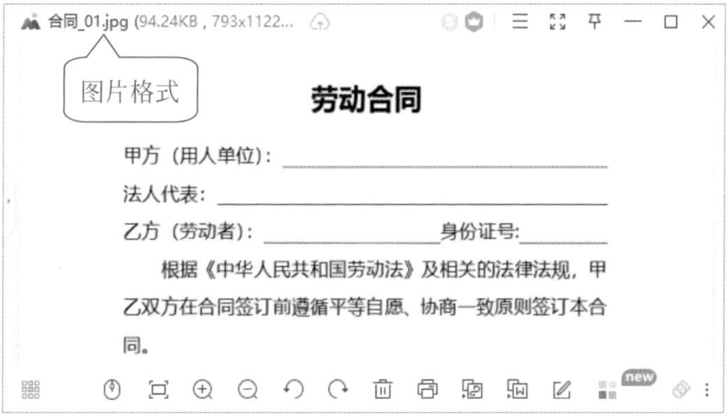

合同_01.jpg (94.24KB，793x1122...

图片格式

劳动合同

甲方（用人单位）：

法人代表：

乙方（劳动者）：　　　　身份证号：

根据《中华人民共和国劳动法》及相关的法律法规，甲乙双方在合同签订前遵循平等自愿、协商一致原则签订本合同。

图2-80

将文档转换成图片的操作很简单，通过“输出为图片”选项即可实现，如图2-81所示。单击“文件”按钮，选择“输出为图片”选项，打开“输出为图片”窗口，设置“输出方式”“水印设置”“输出页数”“输出格式”“输出尺寸”“输出颜色”“输出目录”等，单击“输出”按钮即可，如图2-82所示。

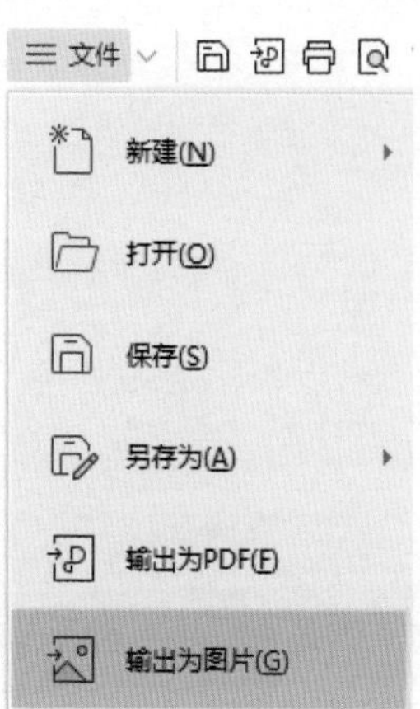


图2-81

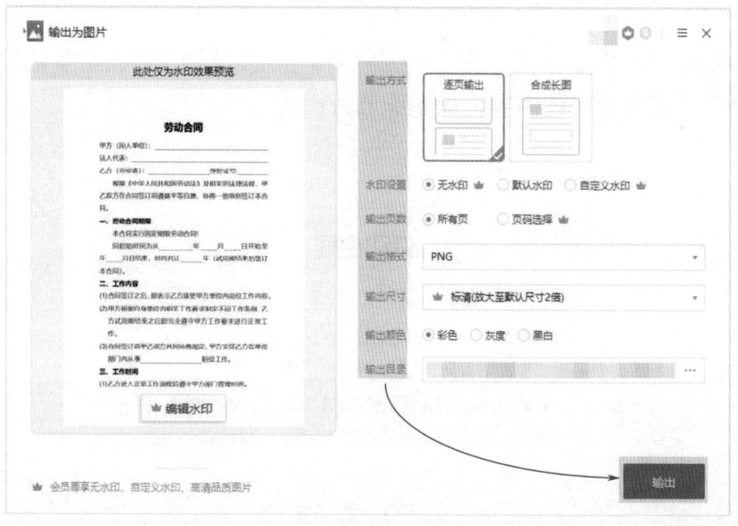


图2-82

## 注意事项

用户只有开通WPS会员，才可以输出无水印、高清尺寸的图片。

扫码观看
本章视频

# 第3章

# 图文表混排

虽然WPS文字文档主要用来编辑文字，但是用户还可以在文档中插入图片、形状、艺术字、文本框、表格等元素，丰富文档页面，制作出图文表混排的效果。本章将对图片的编辑、形状的绘制、艺术字与文本框的应用、表格的应用等进行介绍。

# 3.1 图片的编辑

用户在文档中插入图片后，通常要对图片进行编辑，使其更加美观，并符合要求。下面将介绍图片的编辑技巧。

## 3.1.1 插入手机图片

制作宣传单、公司简介、旅游介绍、企业招聘等文档时，通常需要在文档中插入图片，如图3-1所示。用户除了可以插入电脑中的图片外，还可以插入手机中的图片。

图3-1

用户通过使用“图片”选项，就可以将手机中的图片插入到文档中，如图3-2所示。

在“插入”选项卡中单击“图片”下拉按钮，选择“手机传图”选项。随后弹出“插入手机图片”窗口，使用手机微信扫描二维码，连接手机，双击手机中的图片，即可将手机中的图片插入到文档中，如图3-3所示。

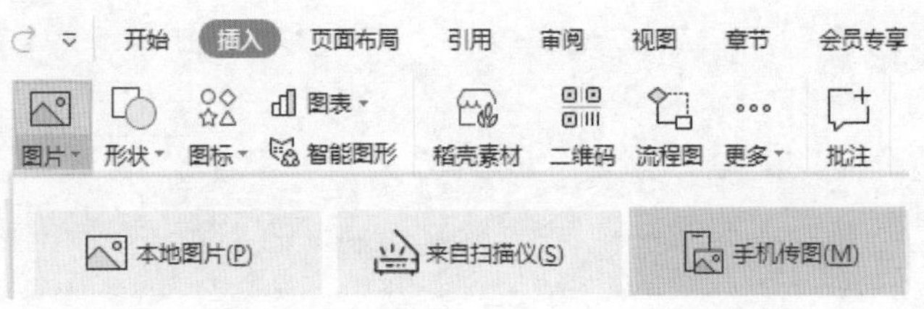


图3-2

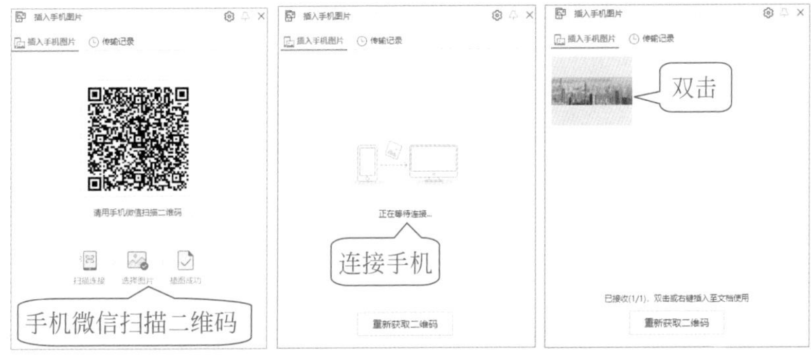

图3-3

## 3.1.2　插入二维码

在日常生活中，二维码的使用越来越普遍，如果用户想要制作一个网址二维码（图3-4），该如何操作呢？

图3-4

其实，用户使用WPS Office软件自带的“二维码”功能，就可以轻松地制作出二维码。如图3-5所示，在“插入”选项卡中单击“二维码”按钮。

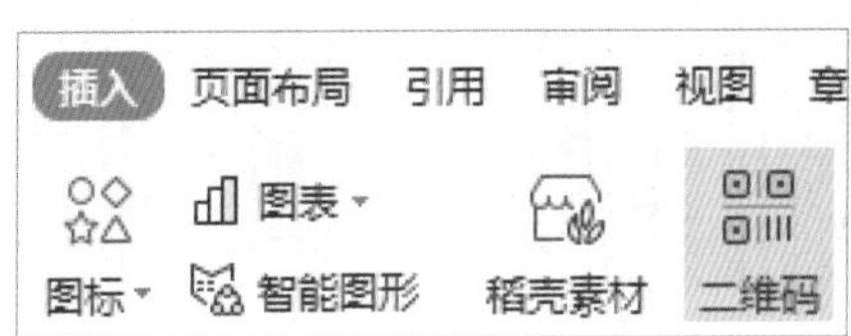

图3-5

打开“插入二维码”窗口，在“输入内容”文本框中输入网址，在右侧即可生成一个相应的二维码，如图3-6所示。单击“确定”按钮，即可将二维码插入到文档中。

此外，用户可以通过二维码下方的“颜色设置”“嵌入Logo”“嵌入文字”“图案样式”等选项，来美化二维码。

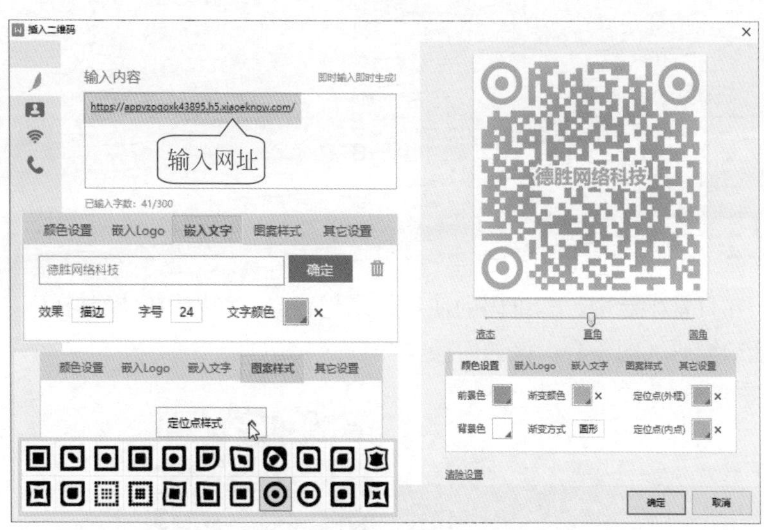


图3-6

## 3.1.3 插入条形码

人们通常会在商品、食品、图书等物品上发现条形码，如图3-7所示。条形码中可以标出物品的生产国、制造厂家、商品名称、生产日期、图书分类号、邮件起止地点、类别等许多信息。

图3-7

用户使用WPS Office软件自带的“条形码”功能，就可以制作出需要的条形码，如图3-8所示。

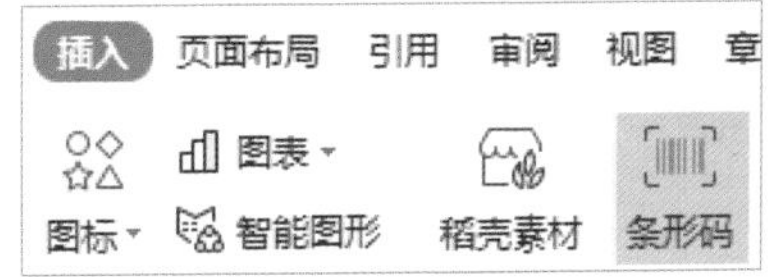


图3-8

在“插入”选项卡中单击“条形码”按钮，打开“插入条形码”对话框，设置条形码的编码，并输入数字，单击“插入”按钮（图3-9），即可将生成的条形码插入到文档中。

## 知识链接

如果用户想要将条形码以图片的形式保存，则右击条形码，从弹出的快捷菜单中选择“另存为图片”选项即可，如图3-10所示。

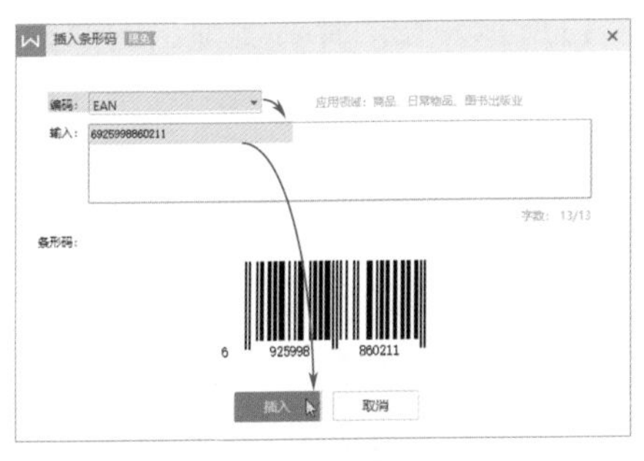


图3-9

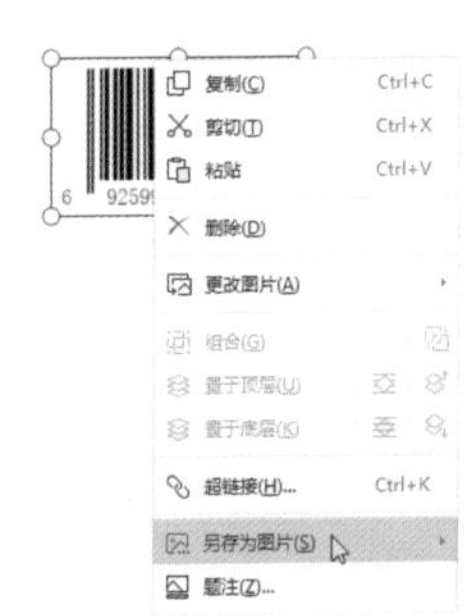


图3-10

## 3.1.4 将图片裁剪成其他形状

通常对图片裁剪是将图片多余的区域裁剪掉，除此之外，用户还可以将图片裁剪成一定的形状，如图3-11所示。

图3-11

用户只需要使用“裁剪”选项，就可以实现这一操作，如图3-12所示。

选择图片，在“图片工具”选项卡中单击“裁剪”下拉按钮。

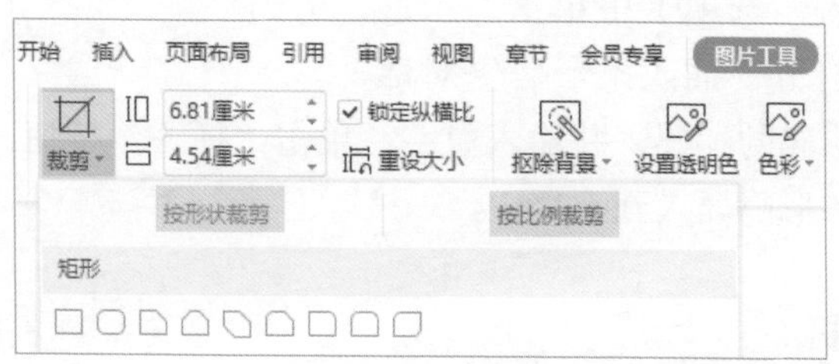


图3-12

选择“按形状裁剪”选项，并选择合适的形状，这里选择“心形”，将图片裁剪成心形形状，如图3-13所示。在图片右侧弹出的面板中选择“按比例裁剪”选项，并选择合适的比例，可以将图片按照所选比例进行裁剪，如图3-14所示。

裁剪好后，按【Enter】键确认即可。

图3-13　　图3-14

## 3.1.5 改变图片的亮度和对比度

如果文档中的图片看起来灰蒙蒙的，不是很艳丽，用户可以对图片的亮度和对比度进行调节，如图3-15所示。

图3-15

使用“对比度”和“亮度”选项，就可以根据需要调节图片的明暗程度和清晰度，如图3-16所示。

图3-16

选择图片，在“图片工具”选项卡中，单击“增加亮度”按钮，可以增加图片的亮度；单击“降低亮度”按钮，可以降低图片的亮度。单击“增加对比度”按钮，可以使图片变得清晰醒目，并且颜色艳丽；单击“降低对比度”按钮，图片就变得灰蒙蒙的，不是很清晰。

**知识链接**

对图片的亮度和对比度设置后，如果用户想要将图片恢复到原始状态，则可以在“图片工具”选项卡中单击“重设样式”按钮即可。

### 3.1.6 快速选择文档中的图片

选择文档中的图片很简单，只需要单击图片，就可以将其选中，但如果图片在文字的下方（图3-17），该如何选择呢？

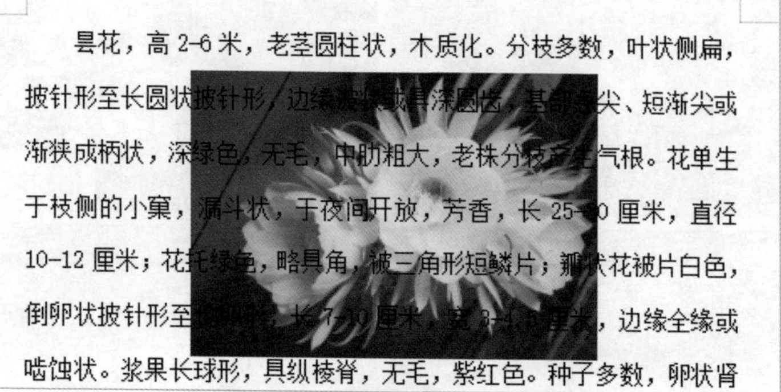


图3-17

使用“选择窗格”选项（图3-18），无论图片以何种形式存在文档中，都可以快速将其选中。

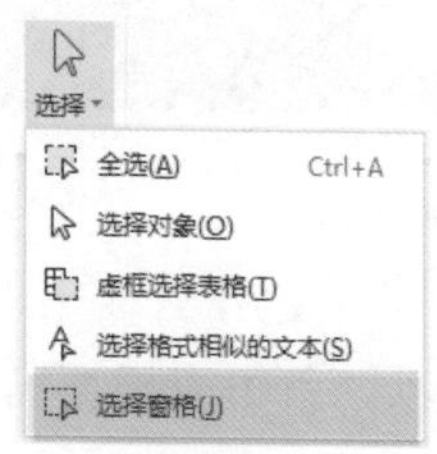


图3-18

在“开始”选项卡中单击“选择”下拉按钮，选择“选择窗格”选项，打开“选择窗格”窗口，从中单击选择图片名称，即可将在文字下方的图片选中，如图3-19所示。

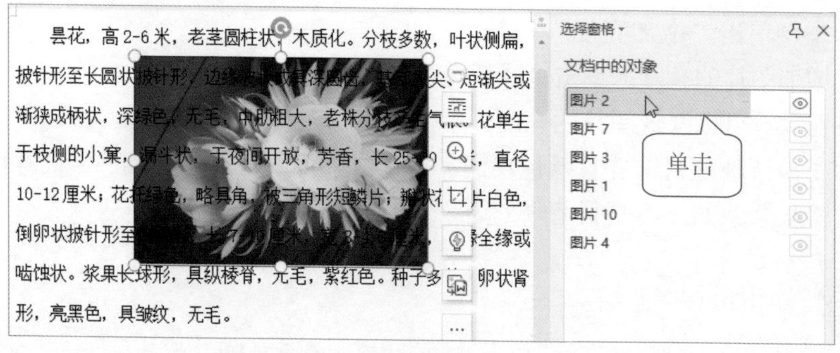


图3-19

## 知识链接

在文档中插入图片后，将图片的“环绕”设置为“衬于文字下方”，就会让图片显示在文字下方。

## 3.2 形状的绘制

在文档中使用形状进行辅助说明或作为修饰，可以更好地展示文档内容。下面将介绍形状的绘制技巧。

### 3.2.1 绘制正多边形

正多边形包括正方形、正菱形、正圆形等，如图3-20所示。那么如何在文档中绘制这些正多边形呢?

图3-20

其实，用户使用“形状”选项即可进行相应的绘制，如图3-21所示。在“插入”选项卡中单击“形状”下拉按钮，从列表中选择需要的形状，这里选择“椭圆”，然后按住【Shift】键不放，拖动鼠标，即可绘制一个正圆形，如图3-22所示。

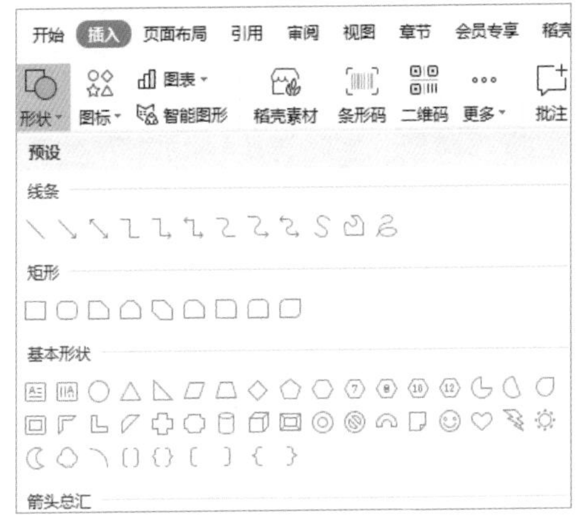


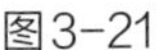

图3-21

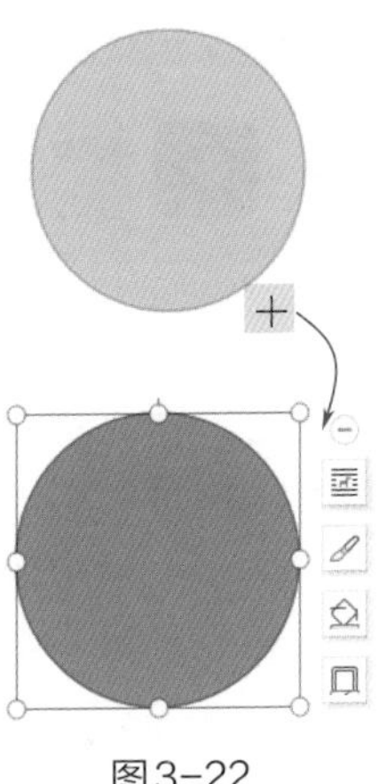

图3-22

### 知识链接

如果用户想要绘制一条直线，则在“形状”列表中选择“直线”选项，按住【Shift】键不放，拖动鼠标，即可绘制一条直线，如图3-23所示。

图3-23

## 3.2.2 更改图形的样式

绘制的形状默认样式通常不是很美观，用户可以根据需要来更改图形的填充颜色、轮廓样式、形状效果等，如图3-24所示。

图3-24

用户只需要使用“填充”“轮廓”和“形状效果”选项，就可以更改图形的样式，如图3-25所示。

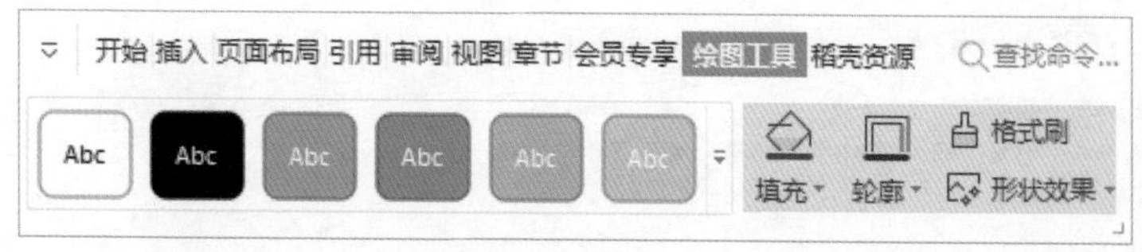


图3-25

选择图形，在“绘图工具”选项卡中单击“填充”下拉按钮，从列表中可以为图形设置合适的填充样式，如图3-26所示。

单击“轮廓”下拉按钮，从列表中可以为图形设置轮廓的颜色、轮廓粗细、虚线线型等，如图3-27所示。

单击“形状效果”下拉按钮，从列表中可以为图形设置“阴影”“倒影”“发光”“柔化边缘”等效果，如图3-28所示。

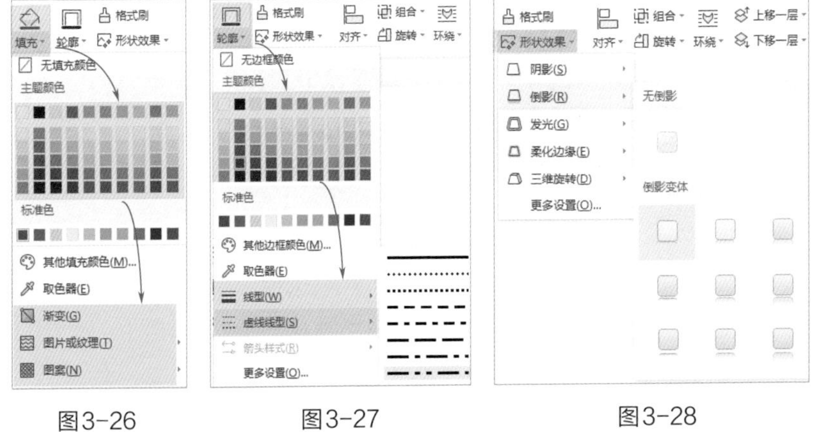


图3-26　　图3-27　　图3-28

## 3.2.3 将图形设置为默认形状

如果用户经常插入带有颜色和轮廓的图形，则可以将其设置为默认形状。下次绘制图形时，就可以直接绘制默认的形状，如图3-29所示。

图3-29

用户只需要使用“设置为默认形状”选项，就可以将需要的图形设置为默认形状。

首先绘制一个形状（图3-30），然后设置形状的填充颜色和轮廓样式。

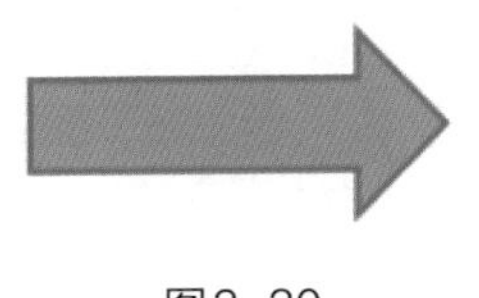

图3-30

选择形状并右击，从弹出的快捷菜单中选择“设置为默认形状”选项，即可将红色箭头设置为默认形状，如图3-31所示。

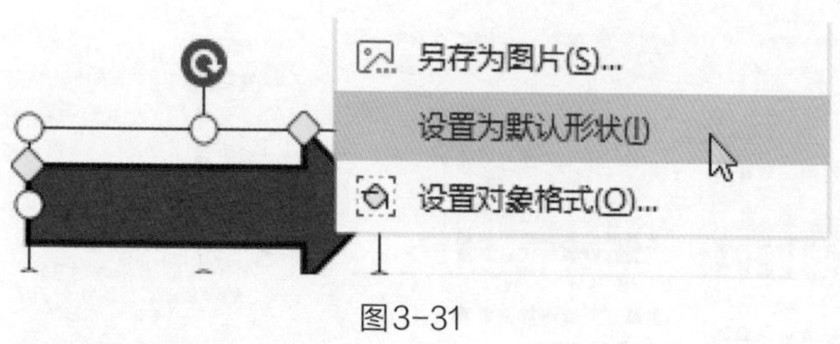


图3-31

再次使用该形状时，只需要在“插入”选项卡中单击“形状”下拉按钮，选择“右箭头”选项，即可绘制出默认的形状，如图3-32所示。

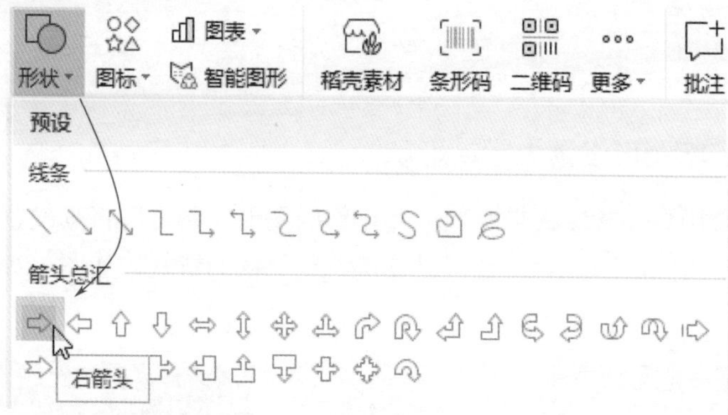


图3-32

### 3.2.4 将多个图形组合为一个图形

在使用图形时，有时需要将多个图形组合成一个整体（图3-33），从而使其成为一个单一的可操作对象，简化操作步骤。

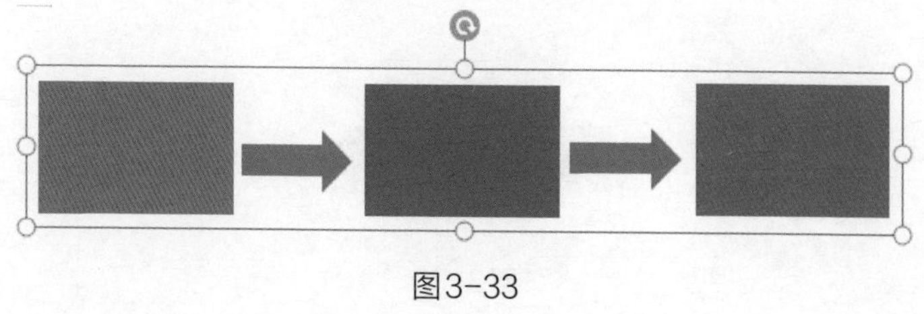

图3-33

将多个形状组合成一个图形，只需要使用“组合”选项就可以实现。选择需要组合的形状并右击，从弹出的快捷菜单中选择“组合”选项，如图3-34所示。

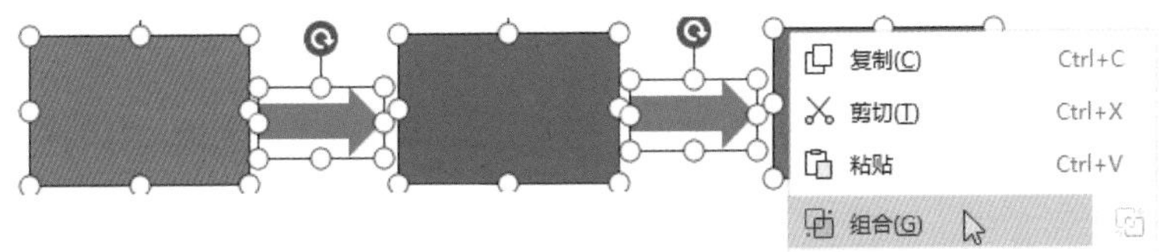


图3-34

或者在“绘图工具”选项卡中单击“组合”下拉按钮，从列表中选择“组合”选项即可，如图3-35所示。

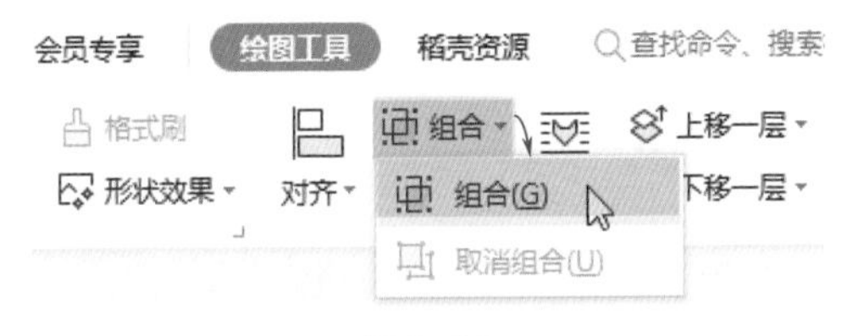


图3-35

## 知识链接

如果用户想要取消组合，则右击组合图形，从弹出的快捷菜单中选择“取消组合”选项，如图3-36所示。

图3-36

### 3.2.5 在图形中添加文字

如果需要使用形状来制作流程图，则需要在形状中输入内容，如图3-37所示。那么该如何操作呢？

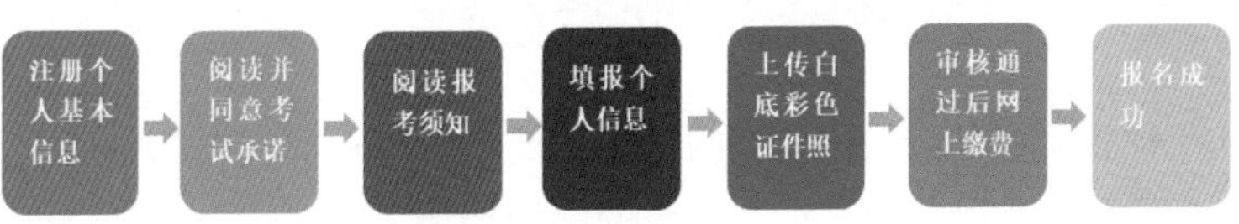


图3-37

其实，用户使用“添加文字”选项，就可以在形状中输入文字。选择形状并右击，从弹出的快捷菜单中选择“添加文字”选项，如图3-38所示。

光标插入到形状中，直接输入相关文本内容即可，如图3-39所示。

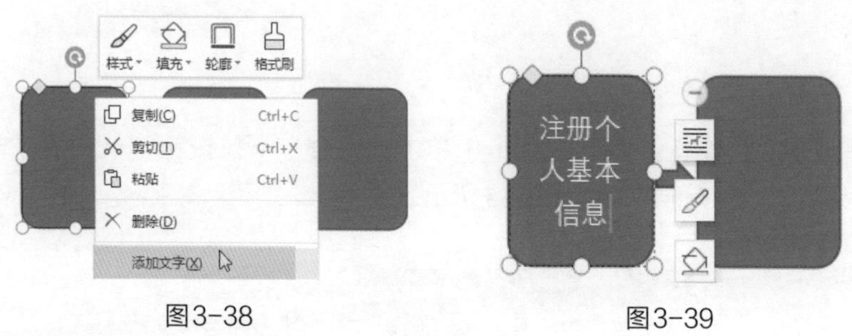


图3-38　　　　图3-39

## 知识链接

如果用户想要更改形状，则在“绘图工具”选项卡中单击“编辑形状”下拉按钮，从列表中选择“更改形状”选项，并从其级联菜单中选择“椭圆”选项，即可将圆角矩形快速更改为椭圆，如图3-40所示。

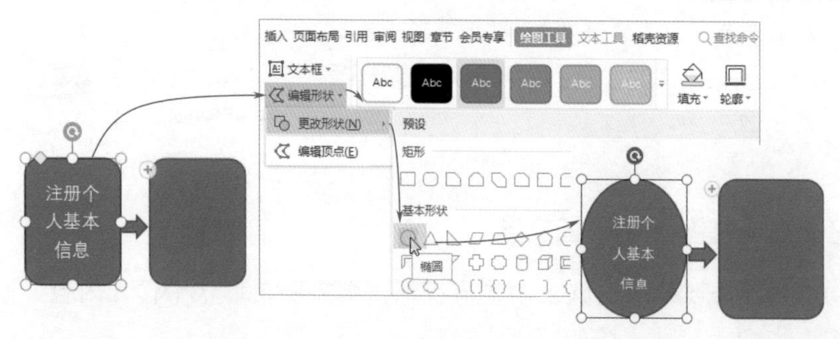


图3-40

# 3.3　艺术字与文本框的应用

艺术字可以起到美化标题的作用，而文本框可以让文档的版式更加灵活。下面将介绍艺术字和文本框的使用技巧。

### 3.3.1 根据文字调整文本框大小

文本框主要是用来存放文本的，但有时在文本框中输入的文本不能完全显示出来，如图3-41所示。要想根据文字调整文本框的大小，该如何操作呢？

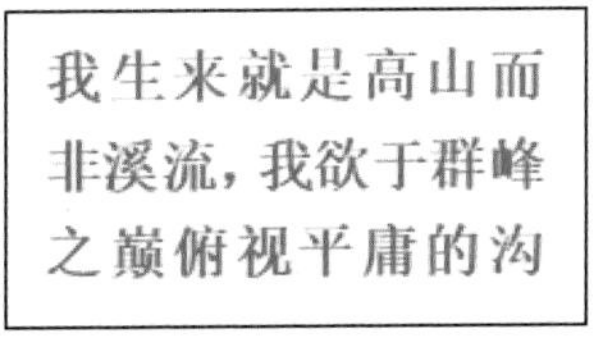

图3-41

用户可以根据文字手动调整文本框大小，或者通过“根据文字调整形状大小”选项，自动调整文本框大小。

选择文本框，文本框周围出现8个控制点。将光标移至任意控制点上，拖动鼠标调整文本框的大小，直至显示所有的文本，如图3-42所示。

图3-42

选择文本框并右击，选择“设置对象格式”选项，如图3-43所示。打开“属性”窗口，在“文本框”选项中勾选“根据文字调整形状大小”复选框，即可根据文字自动调整文本框大小，如图3-44所示。

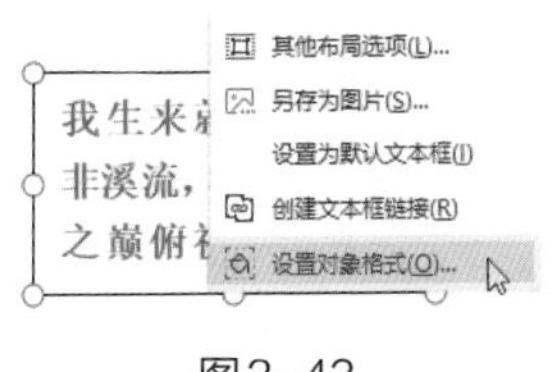


图3-43

属性
形状选项
文本选项
填充与轮廓
效果
文本框
文本框
垂直对齐方式(V):
文字方向(X):
文字边距(E):
左边距(L)
右边距(R)
上边距(T)
下边距(B)
不旋转文本(O)
根据文字调整形状大小(S)
形状中的文字自动换行(W)
我生来就是高山而非溪流，我欲于群峰之巅俯视平庸的沟壑。我生来就是人杰而非草芥，我站在伟人之肩藐视卑微的懦夫！

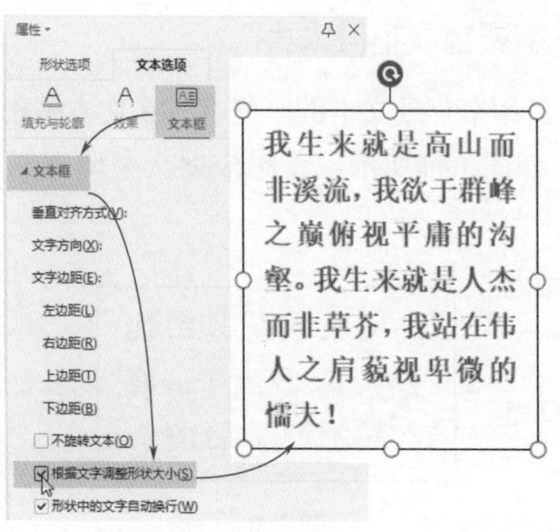

图3-44

### 3.3.2 去掉文本框的黑色边框

绘制的文本框默认带有黑色边框，如果用户觉得不是很美观，可以将黑色边框去掉，如图3-45所示。

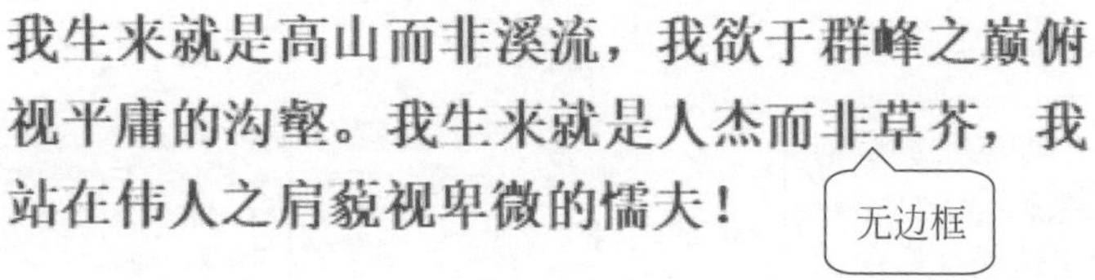

我生来就是高山而非溪流，我欲于群峰之巅俯视平庸的沟壑。我生来就是人杰而非草芥，我站在伟人之肩藐视卑微的懦夫！
无边框

图3-45

用户只需要使用“轮廓”选项，就可以实现该操作，如图3-46所示。

选择文本框，在“绘图工具”选项卡中单击“轮廓”下拉按钮，从列表中选择“无边框颜色”选项即可，如图3-47所示。

会员专享
绘图工具
文本工具
格式刷
填充
轮廓
形状效果
对齐

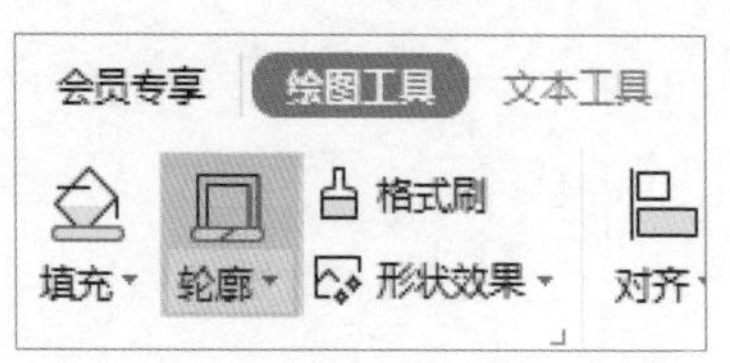

图3-46

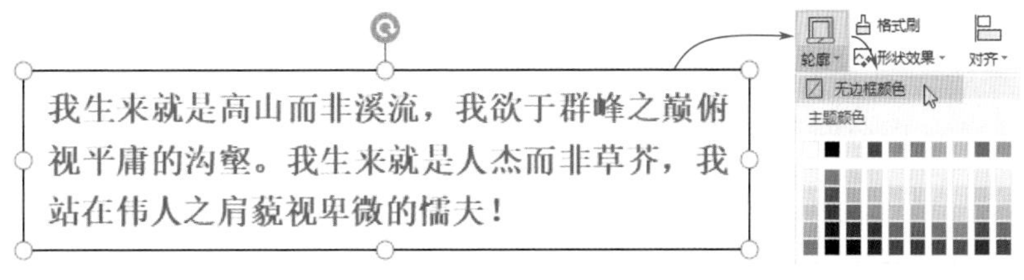


图3-47

## 知识链接

如果用户想要将文本框中的横排文本更改为竖排文本，则选择文本框，在“文本工具”选项卡中单击“文字方向”按钮，即可让横排显示的文本，以竖排形式显示，如图3-48所示。

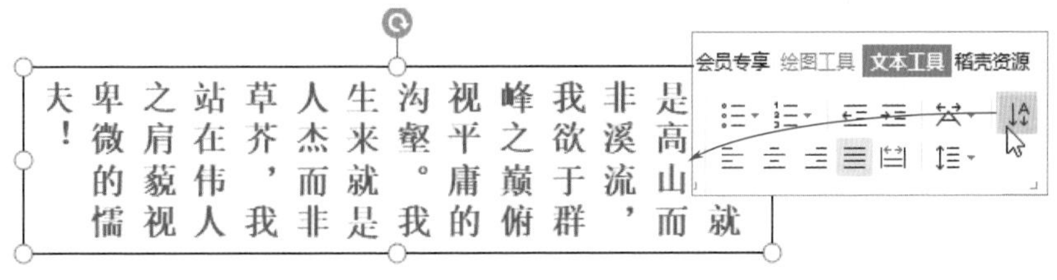


图3-48

### 3.3.3 按需插入艺术字

通常在宣传海报、企业简章等文档中使用艺术字，以便起到美化标题的作用，并达到强烈、醒目的效果。艺术字的样式有很多（图3-49），用户可以根据文档主题插入相应的艺术字。

光盘行动 述职报告 古诗赏析

网络运营 牙齿护理

图3-49

插入艺术字只需要使用“艺术字”选项，就可以实现。

在“插入”选项卡中单击“艺术字”下拉按钮，从列表中选择合适的内置艺术字样式，如图3-50所示。即可在文档中插入一个“请在此放置您的文字”艺术字文本框，如图3-51所示。用户直接在文本框中输入相关内容即可，如图3-52所示。

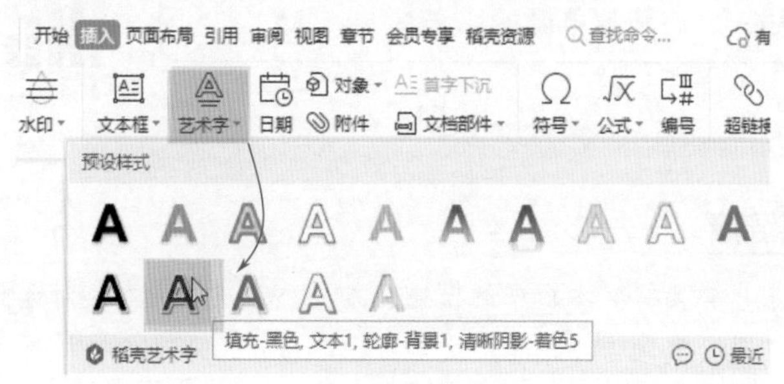


图3-50

图3-51　　图3-52

## 知识链接

插入艺术字后，用户在“开始”选项卡中，可以更改艺术字的字体和字号，如图3-53所示。

图3-53

### 3.3.4　为艺术字设置效果

为了使艺术字看起来更加绚丽、更加吸引人，用户可以为艺术字设置发光、变形等效果，如图3-54所示。

图3-54

用户只需要使用“文本效果”选项，就可以为艺术字设置发光、三维旋转、转换等效果，如图3-55所示。

选择艺术字，在“文本工具”选项卡中单击“文本效果”下拉按钮，从列表中选择“发光”选项，并选择合适的发光效果即可，如图3-56所示。

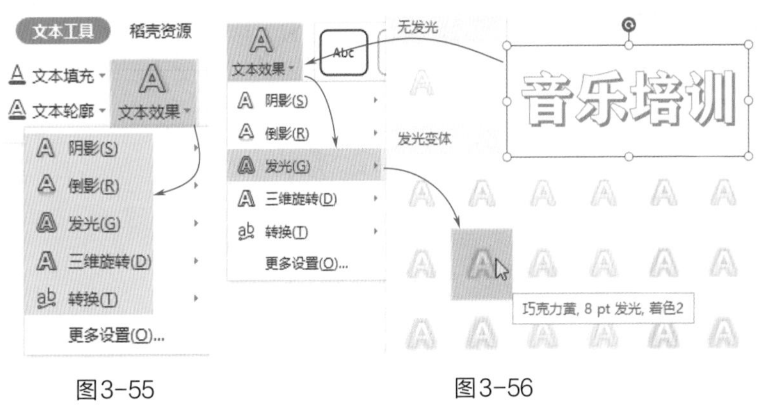


图3-55　　图3-56

在“文本效果”列表中选择“转换”选项，然后选择合适的转换效果即可，如图3-57所示。

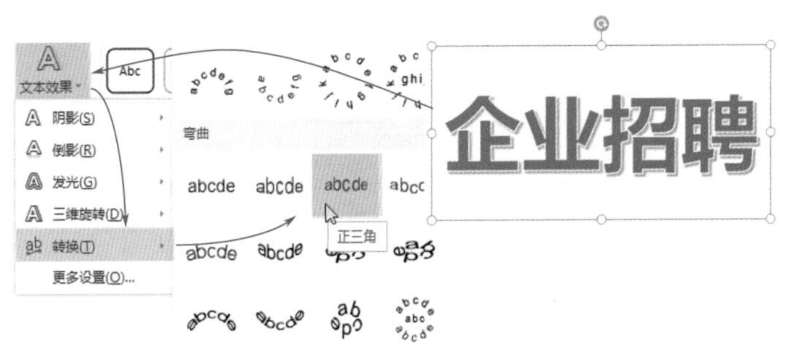


图3-57

## 3.4 表格的应用

使用表格可以将文档中的数据内容简明、概要地展示出来。表格的功能很强大，下面将介绍表格的应用技巧。

### 3.4.1 绘制斜线表头

制作课程表、值日表之类的表格时，通常需要制作斜线表头，方便查看表格内容。斜线表头的类型有很多，如图3-58所示。用户需要根据表格内容，制作相应的斜线表头。

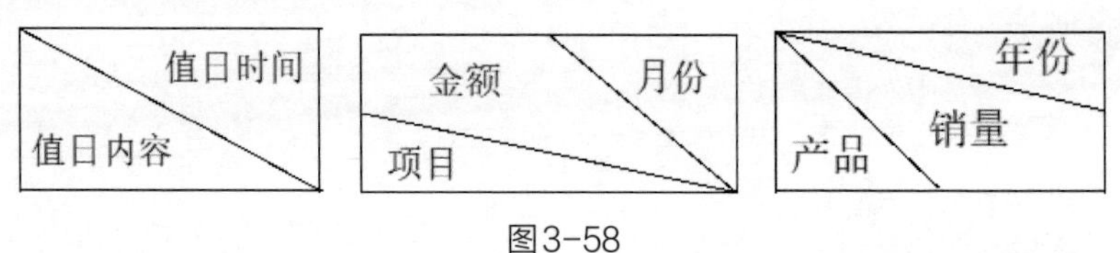


图3-58

用户可以使用“绘制斜线表头”“形状”选项，来绘制斜线表头，如图3-59所示。

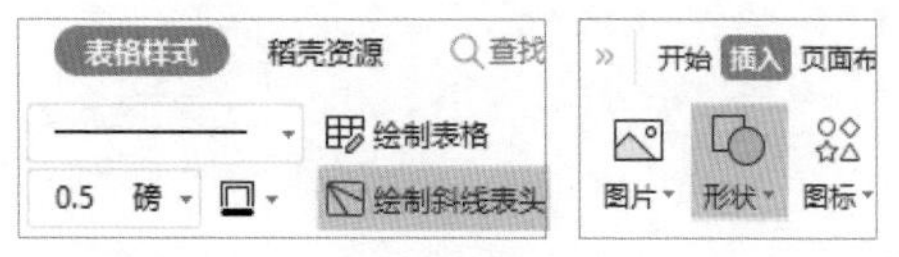


图3-59

将光标插入到单元格中，在“表格样式”选项卡中单击“绘制斜线表头”按钮，在打开的“斜线单元格类型”对话框中选择一种斜线类型，单击“确定”按钮即可，如图3-60所示。

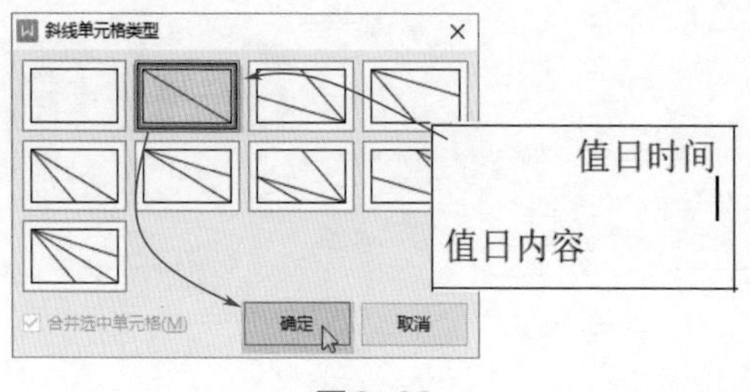


图3-60

在“插入”选项卡中单击“形状”下拉按钮，选择“直线”选项，拖动鼠标，在单元格中绘制斜线表头即可，如图3-61所示。

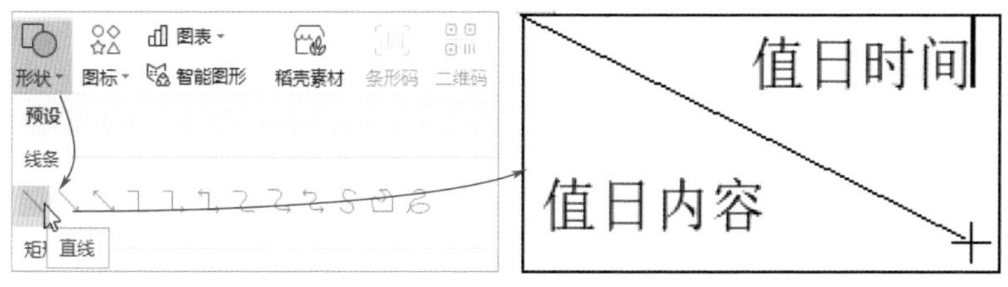


图3-61

## 3.4.2 快速拆分表格

当一个表格内容过多时，为了更好地呈现表格内容，可以将表格进行拆分，将一个表格拆分成两个，如图3-62所示。

| 姓名 | | 性别 | | 学号 | |
|---|---|---|---|---|---|
| 院系 | | | 专业 | | |
| 实习单位 | | | | | |
| 单位地址 | | | | | |
| 实习日期 | 年 月 日至 年 月 日 | | | 实习职位 | |
| 单位负责 | | | 电话 | | |
| 实习内容 | | | | | |
| 自我评价 | | | | | |
| 单位评价 | | | | | |

| 姓名 | | 性别 | | 学号 | |
|---|---|---|---|---|---|
| 院系 | | | 专业 | | |
| 实习单位 | | | | | |
| 单位地址 | | | | | |
| 实习日期 | 年 月 日至 年 月 日 | | | 实习职位 | |
| 单位负责 | | | 电话 | | |

上、下两个表格

| | |
|---|---|
| 自我评价 | |
| 单位评价 | |

图3-62

拆分表格就是将一个表格拆分成两个，而选中的行将作为新表格的首行。用户使用“拆分表格”选项，即可对表格进行拆分，如图3-63所示。

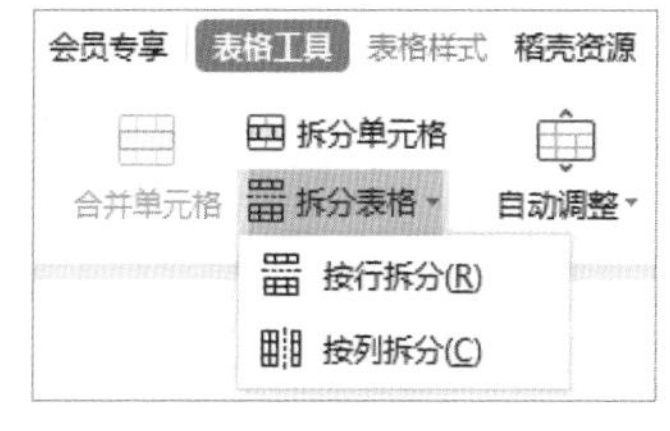


图3-63

选择需要拆分的位置，在“表格工具”选项卡中单击“拆分表格”下拉按钮，从列表中选择“按行拆分”选项，即可将表格以当前光标所在的单元格为基准，拆分为上下两个表格。

### 注意事项

拆分表格一般为横向拆分，也就是按行拆分。

### 知识链接

在文档中插入表格后，如果想要为表格添加标题，则将光标插入到第一个单元格中，按【Alt+Enter】组合键，即可在表格上方插入空行，然后输入标题，如图3-64所示。

图3-64

## 3.4.3 去除表格后面多余的空白页

当文档中的一页是整张表格时，通常会在表格的后面多出一个空白页（图3-65），而且使用【Backspace】键或【Delete】键都无法删除。这该如何操作呢？

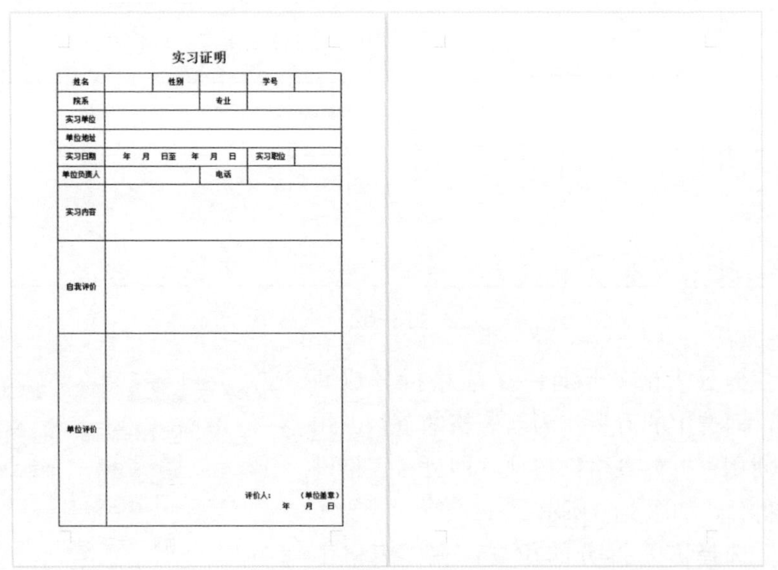
实习证明

| 姓名 | | 性别 | | 学号 | |
|---|---|---|---|---|---|
| 院系 | | 专业 | | | |
| 实习单位 | | | | | |
| 单位地址 | | | | | |
| 实习日期 | 年 月 日至 年 月 日 | | | 实习职位 | |
| 单位负责人 | | 电话 | | | |
| 实习内容 | | | | | |
| 自我评价 | | | | | |
| 单位评价 | 评价人： (单位盖章) 年 月 日 | | | | |

图3-65

用户可以通过减小行间距或减小页边距来删除表格后面的空白页。将光标插入到空白页中，打开“段落”对话框，将“行距”设置为“固定值”，“设置值”为“1磅”，单击“确定”按钮即可，如图3-66所示。

将光标插入到空白页中，在“页面布局”选项卡中单击“页边距”下拉按钮，选择“自定义页边距”选项，打开“页面设置”对话框，将“上”“下”页边距稍微缩小即可，如图3-67所示。

图3-66

图3-67

## 注意事项

在设置行距之前，要先按【Backspace】键或【Delete】键把多余的空行和标记删除干净，保证最后一个空白页只有一个段落标记。

## 3.4.4 将文本转换为表格

有时在工作中，用户需要将大量的文本转换成表格，如图3-68所示。如果插入表格后逐项复制，则非常浪费时间，那么有没有快捷的方法呢？

| 料号 | 单价 | 采购数量 | 金额 |
| --- | --- | --- | --- |
| D02102256 | 0.3 | 300 | 90 |
| D02102257 | 0.4 | 200 | 80 |
| D02102258 | 0.5 | 500 | 250 |
| D02102259 | 0.2 | 100 | 20 |
| D02102260 | 0.4 | 300 | 120 |
| D02102261 | 0.3 | 200 | 60 |
| D02102262 | 0.6 | 100 | 60 |
| D02102263 | 0.7 | 400 | 280 |

| 料号 | 单价 | 采购数量 | 金额 |
| --- | --- | --- | --- |
| D02102256 | 0.3 | 300 | 90 |
| D02102257 | 0.4 | 200 | 80 |
| D02102258 | 0.5 | 500 | 250 |
| D02102259 | 0.2 | 100 | 20 |
| D02102260 | 0.4 | 300 | 120 |
| D02102261 | 0.3 | 200 | 60 |
| D02102262 | 0.6 | 100 | 60 |
| D02102263 | 0.7 | 400 | 280 |

图3-68

其实，用户使用“表格”功能（图3-69），就可以将文本快速转换成表格。

选择文本内容，在“插入”选项卡中单击“表格”下拉按钮，从列表中选择“文本转换成表格”选项，打开“将文字转换成表格”对话框，保持各选项为默认状态，单击“确定”按钮，即可将文本转换成表格，如图3-70所示。

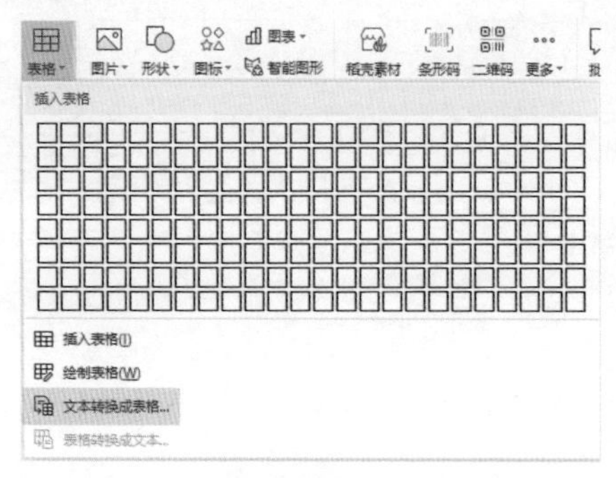


图3-69

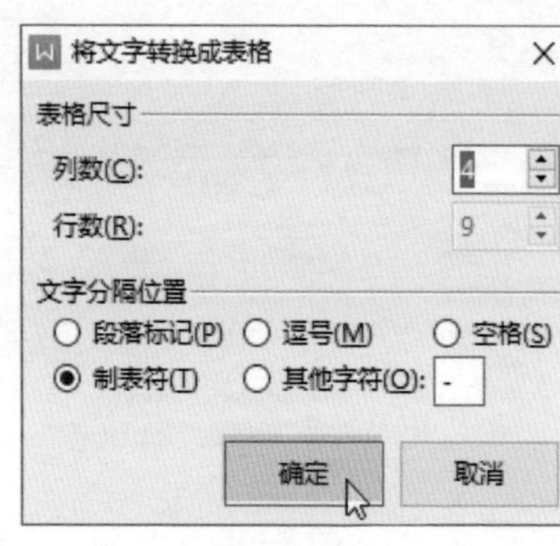


图3-70

## 知识链接

如果用户想要将表格转换成文本，则选择表格，在“表格工具”选项卡中单击“转换成文本”按钮，如图3-71所示。打开“表格转换成文本”对话框，直接单击“确定”按钮即可，如图3-72所示。

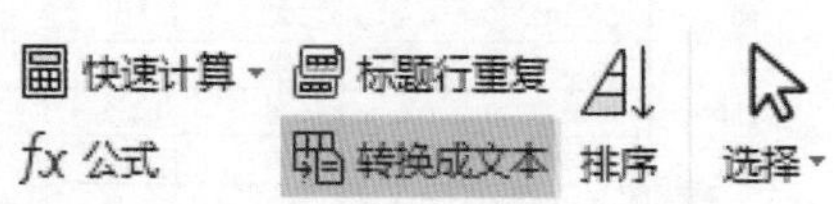


图3-71

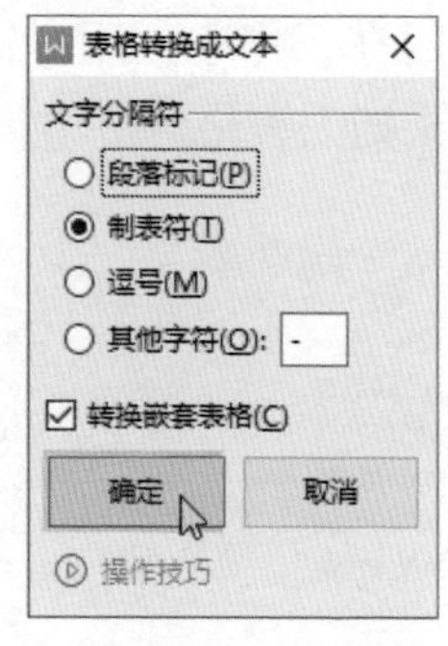


图3-72

## 3.4.5 在表格中自动添加编号

在编辑表格内容时，有时需要输入很多连续的序号，如图3-73所示。如果逐一手动输入非常麻烦，那么如何自动在表格中添加序号呢？

| 序号 | 料号 | 单价 | 采购数量 | 金额 |
|---|---|---|---|---|
| 1 | D02102256 | 0.3 | 300 | 90 |
| 2 | D02102257 | 0.4 | 200 | 80 |
| 3 | D02102258 | 0.5 | 500 | 250 |
| 4 | D02102259 | 0.2 | 100 | 20 |
| 5 | D02102260 | 0.4 | 300 | 120 |
| 6 | D02102261 | 0.3 | 200 | 60 |
| 7 | D02102262 | 0.6 | 100 | 60 |
| 8 | D02102263 | 0.7 | 400 | 280 |

图3-73

其实，用户使用“编号”选项就可以实现该操作，如图3-74所示。选择需要添加序号的单元格，在“开始”选项卡中单击“编号”下拉按钮，选择“自定义编号”选项，打开“项目符号和编号”对话框，选择“多级编号”选项卡，从中选择一种编号样式，单击“自定义”按钮，如图3-75所示。

图3-74

图3-75

打开“自定义多级编号列表”对话框，设置“编号格式”“编号样式”“编号位置”，并将“编号之后”设置为“无特别标示”，单击“确定”按钮，即可在所选单元格中自动添加编号，如图3-76所示。

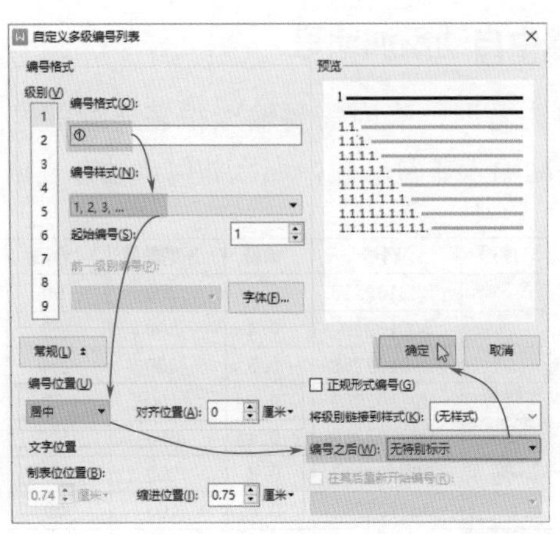


图3-76

## 3.4.6 对表格中的数据排序

文档中的表格不仅可以用来展示数据，还可以对表格数据进行排序，例如对“金额”数据进行排序，如图3-77所示。

| 料号 | 单价 | 采购数量 | 金额 |
|---|---|---|---|
| D02102256 | 0.3 | 300 | 90 |
| D02102257 | 0.4 | 200 | 80 |
| D02102258 | 0.5 | 500 | 250 |
| D02102259 | 0.2 | 100 | 20 |
| D02102260 | 0.4 | 300 | 120 |
| D02102261 | 0.3 | 200 | 60 |
| D02102262 | 0.6 | 100 | 60 |
| D02102263 | 0.7 | 400 | 280 |

| 料号 | 单价 | 采购数量 | 金额 |
|---|---|---|---|
| D02102263 | 0.7 | 400 | 280 |
| D02102258 | 0.5 | 500 | 250 |
| D02102260 | 0.4 | 300 | 120 |
| D02102256 | 0.3 | 300 | 90 |
| D02102257 | 0.4 | 200 | 80 |
| D02102261 | 0.3 | 200 | 60 |
| D02102262 | 0.6 | 100 | 60 |
| D02102259 | 0.2 | 100 | 20 |

图3-77

用户使用“排序”选项，就可以实现排序操作，如图3-78所示。

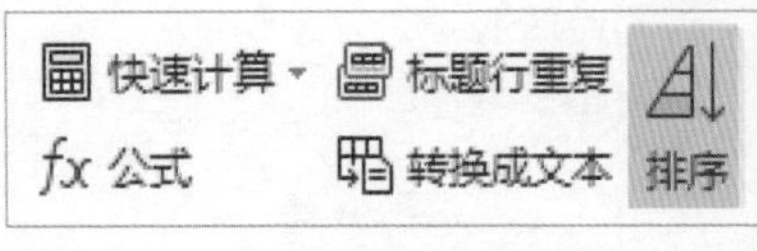


图3-78

选择“金额”数据所在单元格，如图3-79所示。在“表格工具”选项卡中单击“排序”按钮。

打开“排序”对话框，将“主要关键字”设置为“列4”，将“类型”设置为“数字”，选择“降序”单选按钮，单击“确定”按钮，即可将“金额”数据进行降序排序，如图3-80所示。

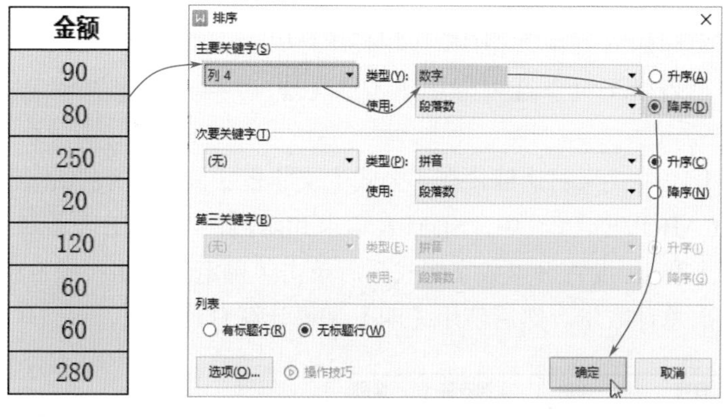


图3-79　　图3-80

## 知识链接

在“排序”对话框中，包含“主要关键字”“次要关键字”和“第三关键字”。在排序过程中，将按照“主要关键字”进行排序。当有相同记录时，按照“次要关键字”排序。若两者都是相同记录，则按照“第三关键字”排序。

## 3.4.7　对表格中的数据求和

如果用户想要对表格中的数据进行计算，例如计算“采购数量”和“金额”的总计值（图3-81），该如何操作呢？

| 料号 | 单价 | 采购数量 | 金额 |
|---|---|---|---|
| D02102256 | 0.3 | 300 | 90 |
| D02102257 | 0.4 | 200 | 80 |
| D02102258 | 0.5 | 500 | 250 |
| D02102259 | 0.2 | 100 | 20 |
| D02102260 | 0.4 | 300 | 120 |
| D02102261 | 0.3 | 200 | 60 |
| D02102262 | 0.6 | 100 | 60 |
| D02102263 | 0.7 | 400 | 280 |
| 总计 | | 2100 | 960 |

图3-81

要想对数据进行求和计算，可以通过“*fx*公式”选项来实现，如图3-82所示。

图3-82

将光标插入到单元格中，如图3-83所示。在“表格工具”选项卡中单击“*fx*公式”按钮。

打开“公式”对话框，在“公式”文本框中默认显示的是求和公式“=SUM(ABOVE)”（其中，SUM表示求和函数，ABOVE表示对上方数据进行求和），设置好“数字格式”后单击“确定”按钮（图3-84），即可计算出总计数量。然后使用【F4】键，计算总计金额。

| 料号 | 单价 | 采购数量 | 金额 |
|---|---|---|---|
| D02102256 | 0.3 | 300 | 90 |
| D02102257 | 0.4 | 200 | 80 |
| D02102258 | 0.5 | 500 | 250 |
| D02102259 | 0.2 | 100 | 20 |
| D02102260 | 0.4 | 300 | 120 |
| D02102261 | 0.3 | 200 | 60 |
| D02102262 | 0.6 | 100 | 60 |
| D02102263 | 0.7 | 400 | 280 |
| 总计 | | | |

图3-83

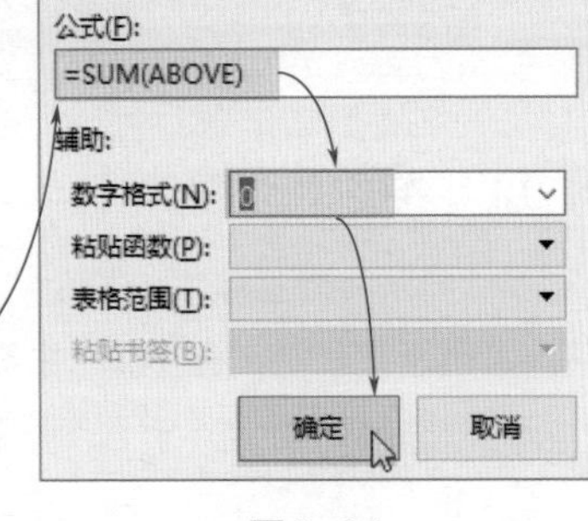


图3-84

## 知识链接

通过“公式”对话框，在“数字格式”列表中可以选择值的数字格式。在“粘贴函数”列表中可以选择需要计算的函数类型。在“表格范围”列表中可以选择计算范围，例如计算表格左侧数据，则选择“LEFT”；计算右侧数据，则选择“RIGHT”；计算上方数据，则选择“ABOVE”；计算下方数据，则选择“BELOW”。

## 注意事项

当表格数值发生变化，公式结果需要更新时，用户无须重新进行计算，只需全选表格，按【F9】键更新域即可。

扫码观看
本章视频

# 第4章 自动排版技术

在对长文档（如合同、标书、论文等）进行编辑时，掌握一些自动排版技术，可以提高文档的排版效率。本章将对样式的应用、页眉/页脚的设置、文档的引用操作、文档的审阅操作等技巧进行介绍。

## 4.1 样式的应用

样式就是文字格式和段落格式的集合。使用样式，可以避免重复的格式化操作。下面将介绍样式的应用技巧。

### 4.1.1 应用样式快速美化文档

通常对论文进行排版时，会用到样式。WPS Office软件内置的样式中，最常用的样式为正文、标题1、标题2、标题3等，如图4-1所示。

图4-1

正文：默认的段落样式，是所有段落样式的基准，如图4-2所示。

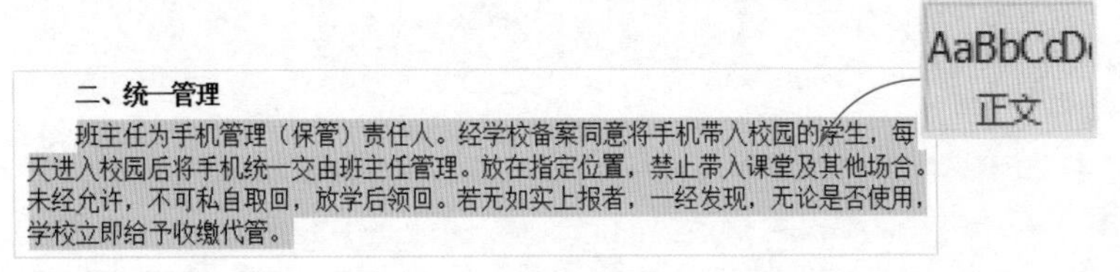


图4-2

标题1：适用于一级标题，即章标题，如图4-3所示。标题2：适用于二级标题，即节标题，如图4-4所示。

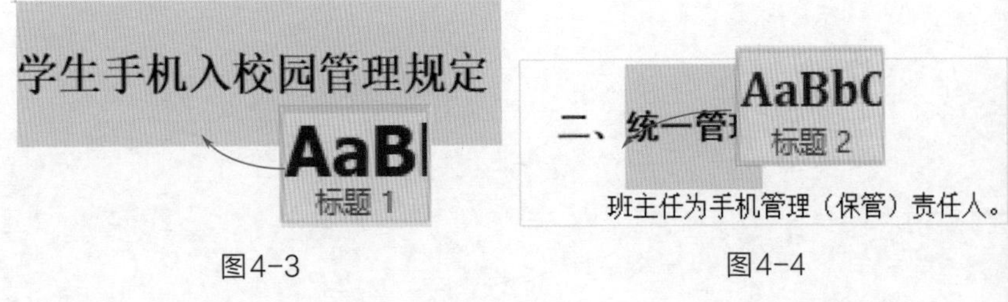


图4-3　　图4-4

用户只需要选中标题，单击样式命令，即可将样式直接套用到选中的标题上。

## 知识链接

用户在“预设样式”列表中选择“显示更多样式”选项，可以查看更多的样式，如图4-5所示。

图4-5

### 4.1.2 快速修改样式为新格式

大部分内置样式是不符合排版要求的，若直接套用，整体效果会显得不是很美观，所以就需要对套用的样式进行格式修改，如图4-6所示。

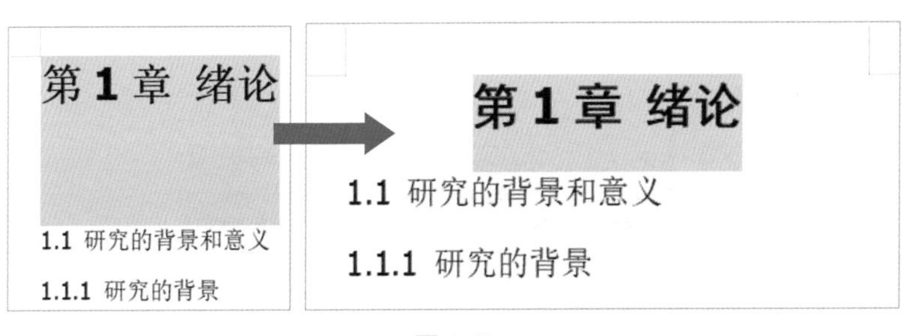


图4-6

可修改的格式包括字体、段落、制表位、边框、编号、文本效果等，用户使用“修改样式”选项直接修改样式，如图4-7所示。

图4-7

右击“标题1”样式，从弹出的快捷菜单中选择“修改样式”选项，打开“修改样式”对话框，单击“格式”按钮，即可按要求对标题进行详细设置，如图4-8所示。

一般对标题的“字体”和“段落”进行设置，如图4-9所示。

图4-8

图4-9

## 4.1.3 新建样式

有时内置的样式不能完全满足用户的实际需要，这时就需要自行新建一个样式，例如新建一个“正文样式”，如图4-10所示。

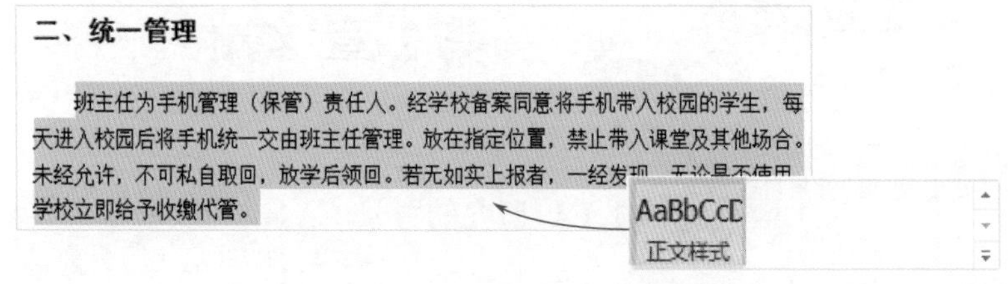


图4-10

用户使用“新建样式”选项，就可以新建一个样式，如图4-11所示。

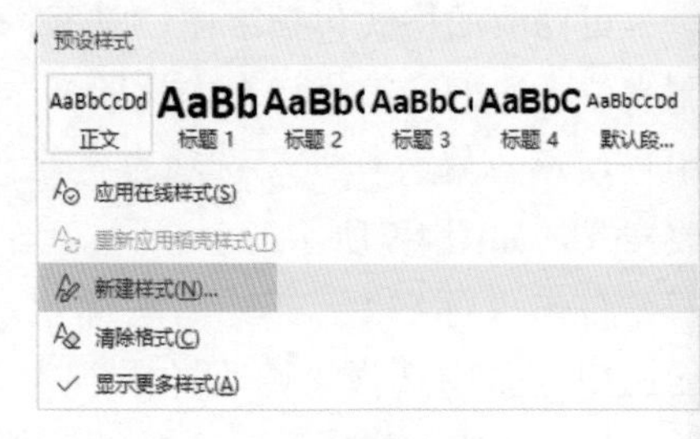


图4-11

在“开始”选项卡中单击“其他”下拉按钮，从列表中选择“新建样式”选项，打开“新建样式”对话框，设置“名称”“样式类型”等，单击“格式”按钮，如图4-12所示。

在“格式”列表中设置样式的字体格式和段落格式即可，如图4-13所示。

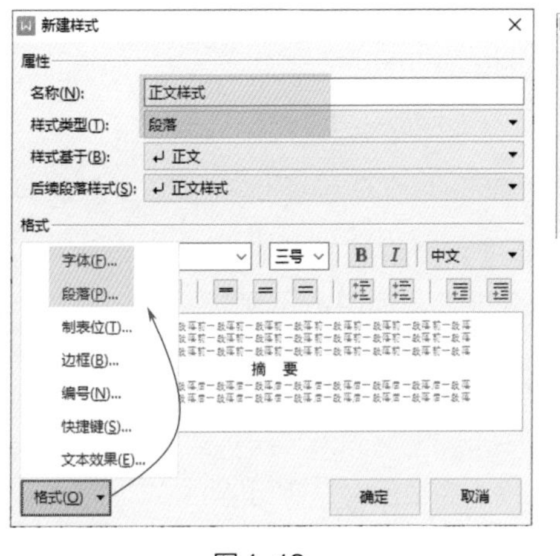


图4-12

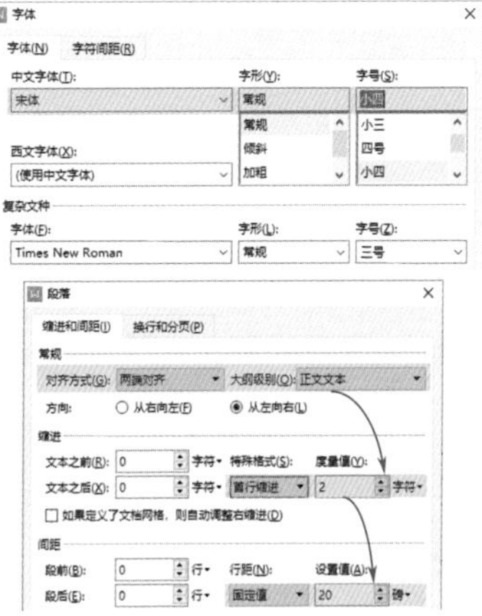


图4-13

## 知识链接

如果用户想要删除新建的样式，则右击新建样式，从弹出的快捷菜单中选择“删除样式”选项即可，如图4-14所示。

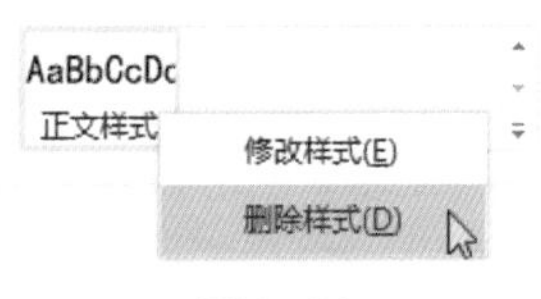


图4-14

# 4.2 页眉/页脚的设置

对于长篇文档来说，为了方便浏览内容，需要为文档设置页眉和页脚。下面将介绍页眉/页脚的设置技巧。

## 4.2.1 在页眉中插入Logo

页眉是文档中每个页面的顶部区域，常用于显示文档的附加信息，例如文档标题、文件名、公司Logo等。通常会在论文的封面页眉中插入Logo图片，如图4-15所示。

图4-15

在页眉中插入Logo图片，需要进入页眉编辑状态。用户单击“页眉页脚”按钮或双击编辑页眉，即可进入，如图4-16所示。

图4-16

将光标插入到页眉中，在“页眉页脚”选项卡中单击“页眉页脚选项”按钮，如图4-17所示。

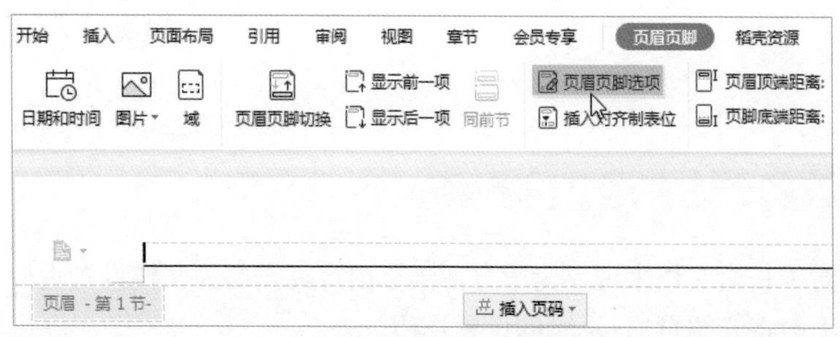


图4-17

打开“页眉/页脚设置”对话框，勾选“首页不同”复选框，单击“确定”按钮，如图4-18所示。接着在“页眉页脚”选项卡中单击“图片”按钮，如图4-19所示。

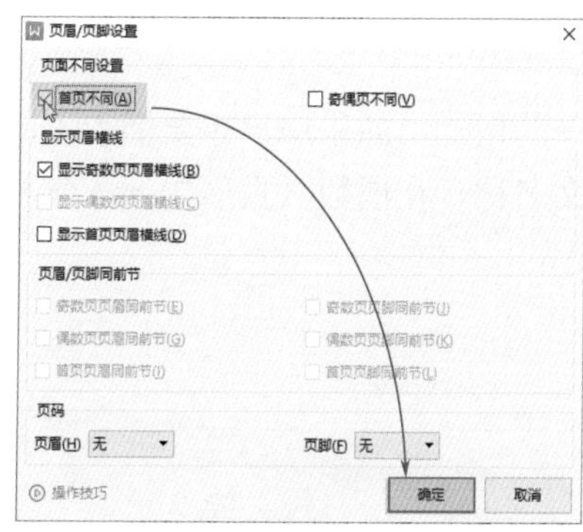


图4-18

图4-19

打开“插入图片”对话框，从中选择Logo图片，单击“打开”按钮（图4-20），即可将所选图片插入到页眉中，最后适当调整图片的大小。

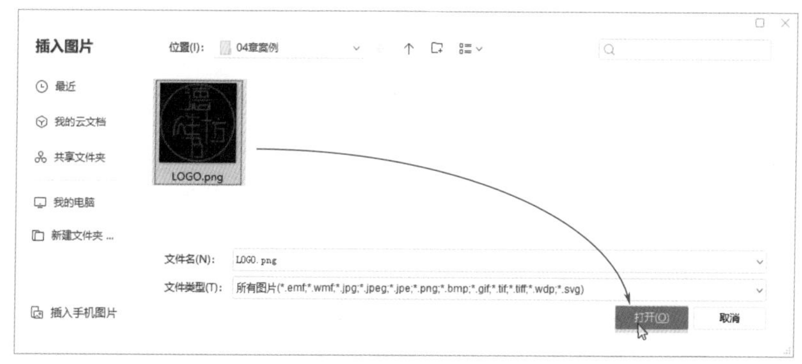


图4-20

## 知识链接

如果用户想要退出页眉编辑状态，则在“页眉页脚”选项卡中单击“关闭”按钮即可，如图4-21所示。

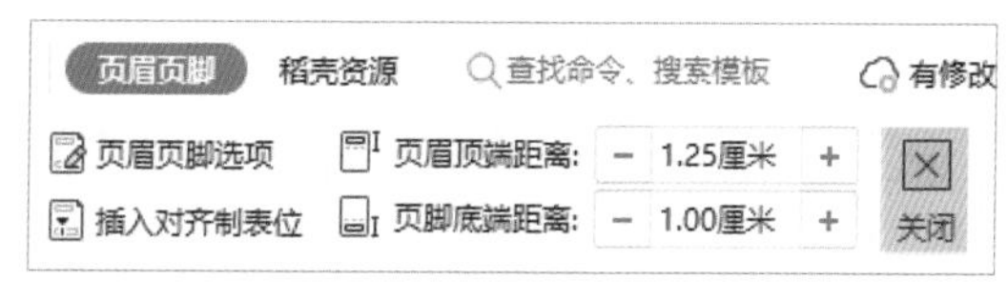


图4-21

### 4.2.2 设置奇偶页不同页眉

在文档中添加的页眉页脚都是统一的格式，如果用户想要插入不同的页眉（例如在奇数页页眉中插入论文名称，在偶数页页眉中插入学校名称，如图4-22所示），该如何操作呢？

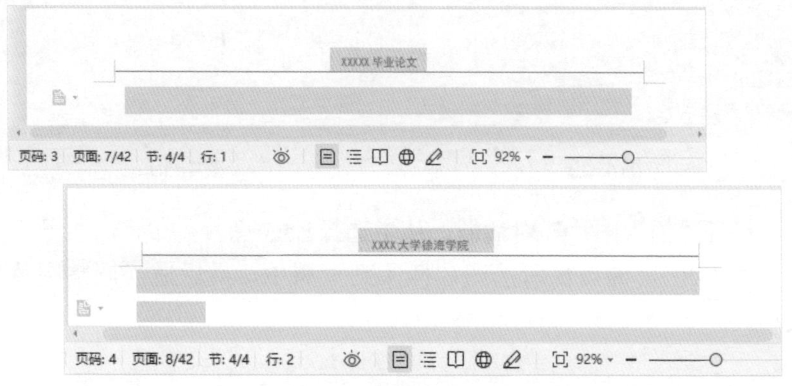


图4-22

要想插入不同的页眉，首先要设置“奇偶页不同”。进入页眉编辑状态后，在“页眉页脚”选项卡中单击“页眉页脚选项”按钮，打开“页眉/页脚设置”对话框，勾选“奇偶页不同”复选框，单击“确定”按钮，如图4-23所示。

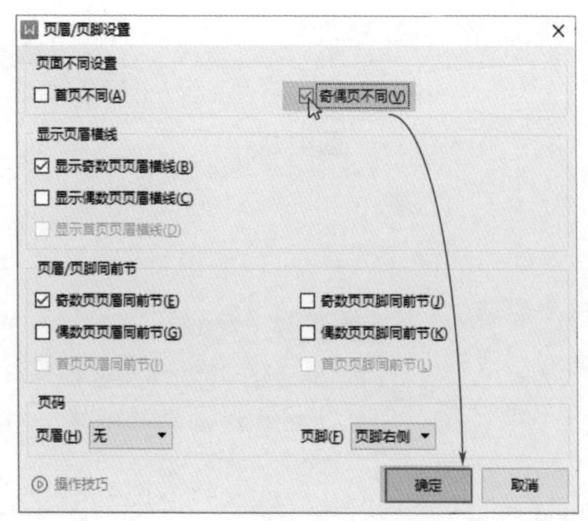


图4-23

接着在“奇数页页眉”中输入论文名称，在“偶数页页眉”中输入学校名称，如图4-24所示。

图4-24

### 4.2.3 将章节标题自动提取到页眉中

如果用户想要论文的每章的章节标题显示在页眉中（图4-25），该如何操作呢？

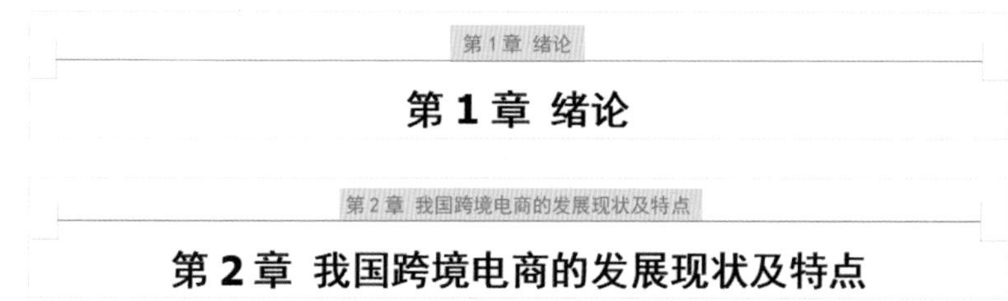


图4-25

用户可以使用“域”选项，将每章的章节标题自动提取到页眉中。首先进入页眉编辑状态，在“页眉页脚”选项卡中单击“域”按钮，如图4-26所示。

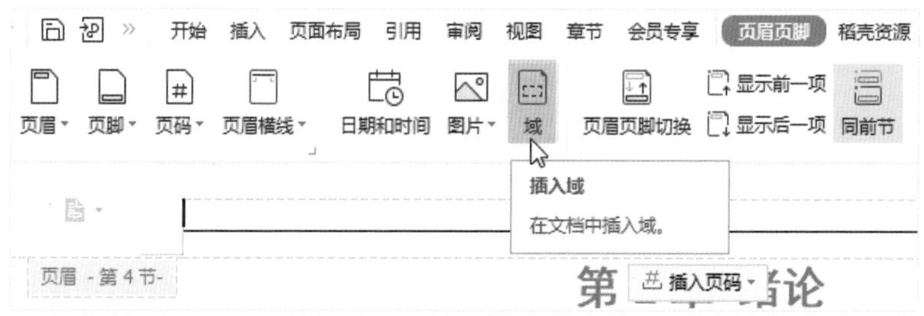


图4-26

打开“域”对话框，在“域名”选项中选择“样式引用”选项，在右侧单击“样式名”下拉按钮，从列表中选择“标题1”，单击“确定”按钮（图4-27），即可将章节标题自动插入到页眉中。

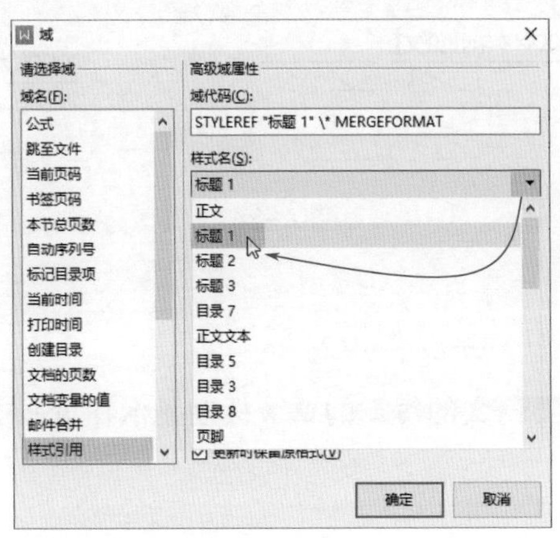


图4-27

## 注意事项

要想自动引用章节名称，必须为论文的章标题应用标题样式。

### 4.2.4　从指定位置开始插入页码

一般页码插入在页面底端，即页脚位置。在论文中，“封面页”和“摘要页”通常不需要添加页码，那么如果想要从“正文页”开始添加页码（图4-28）,该如何操作呢？

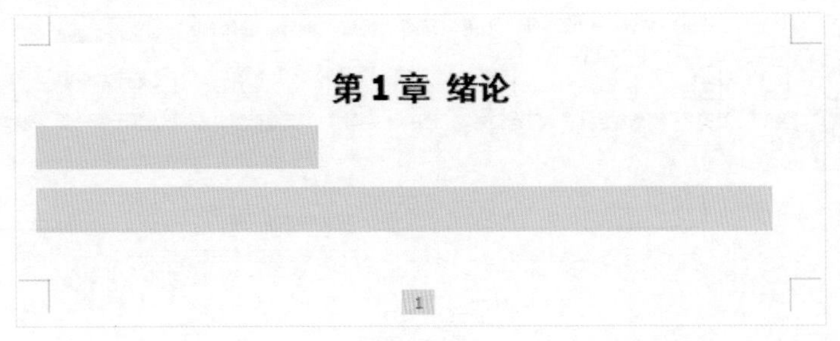


图4-28

其实，用户使用“页码”选项，就可以在指定位置插入页码。双击正文页面底端，进入页脚编辑状态，如图4-29所示。

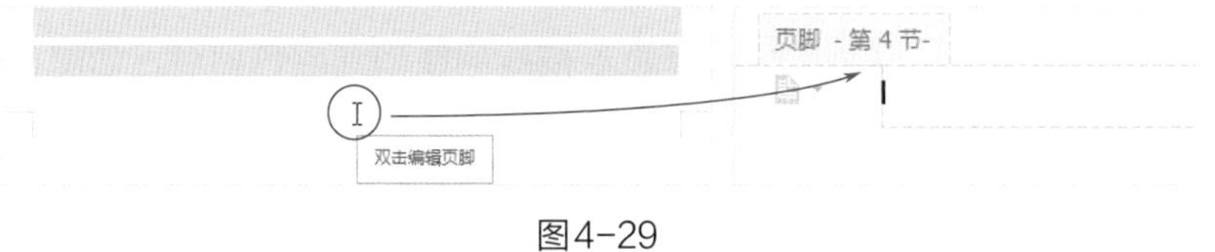


图4-29

在“页眉页脚”选项卡中单击“页码”下拉按钮，从列表中选择“页码”选项，如图4-30所示。打开“页码”对话框，设置“样式”“位置”“起始页码”，并选择“本页及之后”单选按钮，单击“确定”按钮即可，如图4-31所示。

图4-30

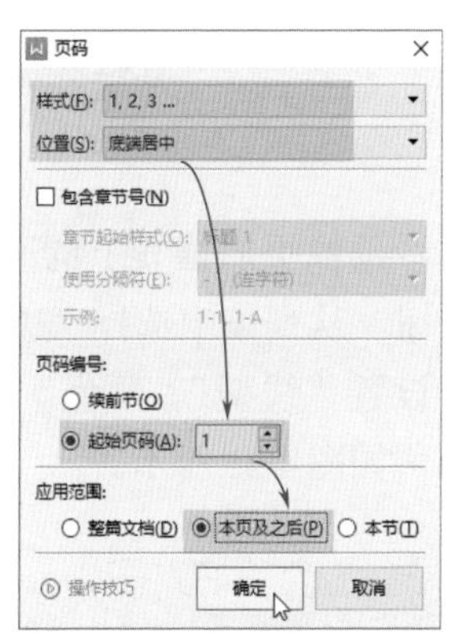


图4-31

## 4.2.5 更改页眉横线的样式

为文档添加页眉后，通常会出现一个页眉横线。默认的页眉横线是一条黑色的直线，用户可以根据需要更改页眉横线的样式，如图4-32所示。

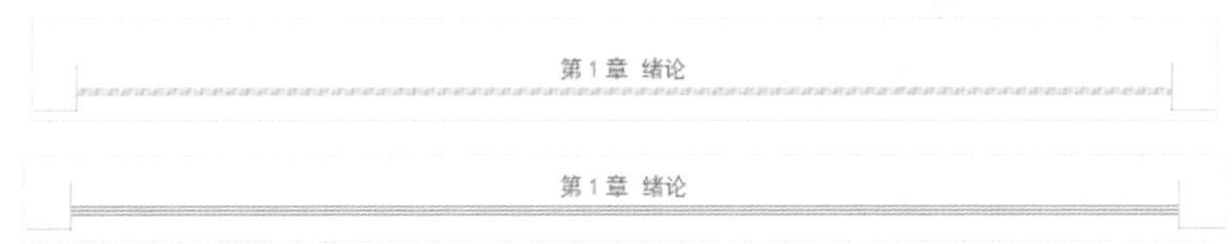


图4-32

用户可以使用“页眉横线”选项和“边框和底纹”选项，来更改页眉横线的样式，如图4-33所示。

首先，进入页眉编辑状态，在“页眉页脚”选项卡中单击“页眉横线”下拉按钮，从列表中选择页眉横线的线型和颜色即可，如图4-34所示。

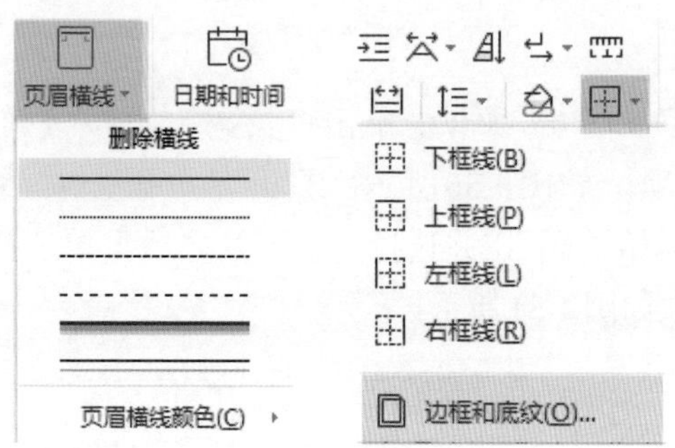


图4-33

或者选择页眉横线上的回车符，在“开始”选项卡中单击“边框”下拉按钮，从列表中选择“边框和底纹”选项，打开“边框和底纹”对话框，设置“线型”“颜色”“宽度”，并应用下框线，单击“确定”按钮即可，如图4-35所示。

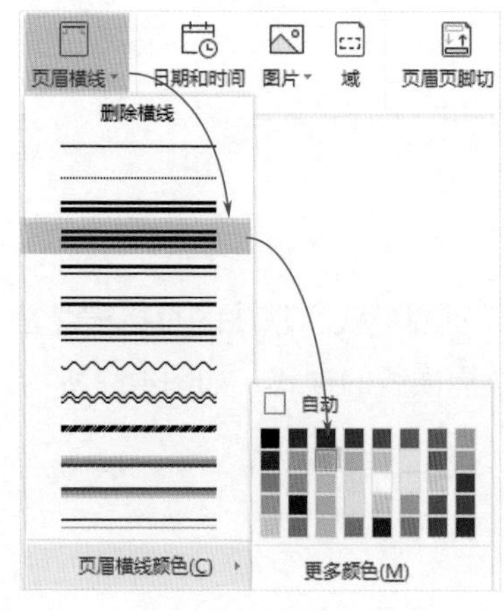


图4-34

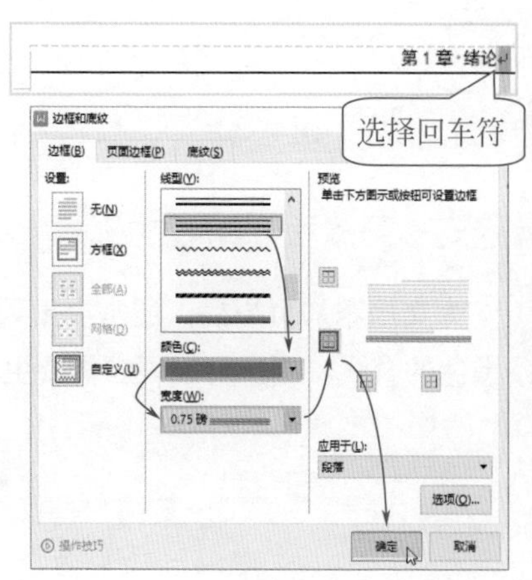


图4-35

## 4.2.6 删除页眉横线

有时不小心打开页眉和页脚编辑状态，发现页眉位置即使没有内容，也可能会出现一条横线，如图4-36所示。那么如何将这条横线删除呢？

图4-36

此时，用户可以使用“页眉横线”选项、“清除格式”选项和设置“无框线”，来删除横线。

首先进入页眉编辑状态，在“页眉页脚”选项卡中单击“页眉横线”下拉按钮，从列表中选择“删除横线”选项即可，如图4-37所示。

将光标置于页眉横线处，在“开始”选项卡中单击“清除格式”按钮即可，如图4-38所示。

选择页眉横线上的回车符，在“开始”选项卡中单击“边框”下拉按钮，从列表中选择“无框线”选项即可，如图4-39所示。

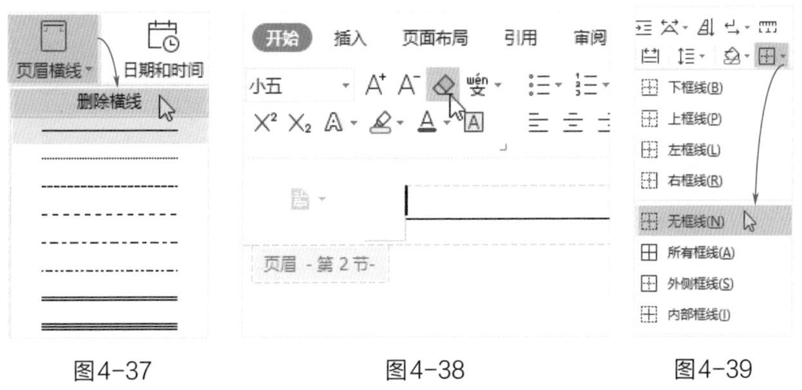


图4-37　　图4-38　　图4-39

### 知识链接

在页眉或页脚中输入内容后，用户可以在“页眉页脚”选项卡中设置“页眉顶端距离”和“页脚底端距离”，如图4-40所示。

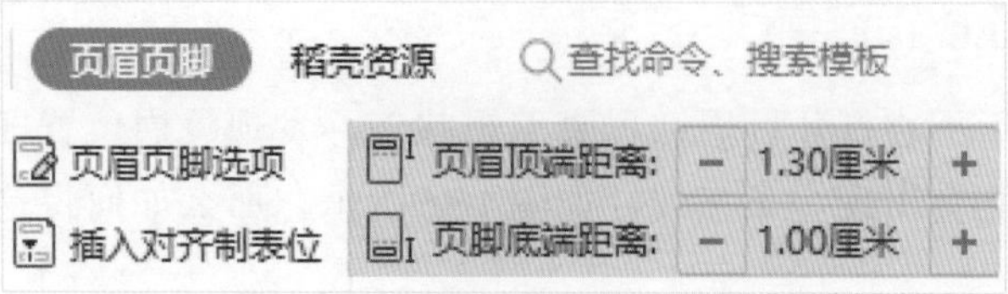

| 页眉页脚 | 稻壳资源 | 查找命令、搜索模板 |
|---|---|---|
| 页眉页脚选项 | 页眉顶端距离: | − 1.30厘米 + |
| 插入对齐制表位 | 页脚底端距离: | − 1.00厘米 + |

图4-40

## 4.3 文档的引用操作

在WPS文档中，用户可以实现自动提取目录、添加封面等操作，节省了大量时间。下面对文档的引用操作技巧进行介绍。

### 4.3.1 自动提取目录

对于长篇文档来说，为了方便查看相关内容，需要为文档制作目录，如图4-41所示。那么如何自动将目录提取出来呢？

目录

第1章 绪论……2
1.1 研究的背景和意义……2
1.1.1 研究的背景……2
1.1.2 研究的意义……3
1.2 研究的方法……3
1.3 研究的主要内容……3

图4-41

用户使用“目录”选项，不仅可以自动提取内置的目录样式，还可以自定义目录样式，如图4-42所示。

将光标插入到空白页中，在“引用”选项卡中单击“目录”下拉按钮，选择“自定义目录”选项，在打开的“目录”对话框中可以设置“制表符前导符”“显示级别”“显示页码”“页码右对齐”“使用超链接”等，单击“确定”按钮（图4-43），即可将目录提取出来。

图4-42

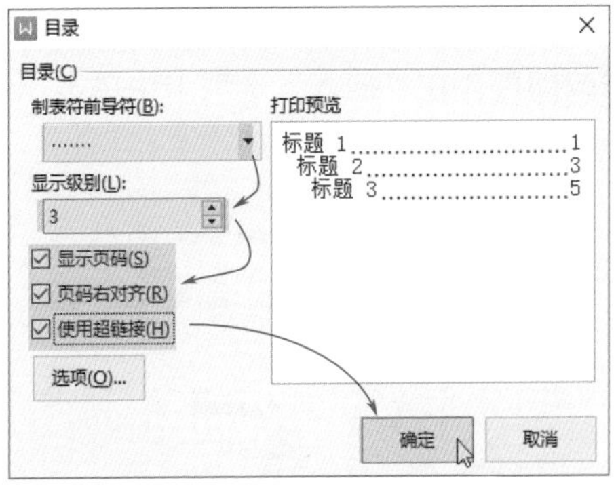


图4-43

## 注意事项

在引用目录之前，用户必须对标题设置样式或大纲级别，否则无法自动提取目录。

### 4.3.2 为文档添加内置封面

论文、标书、项目计划书等都需要封面，如图4-44所示。如果手动制作封面，虽可以满足设计需要，但制作起来非常麻烦，那么有没有更便捷的方法呢？

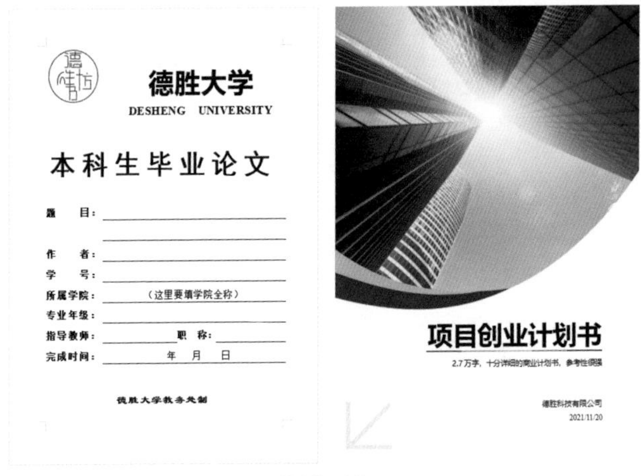


图4-44

此时，用户可以选择为文档添加内置的封面模板，然后根据需要进行修改即可。在“插入”选项卡中单击“封面页”下拉按钮，从列表中选择一种封面样式即可，如图4-45所示。

图4-45

### 4.3.3 为文档添加脚注/尾注

通常情况下，脚注位于每个页面的底端，标明资料来源或者对文章内容进行补充注释；尾注一般位于文档的末尾，列出引文的出处，如图4-46所示。

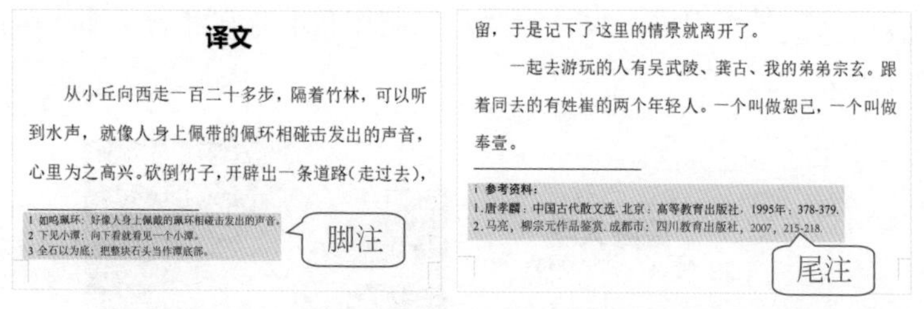


图4-46

用户使用“插入脚注”和“插入尾注”选项，就可以为文档内容添加脚注/尾注，如图4-47所示。

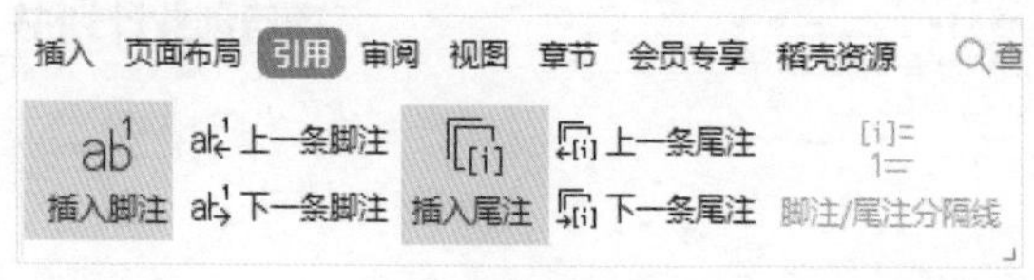


图4-47

选择需要插入脚注的内容，在“引用”选项卡中单击“插入脚注”按钮，此时光标会自动跳转至页面底端，直接输入脚注内容即可，如图4-48所示。

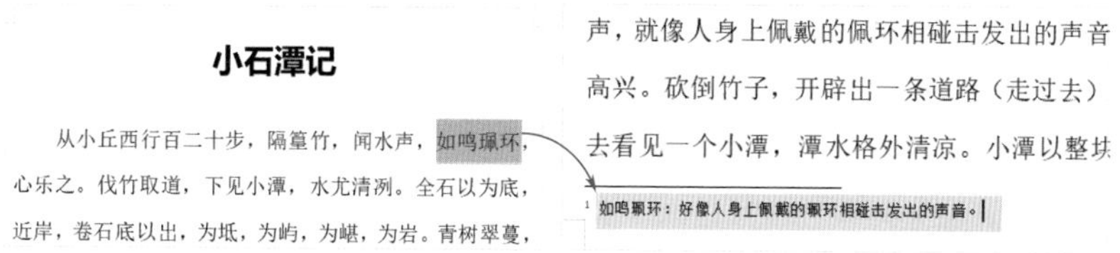

小石潭记
从小丘西行百二十步，隔篁竹，闻水声，如鸣珮环，
心乐之。伐竹取道，下见小潭，水尤清冽。全石以为底，
近岸，卷石底以出，为坻，为屿，为嵁，为岩。青树翠蔓，
声，就像人身上佩戴的佩环相碰击发出的声音
高兴。砍倒竹子，开辟出一条道路（走过去）
去看见一个小潭，潭水格外清凉。小潭以整块
1 如鸣珮环：好像人身上佩戴的珮环相碰击发出的声音。


图4-48

“插入尾注”选项在“插入脚注”选项旁边。尾注和脚注除了位置不同，其他设置基本一致。

## 知识链接

如果用户想要删除文档中的脚注，可以选择脚注的上标数字，然后直接按【Delete】键即可，如图4-49所示。删除尾注的方法和脚注相同。

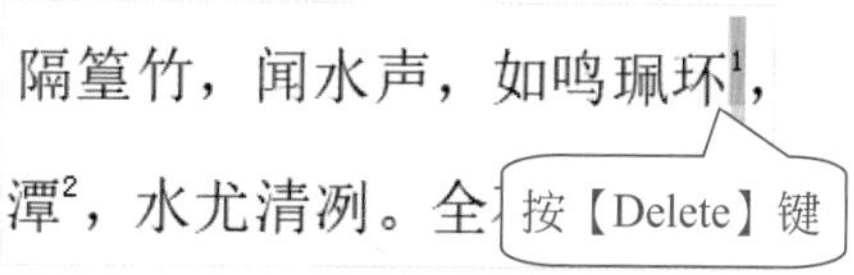

隔篁竹，闻水声，如鸣珮环1，
潭2，水尤清冽。全
按【Delete】键


图4-49

### 4.3.4 为图片添加题注

题注是给文章的图片、表格、图表、公式等项目自动添加编号和名称的，如图4-50所示。一般图片题注会放在下方，表格题注会放在上方。

总交易额占比
10.30%
14%
30.80%
12.10%
12.70%
20.10%
婚纱
礼服
儿童装
首饰
婴幼儿产品
其他产品


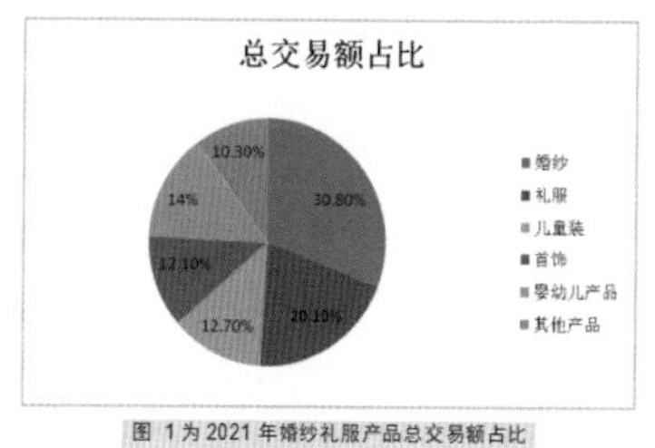

图 1 为 2021 年婚纱礼服产品总交易额占比

表1 2017-2021年中国跨境电商和进出口的交易额

| 年份 | 2017年 | 2018年 | 2019年 | 2020年 | 2021年 |
|---|---|---|---|---|---|
| 跨境电商交易额 | 8.2 | 9 | 10.5 | 12.5 | 14.2 |
| 进出口交易额 | 27.79 | 30 | 31.54 | 32.16 | 39.1 |

图4-50

用户使用“题注”选项，就可以为图片、表格等添加题注，如图4-51所示。

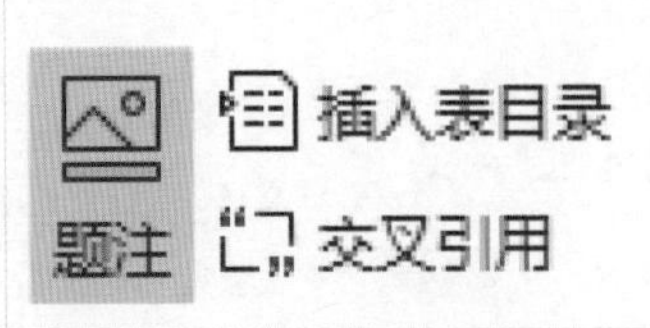


图4-51

选择图片，如图4-52所示。在“引用”选项卡中单击“题注”按钮，打开“题注”对话框，从中设置“标签”和“位置”，在“图1”文本后面输入相关内容，单击“确定”按钮，如图4-53所示。

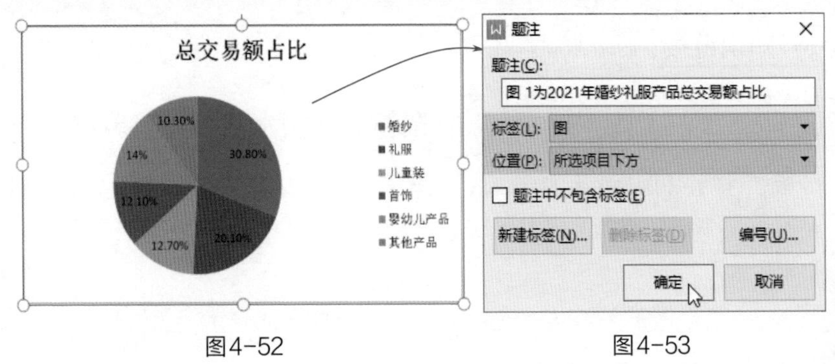


图4-52　　图4-53

当文章中的图片、表格有增删或者位置发生变化时，需要按【Ctrl+A】组合键全选内容，然后按【F9】键，才能自动更新编号。

## 知识链接

“题注”对话框中各选项的含义如下。

题注：可以预览设置的效果。标签：根据插入的项目选择对应的标签，例如“表”“图表”“公式”等。（如果没有所需要的标签，则单击“新建标签”，输入对应的标签即可。）位置：有“所选项目下方”和“所选项目上方”两种。编号：设置带章节号的题注，例如图1-1。

## 4.3.5 插入索引目录

“索引”是一种关键词备忘录，列出关键字和关键字出现的页码。用户可以将索引项通过目录的方式展示出来，方便查阅，如图4-54所示。

**索引目录**



图4-54

要想插入索引目录，需要使用“标记索引项”和“插入索引”选项，如图4-55所示。

图4-55

选择要标记的索引内容，如图4-56所示。在“引用”选项卡中单击“标记索引项”按钮。

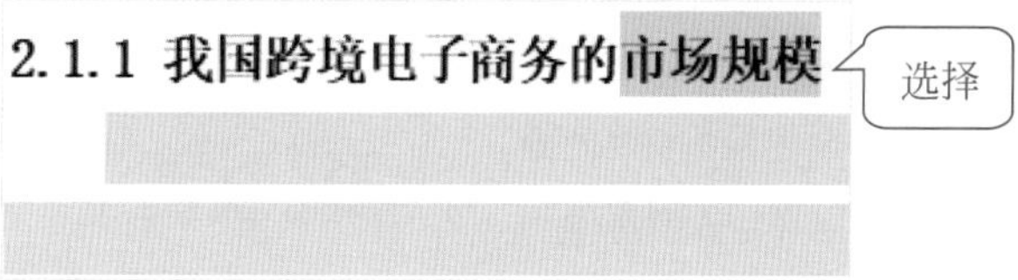

**2.1.1 我国跨境电子商务的市场规模**

选择

图4-56

打开“标记索引项”对话框，在“主索引项”文本框中显示被选中的内容，单击“标记全部”按钮，即可将该内容全部标记出来，如图4-57所示。按照同样的方法，可以添加多个索引项。

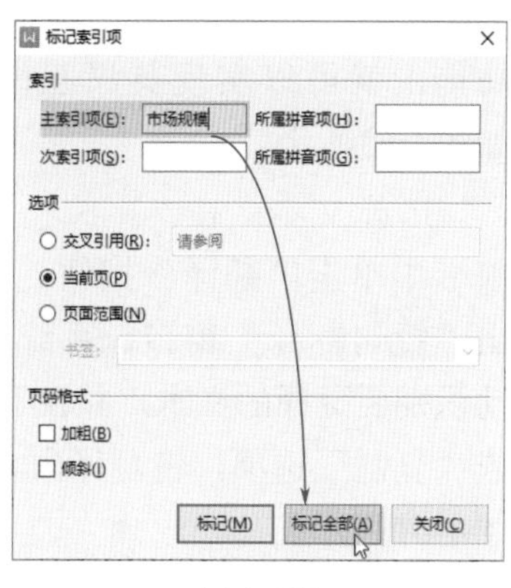


图4-57

接着将光标插入到合适位置，单击“插入索引”按钮，打开“索引”对话框，从中设置索引类型、栏数、页码对齐方式等，单击“确定”按钮即可，如图4-58所示。

索引
索引(X)
类型:
缩进式(D) 接排式(N)
打印预览(V)
栏数(O):
2
语言(国家/地区)(L):
中文(中国)
排序依据(S):
笔划
页码右对齐(R)
制表符前导符(B):
.DOT 文件名 2
.INI 文件名 3
Index宏
设置索引格式
说明 0
插入索引 5
范例 5
索引选项 6
SYMBOL 宏 1
分节符号 3
分栏符号 3
标记索引项(K)...
自动标记(U)...
确定
取消

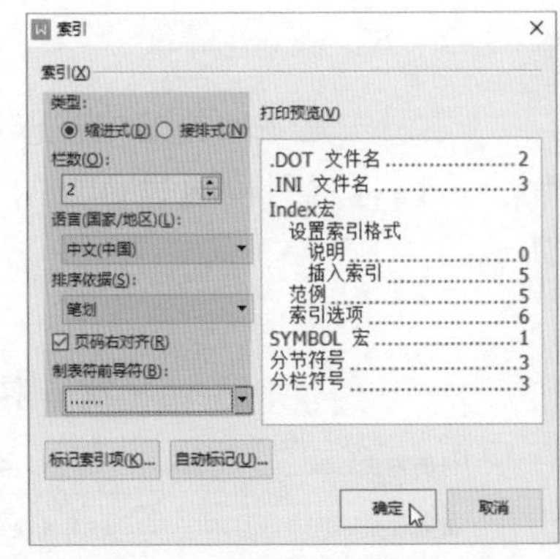

图4-58

## 4.4 文档的审阅操作

一般为了确保长文档的准确性，需要对其修订或批注。下面将介绍文档常用的审阅操作技巧。

### 4.4.1 翻译文档

在制作某类文档时，有时需要将文档中的中文翻译成英文，或将英文翻译成中文，如图4-59所示。那么该如何操作呢？

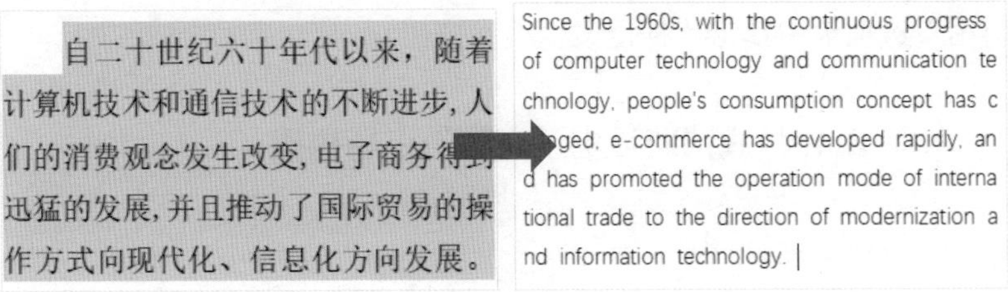

自二十世纪六十年代以来，随着计算机技术和通信技术的不断进步，人们的消费观念发生改变，电子商务得到迅猛的发展，并且推动了国际贸易的操作方式向现代化、信息化方向发展。
Since the 1960s, with the continuous progress of computer technology and communication technology, people's consumption concept has changed, e-commerce has developed rapidly, and has promoted the operation mode of international trade to the direction of modernization and information technology.

图4-59

此时，用户使用“翻译”功能，就可以实现英汉互译，如图4-60所示。

开始
插入
页面布局
引用
审阅
翻译
朗读
繁转简
简转繁
插入批注
删除

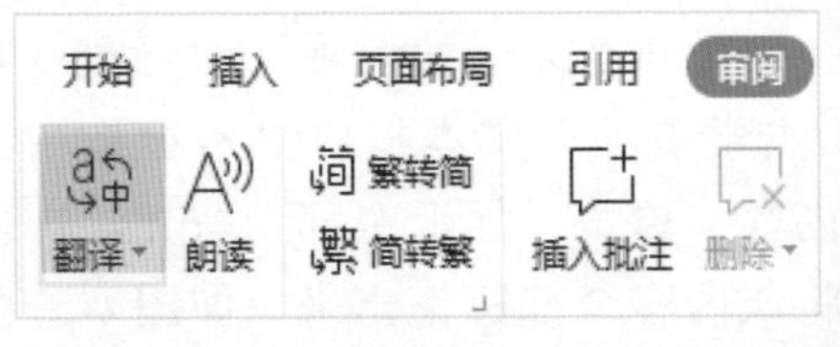

图4-60

选择文本，在“审阅”选项卡中单击“翻译”按钮。弹出“短句翻译”窗口，系统自动识别要翻译的文本，并在下方显示翻译好的内容。用户单击“插入”或“复制”选项，将翻译内容插入到文档中，或复制到其他位置，如图4-61所示。

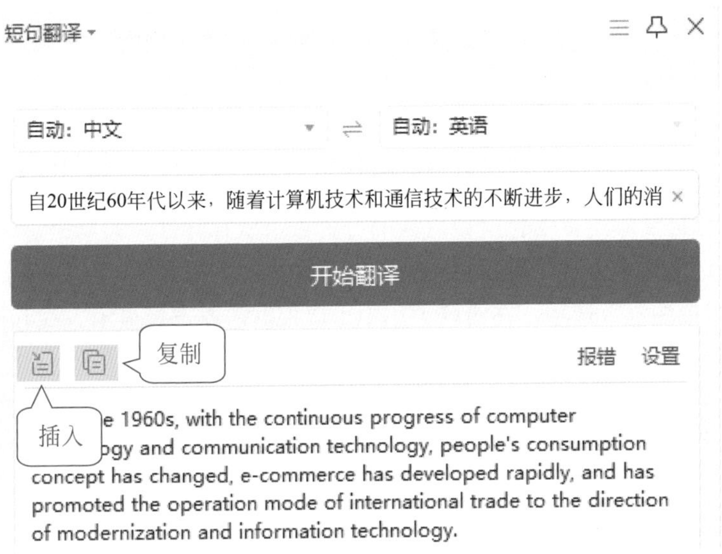

图4-61

## 4.4.2 修订文档

在修订他人文档时，如果想要保留修订痕迹（图4-62），让原作者明确哪些地方进行了改动，该如何操作呢？

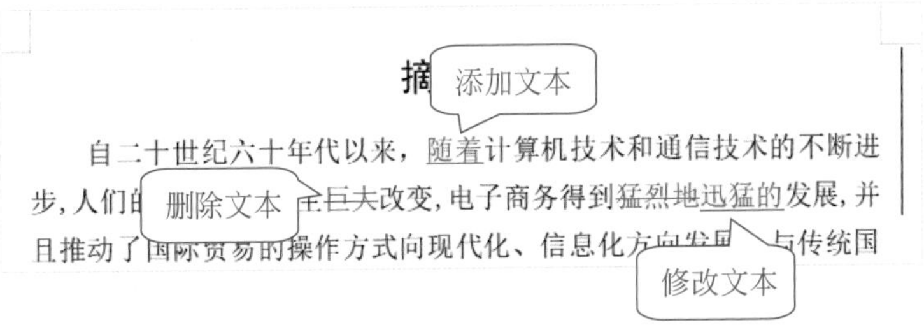

图4-62

用户只需要使用“修订”选项，然后修改文档内容即可。在“审阅”选项卡中单击“修订”按钮，使其呈现选中状态，如图4-63所示。然后在文档中进行修改、删除、添加文本等操作，对文档进行修改后，会显示修订痕迹。

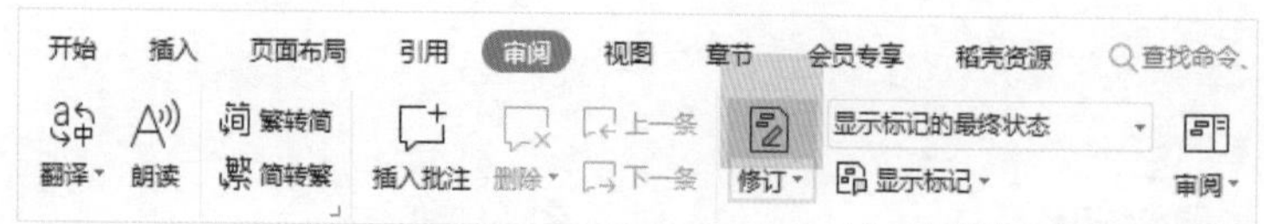


图4-63

修订文本后，文档会以嵌入的方式显示所有修订。如果想要更改修订标记的显示方式，则可以单击“显示标记”下拉按钮，从列表中选择“使用批注框”选项，在级联菜单中可以根据需要选择显示方式和信息，如图4-64所示。

若接受修订，就单击“接受”下拉按钮，从列表中根据需要进行选择。若拒绝修订，就单击“拒绝”下拉按钮，进行相关选择，如图4-65所示。

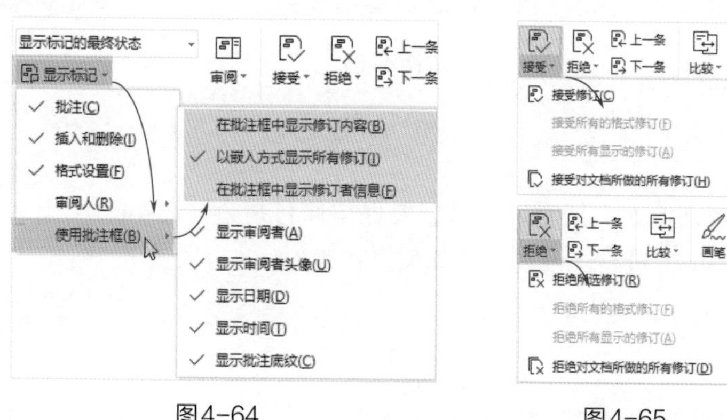


图4-64　　图4-65

### 注意事项

当用户不需要修订文档时，要单击取消“修订”的选中状态，否则文档会一直处于修订状态。

## 4.4.3 简体字和繁体字的相互转换

制作文档时，按照习惯一般使用简体中文，但有时考虑到对方的阅读习惯，需要提供繁体中文的文件，这就需要将简体字转换成繁体字，如图4-66所示。

离职证明
兹有________（身份证号码________________），
自___年__月__日就职于我司，在公司___部门担任_____职务，在职期间工作良好，同事关系融洽，该员工无不良行为记录，现已于___年__月__日与我司解除劳动关系，且已办理完工作交接离职手续。
特此证明！
__________公司（盖章）
______年__月__日
简体中文
離職證明
茲有________（身份證號碼________________），
自___年__月__日就職於我司，在公司___部門擔任_____職務，在職期間工作良好，同事關係融洽，該員工無不良行為記錄，現已於___年__月__日與我司解除勞動關係，且已辦理完工作交接離職手續。
特此證明！
__________公司（蓋章）
______年__月__日
繁体中文

图4-66

将简体字转换成繁体字，只需要在“审阅”选项卡中单击“简转繁”按钮即可；将繁体字转换成简体字，只需要单击“繁转简”按钮即可，如图4-67所示。

页面布局
引用
审阅
视图
章节
繁转简
简转繁
插入批注
删除
上一条
下一条

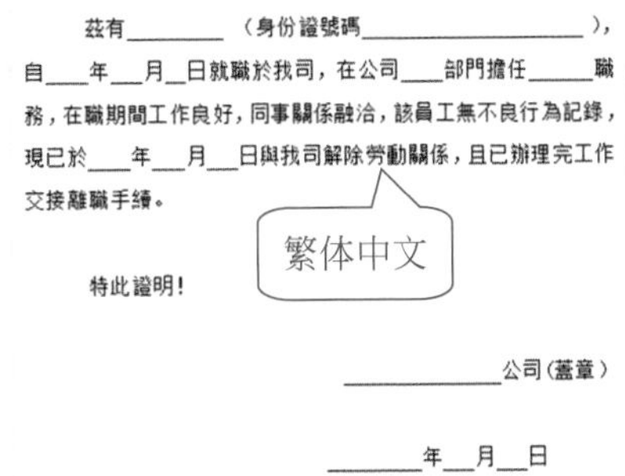

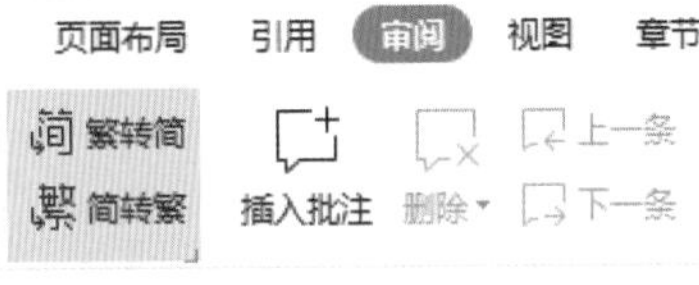

图4-67

## 知识链接

如果用户想要查看文档的字数、字符数、段落数等，则可以在“审阅”选项卡中单击“字数统计”按钮，如图4-68所示。在打开的“字数统计”对话框中进行查看即可，如图4-69所示。

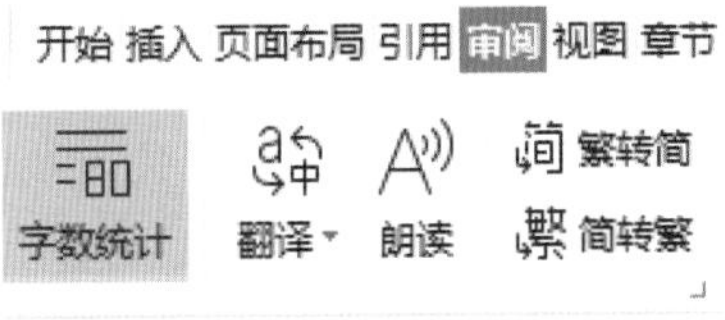

开始 插入 页面布局 引用 审阅 视图 章节
字数统计
翻译
朗读
繁转简
简转繁

图4-68

字数统计
统计信息
页数 1
字数 106
字符数(不计空格) 106
字符数(计空格) 245
段落数 6
非中文单词 1
中文字符 105
包括文本框、脚注和尾注(F)
操作技巧
关闭

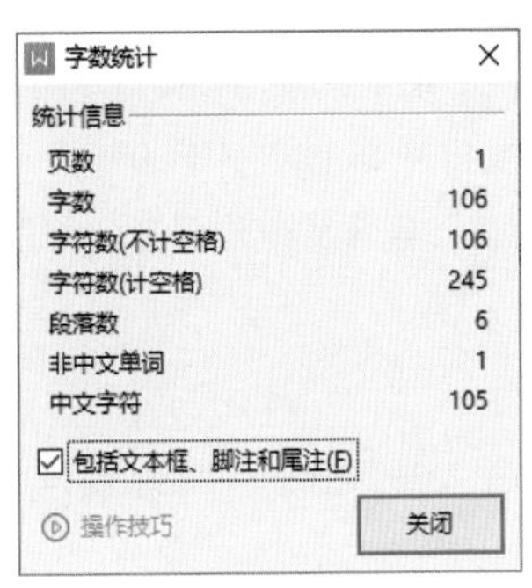

图4-69

### 4.4.4 为文档作批注

当打开一篇文档时，发现文档右侧多出一栏（图4-70），此栏显示的是批注信息，是对内容提出的意见或建议。那么如何为内容添加批注呢？

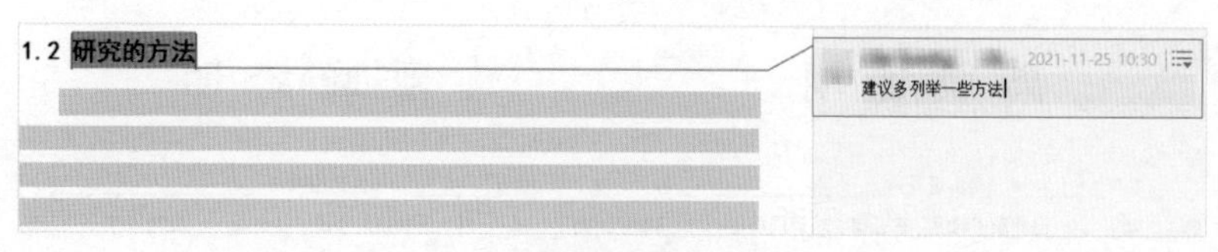


图4-70

为文本内容添加批注很简单，只需要使用“插入批注”选项，如图4-71所示。

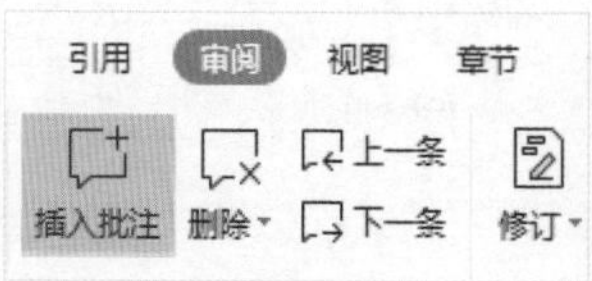


图4-71

选择内容，在“审阅”选项卡中单击“插入批注”按钮，随之会弹出一个批注框，在其中输入相关内容即可。

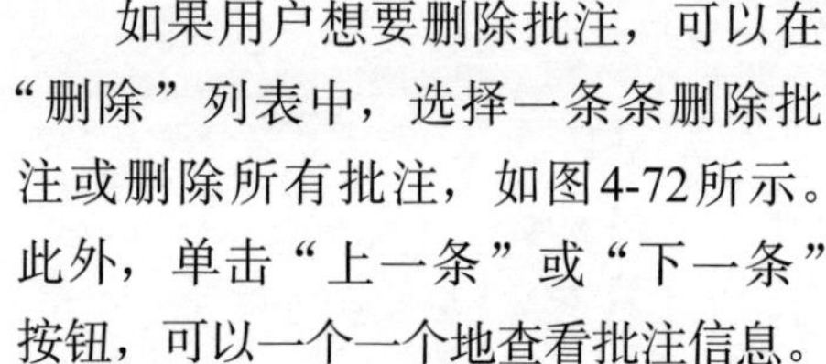

如果用户想要删除批注，可以在“删除”列表中，选择一条条删除批注或删除所有批注，如图4-72所示。此外，单击“上一条”或“下一条”按钮，可以一个一个地查看批注信息。

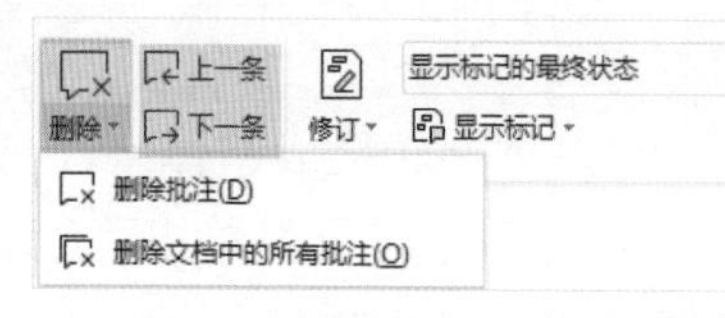


图4-72

在批注框的右侧，单击下拉按钮，可以对批注进行答复。如果批注中提出的建议已经解决，则选择“解决”选项，批注框上就会显示“已解决”字样。选择“删除”选项，就可以将这条批注删除，如图4-73所示。

图4-73

## 知识链接

如果用户想要隐藏文档中的批注信息，则在“审阅”选项卡中单击“显示标记”下拉按钮，从列表中取消“批注”选项的勾选即可，如图4-74所示。

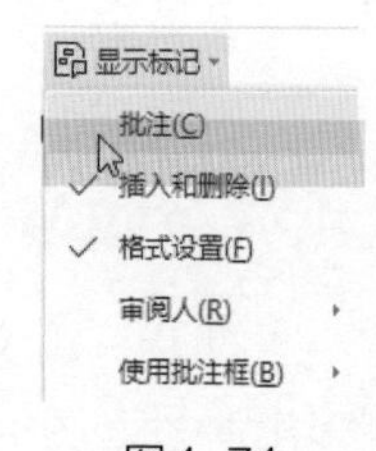


图4-74

扫码观看
本章视频

# 第5章 数据的输入与编辑

输入数据看似很简单，其实也讲究技巧，不同类型的数据，输入的方法不同。掌握数据的输入与编辑技巧，可以提高工作效率。本章将对数据的输入、数据的编辑、报表的打印等技巧进行介绍。

# 5.1 数据的输入

在输入某些数据时，只有掌握正确的输入技巧，才能准确、高效地输入数据。下面将介绍常用的数据输入技巧。

## 5.1.1 输入以0开头的数字编号

有时需要在表格中输入以0开头的编号，但在单元格中输入数据后，发现数字前面的0消失了，如图5-1所示。要想保留数字前面的0，该如何操作呢？

| | A | B | C |
|---|---|---|---|
| 1 | 编号 | 姓名 | 电话 |
| 2 | 001 | 赵宣 | 187****4061 |
| 3 | | 王晓 | 187****4062 |
| 4 | | 刘稳 | 187****4063 |
| 5 | | 李琴 | 187****4064 |
| 6 | | 徐蚌 | 187****4065 |

| | A | B | C |
|---|---|---|---|
| 1 | 编号 | 姓名 | 电话 |
| 2 | 1 | 赵宣 | 187****4061 |
| 3 | | 王晓 | 187****4062 |
| 4 | | 刘稳 | 187****4063 |
| 5 | | 李琴 | 187****4064 |
| 6 | | 徐蚌 | 187****4065 |

图5-1

其实很简单，用户只需要设置“数字格式”或自定义单元格格式即可。

选择单元格区域，在“开始”选项卡中将“数字格式”设置为“文本”即可，如图5-2所示。

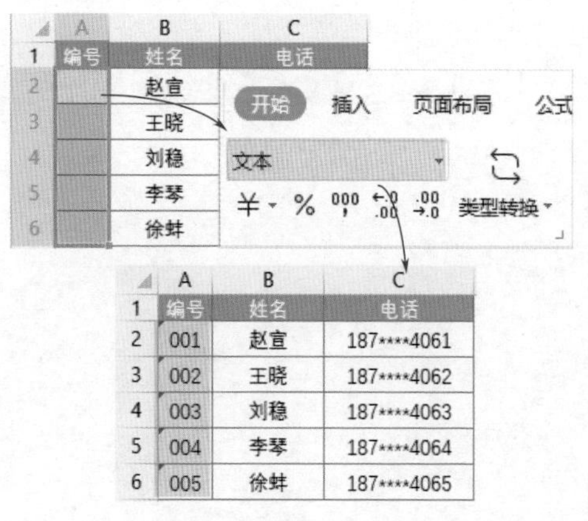


图5-2

选择单元格区域，按【Ctrl+1】组合键，打开“单元格格式”对话框，在“数字”选项卡中选择“自定义”选项，并在“类型”文本框中输入“00#”，如图5-3所示。最后单击“确定”按钮，也可以输入以0开头的数据。

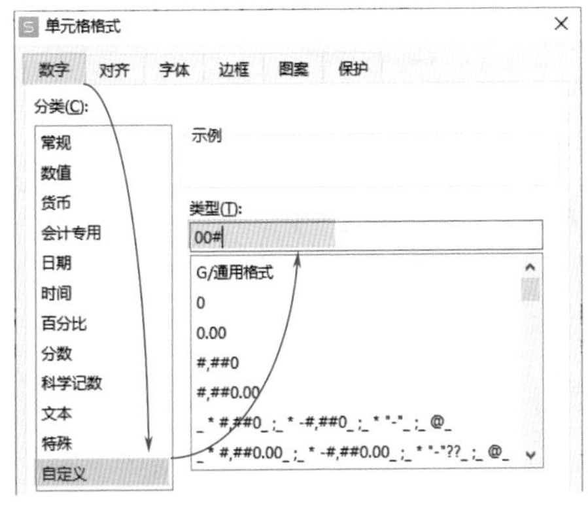


图5-3

## 5.1.2 对手机号码进行分段显示

在表格中输入“手机号码”信息时，为了方便查看，可以让手机号码分段显示，如图5-4所示。

| | A | B | C |
|---|---|---|---|
| 1 | 姓名 | 性别 | 手机号码 |
| 2 | 赵宣 | 男 | 10000004061 |
| 3 | 王晓 | 女 | 10000004062 |
| 4 | 刘稳 | 女 | 10000004063 |
| 5 | 李琴 | 女 | 10000004064 |
| 6 | 徐蚌 | 男 | 10000004065 |
| 7 | 陈毅 | 男 | 10000004066 |

| | A | B | C |
|---|---|---|---|
| 1 | 姓名 | 性别 | 手机号码 |
| 2 | 赵宣 | 男 | 100-0000-4061 |
| 3 | 王晓 | 女 | 100-0000-4062 |
| 4 | 刘稳 | 女 | 100-0000-4063 |
| 5 | 李琴 | 女 | 100-0000-4064 |
| 6 | 徐蚌 | 男 | 100-0000-4065 |
| 7 | 陈毅 | 男 | 100-0000-4066 |

图5-4

用户可以通过自定义数字格式，让“手机号码”分段显示。选择“手机号码”数据区域，按【Ctrl+1】组合键，打开“单元格格式”对话框，选择“自定义”选项，在“类型”文本框中输入代码“000-0000-0000”，单击“确定”按钮即可，如图5-5所示。

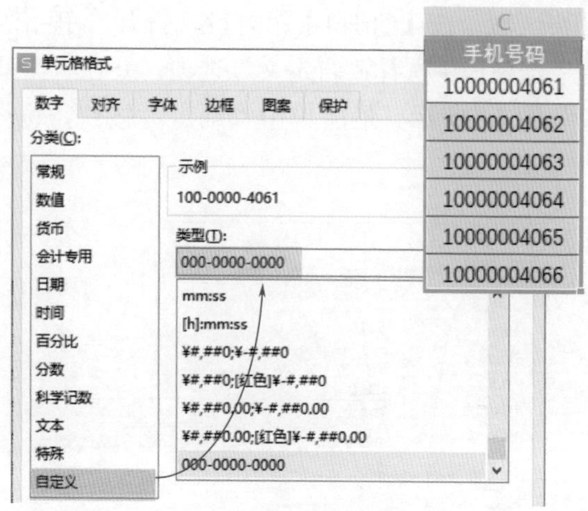


图5-5

## 知识链接

自定义数字格式时，使用较多的代码有“#”“0”“?”和“*”，这些代码的含义如表5-1所示。

表5-1

| 代码 | 名称 | 作用 |
|---|---|---|
| # | 数字占位符 | 只显示有意义的0，而不显示无意义的0 |
| 0 | 数字占位符 | 当数字大于0的个数时显示实际数字，否则将显示无意义的0 |
| ? | 空格占位符 | 在小数点两边为无意义的0添加空格 |
| * | 重复字符 | 使*之后的字符填充整个列宽 |
| , | 千位分隔符 | 在数字指定位置添加千位分隔符 |
| @ | 文本占位符 | 引用原始文本，使用多个@可重复引用原始文本 |

### 5.1.3 在多个单元格中快速输入相同数据

在制作表格时，有时会遇到需要在多个单元格中输入相同数据的情况，如图5-6所示。

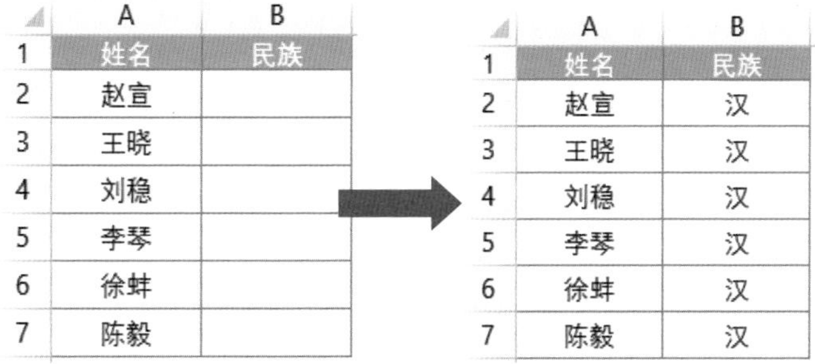

| | A | B |
|---|---|---|
| 1 | 姓名 | 民族 |
| 2 | 赵宣 | |
| 3 | 王晓 | |
| 4 | 刘稳 | |
| 5 | 李琴 | |
| 6 | 徐蚌 | |
| 7 | 陈毅 | |

| | A | B |
|---|---|---|
| 1 | 姓名 | 民族 |
| 2 | 赵宣 | 汉 |
| 3 | 王晓 | 汉 |
| 4 | 刘稳 | 汉 |
| 5 | 李琴 | 汉 |
| 6 | 徐蚌 | 汉 |
| 7 | 陈毅 | 汉 |

图5-6

遇到这种情况时，用户可以使用复制粘贴功能或使用【Ctrl+D】组合键输入。

选择数据，按【Ctrl+C】组合键进行复制，然后选择单元格区域，按【Ctrl+V】组合键粘贴即可，如图5-7所示。

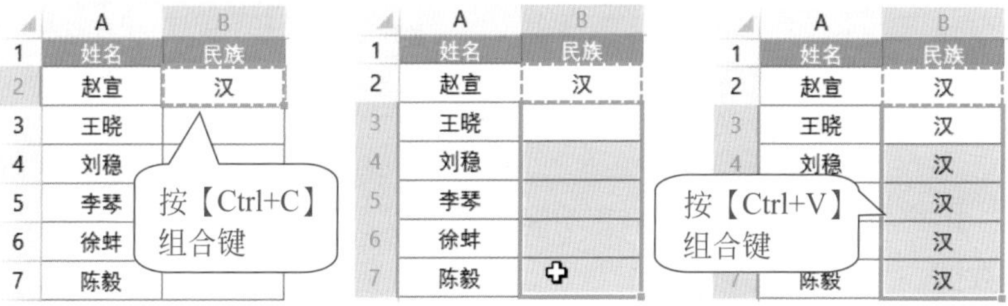

图5-7

在单元格中输入数据后，选择包含数据的单元格区域，按【Ctrl+D】组合键，即可在所选单元格区域中输入相同数据，如图5-8所示。

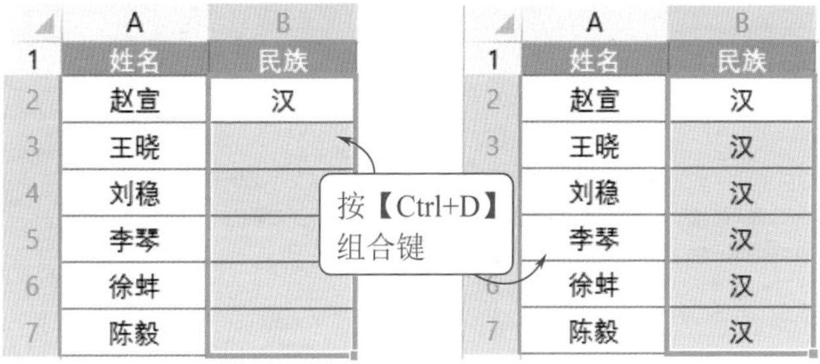

图5-8

### 知识链接

当需要在表格中输入当前日期和时间时，用户可以使用快捷键输入。按【Ctrl+;】快捷键，可以快速输入当前系统日期；按【Ctrl+Shift+;】快捷键，可以快速输入当前系统时间。

## 5.1.4 利用定位填充功能快速输入相同数据

当需要在不连续的单元格中输入相同的数据时，例如输入“婚姻状况”（图5-9），该如何操作？

| | A | B | C |
|---|---|---|---|
| 1 | 姓名 | 民族 | 婚姻状况 |
| 2 | 赵宣 | 汉 | 未婚 |
| 3 | 王晓 | 汉 | |
| 4 | 刘稳 | 汉 | |
| 5 | 李琴 | 汉 | 未婚 |
| 6 | 徐蚌 | 汉 | |
| 7 | 陈毅 | 汉 | 未婚 |

| | A | B | C |
|---|---|---|---|
| 1 | 姓名 | 民族 | 婚姻状况 |
| 2 | 赵宣 | 汉 | 未婚 |
| 3 | 王晓 | 汉 | 已婚 |
| 4 | 刘稳 | 汉 | 已婚 |
| 5 | 李琴 | 汉 | 未婚 |
| 6 | 徐蚌 | 汉 | 已婚 |
| 7 | 陈毅 | 汉 | 未婚 |

图5-9

用户只需要使用定位填充功能，就可以在不连续的单元格中输入相同数据。

通过“查找”列表中的“定位”功能，定位C列中的空值，如图5-10所示。

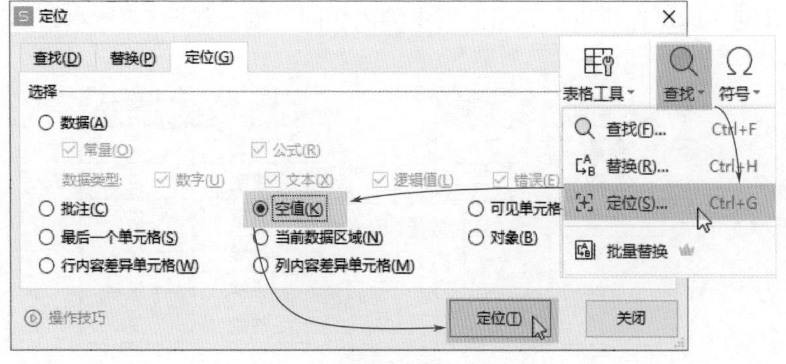


图5-10

然后再利用【Ctrl+Enter】组合键，在空单元格中批量输入“已婚”内容，如图5-11所示。

C3　输入　已婚

| | A | B | C |
|---|---|---|---|
| 1 | 姓名 | 民族 | 婚姻状况 |
| 2 | 赵宣 | 汉 | 未婚 |
| 3 | 王晓 | 汉 | 已婚 |
| 4 | 刘稳 | 汉 | |
| 5 | 李琴 | 汉 | 未婚 |
| 6 | 徐蚌 | 汉 | |
| 7 | 陈毅 | 汉 | 未婚 |

C3　fx　已婚

按【Ctrl+Enter】组合键

| | A | B | C |
|---|---|---|---|
| 1 | 姓名 | 民族 | 婚姻状况 |
| 2 | 赵宣 | 汉 | 未婚 |
| 3 | | | 已婚 |
| 4 | | | 已婚 |
| 5 | | | 未婚 |
| 6 | 徐蚌 | 汉 | 已婚 |
| 7 | 陈毅 | 汉 | 未婚 |

图5-11

## 5.1.5　使用填充功能快速输入序列数据

在输入序号、日期、编号等序列数据时，用户可以采用快捷的方法输入，如图5-12所示。

| A | C | E |
|---|---|---|
| 序号 | 日期 | 编号 |
| 1 | 2021/8/1 | DS001 |
| 2 | 2021/8/2 | DS002 |
| 3 | 2021/8/3 | DS003 |
| 4 | 2021/8/4 | DS004 |
| 5 | 2021/8/5 | DS005 |
| 6 | 2021/8/6 | DS006 |
| 7 | 2021/8/7 | DS007 |
| 8 | 2021/8/8 | DS008 |
| 9 | 2021/8/9 | DS009 |

图5-12

其中，用户只需要拖拽填充柄，就可以快速输入序列数据，如图5-13所示。

将光标移至该单元格右下角，当光标变为“+”形状时（图5-14），按住鼠标左键不放，向下拖动鼠标（图5-15），填充序列即可（图5-16）。

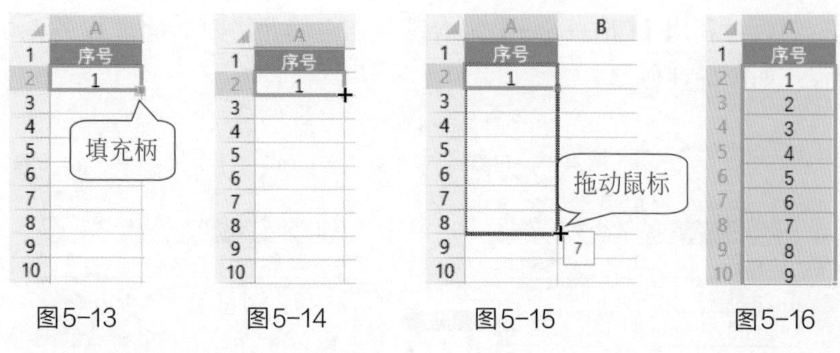


图5-13　　图5-14　　图5-15　　图5-16

### 知识链接

当用户向下填充包含数字的序列数据时（例如编号），单击弹出的“自动填充选项”按钮，从列表中选择“复制单元格”单选按钮，即可将数据进行复制，如图5-17所示。

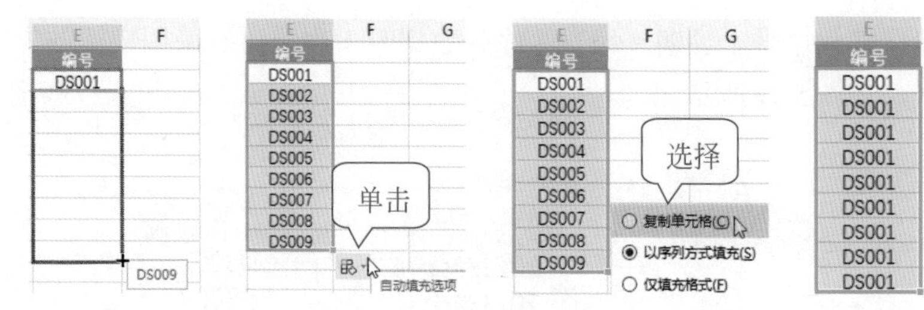


图5-17

## 5.1.6　快速输入序号1～3000

如果需要在表格中输入序号1～3000（图5-18），使用鼠标拖拽填充柄的方法显然不可取。

当遇到这种情况时，用户可以使用序列填充功能来操作。

|  | A |
|---|---|
| 1 | 序号 |
| 2 | 1 |
| 3 | 2 |
| 4 | 3 |
| 5 | 4 |
| 6 | 5 |
| 7 | 6 |
| 8 | 7 |

|  | A |
|---|---|
| 2991 | 2990 |
| 2992 | 2991 |
| 2993 | 2992 |
| 2994 | 2993 |
| 2995 | 2994 |
| 2996 | 2995 |
| 2997 | 2996 |
| 2998 | 2997 |
| 2999 | 2998 |
| 3000 | 2999 |
| 3001 | 3000 |

图5-18

首先需要在单元格中输入1，如图5-19所示。在“开始”选项卡中单击“填充”下拉按钮，从列表中选择“序列”选项，如图5-20所示。打开“序列”对话框，设置“序列产生在”“类型”“步长值”和“终止值”，单击“确定”按钮即可，如图5-21所示。

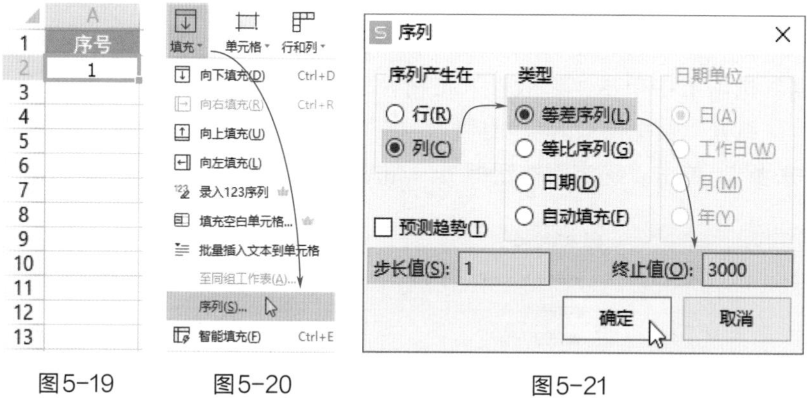


图5-19 图5-20 图5-21

## 知识链接

在“序列”对话框中，等差序列：使数值数据按照固定的差值间隔依次填充，需要在“步长值”文本框内输入此固定差值。等比序列：使数值数据按照固定的比例间隔依次填充，需要在“步长值”文本框内输入此固定比例值。

### 5.1.7 设置从下拉列表选择输入数据

当需要输入的数据有一个固定的范围时，例如“男, 女”“专科, 本科, 研究生”等，用户可以选择通过下拉列表选择输入数据，如图5-22所示。

| | A | B | C |
|---|---|---|---|
| 1 | 姓名 | 性别 | 学历 |
| 2 | 周轩 | 男 | |
| 3 | 刘佳 | 女 | 专科 |
| 4 | 王晓 | 女 | 本科 |
| 5 | 刘稳 | 女 | 研究生 本科 |
| 6 | 赵宣 | 男 | |
| 7 | 徐蚌 | 男 | |

| | A | B | C |
|---|---|---|---|
| 1 | 姓名 | 性别 | 学历 |
| 2 | 周轩 | 男 | 本科 |
| 3 | 刘佳 | 女 | |
| 4 | 王晓 | 女 | |
| 5 | 刘稳 | 女 | |
| 6 | 赵宣 | 男 | |
| 7 | 徐蚌 | 男 | |

图5-22

通过设置数据的“有效性”或“下拉列表”，即可实现该操作，如图5-23所示。

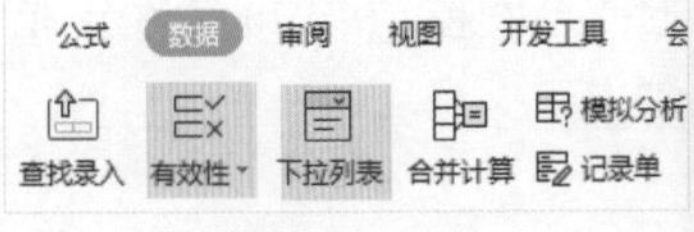


图5-23

选择“学历”单元格区域，在“数据”选项卡中单击“有效性”按钮。

打开“数据有效性”对话框，在“设置”选项卡中设置“允许”和“来源”，单击“确定”按钮即可，如图5-24所示。

图5-24

## 注意事项

在“来源”文本框中输入的“专科，本科，研究生”各文本之间，要用英文逗号隔开。

## 知识链接

如果要清除数据有效性，则只需选择设置了数据有效性的区域，在打开的“数据有效性”对话框中，单击“全部清除”按钮即可。

此外，选择“学历”单元格区域，在“数据”选项卡中单击“下拉列表”按钮，在打开“插入下拉列表”对话框中进行相关设置即可，如图5-25所示。

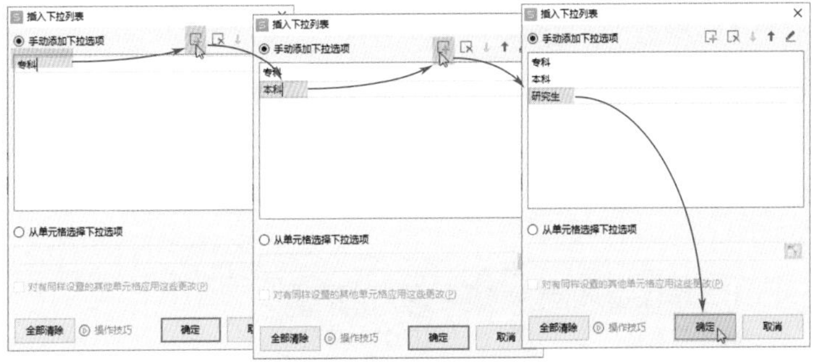


图5-25

此时，用户就可以在下拉列表中选择输入“学历”内容，如图5-26所示。

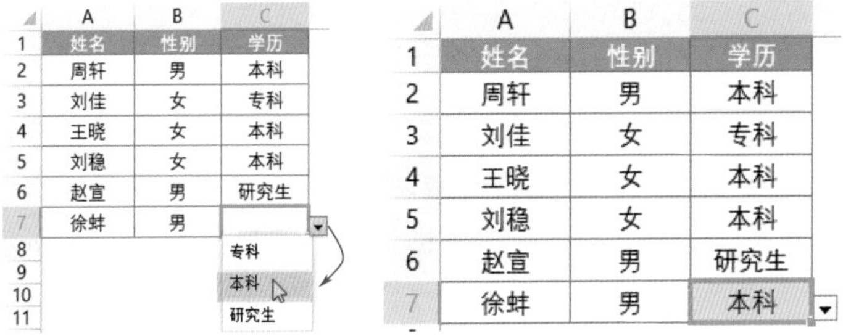

| | A | B | C |
|---|---|---|---|
| 1 | 姓名 | 性别 | 学历 |
| 2 | 周轩 | 男 | 本科 |
| 3 | 刘佳 | 女 | 专科 |
| 4 | 王晓 | 女 | 本科 |
| 5 | 刘稳 | 女 | 本科 |
| 6 | 赵宣 | 男 | 研究生 |
| 7 | 徐蚌 | 男 | |
| 8 | | | 专科 |
| 9 | | | 本科 |
| 10 | | | 研究生 |
| 11 | | | |

| | A | B | C |
|---|---|---|---|
| 1 | 姓名 | 性别 | 学历 |
| 2 | 周轩 | 男 | 本科 |
| 3 | 刘佳 | 女 | 专科 |
| 4 | 王晓 | 女 | 本科 |
| 5 | 刘稳 | 女 | 本科 |
| 6 | 赵宣 | 男 | 研究生 |
| 7 | 徐蚌 | 男 | 本科 |

图5-26

## 知识链接

用户输入数据后，选择单元格并右击，从弹出的快捷菜单中选择“从下拉列表中选择”选项就会弹出一个下拉菜单，如图5-27所示。用户可以从该下拉菜单中选择输入所需数据，如图5-28所示。

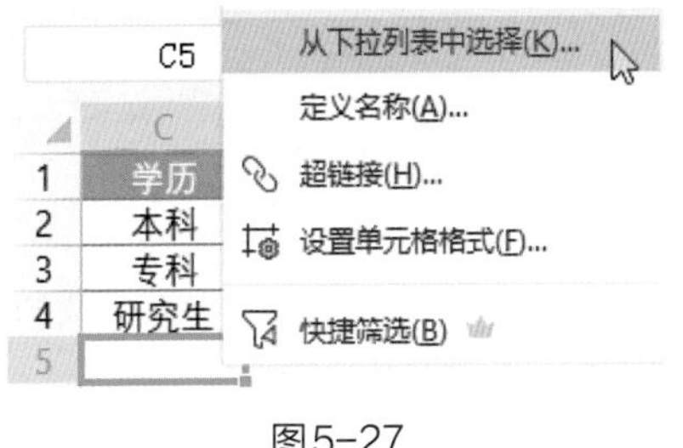


图5-27

| | C |
|---|---|
| 1 | 学历 |
| 2 | 本科 |
| 3 | 专科 |
| 4 | 研究生 |
| 5 | |
| 6 | 本科 |
| 7 | 学历 |
| 8 | |
| 9 | 研究生 |
| 10 | 专科 |
| 11 | |

图5-28

## 5.1.8 设置只能输入固定长度的数据

在输入身份证号码、手机号码、银行卡号等数据时，有时可能会多输入或少输入一位数字。为了防止这种情况的发生，可以限制数据的输入长度，如图5-29所示。

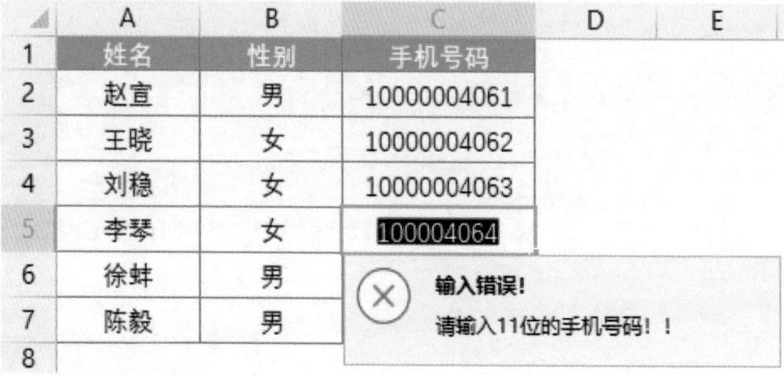

| | A | B | C | D | E |
|---|---|---|---|---|---|
| 1 | 姓名 | 性别 | 手机号码 | | |
| 2 | 赵宣 | 男 | 10000004061 | | |
| 3 | 王晓 | 女 | 10000004062 | | |
| 4 | 刘稳 | 女 | 10000004063 | | |
| 5 | 李琴 | 女 | 100004064 | | |
| 6 | 徐蚌 | 男 | | | |
| 7 | 陈毅 | 男 | | | |
| 8 | | | | | |

输入错误!
请输入11位的手机号码!！

图5-29

用户通过设置数据的“有效性”，就可以限制输入固定长度的数据。

选择“手机号码”单元格区域，打开“数据有效性”对话框，在“设置”选项卡中设置“允许”“数据”和“数值”，如图5-30所示。

在“出错警告”选项卡中设置“样式”“标题”和“错误信息”，单击“确定”按钮即可，如图5-31所示。

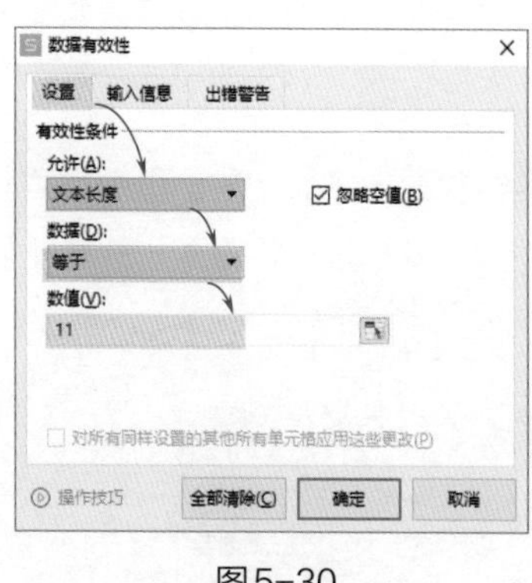


图5-30

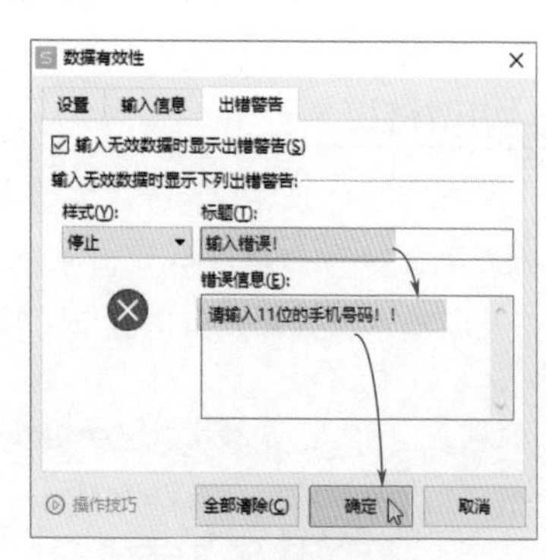


图5-31

如果输入的“手机号码”不是11位数字，会弹出警告信息。用户根据提示，输入正确的号码即可。

### 知识链接

当输入数据后才设置有效性，则不符合条件的数据并不会弹出提示，用户可以选择将无效的数据圈释出来。只需要在“有效性”列表中选择“圈释无效数据”选项（图5-32），即可将不符合条件的数据用红色圆圈标记出来。

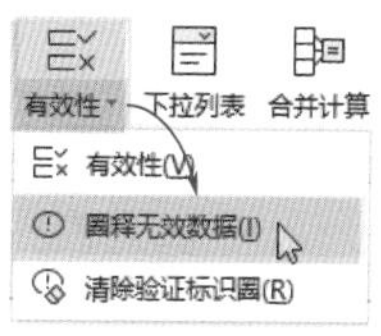


图5-32

## 5.2 数据的编辑

输入数据后，还需要对数据进行编辑，使其更加规范，并符合要求。下面将介绍数据的编辑技巧。

### 5.2.1 高亮显示表格中的重复项

在制作一些大型表格时，由于疏忽，在表格中输入重复的数据（图5-33），如果逐一地核查，费时又费力。那么如何让表格中的重复数据高亮显示出来呢？

| | A | B | C |
|---|---|---|---|
| 1 | 工号 | 姓名 | 身份证号码 |
| 2 | DS001 | 赵璇 | 100000000000011678 |
| 3 | DS002 | 李梅 | 100000000000045236 |
| 4 | DS003 | 刘红 | 100000000000015689 |
| 5 | DS001 | 赵璇 | 100000000000011678 |
| 6 | DS004 | 孙杨 | 100000000000014578 |
| 7 | DS005 | 张星 | 100000000000016584 |
| 8 | DS003 | 刘红 | 100000000000015689 |
| 9 | DS006 | 赵亮 | 100000000000012475 |
| 10 | DS007 | 王晓 | 100000000000039241 |
| 11 | DS008 | 李明 | 100000000000013210 |

图5-33

此时，用户可以使用“标记重复数据”命令，将表格中的重复项突出显示出来，如图5-34所示。

选择表格中的数据区域，通过“数据对比”列表中的“标记重复数据”选项，打开“标记重

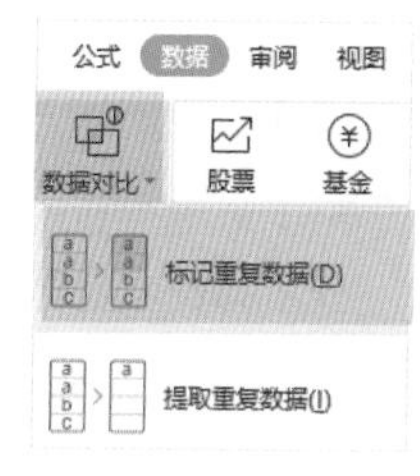


图5-34

复数据”对话框，从中设置“对比方式”“标记颜色”等，单击“确认标记”按钮即可，如图5-35所示。

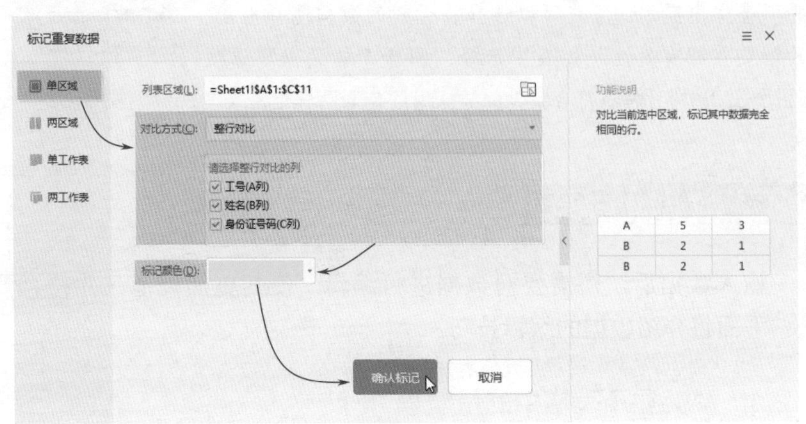


图5-35

## 5.2.2 快速删除表格区域中的重复数据

用户将表格中的重复数据标记出来后，通常需要将重复的数据删除掉，如图5-36所示。

| | A | B | C |
|---|---|---|---|
| 1 | 工号 | 姓名 | 身份证号码 |
| 2 | DS001 | 赵璇 | 100000000000011678 |
| 3 | DS002 | 李梅 | 100000000000045236 |
| 4 | DS003 | 刘红 | 100000000000015689 |
| 5 | DS001 | 赵璇 | 100000000000011678 |
| 6 | DS004 | 孙杨 | 100000000000014578 |
| 7 | DS005 | 张星 | 100000000000016584 |
| 8 | DS003 | 刘红 | 100000000000015689 |
| 9 | DS006 | 赵亮 | 100000000000012475 |
| 10 | DS007 | 王晓 | 100000000000039241 |
| 11 | DS008 | 李明 | 100000000000013210 |

| | A | B | C |
|---|---|---|---|
| 1 | 工号 | 姓名 | 身份证号码 |
| 2 | DS001 | 赵璇 | 100000000000011678 |
| 3 | DS002 | 李梅 | 100000000000045236 |
| 4 | DS003 | 刘红 | 100000000000015689 |
| 5 | DS004 | 孙杨 | 100000000000014578 |
| 6 | DS005 | 张星 | 100000000000016584 |
| 7 | DS006 | 赵亮 | 100000000000012475 |
| 8 | DS007 | 王晓 | 100000000000039241 |
| 9 | DS008 | 李明 | 100000000000013210 |

图5-36

此时，使用“删除重复项”选项，即可实现快速删除，如图5-37所示。

选择数据区域，通过“删除重复项”命令打开“删除重复项”对话框，选择包含重复项的列，单击“删除重复项”按钮，如图5-38所示。

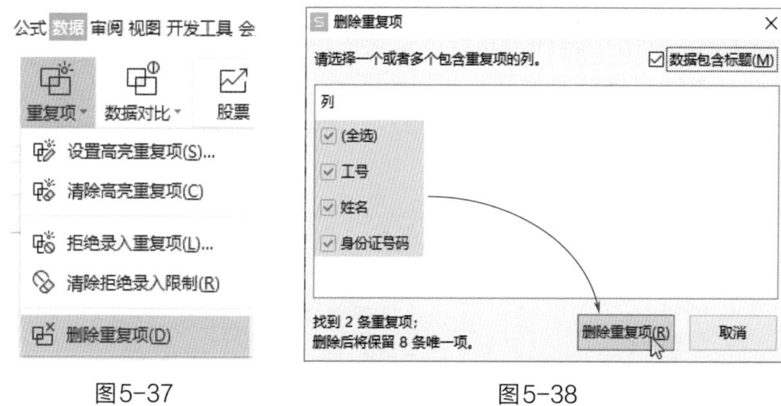


图5-37　　　　图5-38

弹出一个窗口，提示发现了多少个重复项，已将其删除，单击“确定”按钮，如图5-39所示。

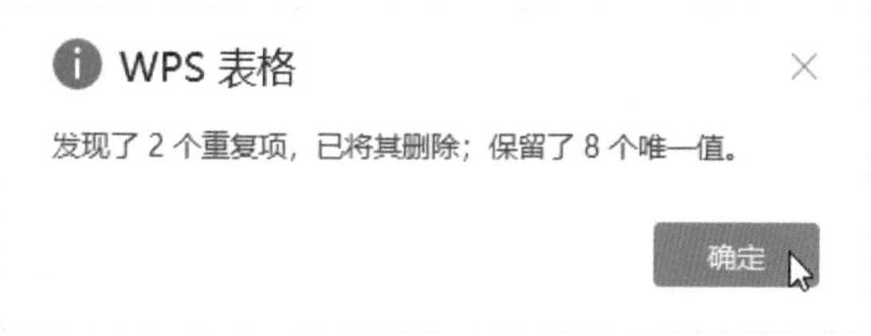

WPS 表格

发现了 2 个重复项，已将其删除；保留了 8 个唯一值。

确定

图5-39

## 5.2.3　将表格行或列数据进行转置

如果用户需要将表格的行变为列、列变为行（图5-40），则可以使用快捷的方法。

| | A | B | C | D |
|---|---|---|---|---|
| 1 | 工号 | 姓名 | 部门 | 销售额 |
| 2 | DS01 | 赵宣 | 销售1部 | 68754 |
| 3 | DS02 | 王晓 | 销售2部 | 36589 |
| 4 | DS03 | 刘稳 | 销售1部 | 10256 |
| 5 | DS04 | 李琴 | 销售3部 | 33254 |
| 6 | DS05 | 徐蚌 | 销售3部 | 78453 |
| 7 | DS06 | 陈毅 | 销售2部 | 20145 |

| F | G | H | I | J | K | L |
|---|---|---|---|---|---|---|
| 工号 | DS01 | DS02 | DS03 | DS04 | DS05 | DS06 |
| 姓名 | 赵宣 | 王晓 | 刘稳 | 李琴 | 徐蚌 | 陈毅 |
| 部门 | 销售1部 | 销售2部 | 销售1部 | 销售3部 | 销售3部 | 销售2部 |
| 销售额 | 68754 | 36589 | 10256 | 33254 | 78453 | 20145 |

图5-40

用户使用“粘贴”列表中的“转置”选项就可以解决。

复制需要转置的表格区域，然后选择粘贴区域，单击“粘贴”下拉按钮，从列表中选择“转置”选项即可，如图5-41所示。或者选择“选择性粘贴”选项，打开“选择性粘贴”对话框，勾选“转置”复选框，单击“确定”按钮即可，如图5-42所示。

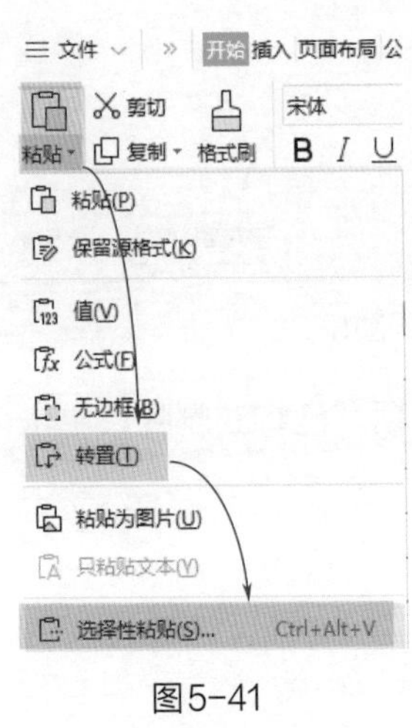


图5-41

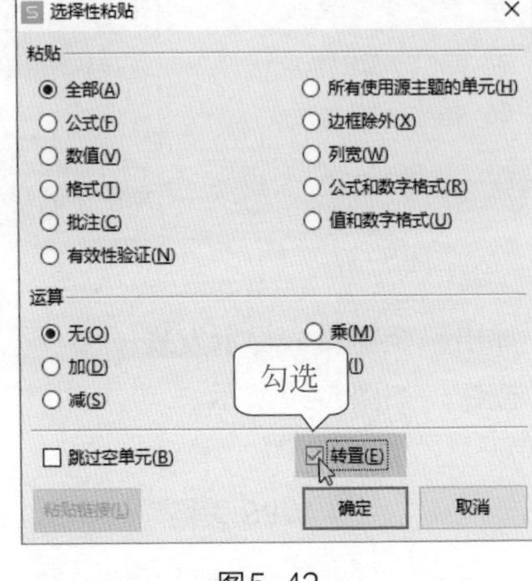


图5-42

## 知识链接

用户使用“粘贴”功能，还可以将表格转换成图片。复制表格，单击“粘贴”下拉按钮，从列表中选择“粘贴为图片”选项即可，如图5-43所示。

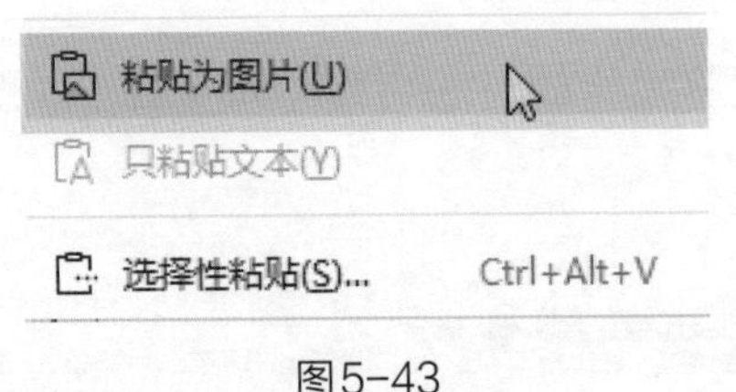


图5-43

### 5.2.4 将一列数据变为多列数据

当一列中的数据包含多个信息时，用户可以将一列数据分为多列显示，如图5-44所示。

| | A |
|---|---|
| 1 | 地址 |
| 2 | 江苏省徐州市睢宁县 |
| 3 | 河北省唐山市乐亭县 |
| 4 | 山西省太原市阳曲县 |
| 5 | 浙江省杭州市桐庐县 |
| 6 | 安徽省合肥市庐江县 |
| 7 | 山东省济南市商河县 |

| | A | B | C |
|---|---|---|---|
| 1 | 省 | 市 | 县 |
| 2 | 江苏省 | 徐州市 | 睢宁县 |
| 3 | 河北省 | 唐山市 | 乐亭县 |
| 4 | 山西省 | 太原市 | 阳曲县 |
| 5 | 浙江省 | 杭州市 | 桐庐县 |
| 6 | 安徽省 | 合肥市 | 庐江县 |
| 7 | 山东省 | 济南市 | 商河县 |

图5-44

用户使用“分列”选项，就可以将一列数据按照指定规律拆分成多列，如图5-45所示。

图5-45

选择A列，在“数据”选项卡中单击“分列”按钮，打开“文本分列向导-3步骤之1”对话框。

选择“固定宽度”单选按钮（这里需要根据数据的特点，选择是按分隔符拆分，还是按固定宽度拆分），单击“下一步”按钮，如图5-46所示。在“文本分列向导-3步骤之2”对话框的“数据预览”区域，单击鼠标添加数据分割线，添加完成后单击“下一步”按钮，如图5-47所示。

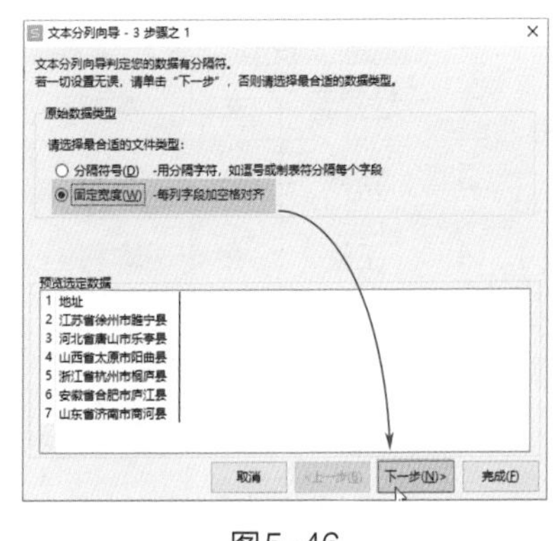


图5-46

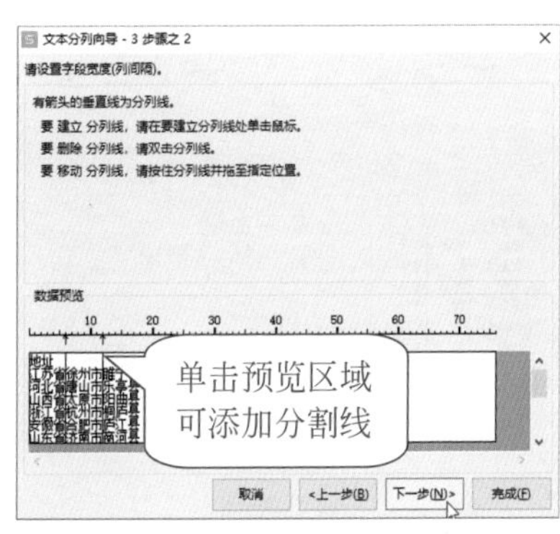


图5-47

在弹出的“文本分列向导-3步骤之3”对话框中直接单击“完成”按钮（图5-48），即可按照固定宽度，将一列数据拆分成3列。

此外，如果数据之间是用英文逗号分隔的（图5-49），则在“文本分列向导-3步骤之1”对话框中选择“分隔符号”单选按钮，单击“下一步”按钮。

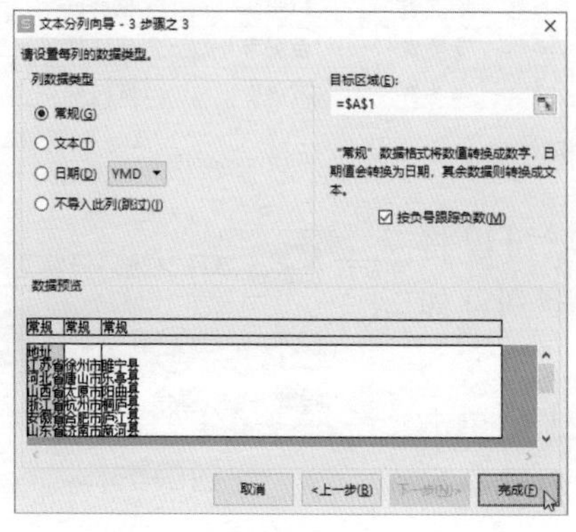


图5-48

| | A |
|---|---|
| 1 | 姓名,性别,学历 |
| 2 | 赵萱萱,女,本科 |
| 3 | 刘嘉,男,专科 |
| 4 | 王晓,女,本科 |
| 5 | 徐蚌,男,研究生 |
| 6 | 陈毅,男,本科 |

图5-49

在弹出的“文本分列向导-3步骤之2”对话框中勾选“逗号”复选框，单击“完成”按钮（图5-50），即可按照分隔符，将一列数据拆分成3列，如图5-51所示。

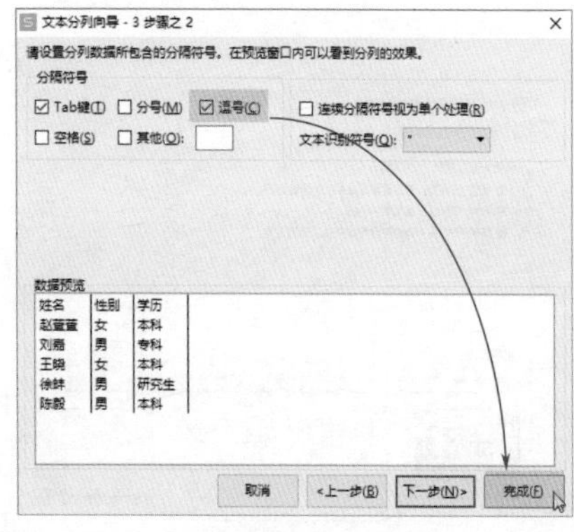


图5-50

| | A | B | C |
|---|---|---|---|
| 1 | 姓名 | 性别 | 学历 |
| 2 | 赵萱萱 | 女 | 本科 |
| 3 | 刘嘉 | 男 | 专科 |
| 4 | 王晓 | 女 | 本科 |
| 5 | 徐蚌 | 男 | 研究生 |
| 6 | 陈毅 | 男 | 本科 |

图5-51

## 知识链接

在“文本分列向导-3步骤之3”对话框中，用户可以设置分列数据的类型，以及导出的位置，如图5-52所示。

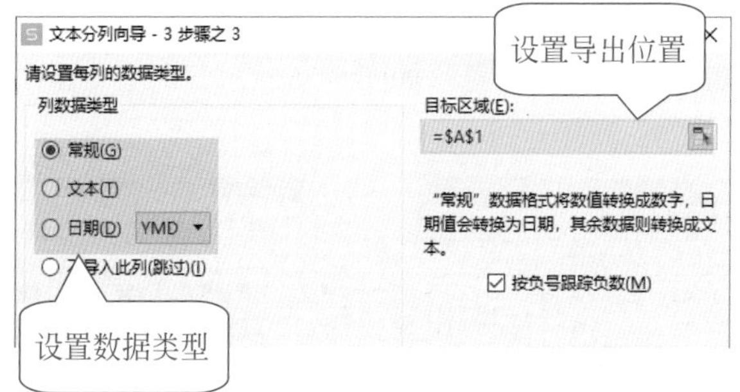


图5-52

## 5.2.5 快速分离数字和文本

如果一列数据中，既有文本又有数字，那有没有快捷的方法，将数字和文本分离到单独的列中，如图5-53所示。

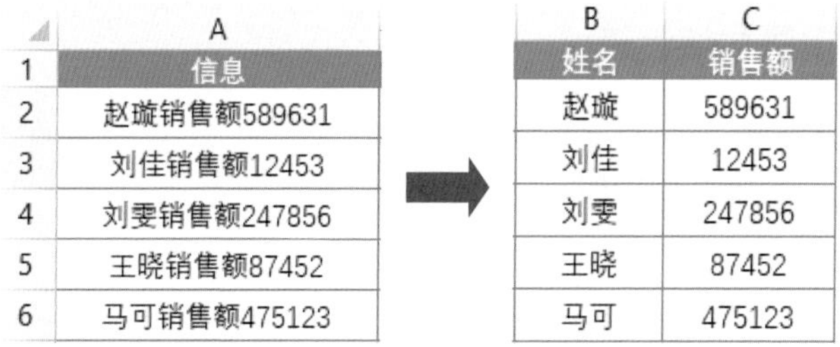

| | A |
|---|---|
| 1 | 信息 |
| 2 | 赵璇销售额589631 |
| 3 | 刘佳销售额12453 |
| 4 | 刘雯销售额247856 |
| 5 | 王晓销售额87452 |
| 6 | 马可销售额475123 |

| B | C |
|---|---|
| 姓名 | 销售额 |
| 赵璇 | 589631 |
| 刘佳 | 12453 |
| 刘雯 | 247856 |
| 王晓 | 87452 |
| 马可 | 475123 |

图5-53

用户使用"智能填充"选项，就可以从复杂的数据中提取需要的信息。

先将A列的姓名，复制粘贴到B2单元格，通过"填充"列表中的"智能填充"选项，即可将A列中的姓名单独提取出来，如图5-54所示。

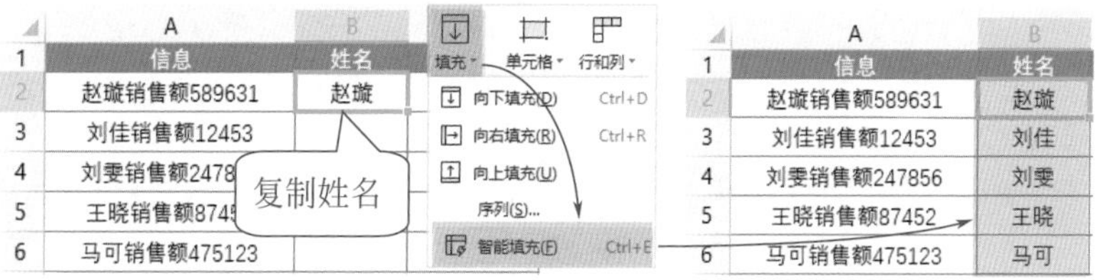

| | A | B |
|---|---|---|
| 1 | 信息 | 姓名 |
| 2 | 赵璇销售额589631 | 赵璇 |
| 3 | 刘佳销售额12453 | 刘佳 |
| 4 | 刘雯销售额247856 | 刘雯 |
| 5 | 王晓销售额87452 | 王晓 |
| 6 | 马可销售额475123 | 马可 |

复制姓名

填充 单元格 行和列 向下填充(D) Ctrl+D 向右填充(R) Ctrl+R 向上填充(U) 序列(S)... 智能填充(F) Ctrl+E

图5-54

同样，复制A列的销售额数据，如图5-55所示。然后按【Ctrl+E】组合键，即可提取销售额信息，如图5-56所示。

| | A | B | C |
|---|---|---|---|
| 1 | 信息 | 姓名 | 销售额 |
| 2 | 赵璇销售额589631 | 赵璇 | 589631 |
| 3 | 刘佳销售额12453 | 刘佳 | |
| 4 | 刘雯销售额247856 | 刘雯 | |
| 5 | 王晓销售额87452 | 王晓 | |
| 6 | 马可销售额475123 | 马可 | |



图5-55

| | A | B | C |
|---|---|---|---|
| 1 | 信息 | 姓名 | 销售额 |
| 2 | | | 589631 |
| 3 | | | 12453 |
| 4 | 刘雯销售额247856 | 刘雯 | 247856 |
| 5 | 王晓销售额87452 | 王晓 | 87452 |
| 6 | 马可销售额475123 | 马可 | 475123 |



图5-56

## 知识链接

智能填充的基本原理：提供样本数据，然后让智能填充自动识别样本中的规律。在数据结构比较简单时，提供一个样本即可。

## 5.2.6 批量数值运算

在制作价格表时，会遇到在原有的价格基础上，将商品的单价上调10元的情况，如图5-57所示。

| | A | B |
|---|---|---|
| 1 | 商品 | 单价 |
| 2 | 洗发水 | 60 |
| 3 | 牙膏 | 30 |
| 4 | 护发素 | 40 |
| 5 | 面膜 | 20 |
| 6 | 洗面奶 | 55 |
| 7 | 牙刷 | 10 |
| 8 | 沐浴露 | 35 |

| | A | B |
|---|---|---|
| 1 | 商品 | 单价 |
| 2 | 洗发水 | 70 |
| 3 | 牙膏 | 40 |
| 4 | 护发素 | 50 |
| 5 | 面膜 | 30 |
| 6 | 洗面奶 | 65 |
| 7 | 牙刷 | 20 |
| 8 | 沐浴露 | 45 |

图5-57

此时，用户使用“选择性粘贴”选项，就可以对数据进行加法运算。

先在任意一个空白单元格中输入数值“10”，然后复制该单元格，如图5-58所示。选择“单价”数据，单击“粘贴”下拉按钮，从列表中选择“选择性粘贴”选项，如图5-59所示。

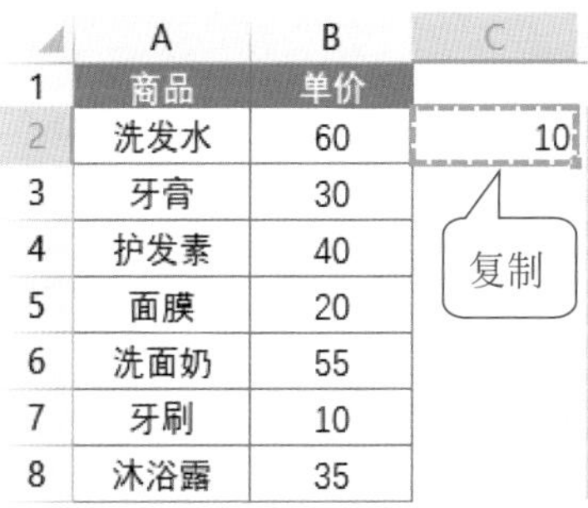

| | A | B | C |
|---|---|---|---|
| 1 | 商品 | 单价 | |
| 2 | 洗发水 | 60 | 10 |
| 3 | 牙膏 | 30 | |
| 4 | 护发素 | 40 | |
| 5 | 面膜 | 20 | |
| 6 | 洗面奶 | 55 | |
| 7 | 牙刷 | 10 | |
| 8 | 沐浴露 | 35 | |

复制

图5-58

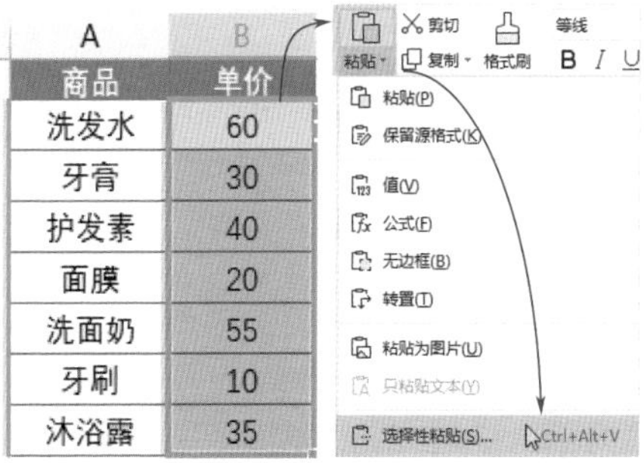

| A | B |
|---|---|
| 商品 | 单价 |
| 洗发水 | 60 |
| 牙膏 | 30 |
| 护发素 | 40 |
| 面膜 | 20 |
| 洗面奶 | 55 |
| 牙刷 | 10 |
| 沐浴露 | 35 |

剪切 等线 粘贴 复制 格式刷 B I U
粘贴(P)
保留源格式(K)
值(V)
公式(F)
无边框(B)
转置(T)
粘贴为图片(U)
只粘贴文本(Y)
选择性粘贴(S)... Ctrl+Alt+V

图5-59

打开“选择性粘贴”对话框，选择“加”单选按钮，单击“确定”按钮，即可给每个单价增加了10元，如图5-60所示。

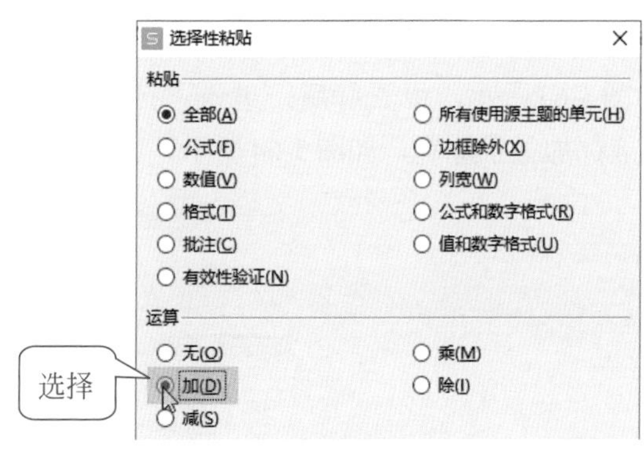


图5-60

# 5.3 报表的打印

打印报表看似很简单，其实不然。要想让报表按照既定的要求打印出来，还需要掌握一些打印技巧。下面将介绍报表的打印技巧。

## 5.3.1 每页都打印标题

将报表打印成多页时，通常会遇到一个问题：除了第一页有标题外，其他页都没有标题，如图5-61所示。为了方便查看对应的数据，用户需要为每一页加上标题。

| 编号 | 姓名 | 性别 | 部门 | 职务 | 联系方式 |
|---|---|---|---|---|---|
| DS01 | 左代 | 男 | 销售部 | 经理 | 139****4021 |
| DS02 | 王进 | 女 | 生产部 | 主管 | 131****4022 |
| DS03 | 杨柳书 | 女 | 研发部 | 员工 | 132****4023 |
| DS04 | 任小义 | 女 | 财务部 | 员工 | 133****4024 |
| DS05 | 刘诗琦 | 男 | 销售部 | 员工 | 134****4025 |

| | | | | | |
|---|---|---|---|---|---|
| DS29 | 赵玉 | 女 | 行政部 | 主管 | 158****4049 |
| DS30 | 赵佳 | 女 | 研发部 | 员工 | 158****4050 |
| DS31 | 刘能 | 男 | 行政部 | 员工 | 158****4051 |
| DS32 | 韩梅 | 男 | 财务部 | 员工 | 158****4052 |
| DS33 | 刘雯 | 女 | 生产部 | 员工 | 158****4053 |

图5-61

用户使用“打印标题”选项，即可实现该操作，如图5-62所示。

图5-62

在“页面布局”选项卡中单击“打印标题”按钮，打开“页面设置”对话框，单击“顶端标题行”右侧按钮。

在表格中选择标题行，单击“确定”按钮，如图5-63所示。设置好后，进入“打印预览”界面，即可看到每一页顶部都加上了标题，如图5-64所示。

图5-63

| 编号 | 姓名 | 性别 | 部门 | 职务 | 联系方式 |
|---|---|---|---|---|---|
| DS01 | 左代 | 男 | 销售部 | 经理 | 139****4021 |
| DS02 | 王进 | 女 | 生产部 | 主管 | 131****4022 |
| DS03 | 杨柳书 | 女 | 研发部 | 员工 | 132****4023 |
| DS04 | 任小义 | 女 | 财务部 | 员工 | 133****4024 |

| 编号 | 姓名 | 性别 | 部门 | 职务 | 联系方式 |
|---|---|---|---|---|---|
| DS29 | 赵玉 | 女 | 行政部 | 主管 | 158****4049 |
| DS30 | 赵佳 | 女 | 研发部 | 员工 | 158****4050 |
| DS31 | 刘能 | 男 | 行政部 | 员工 | 158****4051 |
| DS32 | 韩梅 | 男 | 财务部 | 员工 | 158****4052 |
| DS33 | 刘雯 | 女 | 生产部 | 员工 | 158****4053 |

图5-64

## 5.3.2 打印表格指定区域

默认情况下Excel会打印出表格所有内容，但用户也可以通过设置打印表格中指定的数据范围，例如只打印“编号”“姓名”“性别”和“部门”信息，如图5-65所示。

| 编号 | 姓名 | 性别 | 部门 | 职务 | 联系方式 |
|---|---|---|---|---|---|
| DS01 | 左代 | 男 | 销售部 | 经理 | 139****4021 |
| DS02 | 王进 | 女 | 生产部 | 主管 | 131****4022 |
| DS03 | 杨柳书 | 女 | 研发部 | 员工 | 132****4023 |
| DS04 | 任小义 | 女 | 财务部 | 员工 | 133****4024 |
| DS05 | 刘诗琦 | 男 | 销售部 | 员工 | 134****4025 |
| DS06 | 袁中星 | 男 | 行政部 | 经理 | 135****4026 |
| DS07 | 邢小勤 | 男 | 研发部 | 员工 | 136****4027 |
| DS08 | 代敏浩 | 男 | 生产部 | 员工 | 137****4028 |
| DS09 | 陈晓龙 | 男 | 财务部 | 经理 | 138****4029 |
| DS10 | 杜春梅 | 女 | 行政部 | 员工 | 130****4030 |
| DS11 | 董弦韵 | 男 | 财务部 | 员工 | 131****4031 |
| DS12 | 白丽 | 女 | 销售部 | 主管 | 132****4032 |
| DS13 | 陈娟 | 女 | 行政部 | 员工 | 133****4033 |

| 编号 | 姓名 | 性别 | 部门 |
|---|---|---|---|
| DS01 | 左代 | 男 | 销售部 |
| DS02 | 王进 | 女 | 生产部 |
| DS03 | 杨柳书 | 女 | 研发部 |
| DS04 | 任小义 | 女 | 财务部 |
| DS05 | 刘诗琦 | 男 | 销售部 |
| DS06 | 袁中星 | 男 | 行政部 |
| DS07 | 邢小勤 | 男 | 研发部 |
| DS08 | 代敏浩 | 男 | 生产部 |
| DS09 | 陈晓龙 | 男 | 财务部 |
| DS10 | 杜春梅 | 女 | 行政部 |
| DS11 | 董弦韵 | 男 | 财务部 |
| DS12 | 白丽 | 女 | 销售部 |
| DS13 | 陈娟 | 女 | 行政部 |

图5-65

通过设置“打印区域”，就可以实现该操作，如图5-66所示。

选择需要打印的区域，如图5-67所示。在“打印区域”列表中选择“设置打印区域”选项，即可将该区域设为打印区域。为选择的区域设置打印区域后，在“名称框”中会出现“Print_Area”字样，如图5-68所示。

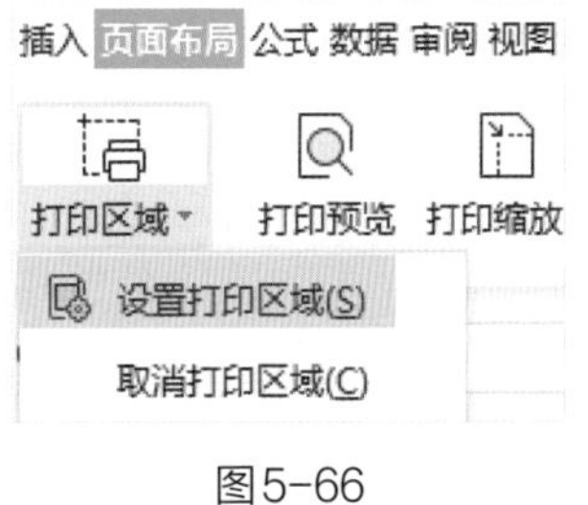


图5-66

A1 | fx 编号

| | A | B | C | D | E | F |
|---|---|---|---|---|---|---|
| 1 | 编号 | 姓名 | 性别 | 部门 | 职务 | 联系方式 |
| 2 | DS01 | 左代 | 男 | 销售部 | 经理 | 139****4021 |
| 3 | DS02 | 王进 | 女 | 生产部 | 主管 | 131****4022 |
| 4 | DS03 | 杨柳书 | 女 | 研发部 | 员工 | 132****4023 |
| 5 | DS04 | 任小义 | 女 | 财务部 | [illegible] | ****4024 |
| 6 | DS05 | 刘诗琦 | 男 | 销售部 | [illegible] | ****4025 |
| 7 | DS06 | 袁中星 | 男 | 行政部 | [illegible] | ****4026 |
| 8 | DS07 | 邢小勤 | 男 | 研发部 | [illegible] | ****4027 |
| 9 | DS08 | 代敏浩 | 男 | 生产部 | 员工 | 137****4028 |
| 10 | DS09 | 陈晓龙 | 男 | 财务部 | 经理 | 138****4029 |
| 11 | DS10 | 杜春梅 | 女 | 行政部 | 员工 | 130****4030 |
| 12 | DS11 | 董弦韵 | 男 | 财务部 | 员工 | 131****4031 |
| 13 | DS12 | 白丽 | 女 | 销售部 | 主管 | 132****4032 |
| 14 | DS13 | 陈娟 | 女 | 行政部 | 员工 | 133****4033 |

选择

图5-67

Print_Area | fx 编号

| | A | B | C | D | E | F |
|---|---|---|---|---|---|---|
| 1 | 编号 | 姓名 | 性别 | 部门 | 职务 | 联系方式 |
| 2 | DS01 | 左代 | 男 | 销售部 | 经理 | 139****4021 |
| 3 | DS02 | 王进 | 女 | 生产部 | 主管 | 131****4022 |
| 4 | DS03 | 杨柳书 | 女 | 研发部 | 员工 | 132****4023 |
| 5 | DS04 | 任小义 | 女 | 财务部 | 员工 | 133****4024 |
| 6 | DS05 | 刘诗琦 | 男 | 销售部 | 员工 | 134****4025 |
| 7 | DS06 | 袁中星 | 男 | 行政部 | 经理 | 135****4026 |
| 8 | DS07 | 邢小勤 | 男 | 研发部 | 员工 | 136****4027 |
| 9 | DS08 | 代敏浩 | 男 | 生产部 | 员工 | 137****4028 |
| 10 | DS09 | 陈晓龙 | 男 | 财务部 | 经理 | 138****4029 |
| 11 | DS10 | 杜春梅 | 女 | 行政部 | 员工 | 130****4030 |
| 12 | DS11 | 董弦韵 | 男 | 财务部 | 员工 | 131****4031 |
| 13 | DS12 | 白丽 | 女 | 销售部 | 主管 | 132****4032 |
| 14 | DS13 | 陈娟 | 女 | 行政部 | 员工 | 133****4033 |

图5-68

最后，进入“打印预览”界面，即可看到只有选中的区域才被打印出来。

### 5.3.3 将表格打印在一页纸上

当需要打印的表格过宽时，表格无法在一页中全部显示，系统会将多余的内容安排在第2页显示（图5-69）,这样就破坏了表格的完整性。此时，可以选择将表格打印在一页纸上。

| 编号 | 姓名 | 性别 | 出生日期 | 部门 | 职务 | 学历 |
|---|---|---|---|---|---|---|
| DS01 | 左代 | 男 | 1980年07月05日 | 销售部 | 经理 | 硕士 |
| DS02 | 王进 | 女 | 1981年06月15日 | 生产部 | 主管 | 本科 |
| DS03 | 杨柳书 | 女 | 1978年04月30日 | 研发部 | 员工 | 硕士 |
| DS04 | 任小义 | 女 | 1975年10月12日 | 财务部 | 员工 | 专科 |
| DS05 | 刘诗琦 | 男 | 1983年07月05日 | 销售部 | 员工 | 本科 |
| DS06 | 袁中星 | 男 | 1972年09月01日 | 行政部 | 经理 | 本科 |
| DS07 | 邢小勤 | 男 | 1968年09月18日 | 研发部 | 员工 | 硕士 |
| DS08 | 代敏浩 | 男 | 1980年07月09日 | 生产部 | 员工 | 专科 |
| DS09 | 陈晓龙 | 男 | 1986年10月10日 | 财务部 | 经理 | 本科 |
| DS10 | 杜春梅 | 女 | 1972年06月15日 | 行政部 | 员工 | 专科 |
| DS11 | 董弦韵 | 男 | 1982年04月29日 | 财务部 | 员工 | 专科 |
| DS12 | 白丽 | 女 | 1982年04月30日 | 销售部 | 主管 | 本科 |
| DS13 | 陈娟 | 女 | 1982年05月01日 | 行政部 | 员工 | 本科 |
| DS14 | 杨丽 | 女 | 1982年05月02日 | 研发部 | 员工 | 本科 |
| DS15 | 邓华 | 男 | 1980年09月16日 | 研发部 | 经理 | 博士 |

| 联系方式 | 地址 | 基本工资 |
|---|---|---|
| 139****4021 | 吉林长春 | 5200 |
| 131****4022 | 新疆库尔勒 | 4500 |
| 132****4023 | 江苏南京 | 4000 |
| 133****4024 | 江苏徐州 | 3500 |
| 134****4025 | 江苏常州 | 3900 |
| 135****4026 | 江苏南通 | 4900 |
| 136****4027 | 江苏苏州 | 4000 |
| 137****4028 | 江苏镇江 | 3200 |
| 138****4029 | 四川成都 | 5500 |
| 130****4030 | 四川绵阳 | 3000 |
| 131****4031 | 四川乐山 | 3500 |
| 132****4032 | 湖南长沙 | 4800 |
| 133****4033 | 湖南岳阳 | 3000 |
| 134****4034 | 湖南常德 | 4000 |
| 189****4035 | 湖南张家界 | 7000 |

图5-69

其实很简单，用户利用页面缩放功能将其缩放在一页中即可。

通过单击“打印预览”按钮，进入“打印预览”界面，如图5-70所示。

将“无打印缩放”设置为“将整个工作表打印在一页”即可，如图5-71所示。

图5-70

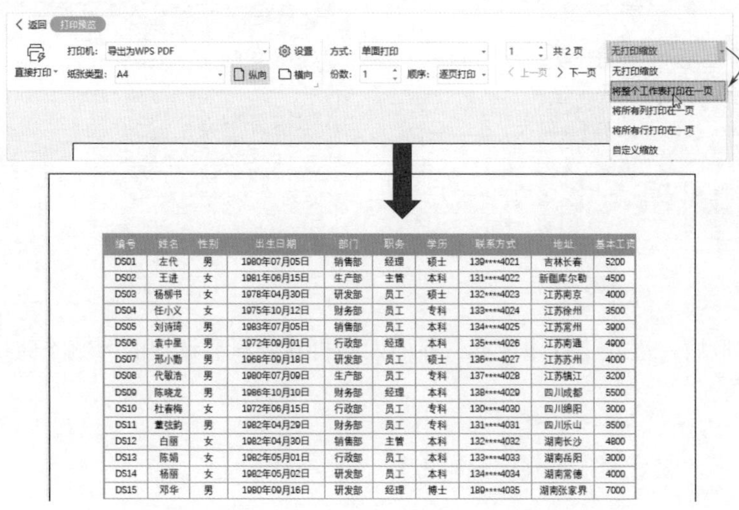


| 编号 | 姓名 | 性别 | 出生日期 | 部门 | 职务 | 学历 | 联系方式 | 地址 | 基本工资 |
|---|---|---|---|---|---|---|---|---|---|
| DS01 | 左代 | 男 | 1980年07月05日 | 销售部 | 经理 | 硕士 | 139****4021 | 吉林长春 | 5200 |
| DS02 | 王进 | 女 | 1981年06月15日 | 生产部 | 主管 | 本科 | 131****4022 | 新疆库尔勒 | 4500 |
| DS03 | 杨柳书 | 女 | 1978年04月30日 | 研发部 | 员工 | 硕士 | 132****4023 | 江苏南京 | 4000 |
| DS04 | 任小义 | 女 | 1975年10月12日 | 财务部 | 员工 | 专科 | 133****4024 | 江苏徐州 | 3500 |
| DS05 | 刘诗琦 | 男 | 1983年07月05日 | 销售部 | 员工 | 本科 | 134****4025 | 江苏常州 | 3900 |
| DS06 | 袁中星 | 男 | 1972年09月01日 | 行政部 | 经理 | 本科 | 135****4026 | 江苏南通 | 4900 |
| DS07 | 邢小勤 | 男 | 1968年09月18日 | 研发部 | 员工 | 硕士 | 136****4027 | 江苏苏州 | 4000 |
| DS08 | 代敏浩 | 男 | 1980年07月09日 | 生产部 | 员工 | 专科 | 137****4028 | 江苏镇江 | 3200 |
| DS09 | 陈晓龙 | 男 | 1986年10月10日 | 财务部 | 经理 | 本科 | 138****4029 | 四川成都 | 5500 |
| DS10 | 杜春梅 | 女 | 1972年06月15日 | 行政部 | 员工 | 专科 | 130****4030 | 四川绵阳 | 3000 |
| DS11 | 董弦韵 | 男 | 1982年04月29日 | 财务部 | 员工 | 专科 | 131****4031 | 四川乐山 | 3500 |
| DS12 | 白丽 | 女 | 1982年04月30日 | 销售部 | 主管 | 本科 | 132****4032 | 湖南长沙 | 4800 |
| DS13 | 陈娟 | 女 | 1982年05月01日 | 行政部 | 员工 | 本科 | 133****4033 | 湖南岳阳 | 3000 |
| DS14 | 杨丽 | 女 | 1982年05月02日 | 研发部 | 员工 | 本科 | 134****4034 | 湖南常德 | 4000 |
| DS15 | 邓华 | 男 | 1980年09月16日 | 研发部 | 经理 | 博士 | 189****4035 | 湖南张家界 | 7000 |

图5-71

### 5.3.4 不打印图表

打印带有图表的工作表时，默认将工作表中的数据和图表全部打印出来，如图5-72所示。

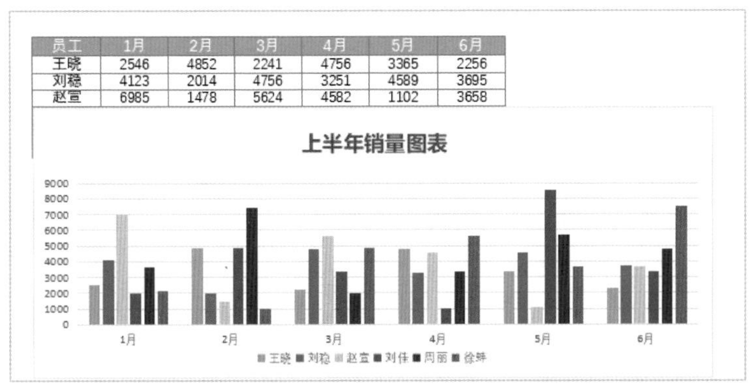

| 员工 | 1月 | 2月 | 3月 | 4月 | 5月 | 6月 |
|---|---|---|---|---|---|---|
| 王晓 | 2546 | 4852 | 2241 | 4756 | 3365 | 2256 |
| 刘稳 | 4123 | 2014 | 4756 | 3251 | 4589 | 3695 |
| 赵宣 | 6985 | 1478 | 5624 | 4582 | 1102 | 3658 |



图5-72

如果用户只需要打印数据，不打印图表，则可以通过设置“打印对象”，实现该操作。右击图表，选择“设置图表区域格式”选项，如图5-73所示。打开“属性”窗口，选择“大小与属性”选项，在“属性”选项中取消对“打印对象”复选框的勾选即可，如图5-74所示。

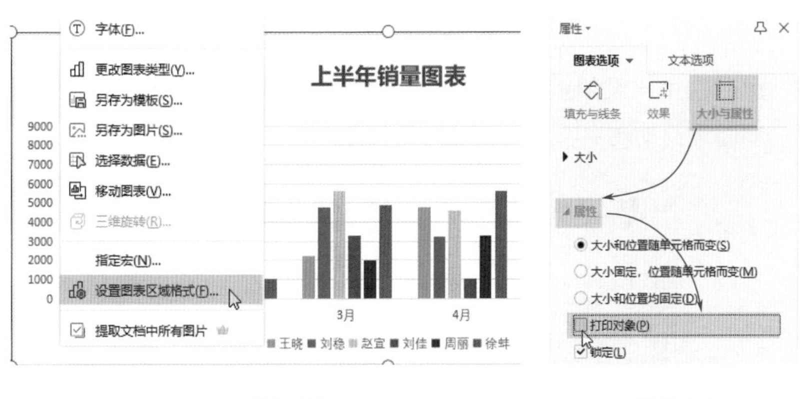



图5-73　　　　图5-74

进入“打印预览”界面，可以看到只打印了数据表，图表没有被打印出来，如图5-75所示。

| 员工 | 1月 | 2月 | 3月 | 4月 | 5月 | 6月 |
|---|---|---|---|---|---|---|
| 王晓 | 2546 | 4852 | 2241 | 4756 | 3365 | 2256 |
| 刘稳 | 4123 | 2014 | 4756 | 3251 | 4589 | 3695 |
| 赵宣 | 6985 | 1478 | 5624 | 4582 | 1102 | 3658 |
| 刘佳 | 2015 | 4876 | 3320 | 1025 | 8542 | 3365 |
| 周丽 | 3685 | 7412 | 2015 | 3325 | 5698 | 4758 |
| 徐蚌 | 2145 | 1025 | 4875 | 5589 | 3652 | 7526 |

图5-75

## 5.3.5 打印网格线

当用户打印表格时，发现没有为表格添加边框，如图5-76所示。表格打印出来后，既不美观，又影响阅读。

| 姓名 | 性别 | 身份证号码 | 出生日期 | 学历 | 参加工作时间 | 职务 | 工龄 |
|---|---|---|---|---|---|---|---|
| 李琦 | 男 | 370**********62501 | 1993-02-16 | 专科 | 2017/6/25 | 员工 | 2 |
| 周佳 | 男 | 370**********62502 | 1890-10-21 | 本科 | 2013/4/26 | 主管 | 6 |
| 刘梦 | 女 | 370**********62503 | 1992-04-30 | 本科 | 2015/5/27 | 员工 | 5 |
| 赵宣 | 男 | 370**********62504 | 1991-02-18 | 本科 | 2014/7/28 | 员工 | 4 |
| 孙伟 | 男 | 370**********62505 | 1879-03-12 | 研究生 | 2012/6/29 | 副主管 | 8 |
| 王晓 | 女 | 370**********62506 | 1899-11-26 | 本科 | 2014/6/30 | 员工 | 5 |
| 李明 | 男 | 370**********62507 | 1996-07-15 | 本科 | 2011/7/10 | 员工 | 6 |
| 刘雯 | 女 | 370**********62508 | 1994-09-18 | 专科 | 2017/7/21 | 员工 | 3 |
| 陈静 | 女 | 370**********62509 | 1887-09-19 | 本科 | 2012/4/30 | 员工 | 5 |
| 吴乐 | 男 | 370**********62510 | 1898-02-28 | 专科 | 2010/3/12 | 员工 | 6 |
| 郑宇 | 男 | 370**********62511 | 1993-04-28 | 本科 | 2016/7/13 | 员工 | 3 |
| 徐蚌 | 男 | 370**********62512 | 1879-10-19 | 研究生 | 1992/6/23 | 员工 | 4 |

图5-76

此时，用户无须重新为表格设置边框，只要将网格线打印出来即可，如图5-77所示。

| 姓名 | 性别 | 身份证号码 | 出生日期 | 学历 | 参加工作时间 | 职务 | 工龄 |
|---|---|---|---|---|---|---|---|
| 李琦 | 男 | 370**********62501 | 1993-02-16 | 专科 | 2017/6/25 | 员工 | 2 |
| 周佳 | 男 | 370**********62502 | 1890-10-21 | 本科 | 2013/4/26 | 主管 | 6 |
| 刘梦 | 女 | 370**********62503 | 1992-04-30 | 本科 | 2015/5/27 | 员工 | 5 |
| 赵宣 | 男 | 370**********62504 | 1991-02-18 | 本科 | 2014/7/28 | 员工 | 4 |
| 孙伟 | 男 | 370**********62505 | 1879-03-12 | 研究生 | 2012/6/29 | 副主管 | 8 |
| 王晓 | 女 | 370**********62506 | 1899-11-26 | 本科 | 2014/6/30 | 员工 | 5 |
| 李明 | 男 | 370**********62507 | 1996-07-15 | 本科 | 2011/7/10 | 员工 | 6 |
| 刘雯 | 女 | 370**********62508 | 1994-09-18 | 专科 | 2017/7/21 | 员工 | 3 |
| 陈静 | 女 | 370**********62509 | 1887-09-19 | 本科 | 2012/4 | | |
| 吴乐 | 男 | 370**********62510 | 1898-02-28 | 专科 | 2010/ | | |
| 郑宇 | 男 | 370**********62511 | 1993-04-28 | 本科 | 2016/7 | | |
| 徐蚌 | 男 | 370**********62512 | 1879-10-19 | 研究生 | 1992/6 | | |

打印预览
打印网格线
页边距
页眉页脚
页面设置

图5-77

此外，单击“页面设置”按钮，打开“页面设置”对话框，在“工作表”选项卡中勾选“网格线”复选框即可，如图5-78所示。

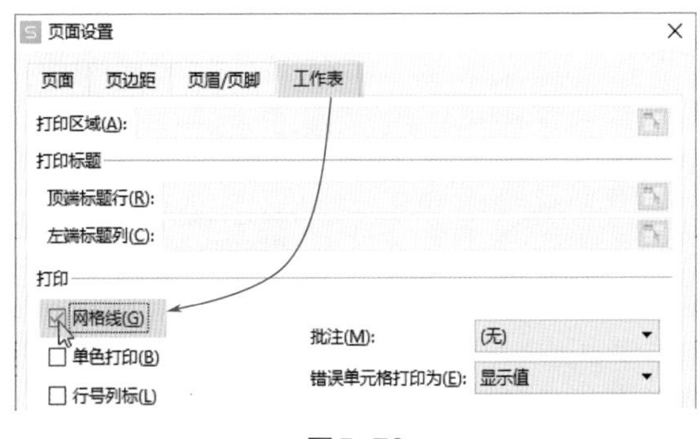


图5-78

## 5.3.6 打印页眉Logo

打印某类表格时，通常需要将表格页眉处的公司Logo打印出来，如图5-79所示。

员工信息表

| 编号 | 姓名 | 性别 | 出生日期 | 部门 | 职务 | 学历 | 联系方式 | 地址 | 基本工资 |
|---|---|---|---|---|---|---|---|---|---|
| DS01 | 左代 | 男 | 1980年07月05日 | 销售部 | 经理 | 硕士 | 139****4021 | 吉林长春 | 5200 |
| DS02 | 王进 | 女 | 1981年06月15日 | 生产部 | 主管 | 本科 | 131****4022 | 新疆库尔勒 | 4500 |
| DS03 | 杨柳书 | 女 | 1978年04月30日 | 研发部 | 员工 | 硕士 | 132****4023 | 江苏南京 | 4000 |
| DS04 | 任小义 | 女 | 1975年10月12日 | 财务部 | 员工 | 专科 | 133****4024 | 江苏徐州 | 3500 |
| DS05 | 刘诗琦 | 男 | 1983年07月05日 | 销售部 | 员工 | 本科 | 134****4025 | 江苏常州 | 3900 |
| DS06 | 袁中星 | 男 | 1972年09月01日 | 行政部 | 经理 | 本科 | 135****4026 | 江苏南通 | 4900 |
| DS07 | 邢小勤 | 男 | 1968年09月18日 | 研发部 | 员工 | 硕士 | 136****4027 | 江苏苏州 | 4000 |
| DS08 | 代敏浩 | 男 | 1980年07月09日 | 生产部 | 员工 | 专科 | 137****4028 | 江苏镇江 | 3200 |
| DS09 | 陈晓龙 | 男 | 1986年10月10日 | 财务部 | 经理 | 本科 | 138****4029 | 四川成都 | 5500 |
| DS10 | 杜春梅 | 女 | 1972年06月15日 | 行政部 | 员工 | 专科 | 130****4030 | 四川绵阳 | 3000 |
| DS11 | 董弦韵 | 男 | 1982年04月29日 | 财务部 | 员工 | 专科 | 131****4031 | 四川乐山 | 3500 |
| DS12 | 白丽 | 女 | 1982年04月30日 | 销售部 | 主管 | 本科 | 132****4032 | 湖南长沙 | 4800 |
| DS13 | 陈娟 | 女 | 1982年05月01日 | 行政部 | 员工 | 本科 | 133****4033 | 湖南岳阳 | 3000 |
| DS14 | 杨丽 | 女 | 1982年05月02日 | 研发部 | 员工 | 本科 | 134****4034 | 湖南常德 | 4000 |
| DS15 | 邓华 | 男 | 1980年09月16日 | 研发部 | 经理 | 博士 | 189****4035 | 湖南张家界 | 7000 |

图5-79

此时，用户可以通过设置打印页眉页脚，将表格页眉处的公司Logo打印出来。通过单击“页眉页脚”按钮，如图5-80所示。打开“页面设置”对话框，在“页眉/页脚”选项卡中单击“自定义页眉”按钮，如图5-81所示。

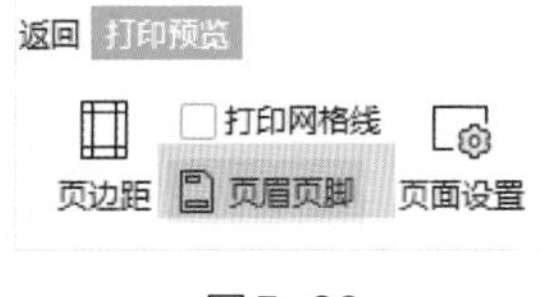


图5-80

打开“页眉”对话框，在“左”“中”“右”3个文本框中通过单击“插入图片”和“设置图片格式”按钮，插入公司Logo，如图5-82所示。相应的内容会显示在纸张页面顶部的左端、中间和右端，最后单击“确定”按钮即可。

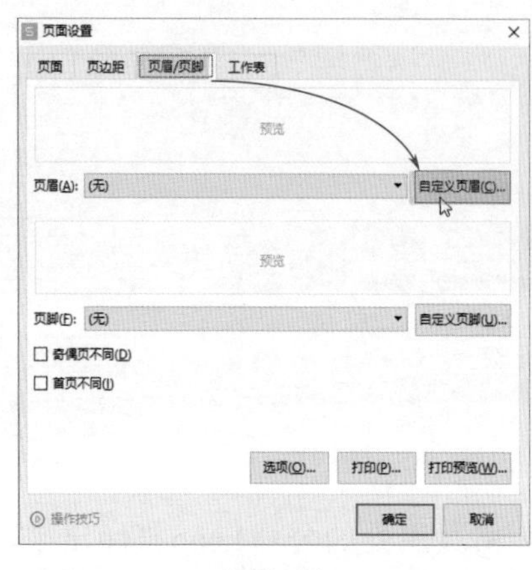


图5-81

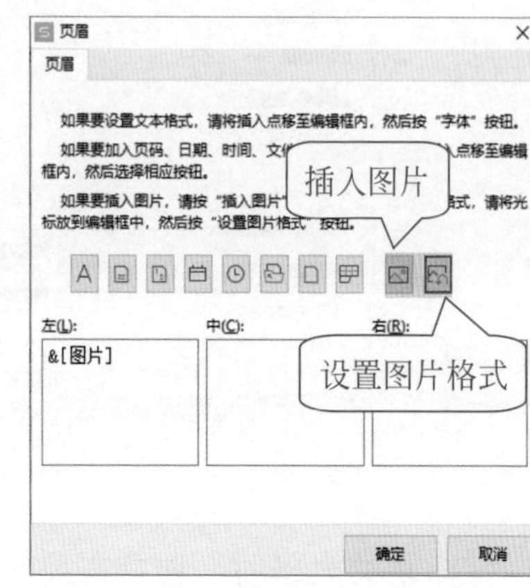


图5-82

## 5.3.7 居中打印

打印表格时，在打印页面上，表格有时会出现靠左或靠右显示的情况，如图5-83所示。为了使打印出来的表格看起来协调、美观，用户可以让其居中显示。

表格靠左显示

| 姓名 | 性别 | 身份证号码 | 出生日期 | 学历 | 参加工作时间 | 职务 | 工龄 |
|---|---|---|---|---|---|---|---|
| 李琦 | 男 | 370**********62501 | 1993-02-16 | 专科 | 2017/6/25 | 员工 | 2 |
| 周佳 | 男 | 370**********62502 | 1890-10-21 | 本科 | 2013/4/26 | 主管 | 6 |
| 刘梦 | 女 | 370**********62503 | 1992-04-30 | 本科 | 2015/5/27 | 员工 | 5 |
| 赵宣 | 男 | 370**********62504 | 1991-02-18 | 本科 | 2014/7/28 | 员工 | 4 |
| 孙伟 | 男 | 370**********62505 | 1879-03-12 | 研究生 | 2012/6/29 | 副主管 | 8 |
| 王晓 | 女 | 370**********62506 | 1899-11-26 | 本科 | 2014/6/30 | 员工 | 5 |
| 李明 | 男 | 370**********62507 | 1996-07-15 | 本科 | 2011/7/10 | 员工 | 6 |
| 刘雯 | 女 | 370**********62508 | 1994-09-18 | 专科 | 2017/7/21 | 员工 | 3 |
| 陈静 | 女 | 370**********62509 | 1887-09-19 | 本科 | 2012/4/30 | 员工 | 5 |
| 吴乐 | 男 | 370**********62510 | 1898-02-28 | 专科 | 2010/3/12 | 员工 | 6 |
| 郑宇 | 男 | 370**********62511 | 1993-04-28 | 本科 | 2016/7/13 | 员工 | 3 |
| 徐蚌 | 男 | 370**********62512 | 1879-10-19 | 研究生 | 1992/6/23 | 员工 | 4 |

图5-83

只需要在“页面设置”对话框中设置“居中方式”即可。打开“页面设置”对话框，在“页边距”选项卡中勾选“水平”复选框，单击“确定”按钮，如图5-84所示。

如果表格还没有居中显示，则单击“页边距”按钮，手动调整页面边距即可，如图5-85所示。

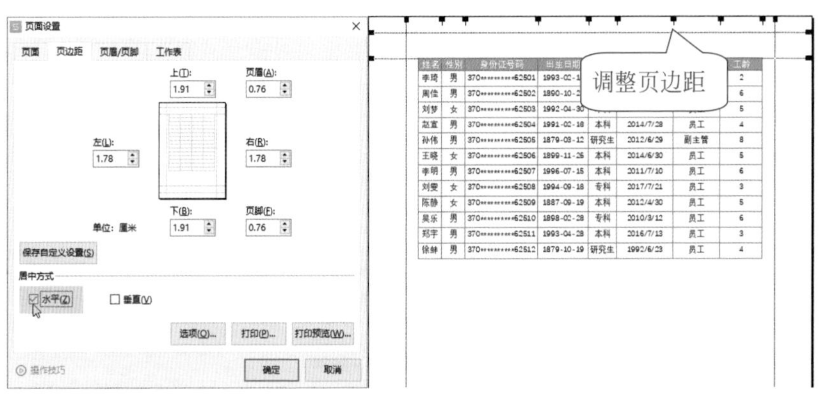


图5-84　　　　图5-85

## 5.3.8 黑白打印

默认情况下打印预览中的表格是以彩色形态显示的，用户可以根据需要将其设为黑白显示，如图5-86所示。

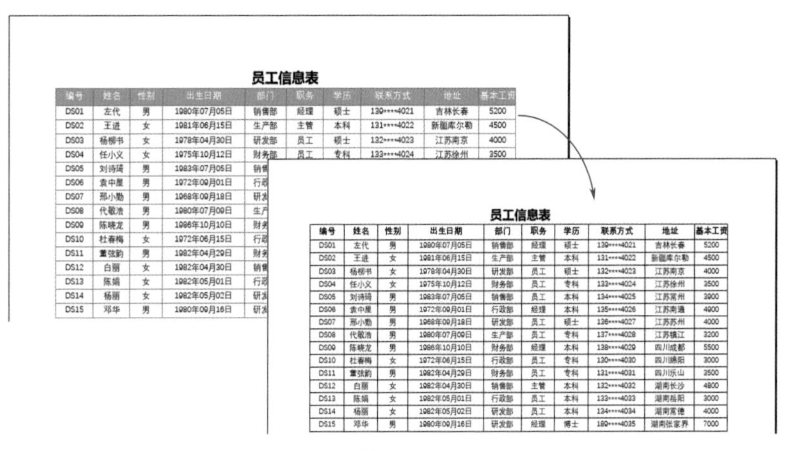


图5-86

只需要设置“单色打印”，就可以实现该操作。打开“页面设置”对话框，在“工作表”选项卡中勾选“单色打印”复选框，单击“确定”按钮即可，如图5-87所示。

## 知识链接

如果单元格中有错误值，用户可以将错误值打印成空白。在“页面设置”对话框中，选择“工作表”选项卡，单击“错误单元格打印为”下拉按钮，从列表中选择“空白”选项即可，如图5-88所示。

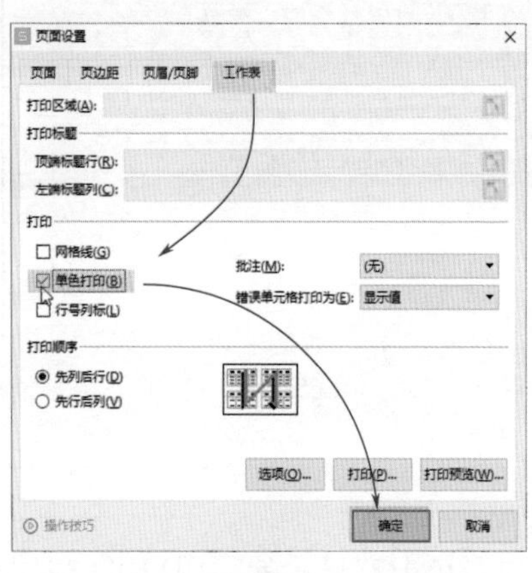


图5-87

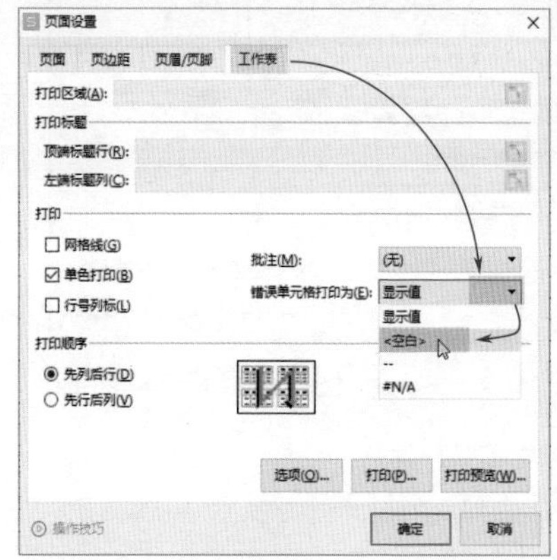


图5-88

扫码观看
本章视频

# 第6章 数据的统计与分析

WPS表格主要是用来统计与分析数据的，可以帮助用户从大量且繁杂的数据中迅速获取有用信息，从而辅助决策。本章将对数据的排序、筛选、分析、汇总以及数据透视表的应用等技巧进行介绍。

# 6.1 让数据排排队

对数据进行排序，可以使杂乱无章的数据，按照指定顺序，有规律地进行排列。下面将介绍数据排序技巧。

## 6.1.1 按笔画进行排序

在默认情况下，WPS表格对汉字的排序方式是按照“字母”顺序。例如，对“产品名称”数据升序排序，字母顺序即按照“产品名称”第1个字的拼音的首字母在26个英文字母中出现的顺序进行排列，如图6-1所示。

|  | A | B | C | D | E | F |
|---|---|---|---|---|---|---|
| 1 | 产品编号 | 产品名称 | 规格型号 | 车间 | 负责人 | 开始日期 |
| 2 | TR10014 | 充电器 | C-1004 | 车间1 | 李可 | 2021-02-10 |
| 3 | TR10016 | 充电器 | C-2003 | 车间2 | 周夕 | 2021-02-13 |
| 4 | TR10017 | 充电器 | C-2004 | 车间2 | 周夕 | 2021-02-14 |
| 5 | TR10021 | 充电器 | C-3003 | 车间3 | 于文 | 2021-02-18 |
| 6 | TR10012 | 电脑 | D-1002 | 车间1 | 李可 | 2021-02-06 |
| 7 | TR10018 | 电脑 | D-2003 | 车间2 | 周夕 | 2021-02-15 |
| 8 | TR10020 | 电脑 | D-3002 | 车间3 | 于文 | 2021-02-17 |
| 9 | TR10022 | 电脑 | D-3002 | 车间3 | 于文 | 2021-02-19 |
| 10 | TR10011 | 手机 | S-1001 | 车间1 | 李可 | 2021-02-05 |
| 11 | TR10013 | 手机 | S-1002 | 车间1 | 李可 | 2021-02-08 |
| 12 | TR10015 | 手机 | S-2003 | 车间2 | 周夕 | 2021-02-11 |
| 13 | TR10019 | 手机 | S-3001 | 车间3 | 于文 | 2021-02-16 |

图6-1

如果用户想要按照笔画排序数据，则可以通过设置“排序选项”来实现。选择任意单元格，在“数据”选项卡中单击“排序”下拉按钮，选择“自定义排序”选项，打开“排序”对话框，设置“主要关键字”“排序依据”和“次序”，单击“选项”按钮，如图6-2所示。打开“排序选项”对话框，选择“笔画排序”单选按钮，单击“确定”按钮，如图6-3所示。

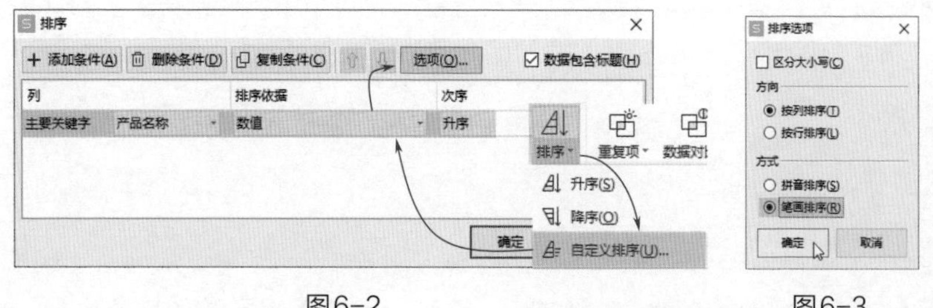


图6-2　　图6-3

此时，系统按照笔画数对“产品名称”进行升序排序，如图6-4所示。

| | A | B | C | D | E | F |
|---|---|---|---|---|---|---|
| 1 | 产品编号 | 产品名称 | 规格型号 | 车间 | 负责人 | 开始日期 |
| 2 | TR10011 | 手机 | S-1001 | 车间1 | 李可 | 2021-02-05 |
| 5 | TR10019 | 手机 | S-3001 | 车间3 | 于文 | 2021-02-16 |
| 6 | TR10012 | 电脑 | D-1002 | 车间1 | 李可 | 2021-02-06 |
| 9 | TR10022 | 电脑 | D-3002 | 车间3 | 于文 | 2021-02-19 |
| 10 | TR10014 | 充电器 | C-1004 | 车间1 | 李可 | 2021-02-10 |

图6-4

## 6.1.2 按照单元格颜色进行排序

为了更清晰地区分数据，一般会为单元格设置填充颜色，例如按照不同的产品名称，为单元格设置不同的填充颜色，如图6-5所示。这里需要按照单元格颜色进行排序，如图6-6所示。

| | A | B | C | D | E | F |
|---|---|---|---|---|---|---|
| 1 | 产品编号 | 产品名称 | 规格型号 | 车间 | 负责人 | 开始日期 |
| 2 | TR10011 | 手机 | S-1001 | 车间1 | 李可 | 2021-02-05 |
| 3 | TR10012 | 电脑 | D-1002 | 车间1 | 李可 | 2021-02-06 |
| 4 | TR10013 | 手机 | S-1002 | 车间1 | 李可 | 2021-02-08 |
| 5 | TR10014 | 充电器 | C-1004 | 车间1 | 李可 | 2021-02-10 |
| 6 | TR10015 | 手机 | S-2003 | 车间2 | 周夕 | 2021-02-11 |
| 7 | TR10016 | 充电器 | C-2003 | 车间2 | 周夕 | 2021-02-13 |
| 8 | TR10017 | 充电器 | C-2004 | 车间2 | 周夕 | 2021-02-14 |
| 9 | TR10018 | 电脑 | D-2003 | 车间2 | 周夕 | 2021-02-15 |
| 10 | TR10019 | 手机 | S-3001 | 车间3 | 于文 | 2021-02-16 |
| 11 | TR10020 | 电脑 | D-3002 | 车间3 | 于文 | 2021-02-17 |
| 12 | TR10021 | 充电器 | C-3003 | 车间3 | 于文 | 2021-02-18 |
| 13 | TR10022 | 电脑 | D-3002 | 车间3 | 于文 | 2021-02-19 |

图6-5

| | A | B | C | D | E | F |
|---|---|---|---|---|---|---|
| 1 | 产品编号 | 产品名称 | 规格型号 | 车间 | 负责人 | 开始日期 |
| 2 | TR10011 | 手机 | S-1001 | 车间1 | 李可 | 2021-02-05 |
| 3 | TR10013 | 手机 | S-1002 | 车间1 | 李可 | 2021-02-08 |
| 4 | TR10015 | 手机 | S-2003 | 车间2 | 周夕 | 2021-02-11 |
| 5 | TR10019 | 手机 | S-3001 | 车间3 | 于文 | 2021-02-16 |
| 6 | TR10012 | 电脑 | D-1002 | 车间1 | 李可 | 2021-02-06 |
| 7 | TR10018 | 电脑 | D-2003 | 车间2 | 周夕 | 2021-02-15 |
| 8 | TR10020 | 电脑 | D-3002 | 车间3 | 于文 | 2021-02-17 |
| 9 | TR10022 | 电脑 | D-3002 | 车间3 | 于文 | 2021-02-19 |
| 10 | TR10014 | 充电器 | C-1004 | 车间1 | 李可 | 2021-02-10 |
| 11 | TR10016 | 充电器 | C-2003 | 车间2 | 周夕 | 2021-02-13 |
| 12 | TR10017 | 充电器 | C-2004 | 车间2 | 周夕 | 2021-02-14 |
| 13 | TR10021 | 充电器 | C-3003 | 车间3 | 于文 | 2021-02-18 |

图6-6

此时，在“排序”对话框中进行设置。打开“排序”对话框，设置“主要关键字”“排序依据”和“次序”，单击“添加条件”按钮，添加“次要关键字”，如图6-7所示。

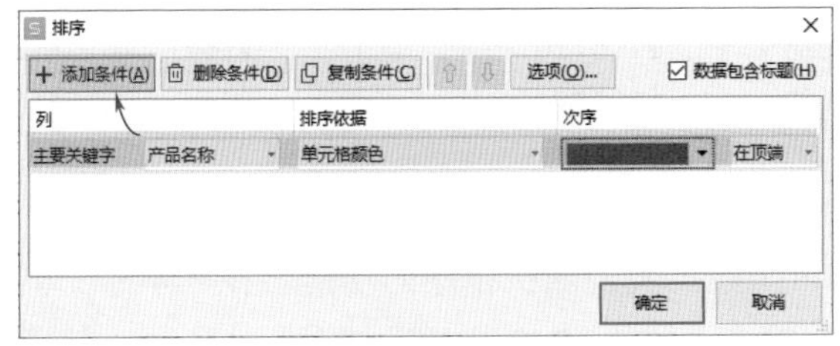


图6-7

按照同样的方法，设置次要关键字的排序依据和次序，设置好后单击“确定”按钮，即可按照设置的次序，对单元格颜色进行排序，如图6-8所示。

### 知识链接

在“排序”对话框中，通过设置“排序依据”，还可以按照“字体颜色”“条件格式图标”等进行排序，如图6-9所示。

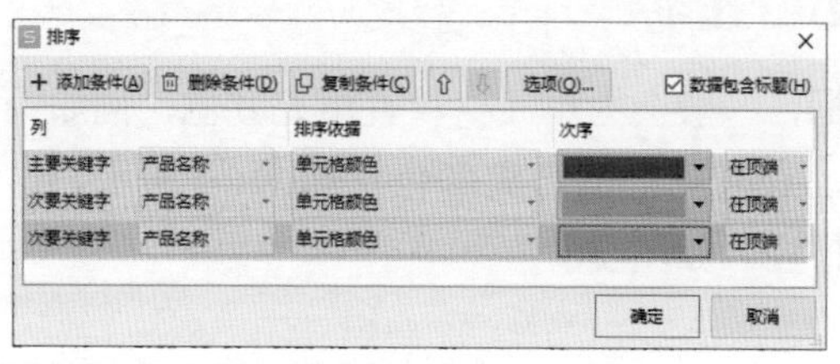


图6-8

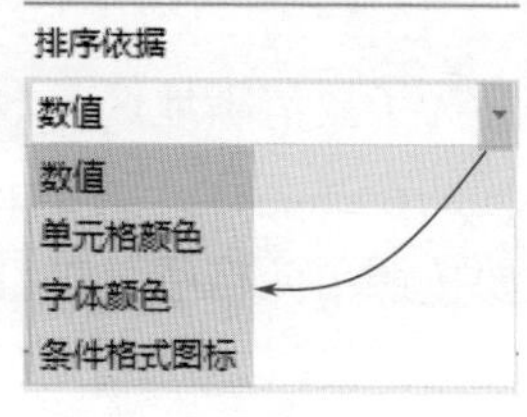


图6-9

## 6.1.3 对表格数据进行随机排序

安排学生考试时，如果按照学号依次考核，难免会出现不公平的现象，因此需要随机安排考核顺序，如图6-10所示。

| | A | B |
|---|---|---|
| 1 | 姓名 | 学号 |
| 2 | 赵宣 | 1108715 |
| 3 | 王晓 | 1108716 |
| 4 | 刘稳 | 1108717 |
| 5 | 徐蚌 | 1108718 |
| 6 | 陈毅 | 1108719 |
| 7 | 周丽 | 1108720 |
| 8 | 刘佳 | 1108721 |

| | A | B |
|---|---|---|
| 1 | 姓名 | 学号 |
| 2 | 刘佳 | 1108721 |
| 3 | 陈毅 | 1108719 |
| 4 | 王晓 | 1108716 |
| 5 | 赵宣 | 1108715 |
| 6 | 徐蚌 | 1108718 |
| 7 | 刘稳 | 1108717 |
| 8 | 周丽 | 1108720 |

图6-10

使用Rand函数可实现随机排序的功能。在“学号”列后面插入一个辅助列，并输入公式“=RAND()”，如图6-11所示。按【Enter】键确认，生成一个随机数据，然后将公式向下填充，如图6-12所示。

| | A | B | C |
|---|---|---|---|
| 1 | 姓名 | 学号 | 辅助列 |
| 2 | 赵宣 | 1108715 | =RAND() |
| 3 | 王晓 | 1108716 | |
| 4 | 刘稳 | 1108717 | |
| 5 | 徐蚌 | 1108718 | |
| 6 | 陈毅 | 1108719 | |
| 7 | 周丽 | 1108720 | |
| 8 | 刘佳 | 1108721 | |

输入公式

图6-11

C2 =RAND()

| | A | B | C |
|---|---|---|---|
| 1 | 姓名 | 学号 | 辅助列 |
| 2 | 赵宣 | 1108715 | 0.797900089 |
| 3 | 王晓 | 1108716 | 0.316713247 |
| 4 | 刘稳 | 1108717 | 0.417895995 |
| 5 | 徐蚌 | 1108718 | 0.842674442 |
| 6 | 陈毅 | 1108719 | 0.966562144 |
| 7 | 周丽 | 1108720 | 0.778029194 |
| 8 | 刘佳 | 1108721 | 0.750313679 |

图6-12

选择辅助列中任意单元格，在“数据”选项卡中单击“排序”下拉按钮，选择“升序”或“降序”选项（图6-13），就可以随机排列学号。最后删除辅助列，如图6-14所示。

| | A | B | C |
|---|---|---|---|
| 1 | 姓名 | 学号 | 辅助列 |
| 2 | 王晓 | 1108716 | 0.42563823 |
| | | 08717 | 0.838952043 |
| | | 08721 | 0.620842916 |
| | | 08720 | 0.778715198 |
| | | 08715 | 0.309202909 |
| | | 08718 | 0.655912173 |
| | | 08719 | 0.435708261 |

排序 重复项 数据对

升序(S)

降序(O)

自定义排序(U)...

图6-13

| | A | B |
|---|---|---|
| 1 | 姓名 | 学号 |
| 2 | 王晓 | 1108716 |
| 3 | 刘稳 | 1108717 |
| 4 | 刘佳 | 1108721 |
| 5 | 周丽 | 1108720 |
| 6 | 赵宣 | 1108715 |
| 7 | 徐蚌 | 1108718 |
| 8 | 陈毅 | 1108719 |

图6-14

### 6.1.4 按照指定序列排序

有时用户需要让数据按照指定的顺序排序，例如按照“专科,本科,研究生”顺序排序，如图6-15所示。

| | A | B | C |
|---|---|---|---|
| 1 | 姓名 | 学历 | 销售额 |
| 2 | 周轩 | 本科 | 25486 |
| 3 | 刘佳 | 专科 | 14563 |
| 4 | 王晓 | 本科 | 45623 |
| 5 | 刘稳 | 专科 | 78956 |
| 6 | 赵宣 | 研究生 | 36542 |
| 7 | 徐蚌 | 本科 | 66452 |
| 8 | 孙俪 | 研究生 | 98745 |

| | A | B | C |
|---|---|---|---|
| 1 | 姓名 | 学历 | 销售额 |
| 2 | 刘佳 | 专科 | 14563 |
| 3 | 刘稳 | 专科 | 78956 |
| 4 | 周轩 | 本科 | 25486 |
| 5 | 王晓 | 本科 | 45623 |
| 6 | 徐蚌 | 本科 | 66452 |
| 7 | 赵宣 | 研究生 | 36542 |
| 8 | 孙俪 | 研究生 | 98745 |

图6-15

此时，使用“自定义序列”的选项，就可实现该操作。打开“排序”对话框，设置“主要关键字”和“排序依据”，在“次序”列表中选择“自定义序列”选项，如图6-16所示。

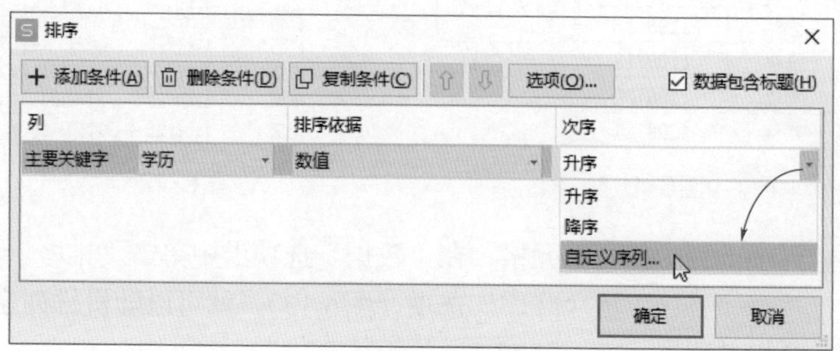


图6-16

打开“自定义序列”对话框，在“输入序列”文本框中输入类别顺序，单击“添加”按钮，将其添加至“自定义序列”列表框中，单击“确定”按钮即可，如图6-17所示。

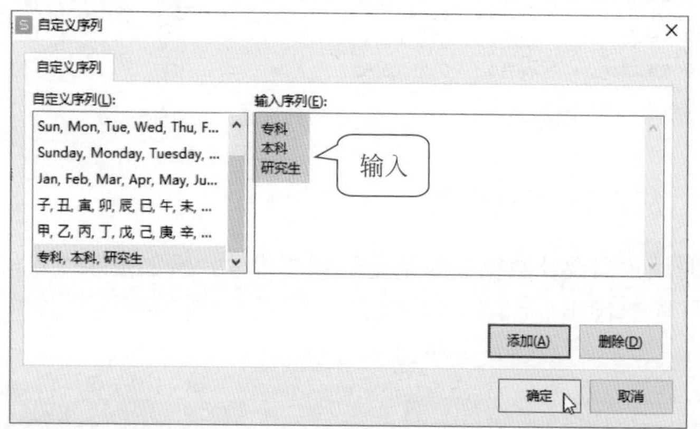


图6-17

### 6.1.5 按照字符数排序

当表格中的“姓名”有长有短时，为了使表格整体看起来更加协调，用户可以按照姓名的长短进行排序，也就是按照字符数量进行排序，如图6-18所示。

| | A | B | C |
|---|---|---|---|
| 1 | 姓名 | 学历 | 销售额 |
| 2 | 周轩 | 本科 | 25486 |
| 3 | 李民浩 | 专科 | 14563 |
| 4 | 王晓 | 本科 | 45623 |
| 5 | 欧阳小小 | 专科 | 78956 |
| 6 | 陈天益 | 研究生 | 36542 |
| 7 | 徐蚌 | 本科 | 66452 |
| 8 | 诸葛明明 | 研究生 | 98745 |

| | A | B | C |
|---|---|---|---|
| 1 | 姓名 | 学历 | 销售额 |
| 2 | 周轩 | 本科 | 25486 |
| 3 | 王晓 | 本科 | 45623 |
| 4 | 徐蚌 | 本科 | 66452 |
| 5 | 李民浩 | 专科 | 14563 |
| 6 | 陈天益 | 研究生 | 36542 |
| 7 | 欧阳小小 | 专科 | 78956 |
| 8 | 诸葛明明 | 研究生 | 98745 |

图6-18

此时，需要使用LEN函数进行辅助排序。在“姓名”列后插入一个辅助列，并输入公式“=LEN(A2)”，如图6-19所示。按【Enter】键确认，计算出字符数，然后将公式向下填充，如图6-20所示。

| | A | B | C | D |
|---|---|---|---|---|
| 1 | 姓名 | 辅助列 | 学历 | 销售额 |
| 2 | 周轩 | =LEN(A2) | 本科 | 25486 |
| 3 | 李民浩 | | 专科 | 14563 |
| 4 | 王晓 | | 本科 | 45623 |
| 5 | 欧阳小小 | | 专科 | 78956 |
| 6 | 陈天益 | | 研究生 | 36542 |
| 7 | 徐蚌 | | 本科 | 66452 |
| 8 | 诸葛明明 | | 研究生 | 98745 |



图6-19



| | A | B | C | D |
|---|---|---|---|---|
| 1 | 姓名 | 辅助列 | 学历 | 销售额 |
| 2 | 周轩 | 2 | 本科 | 25486 |
| 3 | 李民浩 | 3 | 专科 | 14563 |
| 4 | 王晓 | 2 | 本科 | 45623 |
| 5 | 欧阳小小 | 4 | 专科 | 78956 |
| 6 | 陈天益 | 3 | 研究生 | 36542 |
| 7 | 徐蚌 | 2 | 本科 | 66452 |
| 8 | 诸葛明明 | 4 | 研究生 | 98745 |

图6-20

选择辅助列任意单元格，将其进行升序排序（图6-21），然后删除辅助列即可。

| | A | B | C | D |
|---|---|---|---|---|
| 1 | 姓名 | 辅助列 | 学历 | 销售额 |
| 2 | 周轩 | 2 | 本科 | 25486 |
| 3 | 王晓 | 2 | 本科 | 45623 |
| 4 | 徐蚌 | 2 | 本科 | |
| 5 | 李民浩 | 3 | 专科 | |
| 6 | 陈天益 | 3 | 研究生 | |
| 7 | 欧阳小小 | 4 | 专科 | |
| 8 | 诸葛明明 | 4 | 研究生 | |



图6-21

# 6.2 筛选有用的数据

筛选就是从大量的数据中将符合条件的数据快速查找并显示出来，下面将介绍常用的筛选技巧。

## 6.2.1 多条件筛选

有时用户需要按照指定的多个条件筛选数据，例如将“客户名称”是“蓝天百货”，并且“产品名称”是“橡皮擦”，或者“金额”大于1000的数据信息筛选出来，如图6-22所示。

| | A | B | C | D | E | F | G | H | I |
|---|---|---|---|---|---|---|---|---|---|
| 1 | 序号 | 订单号 | 订单日期 | 客户名称 | 产品名称 | 规格 | 数量 | 单价 | 金额 |
| 4 | 3 | 110025881 | 2021/9/3 | 德胜书坊 | 便利贴 | 60*30mm | 300 | 3.5 | 1050 |
| 5 | 4 | 110025882 | 2021/9/4 | 蓝天百货 | 橡皮擦 | 43*17*10.3mm | 500 | 3.9 | 1950 |
| 8 | 7 | 110025885 | 2021/9/7 | 德胜书坊 | 固体胶棒 | 95*25mm | 350 | 4 | 1400 |
| 12 | 11 | 110025889 | 2021/9/11 | 品德文具 | 固体胶棒 | 81*20mm | 400 | 3 | 1200 |
| 15 | 14 | 110025892 | 2021/9/14 | 蓝天百货 | 笔记本 | A4 | 100 | 30 | 3000 |
| 18 | 17 | 110025895 | 2021/9/17 | 蓝天百货 | 橡皮擦 | 59*23.5*10.3mm | 270 | 3 | 810 |
| 20 | 19 | 110025897 | 2021/9/19 | 华夏商贸 | 笔记本 | A6 | 320 | 15 | 4800 |
| 22 | 21 | 110025899 | 2021/9/21 | 蓝天百货 | 橡皮擦 | 42*26*17mm | 500 | 1.5 | 750 |
| 26 | | 客户名称 | 产品名称 | 金额 | | | | | |
| 27 | | 蓝天百货 | 橡皮擦 | | | | | | |
| 28 | | | | >1000 | | | | | |

图6-22

此时，使用高级筛选可以完成多条件的筛选操作，如图6-23所示。首先要指定一个单元格区域放置筛选条件，如图6-24所示。其中，当条件都在同一行时，则表示“与”关系；当条件不在同一行时，则表示“或”关系。

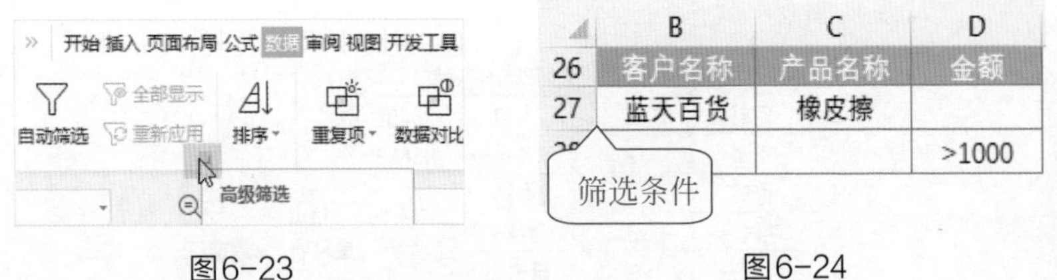


图6-23　　图6-24

选择表格中任意单元格，在“数据”选项卡中单击“高级筛选”按钮，打开“高级筛选”对话框，设置“列表区域”和“条件区域”，单击“确定”按钮即可，如图6-25所示。

**注意事项**

创建筛选条件时，其列标题必须与需要筛选的表格数据的列标题一致，否则无法筛选出正确的结果。

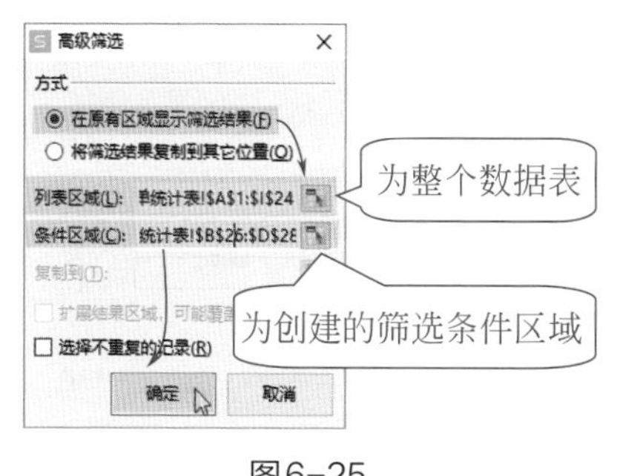


图6-25

## 6.2.2 利用筛选功能快速删除空白行

有时表格中会出现多余的空白行，如图6-26所示。如果表格中的数据非常多且空白行的位置又很分散，删除起来会特别麻烦，那么有没有快捷的方法呢？

| | A | B | C | D | E | F | G | H |
|---|---|---|---|---|---|---|---|---|
| 1 | 订单日期 | 订单号 | 客户名称 | 产品名称 | 规格 | 数量 | 单价 | 金额 |
| 2 | 2021/9/1 | 110025879 | 华夏商贸 | 直尺 | 20cm | 100 | 1.2 | 120 |
| 3 | 2021/9/1 | 110025880 | 蓝天百货 | 中性笔 | 0.5mm（黑） | 120 | 2 | 240 |
| 4 | | | | | | | | |
| 5 | 2021/9/2 | 110025881 | 德胜书坊 | 便利贴 | 60*30mm | 300 | 3.5 | 1050 |
| 6 | 2021/9/2 | 110025882 | 蓝天百货 | 橡皮擦 | 43*17*10.3mm | 500 | 3.9 | 1950 |
| 7 | | | | | | | | |
| 8 | 2021/9/3 | 110025883 | 蓝天百货 | 笔记本 | A5 | 230 | 3 | 690 |
| 9 | 2021/9/3 | 110025884 | 华夏商贸 | 直尺 | 150mm | 150 | 3.5 | 525 |
| 10 | 2021/9/3 | 110025885 | 德胜书坊 | 固体胶棒 | 95*25mm | 350 | 4 | 1400 |
| 11 | | | | | | | | |

图6-26

利用“自动筛选”选项可快速删除空白行，如图6-27所示。

选择A～H列，在“数据”选项卡中单击“自动筛选”按钮。

图6-27

进入筛选状态，单击“订单日期”筛选按钮，从列表中取消“全选”复选框的勾选，并勾选“空白”复选框，单击“确定”按钮，即可将所有空白行筛选出来，如图6-28所示。

右击筛选出来的空白行，从弹出的快捷菜单中选择“删除”选项即可，如图6-29所示。

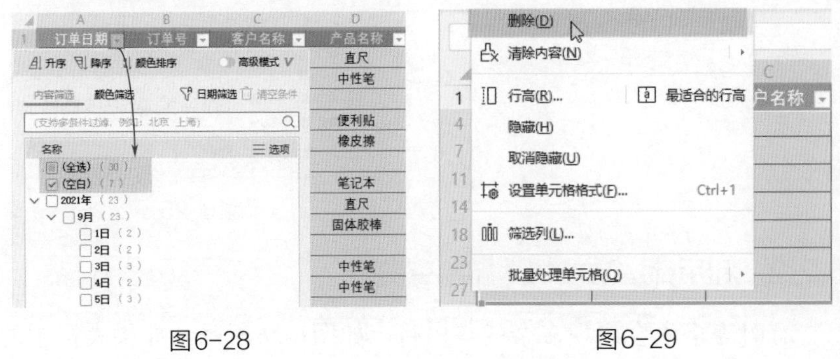


图6-28　　　　图6-29

在“数据”选项卡中再次单击“自动筛选”按钮，将数据显示出来。

## 6.2.3　按照文本特征筛选

在众多的数据中，如果用户想要将符合某种特征的文本筛选出来，例如将“产品名称”是“橡皮擦”的数据筛选出来（图6-30），该如何操作呢？

| | A | B | C | D | E | F | G | H | I |
|---|---|---|---|---|---|---|---|---|---|
| 1 | 序号 | 订单号 | 订单日期 | 客户名称 | 产品名称 | 规格 | 数量 | 单价 | 金额 |
| 5 | 4 | 110025882 | 2021/9/4 | 蓝天百货 | 橡皮擦 | 43*17*10.3mm | 500 | 3.9 | 1950 |
| 11 | 10 | 110025888 | 2021/9/10 | 品德文具 | 橡皮擦 | 42*17*10mm | 310 | 2.5 | 775 |
| 13 | 12 | 110025890 | 2021/9/12 | 华夏商贸 | 橡皮擦 | 65*23*13mm | 270 | 3 | 810 |
| 18 | 17 | 110025895 | 2021/9/17 | 蓝天百货 | 橡皮擦 | 59*23.5*10.3mm | 270 | 3 | 810 |
| 22 | 21 | 110025899 | 2021/9/21 | 蓝天百货 | 橡皮擦 | 42*26*17mm | 500 | 1.5 | 750 |

图6-30

这时可使用“自动筛选”选项来实现操作。选择表格中任意单元格，按【Ctrl+Shift+L】组合键，进入筛选状态，单击“产品名称”筛选按钮，在面板中选择“内容筛选”选项，并在下方的文本框中输入“橡皮擦”，如图6-31所示。按【Enter】键确认，即可将“橡皮擦”数据筛选出来。或者单击“文本筛选”按钮，选择“等于”选项，如图6-32所示。

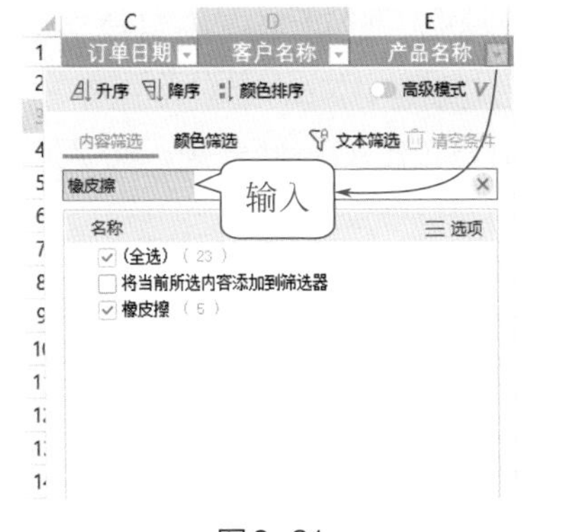


图6-31

图6-32

打开“自定义自动筛选方式”对话框，在“等于”后面的文本框中输入“橡皮擦”，单击“确定”按钮即可，如图6-33所示。

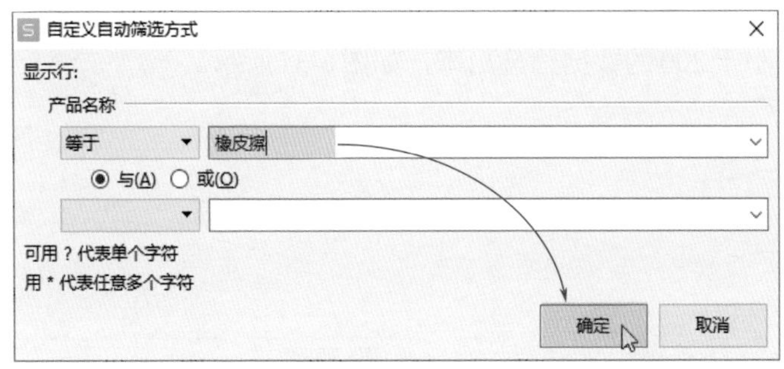


图6-33

## 6.2.4 按照数字筛选

按照数字筛选，就是对数值型数据进行筛选，例如将“数量”小于200的数据筛选出来，如图6-34所示。

| | A | B | C | D | E | F | G | H | I |
|---|---|---|---|---|---|---|---|---|---|
| 1 | 序号 | 订单号 | 订单日期 | 客户名称 | 产品名称 | 规格 | 数量 | 单价 | 金额 |
| 2 | 1 | 110025879 | 2021/9/1 | 华夏商贸 | 直尺 | 20cm | 100 | 1.2 | 120 |
| 3 | 2 | 110025880 | 2021/9/2 | 蓝天百货 | 中性笔 | 0.5mm（黑） | 120 | 2 | 240 |
| 7 | 6 | 110025884 | 2021/9/6 | 华夏商贸 | 直尺 | 150mm | 150 | 3.5 | 525 |
| 15 | 14 | 110025892 | 2021/9/14 | 蓝天百货 | 笔记本 | A4 | 100 | 30 | 3000 |
| 24 | 23 | 110025901 | 2021/9/23 | 德胜书坊 | 中性笔 | 0.7mm（黑） | 170 | 2.5 | 425 |

图6-34

用户使用“自动筛选”选项（图6-35），就可实现按照数字筛选操作。

选择表格中任意单元格，按【Ctrl+Shift+L】组合键，进入筛选状态。

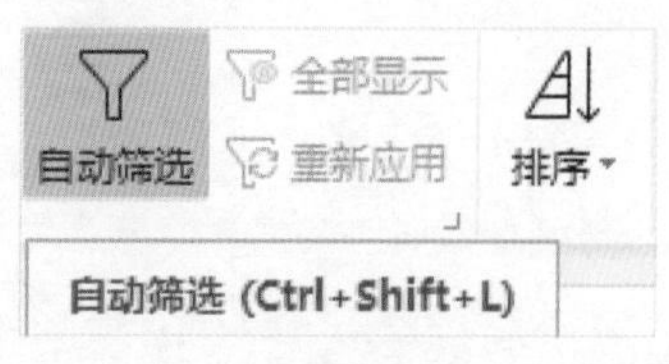


图6-35

单击“数量”筛选按钮，从面板中选择“数字筛选”选项，并选择“小于”选项，如图6-36所示。打开“自定义自动筛选方式”对话框，在“小于”后面的文本框中输入“200”，单击“确定”按钮，即可将“数量”小于200的数据筛选出来，如图6-37所示。

## 注意事项

对数据进行筛选，是将符合条件的数据筛选出来，而不符合条件的数据被隐藏起来了（并没有被删除）。

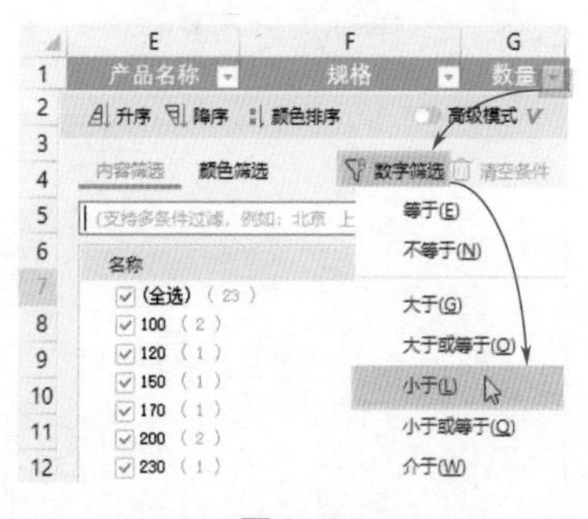


图6-36

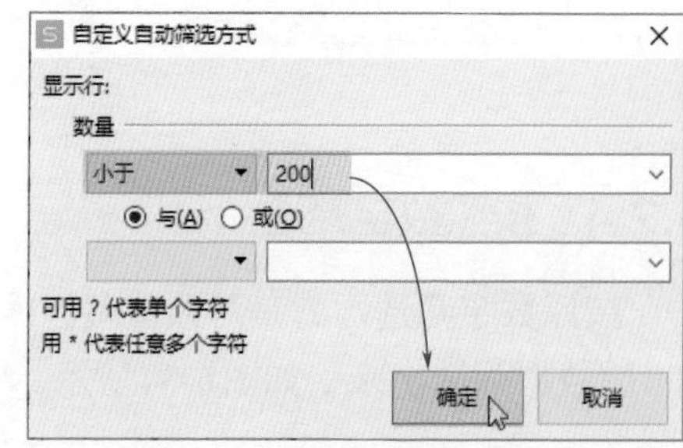


图6-37

## 知识链接

如果用户想要清除筛选结果，则在“数据”选项卡中单击“自动筛选”按钮，取消其选中状态即可。

## 6.2.5 模糊筛选

用于筛选数据的条件，有时并不能明确指定某项内容，而是某一类内容。例如，筛选商品为裙类的数据信息，如图6-38所示。

| | A | B | C | D | E | F | G | H | I | J | K |
|---|---|---|---|---|---|---|---|---|---|---|---|
| 1 | 订单号 | 下单日期 | 客户名称 | 商品编号 | 商品名称 | 单价 | 数量 | 货款金额 | 运费 | 实收金额 | 订单状态 |
| 4 | 110058963 | 2021/10/1 | 客户3 | XL-0005 | 连衣裙 | 297 | 10 | 2970 | 20 | 2990 | 待处理 |
| 5 | 110058965 | 2021/12/1 | 客户1 | XL-0007 | 短裙 | 99 | 22 | 2178 | 20 | 2198 | 已发货 |
| 7 | 110058967 | 2021/2/10 | 客户3 | XL-0009 | 半身裙 | 105 | 15 | 1575 | 20 | 1595 | 待处理 |
| 11 | 110058971 | 2021/7/20 | 客户2 | XL-0013 | 连衣裙 | 150 | 20 | 3000 | 20 | 3020 | 待处理 |
| 13 | 110058973 | 2021/7/4 | 客户1 | XL-0015 | 短裙 | 180 | 33 | 5940 | 20 | 5960 | 待处理 |
| 14 | 110058974 | 2021/8/5 | 客户2 | XL-0016 | 半身裙 | 120 | 20 | 2400 | 20 | 2420 | 待处理 |
| 15 | 110058975 | 2021/9/6 | 客户2 | XL-0017 | 连衣裙 | 120 | 29 | 3480 | 20 | 3500 | 已发货 |
| 18 | 110058978 | 2021/10/19 | 客户3 | XL-0020 | 短裙 | 88 | 19 | 1672 | 20 | 1692 | 已发货 |
| 21 | 110058981 | 2021/11/12 | 客户1 | XL-0023 | 半身裙 | 100 | 10 | 1000 | 20 | 1020 | 待处理 |

图6-38

像这样的情况可使用通配符进行模糊筛选。模糊筛选中通配符的使用必须借助“自定义自动筛选方式”对话框来完成，并允许使用两种通配符条件，即“?”和“*”（“?”代表单个字符，而“*”代表任意多个字符）。

选择表格中任意单元格，按【Ctrl+Shift+L】组合键，进入筛选状态，单击“商品名称”筛选按钮，选择“文本筛选”选项，并选择“自定义筛选”选项，如图6-39所示。

打开“自定义自动筛选方式”对话框，在“等于”后面的文本框中输入“*裙”，单击“确定”按钮，即可将“商品名称”中包含“裙”的数据筛选出来，如图6-40所示。

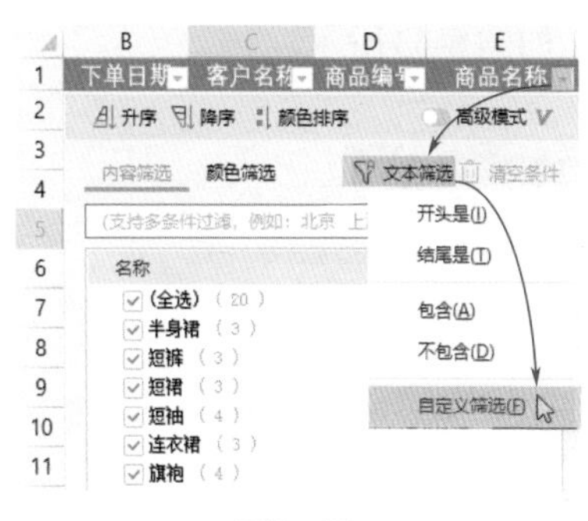


图6-39

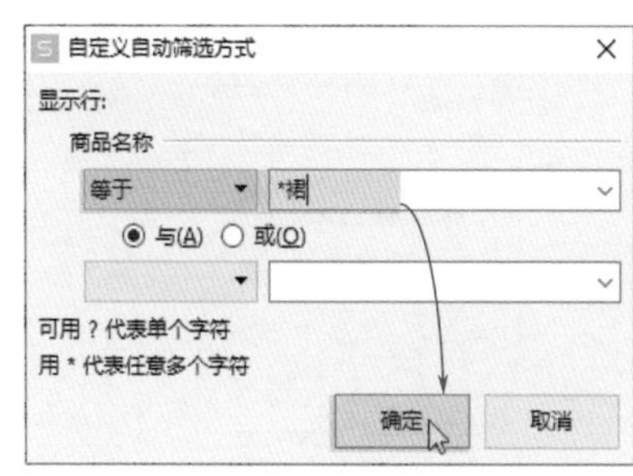


图6-40

## 注意事项

通配符仅能用于文本型数据，而对数值和日期型数据无效。在“?”和“*”前面使用波形符“~*”“~?”，代表“?”和“*”不作通配符，而作为原字符。

## 6.2.6 隐藏重复值

当表格中有多条重复的数据时，用户可以选择将重复的数据隐藏起来，只保留其中一行，如图6-41所示。

| | A | B | C | D | E |
|---|---|---|---|---|---|
| 1 | 商品编号 | 商品名称 | 单价 | 数量 | 货款金额 |
| 2 | XL-0003 | 短袖 | 120 | 15 | 1800 |
| 3 | XL-0004 | 短裤 | 100 | 20 | 2000 |
| 4 | XL-0005 | 连衣裙 | 297 | 10 | 2970 |
| 5 | XL-0004 | 短裤 | 100 | 20 | 2000 |
| 6 | XL-0007 | 短裙 | 99 | 22 | 2178 |
| 7 | XL-0008 | 旗袍 | 300 | 10 | 3000 |
| 8 | XL-0008 | 旗袍 | 300 | 10 | 3000 |
| 9 | XL-0009 | 半身裙 | 105 | 15 | 1575 |

| | A | B | C | D | E |
|---|---|---|---|---|---|
| 1 | 商品编号 | 商品名称 | 单价 | 数量 | 货款金额 |
| 2 | XL-0003 | 短袖 | 120 | 15 | 1800 |
| 3 | XL-0004 | 短裤 | 100 | 20 | 2000 |
| 4 | XL-0005 | 连衣裙 | 297 | 10 | 2970 |
| 6 | XL-0007 | 短裙 | 99 | 22 | 2178 |
| 7 | XL-0008 | 旗袍 | 300 | 10 | 3000 |
| 9 | XL-0009 | 半身裙 | 105 | 15 | 1575 |
| 10 | | | | | |

图6-41

使用“高级筛选”功能，即可实现该操作。这种方法的好处在于，万一操作失误，取消筛选后仍可以还原表格，不会导致数据丢失。

选择表格中任意单元格，打开“高级筛选”对话框，设置“列表区域”，并勾选“选择不重复的记录”复选框，单击“确定”按钮即可，如图6-42所示。

如果用户想要将不重复的数据显示在其他位置，保留原数据，则可以在“高级筛选”对话框中选择“将筛选结果复制到其它位置”选项，并进行相关设置，单击“确定”按钮，如图6-43所示。

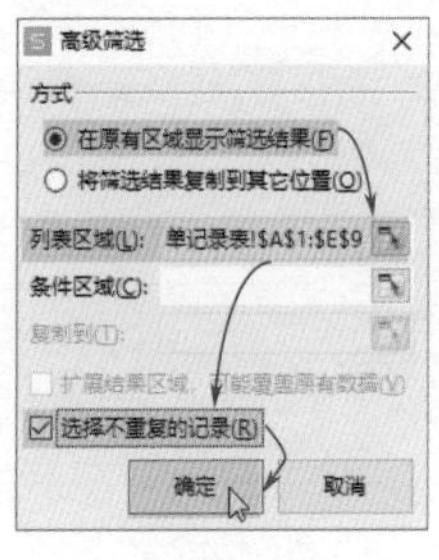


图6-42

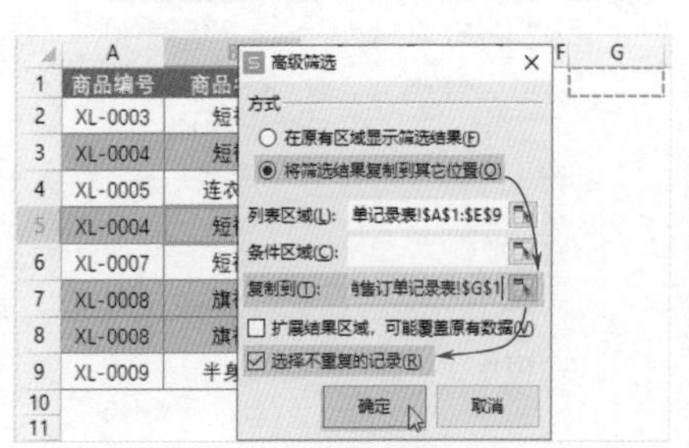


图6-43

即可将不重复的数据复制到其他位置，如图6-44所示。

| | A | B | C | D | E |
|---|---|---|---|---|---|
| 1 | 商品编号 | 商品名称 | 单价 | 数量 | 货款金额 |
| 2 | XL-0003 | 短袖 | 120 | 15 | 1800 |
| 3 | XL-0004 | 短裤 | 100 | 20 | 2000 |
| 4 | XL-0005 | 连衣裙 | 297 | 10 | 2970 |
| 5 | XL-0004 | 短裤 | 100 | 20 | 2000 |
| 6 | XL-0007 | 短裙 | 99 | 22 | 2178 |
| 7 | XL-0008 | 旗袍 | 300 | 10 | 3000 |
| 8 | XL-0008 | 旗袍 | 300 | 10 | 3000 |
| 9 | XL-0009 | 半身裙 | 105 | 15 | 1575 |

| G | H | I | J | K |
|---|---|---|---|---|
| 商品编号 | 商品名称 | 单价 | 数量 | 货款金额 |
| XL-0003 | 短袖 | 120 | 15 | 1800 |
| XL-0004 | 短裤 | 100 | 20 | 2000 |
| XL-0005 | 连衣裙 | 297 | 10 | 2970 |
| XL-0007 | 短裙 | 99 | 22 | 2178 |
| XL-0008 | 旗袍 | 300 | 10 | 3000 |
| XL-0009 | 半身裙 | 105 | 15 | 1575 |

图6-44

# 6.3 使用条件格式分析数据

条件格式就是根据条件使用数据条、色阶和图标集等，以更直观的方式显示数据。下面将介绍条件格式的使用技巧。

## 6.3.1 突出显示排名前几位的数据

当在表格中计算出排名后，用户需要将排名前3位的数据突出显示出来，如图6-45所示。

| | A | B | C | D | E | F |
|---|---|---|---|---|---|---|
| 1 | 销售员 | 商品名称 | 销售价 | 销售量 | 销售额 | 排名 |
| 2 | 张宇 | 创维电视 | 2999 | 350 | 1049650 | 1 |
| 3 | 王晓 | 华为荣耀P40 | 9999 | 50 | 499950 | 5 |
| 4 | 刘佳 | 苹果超薄750 | 12000 | 80 | 960000 | 3 |
| 5 | 李琦 | 苹果12P | 8888 | 90 | 799920 | 4 |
| 6 | 赵宣 | 飞利浦音响 | 150 | 250 | 37500 | 10 |
| 7 | 徐蚌 | 戴尔成就3690 | 3239 | 300 | 971700 | 2 |
| 8 | 陈毅 | OPPO K7x | 1399 | 180 | 251820 | 9 |
| 9 | 刘稳 | 小米电视 | 4199 | 76 | 319124 | 6 |

| | A | B | C | D | E | F |
|---|---|---|---|---|---|---|
| 1 | 销售员 | 商品名称 | 销售价 | 销售量 | 销售额 | 排名 |
| 2 | 张宇 | 创维电视 | 2999 | 350 | 1049650 | 1 |
| 3 | 王晓 | 华为荣耀P40 | 9999 | 50 | 499950 | 5 |
| 4 | 刘佳 | 苹果超薄750 | 12000 | 80 | 960000 | 3 |
| 5 | 李琦 | 苹果12P | 8888 | 90 | 799920 | 4 |
| 6 | 赵宣 | 飞利浦音响 | 150 | 250 | 37500 | 10 |
| 7 | 徐蚌 | 戴尔成就3690 | 3239 | 300 | 971700 | 2 |
| 8 | 陈毅 | OPPO K7x | 1399 | 180 | 251820 | 9 |
| 9 | 刘稳 | 小米电视 | 4199 | 76 | 319124 | 6 |

图6-45

此时，使用“条件格式”中的“项目选取规则”选项可以实现，如图6-46所示。

选择“排名”数据区域，在“开始”选项卡中单击“条件格式”下拉按钮，从列表中选择“项目选取规则”选项，然后选择“最后10项”选项，如图6-47所示。

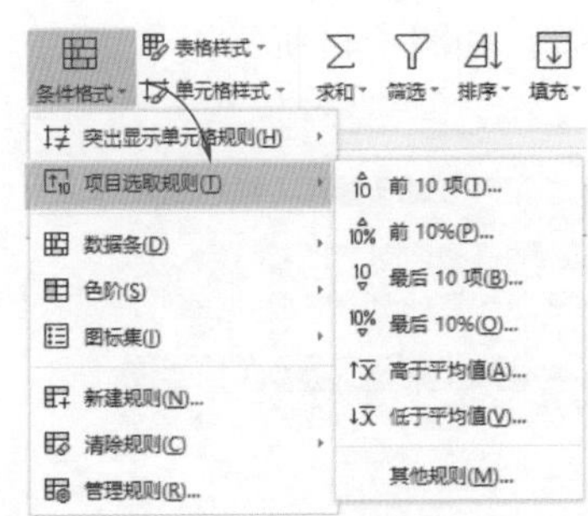


图6-46

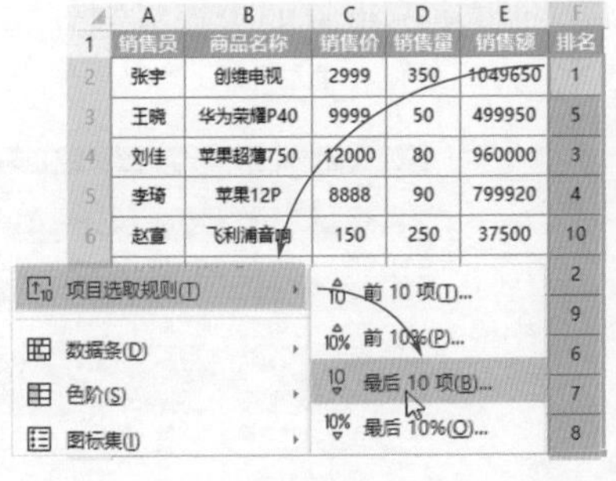


图6-47

打开“最后10项”对话框，在数值框中输入“3”，在“设置为”列表中选择“浅红填充色深红色文本”选项，单击“确定”按钮（图6-48），即可将排名前3位的数据突出显示出来。

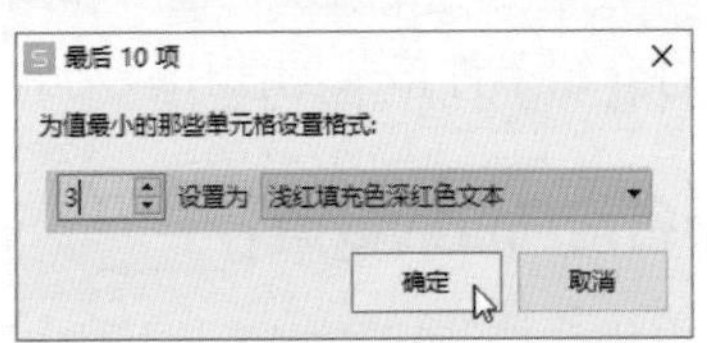


图6-48

## 6.3.2 突出显示重复数据

当输入重复的姓名后，用户可快速地将重复的姓名突出显示出来，以便核实，如图6-49所示。

| | A | B | C | D | E | F |
|---|---|---|---|---|---|---|
| 1 | 销售员 | 商品名称 | 销售价 | 销售量 | 销售额 | 排名 |
| 2 | 张宇 | 创维电视 | 2999 | 350 | 1049650 | 1 |
| 3 | 王晓 | 华为荣耀P40 | 9999 | 50 | 499950 | 5 |
| 4 | 刘佳 | 苹果超薄750 | 12000 | 80 | 960000 | 3 |
| 5 | 李琦 | 苹果12P | 8888 | 90 | 799920 | 4 |
| 6 | 赵宣 | 飞利浦音响 | 150 | 250 | 37500 | 9 |
| 7 | 徐蚌 | 戴尔成就3690 | 3239 | 300 | 971700 | 2 |
| 8 | 陈毅 | OPPO K7x | 1399 | 180 | 251820 | 8 |
| 9 | 赵宣 | 小米电视 | 4199 | 76 | 319124 | 6 |
| 10 | 张宇 | 美的电冰箱 | 3200 | 97 | 310400 | 7 |

| | A | B | C | D | E | F |
|---|---|---|---|---|---|---|
| 1 | 销售员 | 商品名称 | 销售价 | 销售量 | 销售额 | 排名 |
| 2 | 张宇 | 创维电视 | 2999 | 350 | 1049650 | 1 |
| 3 | 王晓 | 华为荣耀P40 | 9999 | 50 | 499950 | 5 |
| 4 | 刘佳 | 苹果超薄750 | 12000 | 80 | 960000 | 3 |
| 5 | 李琦 | 苹果12P | 8888 | 90 | 799920 | 4 |
| 6 | 赵宣 | 飞利浦音响 | 150 | 250 | 37500 | 9 |
| 7 | 徐蚌 | 戴尔成就3690 | 3239 | 300 | 971700 | 2 |
| 8 | 陈毅 | OPPO K7x | 1399 | 180 | 251820 | 8 |
| 9 | 赵宣 | 小米电视 | 4199 | 76 | 319124 | 6 |
| 10 | 张宇 | 美的电冰箱 | 3200 | 97 | 310400 | 7 |

图6-49

突出重复数据的方法有很多，用户可以使用“条件格式”中的“突出显示单元格规则”选项来实现，如图6-50所示。

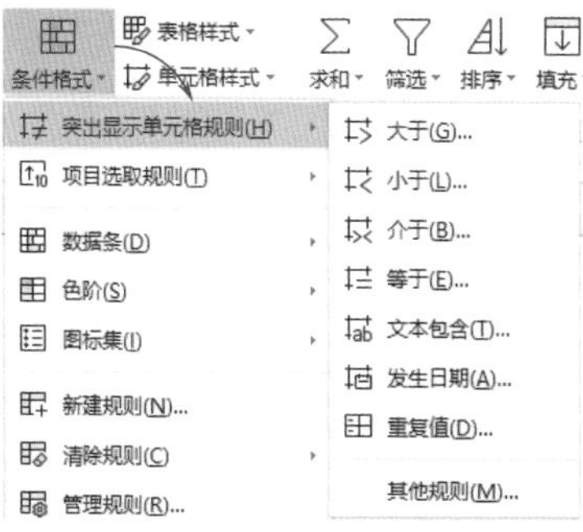


图6-50

选择“销售员”数据区域，在“开始”选项卡中单击“条件格式”下拉按钮，从列表中选择“突出显示单元格规则”选项，然后选择“重复值”选项，如图6-51所示。

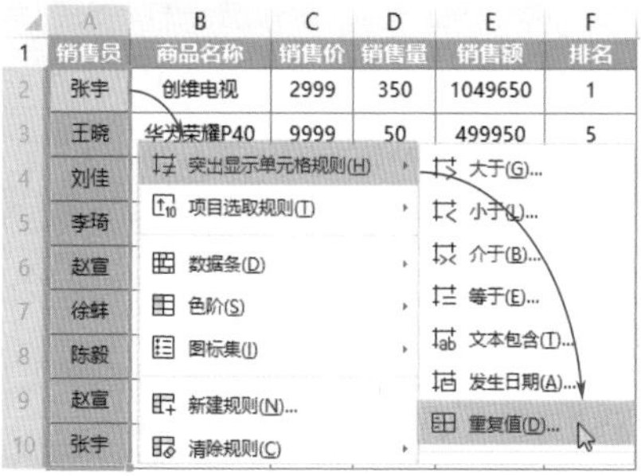

图6-51

打开“重复值”对话框，在“设置为”列表中选择“黄填充色深黄色文本”选项，单击“确定”按钮（图6-52），即可突出显示重复数据。

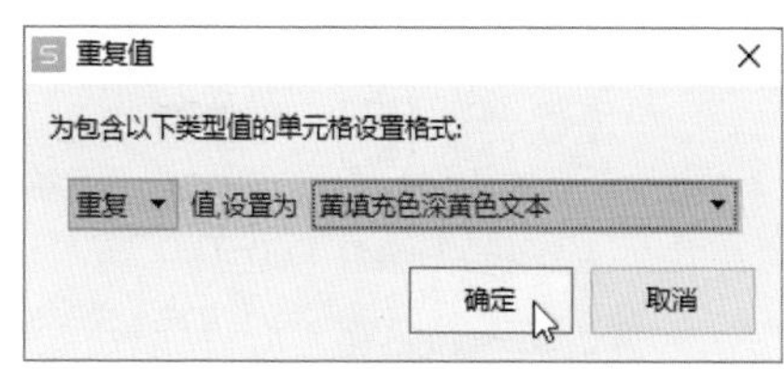


图6-52

### 6.3.3 让数据条不显示单元格数值

使用数据条，可快速地为一组数据设置底纹颜色，如图6-53所示。如果用户只想要显示数据条、不显示数值（图6-54），要如何操作呢？

| | A | B | C | D | E | F |
|---|---|---|---|---|---|---|
| 1 | 销售员 | 商品名称 | 销售价 | 销售量 | 销售额 | 排名 |
| 2 | 张宇 | 创维电视 | 2999 | 350 | 1049650 | 1 |
| 3 | 王晓 | 华为荣耀P40 | 9999 | 50 | 499950 | 5 |
| 4 | 刘佳 | 苹果超薄750 | 12000 | 80 | 960000 | 3 |
| 5 | 李琦 | 苹果12P | 8888 | 90 | 799920 | 4 |
| 6 | 赵宣 | 飞利浦音响 | 150 | 250 | 37500 | 10 |
| 7 | 徐蚌 | 戴尔成就3690 | 3239 | 300 | 971700 | 2 |
| 8 | 陈毅 | OPPO K7x | 1399 | 180 | 251820 | 9 |
| 9 | 刘稳 | 小米电视 | 4199 | 76 | 319124 | 6 |
| 10 | 张玉 | 美的电冰箱 | 3200 | 97 | 310400 | 7 |
| 11 | 李静 | 金士顿硬盘p5 | 999 | 300 | 299700 | 8 |

图6-53

| | A | B | C | D | E | F |
|---|---|---|---|---|---|---|
| 1 | 销售员 | 商品名称 | 销售价 | 销售量 | 销售额 | 排名 |
| 2 | 张宇 | 创维电视 | 2999 | | 1049650 | 1 |
| 3 | 王晓 | 华为荣耀P40 | 9999 | | 499950 | 5 |
| 4 | 刘佳 | 苹果超薄750 | 12000 | | 960000 | 3 |
| 5 | 李琦 | 苹果12P | 8888 | | 799920 | 4 |
| 6 | 赵宣 | 飞利浦音响 | 150 | | 37500 | 10 |
| 7 | 徐蚌 | 戴尔成就3690 | 3239 | | 971700 | 2 |
| 8 | 陈毅 | OPPO K7x | 1399 | | 251820 | 9 |
| 9 | 刘稳 | 小米电视 | 4199 | | 319124 | 6 |
| 10 | 张玉 | 美的电冰箱 | 3200 | | 310400 | 7 |
| 11 | 李静 | 金士顿硬盘p5 | 999 | | 299700 | 8 |

图6-54

用户只需要在“新建格式规则”对话框中进行设置。选择“销售量”数据区域，单击“条件格式”下拉按钮，从列表中选择“数据条”选项，然后选择“其他规则”选项，如图6-55所示。

打开“新建格式规则”对话框，勾选“仅显示数据条”复选框，并在“条形图外观”区域，设置填充、颜色、边框、边框颜色等，单击“确定”按钮（图6-56），即可为所选区域添加数据条，并不显示数值。

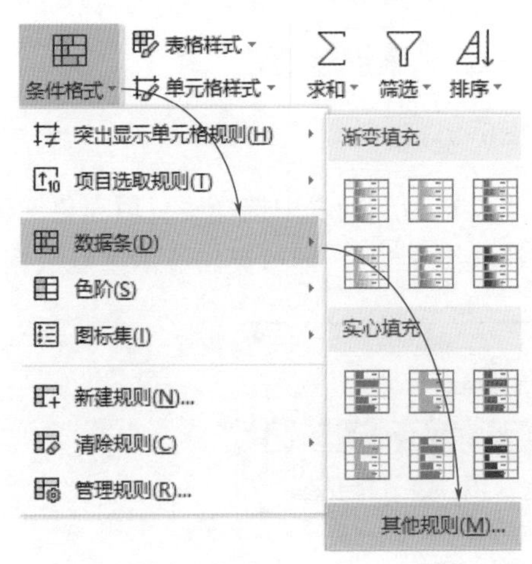


图6-55

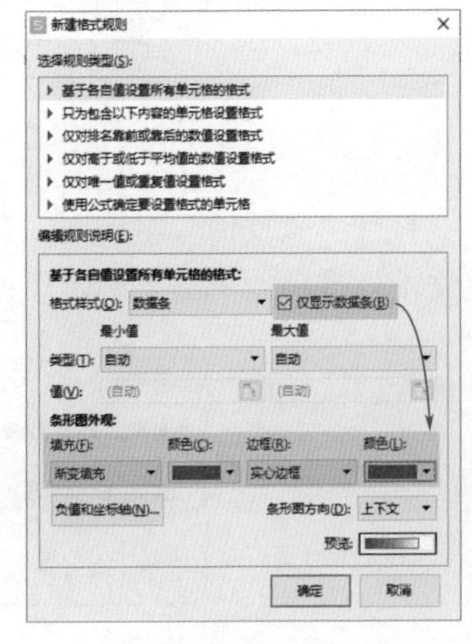


图6-56

## 6.3.4 只在不合格的单元格上显示图标集

假设员工的考核成绩小于60分的为不合格，如何用“×”号（图6-57），将不合格的单元格标示出来呢？

| | C | D | E |
|---|---|---|---|
| 1 | 员工 | 部门 | 考核成绩 |
| 2 | 赵璇 | 销售部 | 58 |
| 3 | 王晓 | 财务部 | 69 |
| 4 | 刘雯 | 财务部 | 45 |
| 5 | 孙杨 | 生产部 | 78 |
| 6 | 李艳 | 研发部 | 85 |
| 7 | 钱勇 | 销售部 | 59 |
| 8 | 徐雪 | 生产部 | 72 |

→

| | C | D | E |
|---|---|---|---|
| 1 | 员工 | 部门 | 考核成绩 |
| 2 | 赵璇 | 销售部 | ✖ 58 |
| 3 | 王晓 | 财务部 | 69 |
| 4 | 刘雯 | 财务部 | ✖ 45 |
| 5 | 孙杨 | 生产部 | 78 |
| 6 | 李艳 | 研发部 | 85 |
| 7 | 钱勇 | 销售部 | ✖ 59 |
| 8 | 徐雪 | 生产部 | 72 |

图6-57

使用“条件格式”中的“图标集”选项，就可以进行相关操作，如图6-58所示。

选择“考核成绩”数据区域，在“开始”选项卡中单击“条件格式”下拉按钮，从列表中选择“图标集”选项，然后选择“其他规则”选项。

打开“新建格式规则”对话框，在“图标”区域设置图标集样式、值、类型，单击“确定”按钮（图6-59），即可在不合格的单元格上显示“×”图标集。

图6-58

图6-59

## 6.3.5 利用条件格式突出显示双休日

在制作考勤表、日程表时，通常会涉及日期、星期等信息（图6-60），那么要如何操作，才能将周六、周日这两天突出显示出来呢？

用户只需要使用“新建规则”选项，就可以实现该操作，如图6-61所示。

| | A | B | C |
|---|---|---|---|
| 1 | 日期 | 星期 | 日程安排 |
| 2 | 2021/8/1 | 星期日 | 休息 |
| 3 | 2021/8/2 | 星期一 | 上课 |
| 4 | 2021/8/3 | 星期二 | 上课 |
| 5 | 2021/8/4 | 星期三 | 上课 |
| 6 | 2021/8/5 | 星期四 | 上课 |
| 7 | 2021/8/6 | 星期五 | 上课 |
| 8 | 2021/8/7 | 星期六 | 休息 |
| 9 | 2021/8/8 | 星期日 | 休息 |
| 10 | 2021/8/9 | 星期一 | 上课 |
| 11 | 2021/8/10 | 星期二 | 上课 |
| 12 | 2021/8/11 | 星期三 | 上课 |
| 13 | 2021/8/12 | 星期四 | 上课 |
| 14 | 2021/8/13 | 星期五 | 上课 |
| 15 | 2021/8/14 | 星期六 | 休息 |

图6-60

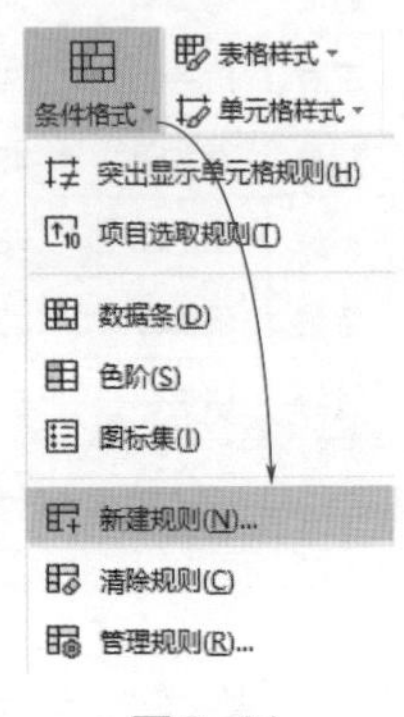


图6-61

选择数据区域，在“开始”选项卡中单击“条件格式”下拉按钮，从列表中选择“新建规则”选项，打开“新建格式规则”对话框，选择规则类型，并输入公式，然后单击“格式”按钮，在弹出的“单元格格式”对话框中设置单元格底纹颜色，最后单击“确定”按钮即可，如图6-62所示。

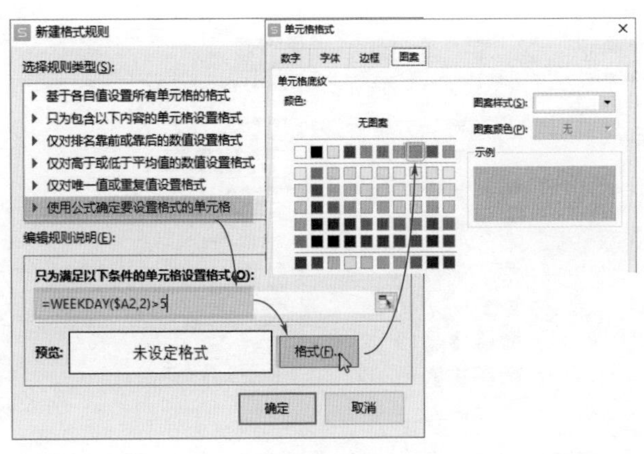


图6-62

## 知识链接

如果用户想要清除设置的条件格式，则在“条件格式”列表中选择“清除规则”选项，并从其级联菜单中选择需要的选项即可，如图6-63所示。

图6-63

# 6.4 数据的汇总技巧

在日常工作中，有时需要对表格中的数据进行汇总统计，例如求和、求平均值、求最大值等。下面将介绍数据的汇总技巧。

## 6.4.1 对表格数据进行嵌套分类汇总

假设用户需要对数据进行嵌套分类汇总，例如按照“商品名称”分类，对“销售金额”进行求和汇总，并计算“销售数量”的最大值，如图6-64所示。

| | A | B | C | D | E | F |
|---|---|---|---|---|---|---|
| 1 | 销售日期 | 商品名称 | 规格 | 销售数量 | 销售单价 | 销售金额 |
| 2 | 2021/9/4 | 笔记本 | A5 | 230 | 3 | 690 |
| 3 | 2021/9/10 | 笔记本 | A4 | 100 | 30 | 3000 |
| 4 | 2021/9/14 | 笔记本 | A6 | 320 | 15 | 4800 |
| 5 | | 笔记本 最大值 | | 320 | | |
| 6 | | 笔记本 汇总 | | | | 8490 |
| 7 | 2021/9/2 | 便利贴 | 60*30mm | 300 | 3.5 | 1050 |
| 8 | 2021/9/11 | 便利贴 | 43*12mm | 310 | 3 | 930 |
| 9 | 2021/9/16 | 便利贴 | 76*50mm | 330 | 1.2 | 396 |
| 10 | | 便利贴 最大值 | | 330 | | |
| 11 | | 便利贴 汇总 | | | | 2376 |

图6-64

此时，用户使用“分类汇总”选项，可进行嵌套分类汇总，如图6-65所示。嵌套分类汇总，是在一个分类汇总的基础上，再次进行分类汇总的。

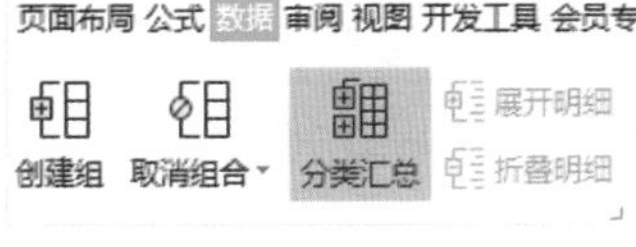


图6-65

先对“商品名称”进行“升序”或“降序”排序，如图6-66所示。在“数据”选项卡中单击“分类汇总”按钮，打开“分类汇总”对话框，设置“分类字段”“汇总方式”“选定汇总项”，单击“确定”按钮，如图6-67所示。

打开“分类汇总”对话框，进行相关设置（这里需要注意的是：要取消“替换当前分类汇总”复选框的勾选），单击“确定”按钮即可，如图6-68所示。

图6-66

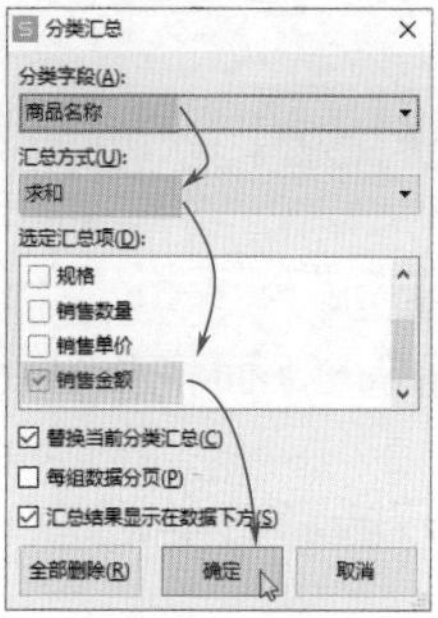

图6-67

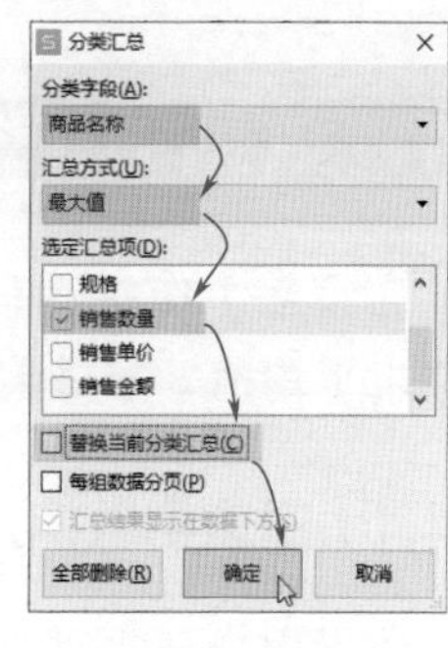


图6-68

## 6.4.2 对同一工作簿中的工作表合并计算

假设工作簿中的3个工作表中分别记录了“1月”“2月”和“3月”的商品销售数量和金额（图6-69），现在需要将这3个工作表中的数据求和汇总到一个工作表中。

| | A | B | C |
|---|---|---|---|
| 1 | 商品名称 | 销售数量 | 销售金额 |
| 2 | 中性笔 | 200 | 1584 |
| 3 | 便利贴 | 300 | 2587 |
| 4 | 笔记本 | 150 | 4230 |
| 5 | 橡皮擦 | 600 | 4856 |
| 6 | 直尺 | 250 | 2248 |

1月 2月 3月

| | A | B | C |
|---|---|---|---|
| 1 | 商品名称 | 销售数量 | 销售金额 |
| 2 | 便利贴 | 200 | 1589 |
| 3 | 中性笔 | 350 | 4420 |
| 4 | 笔记本 | 500 | 5689 |
| 5 | 直尺 | 120 | 1420 |
| 6 | 橡皮擦 | 450 | 3856 |

1月 2月 3月

| | A | B | C |
|---|---|---|---|
| 1 | 商品名称 | 销售数量 | 销售金额 |
| 2 | 直尺 | 250 | 1652 |
| 3 | 中性笔 | 500 | 6253 |
| 4 | 便利贴 | 360 | 2412 |
| 5 | 橡皮擦 | 280 | 1587 |
| 6 | 笔记本 | 430 | 2278 |

1月 2月 3月

图6-69

用户可以使用“合并计算”功能来实现该操作，如图6-70所示。

图6-70

打开“汇总”工作表，选择A1单元格，在“数据”选项卡中单击“合并计算”按钮。

打开“合并计算”对话框，将“函数”设置为“求和”，然后引用“1月”工作表中的数据区域，单击“添加”按钮，将其添加到“所有引用位置”列表框中，如图6-71所示。按照同样的方法，引用“2月”和“3月”工作表中的数据区域，并勾选“首行”和“最左列”复选框，单击“确定”按钮，如图6-72所示。

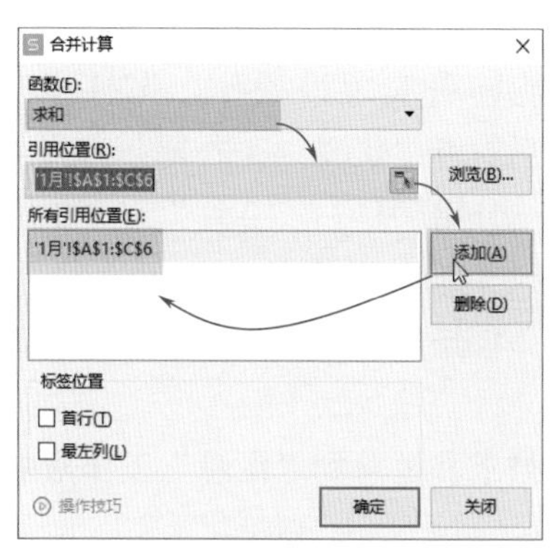


图6-71

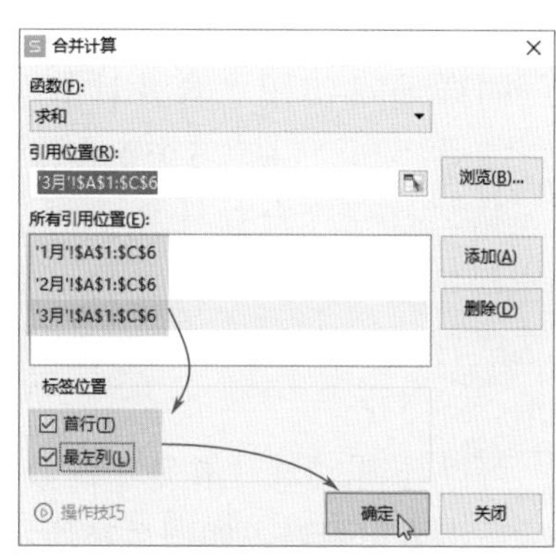


图6-72

可以看到“1月”“2月”和“3月”工作表中的数据，被求和汇总到“汇总”工作表中，最后对数据进行适当美化，如图6-73所示。

| | A | B | C | D |
|---|---|---|---|---|
| 1 | 商品名称 | 销售数量 | 销售金额 | |
| 2 | 中性笔 | 1050 | 12257 | |
| 3 | 便利贴 | 860 | 6588 | |
| 4 | 笔记本 | 1080 | 12197 | |
| 5 | 橡皮擦 | 1330 | 10299 | |
| 6 | 直尺 | 620 | 5320 | |

1月 2月 3月 汇总 +

图6-73

## 6.4.3 对不同工作簿中的工作表合并计算

如果1月、2月和3月的商品销售数量和金额分别记录在名称为“1月”“2月”和“3月”的工作簿中（图6-74），那么要如何操作，才能将3个工作簿中的数据求和汇总到一个工作簿中？

1月.xlsx（F13）

| | A | B | C |
|---|---|---|---|
| 1 | 商品名称 | 销售数量 | 销售金额 |
| 2 | 中性笔 | 200 | 1584 |
| 3 | 便利贴 | 300 | 2587 |
| 4 | 笔记本 | 150 | 4230 |
| 5 | 橡皮擦 | 600 | 4856 |
| 6 | 直尺 | 250 | 2248 |

2月.xlsx（F9）

| | A | B | C |
|---|---|---|---|
| 1 | 商品名称 | 销售数量 | 销售金额 |
| 2 | 便利贴 | 200 | 1589 |
| 3 | 中性笔 | 350 | 4420 |
| 4 | 笔记本 | 500 | 5689 |
| 5 | 直尺 | 120 | 1420 |
| 6 | 橡皮擦 | 450 | 3856 |

3月.xlsx（E10）

| | A | B | C |
|---|---|---|---|
| 1 | 商品名称 | 销售数量 | 销售金额 |
| 2 | 直尺 | 250 | 1652 |
| 3 | 中性笔 | 500 | 6253 |
| 4 | 便利贴 | 360 | 2412 |
| 5 | 橡皮擦 | 280 | 1587 |
| 6 | 笔记本 | 430 | 2278 |

图6-74

同样通过使用“合并计算”功能即可实现该操作。先打开“1月”“2月”和“3月”3个工作簿，然后打开“汇总”工作簿，选择A1单元格，打开“合并计算”对话框，引用“1月”“2月”和“3月”工作簿中的数据区域，并将其添加到“所有引用位置”列表框中，勾选“首行”和“最左列”复选框，单击“确定”按钮，如图6-75所示。

可以看到，3个工作簿中的数据，被求和汇总到“汇总”工作簿中，最后适当美化表格，如图6-76所示。

图6-75

汇总.xlsx（I11）

| | A | B | C |
|---|---|---|---|
| 1 | 商品名称 | 销售数量 | 销售金额 |
| 2 | 中性笔 | 1050 | 12257 |
| 3 | 便利贴 | 860 | 6588 |
| 4 | 笔记本 | 1080 | 12197 |
| 5 | 橡皮擦 | 1330 | 10299 |
| 6 | 直尺 | 620 | 5320 |

图6-76

## 知识链接

在进行求和合并计算时，要确保“1月”“2月”和“3月”3个工作簿中的数据的行标题和列标题内容一致。

## 6.4.4 将多个工作表中的数据汇总到一个工作表中

如果用户想要将商品的1月销售额、2月销售额和3月销售额（图6-77）直接汇总到“第一季度销售额”工作表中，该如何操作呢？

| | A | B |
|---|---|---|
| 1 | 商品名称 | 1月销售额 |
| 2 | 直尺 | 120 |
| 3 | 中性笔 | 240 |
| 4 | 便利贴 | 1050 |
| 5 | 橡皮擦 | 1950 |
| 6 | 笔记本 | 690 |
| 7 | 固体胶棒 | 1400 |

| | A | B |
|---|---|---|
| 1 | 商品名称 | 2月销售额 |
| 2 | 橡皮擦 | 4856 |
| 3 | 中性笔 | 644 |
| 4 | 便利贴 | 2589 |
| 5 | 笔记本 | 1789 |
| 6 | 直尺 | 1025 |
| 7 | 固体胶棒 | 896 |

| | A | B | C |
|---|---|---|---|
| 1 | 商品名称 | 3月销售额 | |
| 2 | 固体胶棒 | 1058 | |
| 3 | 橡皮擦 | 810 | |
| 4 | 便利贴 | 4800 | |
| 5 | 中性笔 | 943 | |
| 6 | 笔记本 | 396 | |
| 7 | 直尺 | 1200 | |

图6-77

这种只需要汇总数据、不需要进行数据计算的操作，使用“合并计算”功能即可。

打开“第一季度销售额”工作表，选择A1单元格，在“数据”选项卡中单击“合并计算”按钮，打开“合并计算”对话框，引用1月销售额、2月销售额和3月销售额的数据区域，勾选“首行”和“最左列”复选框，单击“确定”按钮，如图6-78所示。

可以看到已经将商品的1月销售额、2月销售额和3月销售额汇总到“第一季度销售额”工作表中，如图6-79所示。

图6-78

| | A | B | C | D | E |
|---|---|---|---|---|---|
| 1 | 商品名称 | 1月销售额 | 2月销售额 | 3月销售额 | |
| 2 | 直尺 | 120 | 1025 | 1200 | |
| 3 | 中性笔 | 240 | 644 | 943 | |
| 4 | 便利贴 | 1050 | 2589 | 4800 | |
| 5 | 橡皮擦 | 1950 | 4856 | 810 | |
| 6 | 笔记本 | 690 | 1789 | 396 | |
| 7 | 固体胶棒 | 1400 | 896 | 1058 | |

图6-79

# 6.5 数据透视表的应用

数据透视表是一种可以快速地汇总大量数据的交互式表，使用它可以深入分析数值数据。下面将介绍数据透视表的使用技巧。

## 6.5.1 数据透视表中的术语

在使用数据透视表分析数据之前，用户需要先了解一些数据透视表的术语，如表6-1所示。

表6-1

| 术语 | 术语说明 |
| --- | --- |
| 数据源 | 创建数据透视表所需要的数据区域 |
| 字段 | 描述字段内容的标志。一般为数据源中的标题行内容。可以通过拖动字段对数据透视表进行透视 |
| 项 | 组成字段的成员，即字段中的内容 |
| 行 | 在数据透视表中具有行方向的字段 |
| 列 | 信息的种类，等价于数据列表中的列 |
| 筛选器 | 基于数据透视表中进行分页的字段，可对整个透视表进行筛选 |
| 组合 | 一组项目的集合，可以自动或手动进行组合 |
| 汇总方式 | WPS表格计算表格中数据的值的统计方式。数值型字段的默认汇总方式为求和，文本型字段的默认汇总方式为计数 |
| 刷新 | 重新计算数据透视表，反映最新数据源的状态 |
| 透视 | 通过改变一个或多个字段的位置来重新安排数据透视表 |

## 6.5.2 数据透视表的结构

从结构上看，数据透视表分为4个部分，如图6-80所示。

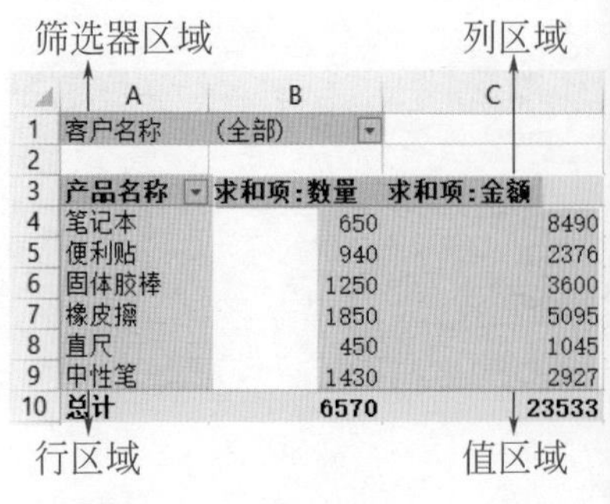


图6-80

## 6.5.3 创建数据透视表

数据透视表（图6-81）最便捷之处就在于，简单的操作可以实现全方位的分析，那么用户如何创建一个数据透视表呢？

| | A | B | C | D |
|---|---|---|---|---|
| 3 | 产品名称 | 规格 | 求和项:数量 | 求和项:金额 |
| 4 | ⊟笔记本 | | 650 | 8490 |
| 5 | | A4 | 100 | 3000 |
| 6 | | A5 | 230 | 690 |
| 7 | | A6 | 320 | 4800 |
| 8 | ⊟便利贴 | | 940 | 2376 |
| 9 | | 43*12mm | 310 | 930 |
| 10 | | 60*30mm | 300 | 1050 |
| 11 | | 76*50mm | 330 | 396 |
| 12 | ⊞固体胶棒 | | 1250 | 3600 |
| 13 | ⊞橡皮擦 | | 1850 | 5095 |
| 14 | ⊞直尺 | | 450 | 1045 |
| 15 | ⊞中性笔 | | 1430 | 2927 |
| 16 | 总计 | | 6570 | 23533 |

图6-81

创建数据透视表很简单，使用“数据透视表”选项就可以创建，如图6-82所示。

≡ 文件 ∨ » 开始 插入 页面布局 公式 数据
数据透视表 自动筛选 全部显示 重新应用 排序

图6-82

选中源表格中任意单元格，如图6-83所示。在“数据”选项卡中单击“数据透视表”按钮。

打开“创建数据透视表”对话框，保持各选项为默认状态，单击“确定”按钮，如图6-84所示。

| | A | B | C | D |
|---|---|---|---|---|
| 1 | 序号 | 订单号 | 订单日期 | 客户名称 |
| 2 | 1 | 110025879 | 2021/9/1 | 华夏商贸 |
| 3 | 2 | 110025880 | 2021/9/2 | 蓝天百货 |
| 4 | 3 | 110025881 | 2021/9/3 | 德胜书坊 |
| 5 | 4 | 110025882 | 2021/9/4 | 蓝天百货 |
| 6 | 5 | 110025883 | 2021/9/5 | 蓝天百货 |
| 7 | 6 | 110025884 | 2021/9/6 | 华夏商贸 |
| 8 | 7 | 110025885 | 2021/9/7 | 德胜书坊 |
| 9 | 8 | 110025886 | 2021/9/8 | 华夏商贸 |
| 10 | 9 | 110025887 | 2021/9/9 | 品德文具 |
| 11 | 10 | 110025888 | 2021/9/10 | 品德文具 |
| 12 | 11 | 110025889 | 2021/9/11 | 品德文具 |
| 13 | 12 | 110025890 | 2021/9/12 | 华夏商贸 |
| 14 | 13 | 110025891 | 2021/9/13 | 蓝天百货 |

图6-83

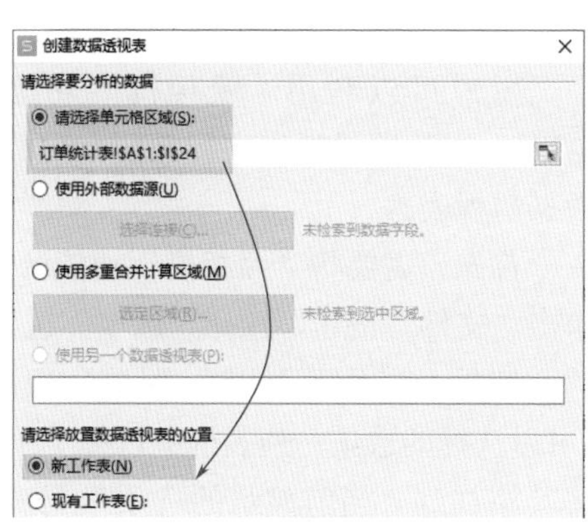


图6-84

在新的工作表中创建一个空白数据透视表，如图6-85所示。

在“字段列表”列表框中勾选需要的字段（图6-86），即可创建数据透视表。

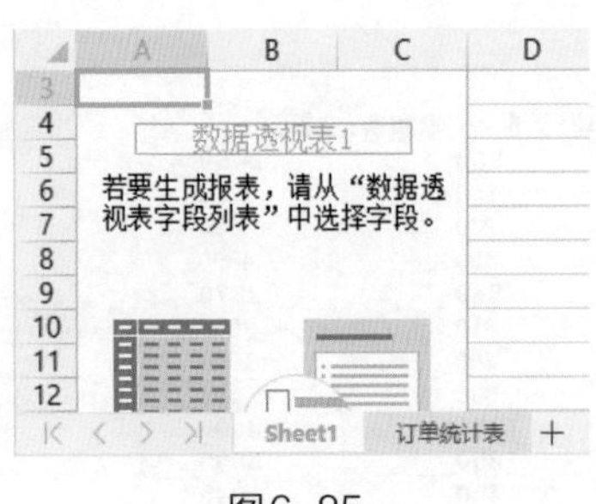


图6-85

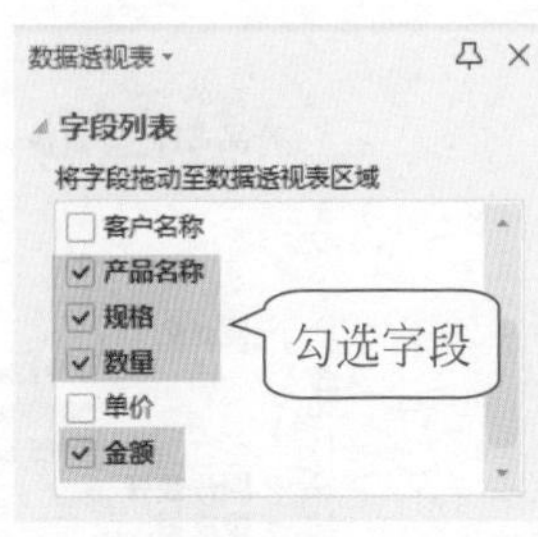


图6-86

## 6.5.4 创建影子数据透视表

影子数据透视表是一张数据透视表图片，该图片可以浮动于工作表中的任意位置，并与数据透视表保持实时更新，如图6-87所示。

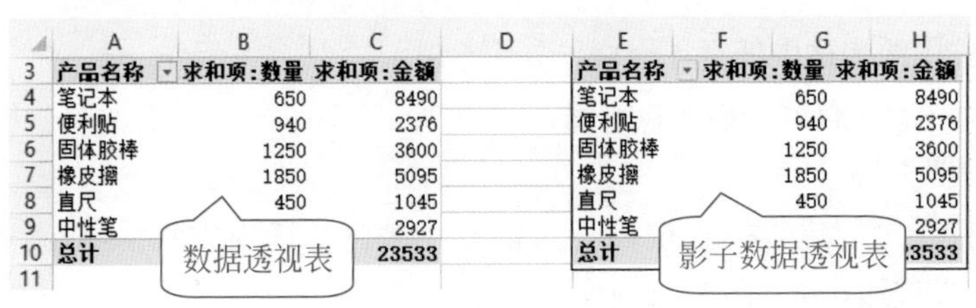

| | A | B | C | D | E | F | G | H |
|---|---|---|---|---|---|---|---|---|
| 3 | 产品名称 | 求和项:数量 | 求和项:金额 | | 产品名称 | | 求和项:数量 | 求和项:金额 |
| 4 | 笔记本 | 650 | 8490 | | 笔记本 | | 650 | 8490 |
| 5 | 便利贴 | 940 | 2376 | | 便利贴 | | 940 | 2376 |
| 6 | 固体胶棒 | 1250 | 3600 | | 固体胶棒 | | 1250 | 3600 |
| 7 | 橡皮擦 | 1850 | 5095 | | 橡皮擦 | | 1850 | 5095 |
| 8 | 直尺 | 450 | 1045 | | 直尺 | | 450 | 1045 |
| 9 | 中性笔 | | 2927 | | 中性笔 | | | 2927 |
| 10 | 总计 | | 23533 | | 总计 | | | 3533 |
| 11 | | | | | | | | |



图6-87

用户可以利用“照相机”功能（图6-88），对数据透视表进行拍照，生成影子数据透视表。

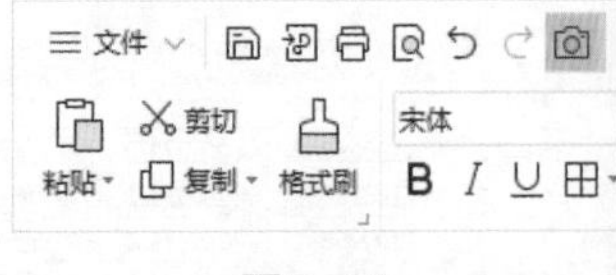


图6-88

首先，需要将“照相机”功能调出来，单击“文件”按钮，选择“选项”选项。

打开“选项”对话框，从列表中选择“快速访问工具栏”选项，在“可以选择的选项”列表框中选择“照相机”选项，单击“添加”按钮，将其添加到“当前显示的选项”列表框中，如图6-89所示。单击“确定”按钮，即可将“照相机”功能添加到快速访问工具栏中。

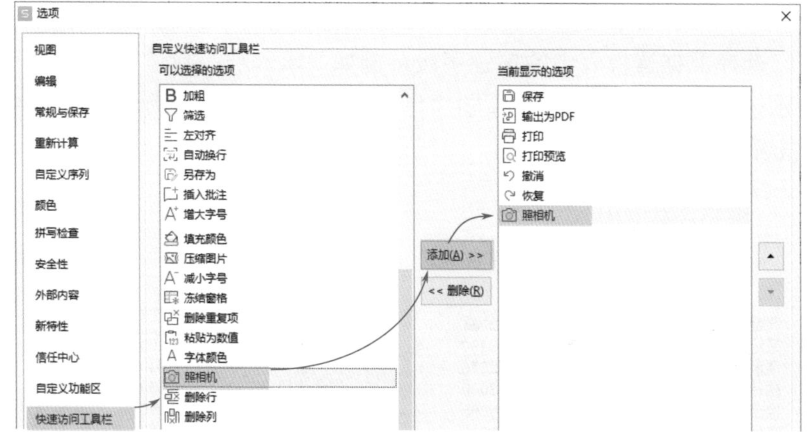


图6-89

选择数据透视表，单击“照相机”按钮。然后单击数据透视表外的任意单元格，即可生成一张影子数据透视表。

## 知识链接

当数据透视表中的数据发生变动后，影子数据透视表也相应地同步变化，保持与数据透视表的实时更新。

## 6.5.5 重命名字段

在数据透视表中，标题字段默认显示“求和项：数量”“求和项：金额”等（图6-90），这样会加大字段所在列的列宽，影响表格美观。此时，用户可以重命名字段，如图6-91所示。

| | A | B | C |
|---|---|---|---|
| 3 | **产品名称** | **求和项:数量** | **求和项:金额** |
| 4 | 笔记本 | 650 | 8490 |
| 5 | 便利贴 | 940 | 2376 |
| 6 | 固体胶棒 | 1250 | 3600 |
| 7 | 橡皮擦 | 1850 | 5095 |
| 8 | 直尺 | 450 | 1045 |
| 9 | 中性笔 | 1430 | 2927 |
| 10 | **总计** | **6570** | **23533** |

图6-90

| | A | B | C |
|---|---|---|---|
| 3 | **产品名称** | **订单数量** | **订单金额** |
| 4 | 笔记本 | 650 | 8490 |
| 5 | 便利贴 | 940 | 2376 |
| 6 | 固体胶棒 | 1250 | 3600 |
| 7 | 橡皮擦 | 1850 | 5095 |
| 8 | 直尺 | 450 | 1045 |
| 9 | 中性笔 | 1430 | 2927 |
| 10 | **总计** | **6570** | **23533** |

图6-91

用户可以在编辑栏中直接修改字段名称。

选择数据透视表中的标题字段，例如“求和项：数量”，如图6-92所示。在编辑栏中输入新标题“订单数量”，如图6-93所示。然后按【Enter】键确认。

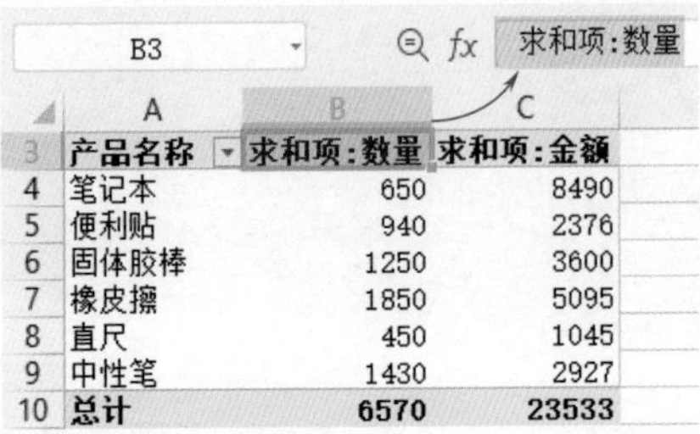

B3　求和项:数量

| | A | B | C |
|---|---|---|---|
| 3 | 产品名称 | 求和项:数量 | 求和项:金额 |
| 4 | 笔记本 | 650 | 8490 |
| 5 | 便利贴 | 940 | 2376 |
| 6 | 固体胶棒 | 1250 | 3600 |
| 7 | 橡皮擦 | 1850 | 5095 |
| 8 | 直尺 | 450 | 1045 |
| 9 | 中性笔 | 1430 | 2927 |
| 10 | 总计 | 6570 | 23533 |

图6-92

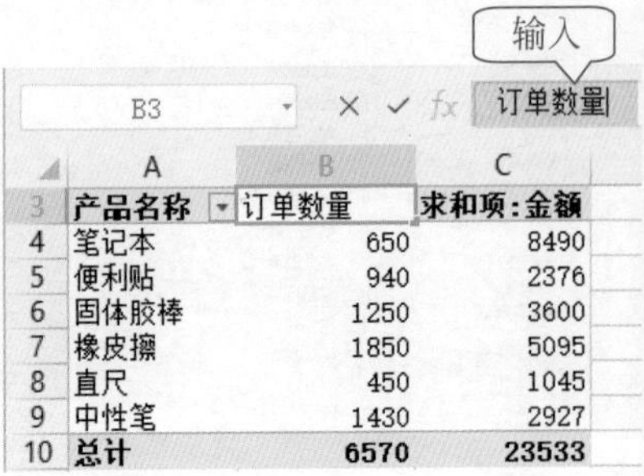

输入

B3　订单数量

| | A | B | C |
|---|---|---|---|
| 3 | 产品名称 | 订单数量 | 求和项:金额 |
| 4 | 笔记本 | 650 | 8490 |
| 5 | 便利贴 | 940 | 2376 |
| 6 | 固体胶棒 | 1250 | 3600 |
| 7 | 橡皮擦 | 1850 | 5095 |
| 8 | 直尺 | 450 | 1045 |
| 9 | 中性笔 | 1430 | 2927 |
| 10 | 总计 | 6570 | 23533 |

图6-93

### 注意事项

使用上述方法修改后的新名称不能与原有字段名称重名，否则无法进行修改，如图6-94所示。

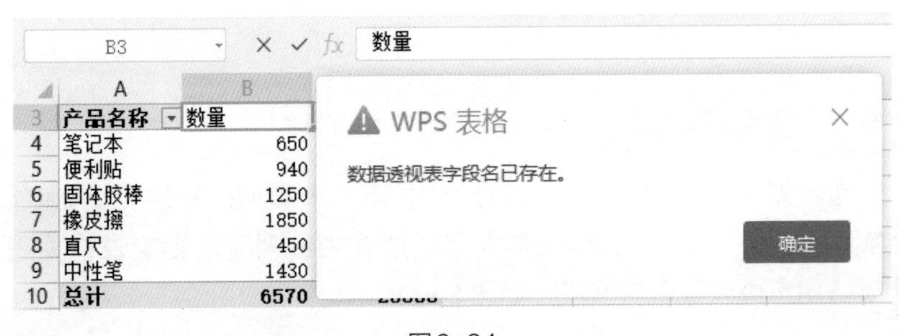


图6-94

## 6.5.6　更改值汇总方式

通常数据透视表中的值字段都是以求和汇总方式显示的，如图6-95所示。用户可以将“求和项：金额”的求和汇总方式，更改为最大值汇总方式，如图6-96所示。

| | A | B | C | D |
|---|---|---|---|---|
| 3 | 产品名称 | 规格 | 求和项:数量 | 求和项:金额 |
| 4 | ⊟笔记本 | | **650** | **8490** |
| 5 | | A4 | 100 | 3000 |
| 6 | | A5 | 230 | 690 |
| 7 | | A6 | 320 | 4800 |
| 8 | ⊟便利贴 | | **940** | **2376** |
| 9 | | 43*12mm | 310 | 930 |
| 10 | | 60*30mm | 300 | 1050 |
| 11 | | 76*50mm | 330 | 396 |
| 12 | ⊟固体胶棒 | | **1250** | **3600** |
| 13 | | 26*97mm | 500 | 1000 |
| 14 | | 81*20mm | 400 | 1200 |
| 15 | | 95*25mm | 350 | 1400 |
| 16 | ⊟橡皮擦 | | **1850** | **5095** |
| 17 | | 42*17*10mm | 310 | 775 |
| 18 | | 42*26*17mm | 500 | 750 |
| 19 | | 43*17*10.3mm | 500 | 1950 |
| 20 | | 59*23.5*10.3mm | 270 | 810 |

图6-95

| | A | B | C | D |
|---|---|---|---|---|
| 3 | 产品名称 | 规格 | 求和项:数量 | 最大值项:金额 |
| 4 | ⊟笔记本 | | **650** | **4800** |
| 5 | | A4 | 100 | 3000 |
| 6 | | A5 | 230 | 690 |
| 7 | | A6 | 320 | 4800 |
| 8 | ⊟便利贴 | | **940** | **1050** |
| 9 | | 43*12mm | 310 | 930 |
| 10 | | 60*30mm | 300 | 1050 |
| 11 | | 76*50mm | 330 | 396 |
| 12 | ⊟固体胶棒 | | **1250** | **1400** |
| 13 | | 26*97mm | 500 | 1000 |
| 14 | | 81*20mm | 400 | 1200 |
| 15 | | 95*25mm | 350 | 1400 |
| 16 | ⊟橡皮擦 | | **1850** | **1950** |
| 17 | | 42*17*10mm | 310 | 775 |
| 18 | | 42*26*17mm | 500 | 750 |
| 19 | | 43*17*10.3mm | 500 | 1950 |
| 20 | | 59*23.5*10.3mm | 270 | 810 |
| 21 | | 65*23*13mm | 270 | 810 |
| 22 | ⊟直尺 | | **450** | **525** |

图6-96

使用“字段设置”选项（图6-97），就可以更改值的汇总方式。

选择“求和项：金额”字段标题，在“分析”选项卡中单击“字段设置”按钮。

打开“值字段设置”对话框，选择“值汇总方式”选项卡，并选择“最大值”值字段汇总方式，单击“确定”按钮即可，如图6-98所示。

视图 开发工具 会员专享 分析

字段设置

图6-97

图6-98

## 知识链接

如果用户想要更改值的显示方式，则在“值字段设置”对话框中，选择“值显示方式”选项卡，单击“值显示方式”下拉按钮，从列表中选择合适的选项即可，如图6-99所示。

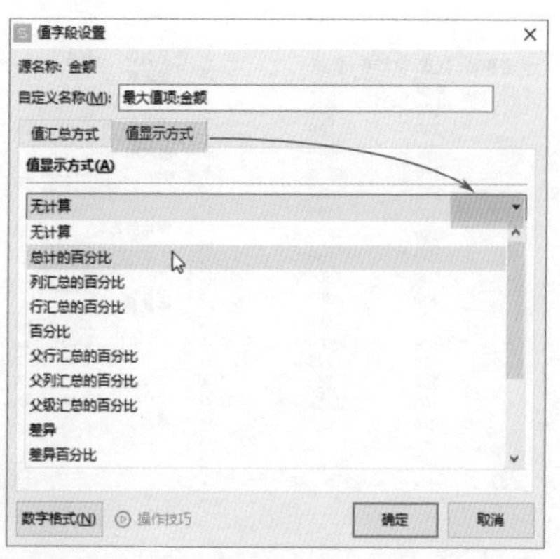


图6-99

## 6.5.7 创建计算字段

数据透视表创建完成后，不允许在数据透视表中添加公式进行计算。如果需要在数据透视表中执行自定义计算，例如根据“订单数量”和“订单金额”计算“产品单价”（图6-100），则需要创建计算字段。

| | A | B | C | D | E |
|---|---|---|---|---|---|
| 3 | 产品名称 | 规格 | 订单数量 | 订单金额 | 求和项:产品单价 |
| 4 | ⊟笔记本 | | | | |
| 5 | | A4 | 100 | 3000 | 30 |
| 6 | | A5 | 230 | 690 | 3 |
| 7 | | A6 | 320 | 4800 | 15 |
| 8 | ⊟便利贴 | | | | |
| 9 | | 43*12mm | 310 | 930 | 3 |
| 10 | | 60*30mm | 300 | 1050 | 3.5 |
| 11 | | 76*50mm | 330 | 396 | 1.2 |
| 12 | ⊟固体胶棒 | | | | |

图6-100

用户必须使用“计算字段”选项，才能在数据透视表中执行计算，如图6-101所示。

选择“订单金额”字段标题，在“分析”选项卡中单击“字段、项目”下拉按钮，从列表中选择“计算字段”选项，打开“插入计算字段”对话框，如图6-102所示。

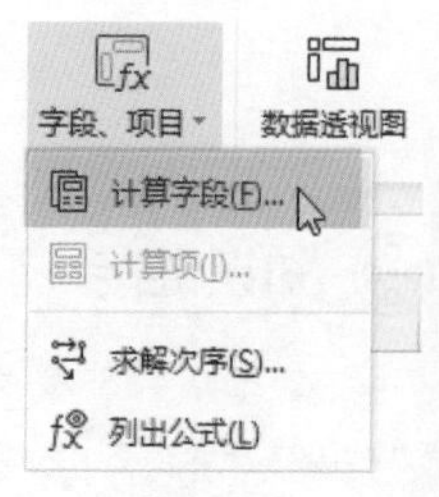


图6-101

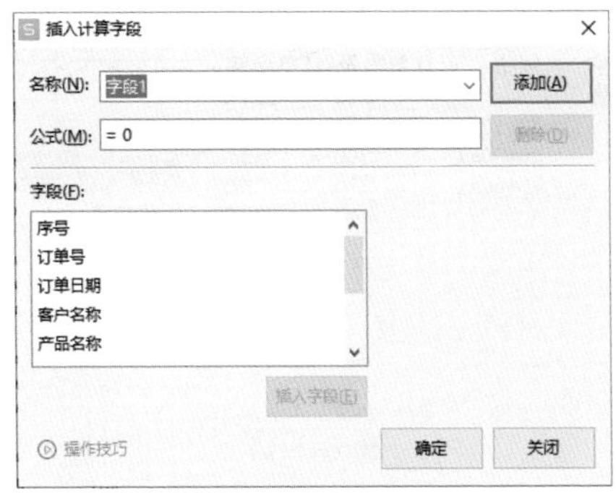


图6-102

在“名称”文本框中输入“产品单价”，然后将“公式”文本框中的数据“=0”删除，通过双击“字段”列表框中的字段，输入公式“=金额/数量”，单击“添加”按钮，如图6-103所示。将定义好的计算字段添加到数据透视表中，单击“确定”按钮，即可在数据透视表中新增一个“求和项：产品单价”字段。

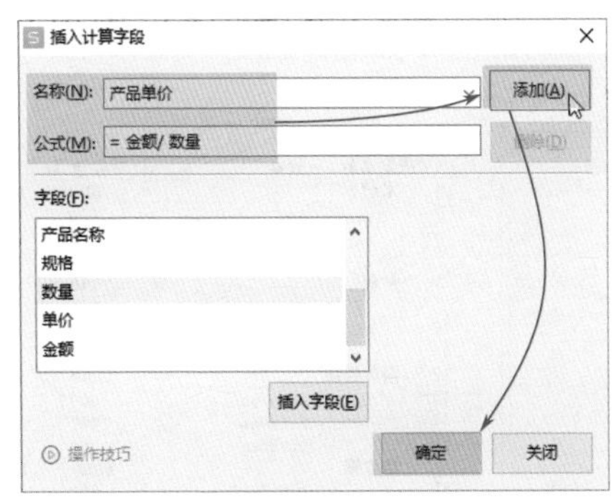


图6-103

## 6.5.8 使用“切片器”筛选数据

数据透视表的切片器实际上就是以一种图形化的筛选方式，单独为数据透视表中的每个字段创建一个选取器，来对其中的字段项进行筛选，例如将“产品名称”为“便利贴”的数据筛选出来，如图6-104所示。

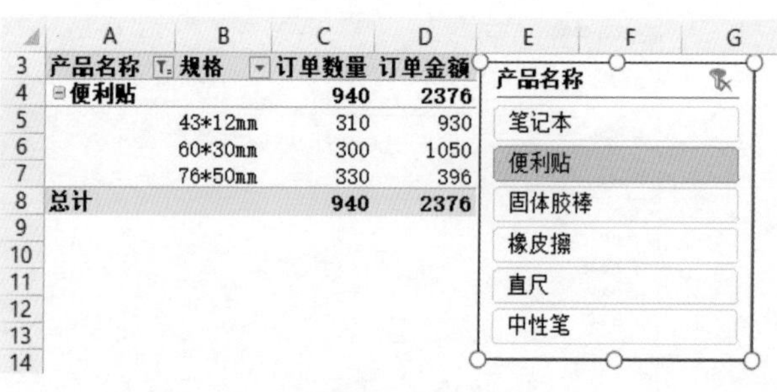


图6-104

用户通过使用“插入切片器”选项（图6-105），可以在数据透视表中插入切片器。

图6-105

选择数据透视表任意单元格，在“分析”选项卡中单击“插入切片器”按钮。

打开“插入切片器”对话框，勾选“产品名称”复选框，单击“确定”按钮，如图6-106所示。即可在数据透视表中插入一个切片器，如图6-107所示。

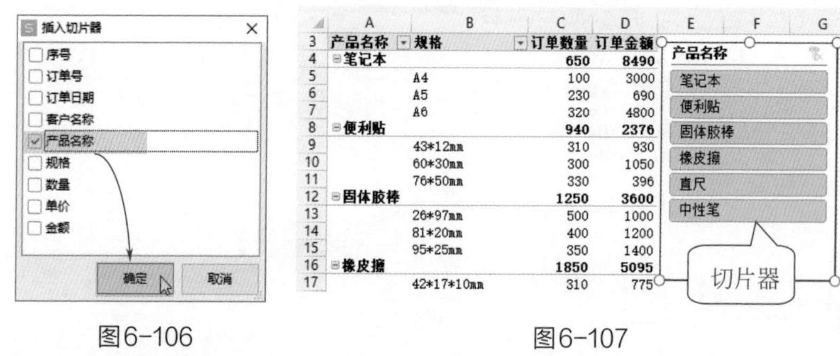


图6-106　　图6-107

在切片器中单击选择“便利贴”选项，即可将“产品名称”为“便利贴”的数据筛选出来。

## 知识链接

如果需要清除切片器的筛选，则单击切片器右上方的“清除筛选器”按钮，或按【Alt+C】组合键。

### 6.5.9 对数据透视表中数据排序

在数据透视表中同样可以对数据进行排序，例如对“产品名称”进行排序，如图6-108所示。

| | A | B | C | D |
|---|---|---|---|---|
| 3 | 产品名称 | 规格 | 订单数量 | 订单金额 |
| 4 | ⊟笔记本 | | 650 | 8490 |
| 5 | | A4 | 100 | 3000 |
| 6 | | A5 | 230 | 690 |
| 7 | | A6 | 320 | 4800 |
| 8 | ⊟便利贴 | | 940 | 2376 |
| 9 | | 43*12mm | 310 | 930 |
| 10 | | 60*30mm | 300 | 1050 |
| 11 | | 76*50mm | 330 | 396 |
| 12 | ⊟固体胶棒 | | 1250 | 3600 |
| 13 | | 26*97mm | 500 | 1000 |
| 14 | | 81*20mm | 400 | 1200 |
| 15 | | 95*25mm | 350 | 1400 |
| 16 | ⊞橡皮擦 | | 1850 | 5095 |
| 17 | ⊞直尺 | | 450 | 1045 |
| 18 | ⊟中性笔 | | 1430 | 2927 |

| | A | B | C | D |
|---|---|---|---|---|
| 3 | 产品名称 | 规格 | 订单数量 | 订单金额 |
| 4 | ⊟中性笔 | | 1430 | 2927 |
| 5 | | 0.5mm（黑） | 120 | 240 |
| 6 | | 0.5mm（红） | 250 | 375 |
| 7 | | 0.5mm（蓝） | 200 | 300 |
| 8 | | 0.7mm（黑） | 170 | 425 |
| 9 | | 0.7mm（红） | 280 | 644 |
| 10 | | 0.7mm（蓝） | 410 | 943 |
| 11 | ⊞直尺 | | 450 | 1045 |
| 12 | ⊞橡皮擦 | | 1850 | 5095 |
| 13 | ⊟固体胶棒 | | 1250 | 3600 |
| 14 | | 26*97mm | 500 | 1000 |
| 15 | | 81*20mm | 400 | 1200 |
| 16 | | 95*25mm | 350 | 1400 |
| 17 | ⊟便利贴 | | 940 | 2376 |
| 18 | | 43*12mm | 310 | 930 |
| 19 | | 60*30mm | 300 | 1050 |
| 20 | | 76*50mm | 330 | 396 |
| 21 | ⊟笔记本 | | 650 | 8490 |

图6-108

用户可以通过字段的下拉列表进行排序，或者利用拖拽数据项对字段进行排序。

单击“产品名称”字段的下拉按钮，从中选择“降序”选项，即可对“产品名称”进行降序排序，如图6-109所示。

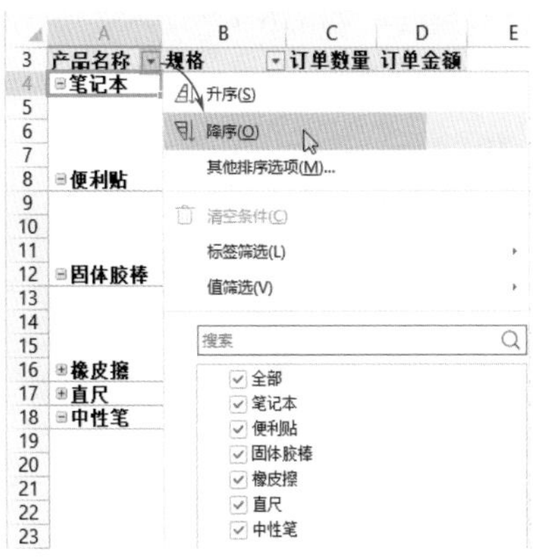


图6-109

此外，选择“中性笔”字段所在单元格，将光标移至其边框上，当光标变为“⁜”形状时，按住鼠标左键不放，将其拖至“笔记本”字段的上方，即可将“中性笔”字段移至“笔记本”字段上方，如图6-110所示。按照同样的方法，移动其他字段，完成对“产品名称”的降序排序。

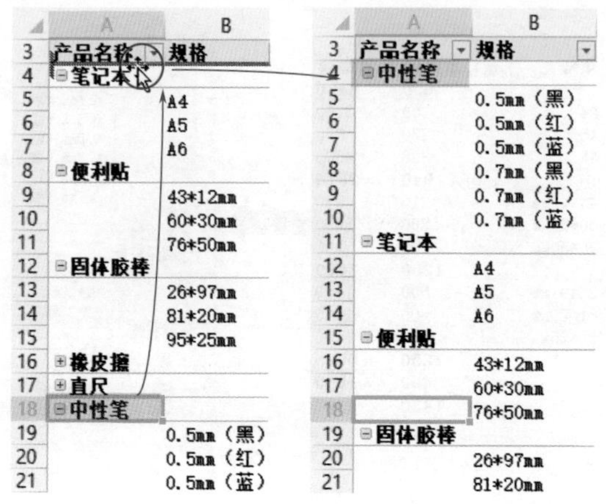


图6-110

## 6.5.10 创建数据透视图

数据透视图是数据透视表内数据的一种表现方式。它是通过图形的方式直观、形象地展示数据，如图6-111所示。

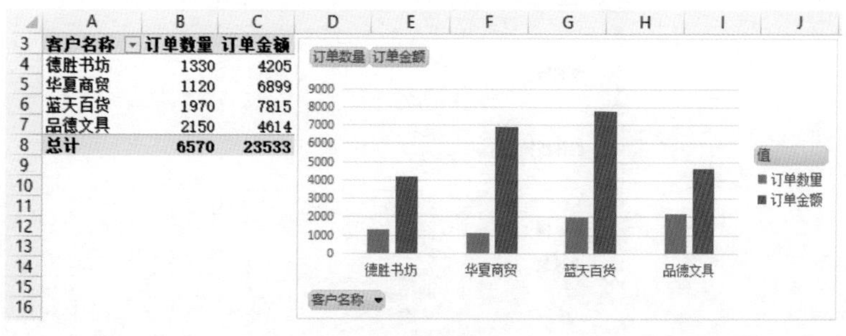


图6-111

创建数据透视图的方法非常简单，用户可以根据数据透视表创建数据透视图，或者根据数据源表直接创建数据透视图。

选择数据透视表任意单元格，单击“数据透视图”按钮，如图6-112所示。打开“图表”对话框，选择合适的图表类型，单击“插入预设图表”按钮（图6-113），即可在数据透视表中插入一张数据透视图。

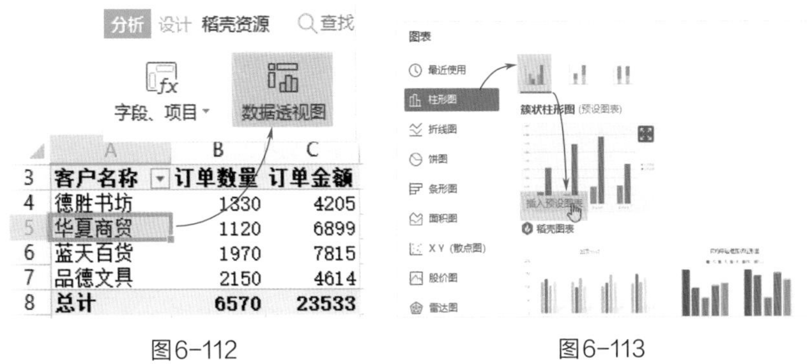


图6-112　　图6-113

此外，选择数据源表中任意单元格，在“插入”选项卡中单击“数据透视图”按钮，如图6-114所示。打开“创建数据透视图”对话框，保持各选项为默认状态，单击“确定”按钮，如图6-115所示。

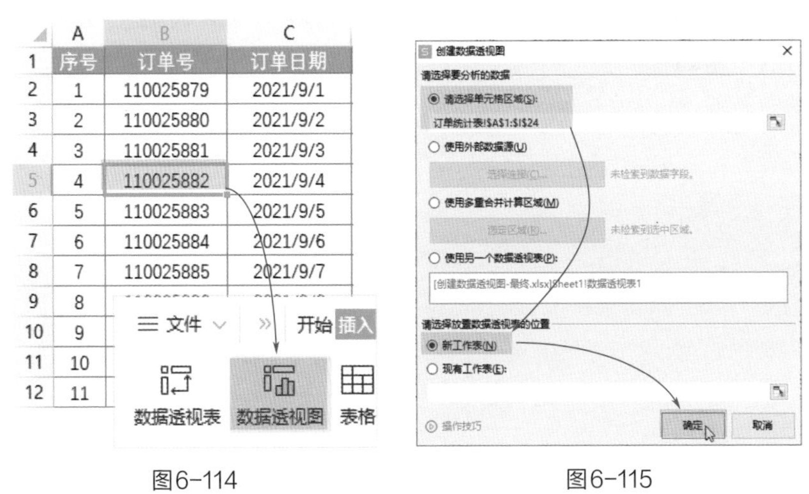


图6-114　　图6-115

此时，在新的工作表中创建一个空白的数据透视表和数据透视图，并弹出“数据透视图”窗口，如图6-116所示。

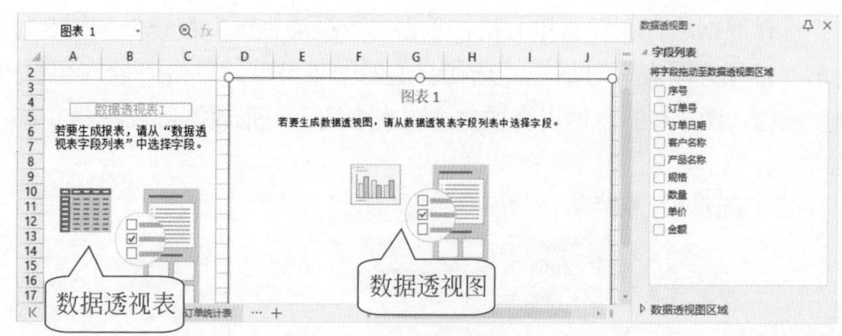


图6-116

在“字段列表”列表框中勾选需要的字段（图6-117），即可创建出数据透视表，并同时生成相应的数据透视图。

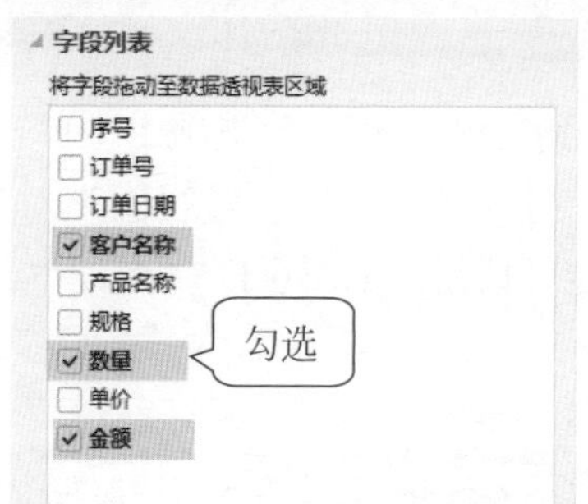


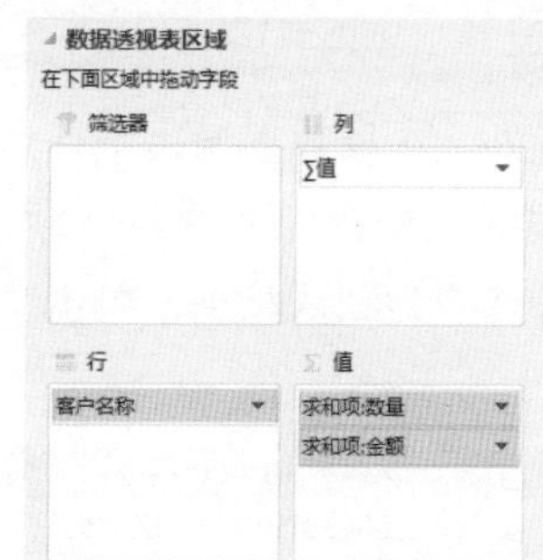


图6-117

扫码观看
本章视频

# 第7章 公式与函数的应用

公式和函数是WPS表格最强大的功能之一，其可以帮助用户轻松地完成复杂的计算，大大简化手动计算工作流程，提高了工作效率。本章将对公式的基础知识、常见函数的使用技巧等进行介绍。

# 7.1 公式上手必学

公式就是工作表中进行数值计算的等式，公式输入是以“=”开始的。下面将介绍公式的相关技巧。

## 7.1.1 单元格引用的不同形式

在公式中的引用具有以下关系：如果单元格A1包含公式“=B1”（图7-1），那么B1就是A1的引用单元格，A1就是B1的从属单元格。从属单元格与引用单元格之间的位置关系称为单元格引用的相对性。可以分为3种不同的引用方式，即相对引用、绝对引用和混合引用。

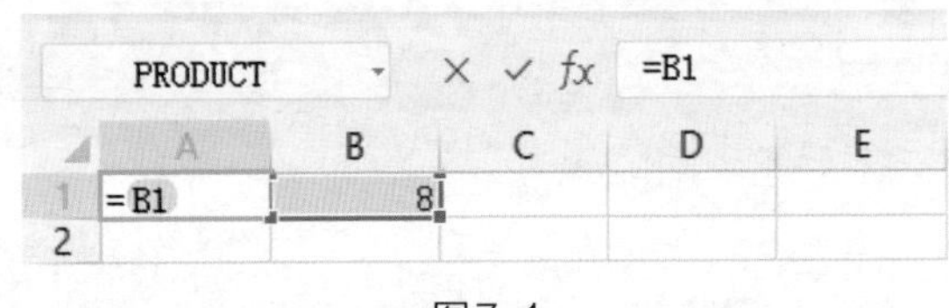


图7-1

（1）相对引用

在公式中引用单元格参与计算时，如果公式的位置发生变动，那么所引用的单元格也将随之变动。例如，在B2单元格中输入公式“=A2*10”，如图7-2所示。将B2单元格中的公式向下复制到B5单元格，公式自动变成“=A5*10”，如图7-3所示。可见单元格的引用发生更改。“A2”“A5”这种类型的单元格引用就是相对引用。

PRODUCT　× ✓ fx　=A2*10

|  | A | B | C |
|---|---|---|---|
| 1 | 相对引用 |  |  |
| 2 | 10 | = A2*10 |  |
| 3 | 20 |  |  |
| 4 | 30 |  |  |
| 5 | 40 |  |  |

图7-2

PRODUCT　× ✓ fx　=A5*10

|  | A | B | C |
|---|---|---|---|
| 1 | 相对引用 |  |  |
| 2 | 10 | 100 |  |
| 3 | 20 | 200 |  |
| 4 | 30 | 300 |  |
| 5 | 40 | = A5*10 |  |

图7-3

（2）绝对引用

如果不想让公式中的单元格地址随着公式位置的变化而改变，

就需要对单元格采用绝对引用。例如，在B2单元格中输入公式“=A2*$C$1”，如图7-4所示。将公式向下复制到B5单元格，公式变成“=A5*$C$1”，如图7-5所示。“$C$1”这种形式的单元格引用就是绝对引用。

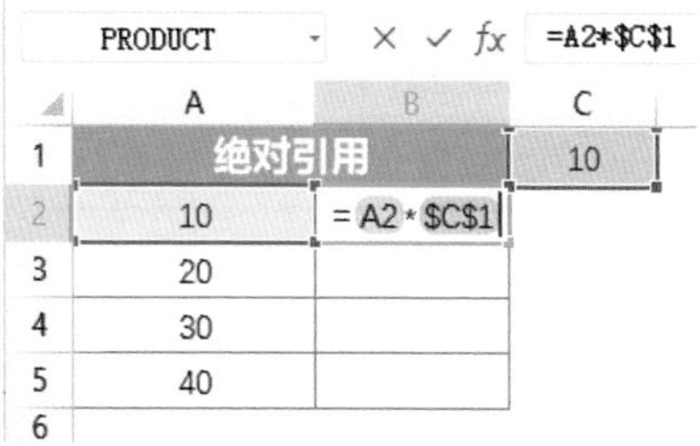

| | A | B | C |
|---|---|---|---|
| 1 | 绝对引用 | | 10 |
| 2 | 10 | = A2 * $C$1 | |
| 3 | 20 | | |
| 4 | 30 | | |
| 5 | 40 | | |
| 6 | | | |

图7-4

| | A | B | C |
|---|---|---|---|
| 1 | 绝对引用 | | 10 |
| 2 | 10 | 100 | |
| 3 | 20 | 200 | |
| 4 | 30 | 300 | |
| 5 | 40 | = A5 * $C$1 | |
| 6 | | | |

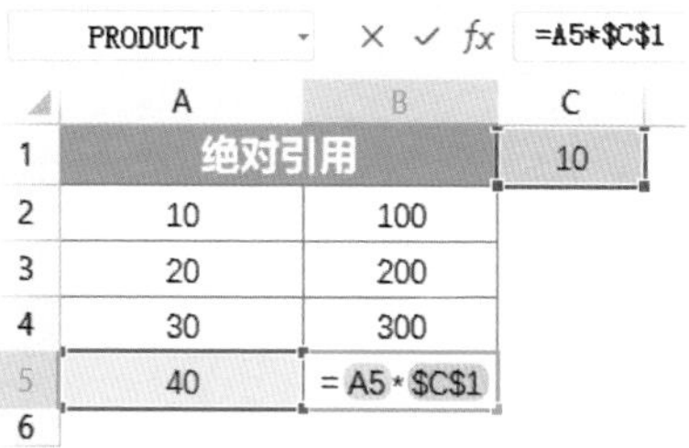

图7-5

（3）混合引用

混合引用就是既包含相对引用又包含绝对引用的单元格引用方式。混合引用具有绝对列和相对行、绝对行和相对列两种。例如，在B2单元格中输入公式“=$A2*B$3”，如图7-6所示。将公式向右复制到E2单元格，公式变成“=$A2*E$3”，如图7-7所示。“$A2”这种形式的单元格引用是绝对引用列、相对引用行。“E$3”这种形式的单元格引用是相对引用列、绝对引用行。

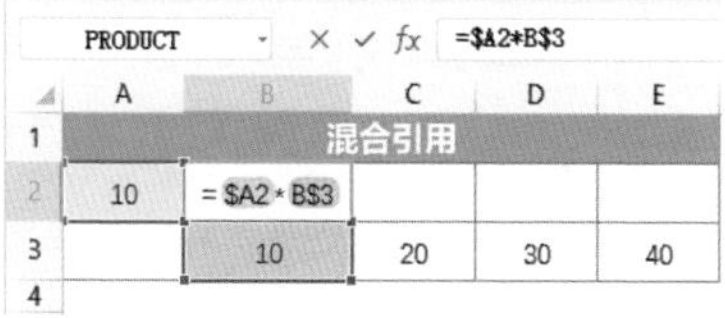

| | A | B | C | D | E |
|---|---|---|---|---|---|
| 1 | 混合引用 | | | | |
| 2 | 10 | = $A2 * B$3 | | | |
| 3 | | 10 | 20 | 30 | 40 |
| 4 | | | | | |

图7-6

| | A | B | C | D | E |
|---|---|---|---|---|---|
| 1 | 混合引用 | | | | |
| 2 | 10 | 100 | 200 | 300 | = $A2 * E$3 |
| 3 | | 10 | 20 | 30 | 40 |
| 4 | | | | | |

图7-7

## 知识链接

WPS表格公式通常由等号、函数、括号、单元格引用、常量、运算符等构成。其中常量可以是数字、文本，也可以是其他字符（如果常量不是数字，就要加上英文引号）。为了帮助用户了解公式的组成，下面列举了一些常见的公式，如表7-1所示。

表7-1

| 公式 | 公式的组成 |
|---|---|
| =(1+7)/2 | 等号、括号、常量、运算符 |
| =A1*3+B1*6 | 等号、单元格引用、运算符、常量 |
| =SUM(A1:A3)/4 | 等号、函数、括号、单元格引用、运算符、常量 |
| =A5 | 等号、单元格引用 |
| =A5&"元" | 等号、单元格引用、运算符、常量 |

## 7.1.2 自动检查错误公式

当公式的结果返回错误值时（图7-8），用户应该及时查找错误原因，并修改公式以解决问题。

| | A | B | C | D |
|---|---|---|---|---|
| 1 | 商品名称 | 价格 | 数量 | 金额 |
| 2 | 短裙 | 120 | 50 | 6000 |
| 3 | 长裙 | 150 | 10 | 1500 |
| 4 | 牛仔裤 | 100 | 30 | #VALUE! |
| 5 | 衬衫 | 80 | 40 | 3200 |
| 6 | 短袖 | 130 | 20 | 2600 |

| | A | B | C | D |
|---|---|---|---|---|
| 1 | 商品名称 | 价格 | 数量 | 金额 |
| 2 | 短裙 | 120 | 50 | 6000 |
| 3 | 长裙 | 150 | 10 | 1500 |
| 4 | 牛仔裤 | 100 | 30 | 3000 |
| 5 | 衬衫 | 80 | 40 | 3200 |
| 6 | 短袖 | 130 | 20 | 2600 |

图7-8

此时，可以使用“错误检查”功能，自动检查表格中的错误公式，如图7-9所示。

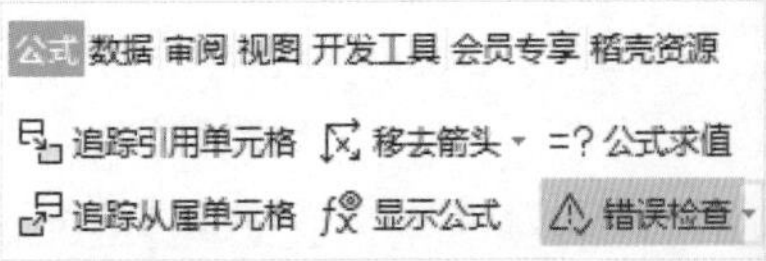

图7-9

在“公式”选项卡中单击“错误检查”按钮，打开“错误检查”对话框，在该对话框中显示出错的单元格，以及出错原因。用户在该对话框的右侧可以进行“显示计算步骤”“忽略错误”“在编辑栏中编辑”操作，这里单击“在编辑栏中编辑”按钮，如图7-10所示。

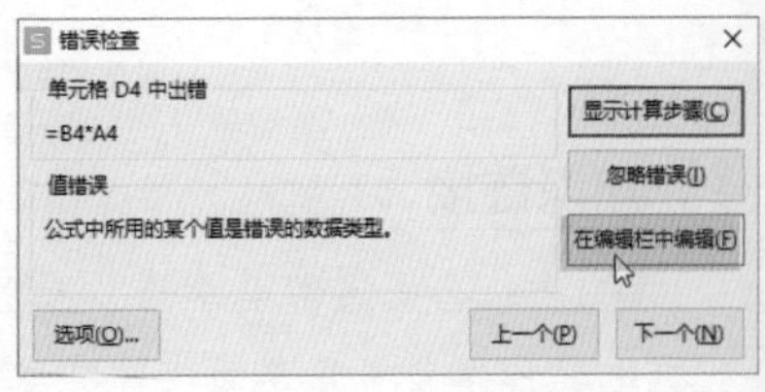


图7-10

在编辑栏中修改错误公式，修改完成后单击“继续”按钮，继续检查其他错误公式，检查并修改完成后会弹出一个提示对话框，直接单击“确定”按钮即可，如图7-11所示。

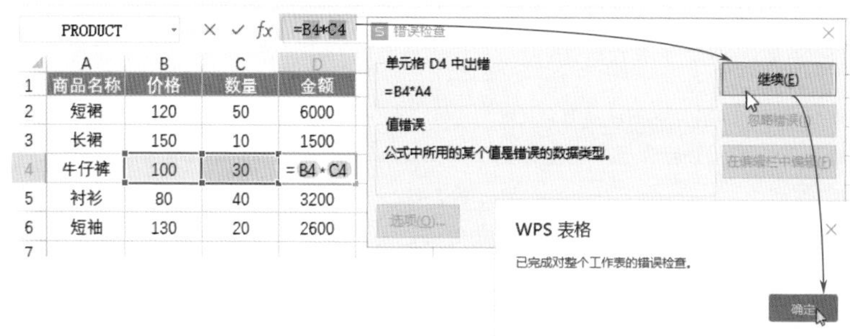


图7-11

## 7.1.3 隐藏单元格中的公式

如果用户不想让他人查看表格中的计算公式，可以将公式隐藏起来，使他人无法查看，如图7-12所示。

D2 =B2*C2

| | A | B | C | D |
|---|---|---|---|---|
| 1 | 商品名称 | 价格 | 数量 | 金额 |
| 2 | 短裙 | 120 | 50 | 6000 |
| 3 | 长裙 | 150 | 10 | 1500 |
| 4 | 牛仔裤 | 100 | 30 | 3000 |
| 5 | 衬衫 | 80 | 40 | 3200 |
| 6 | 短袖 | 130 | 20 | 2600 |

D2

| | A | B | C | D |
|---|---|---|---|---|
| 1 | 商品名称 | 价格 | 数量 | 金额 |
| 2 | 短裙 | 120 | 50 | 6000 |
| 3 | 长裙 | 150 | 10 | 1500 |
| 4 | 牛仔裤 | 100 | 30 | 3000 |
| 5 | 衬衫 | 80 | 40 | 3200 |
| 6 | 短袖 | 130 | 20 | 2600 |

图7-12

用户使用“保护工作表”选项（图7-13），可以对单元格中的公式进行隐藏操作。

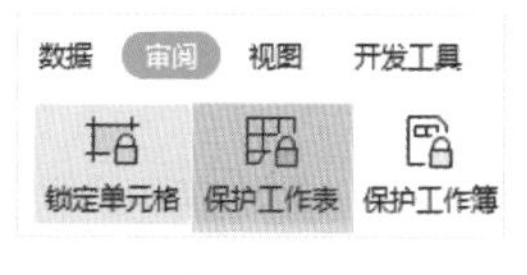


图7-13

选择包含公式的单元格区域，按【Ctrl+1】组合键，打开“单元格格式”对话框，在“保护”选项卡中勾选“隐藏”复选框，单击“确定”按钮，如图7-14所示。

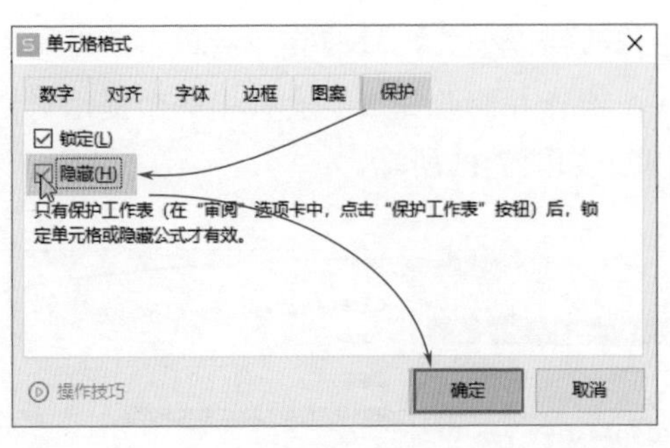


图7-14

在“审阅”选项卡中单击“保护工作表”按钮，打开“保护工作表”对话框，在“密码”文本框中输入密码“123”，单击“确定”按钮，如图7-15所示。

打开“确认密码”对话框，重新输入密码，单击“确定”按钮即可，如图7-16所示。

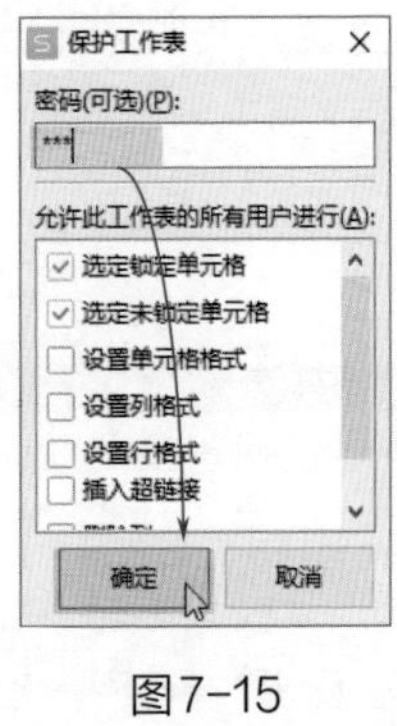


图7-15

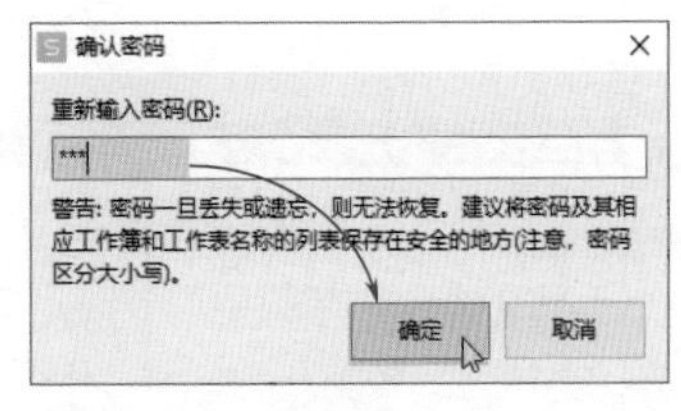


图7-16

用户选择包含公式的单元格，在编辑栏中无法查看公式，公式被隐藏起来了。

### 7.1.4 分析错误值产生的原因

在单元格中输入公式后，可能会因为某种原因而无法得到或显示正确的结果，因而返回错误值信息。为了解决这个问题，用户需要分析错误值产生的原因。

当单元格中出现“#####”错误值类型时，可能是因为列宽不够显示数字（图7-17），或者单元格中日期时间公式产生了负值（图7-18）。

| | A | B | C | D | E |
|---|---|---|---|---|---|
| 1 | 销售员 | 商品名称 | 销售价 | 销售量 | 销售额 |
| 2 | 张宇 | 创维电视 | 2999 | 400 | ##### |
| 3 | 王晓 | 华为荣耀P40 | 9999 | 100 | ##### |
| 4 | 刘佳 | 苹果超薄750 | 12000 | 200 | ##### |
| 5 | 李琦 | 苹果12P | 8888 | 500 | ##### |
| 6 | 赵宣 | 飞利浦音响 | 150 | 700 | ##### |
| 7 | 徐蚌 | 戴尔成就3690 | 3239 | 600 | ##### |
| 8 | 陈毅 | OPPO K7x | 1399 | 400 | ##### |

图7-17

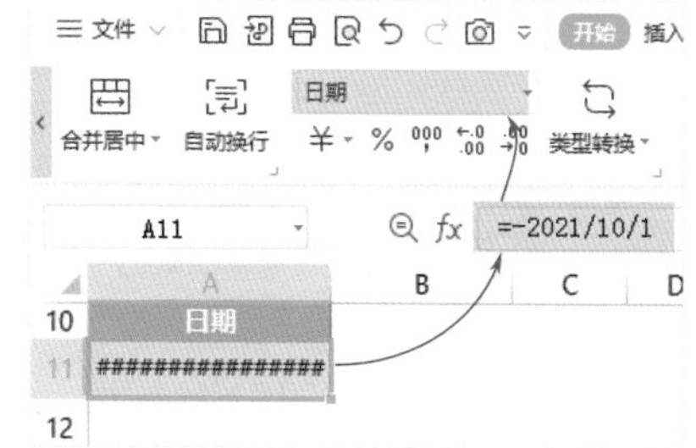


图7-18

当单元格中出现“#VALUE!”错误值类型时，可能是因为使用的参数类型错误，例如在需要数字或逻辑值时输入了文本，如图7-19所示；或者缺少用于计算数据的函数，如图7-20所示。

E3　=C3*B3

| | A | B | C | D | E |
|---|---|---|---|---|---|
| 1 | 销售员 | 商品名称 | 销售价 | 销售量 | 销售额 |
| 2 | 张宇 | 创维电视 | 2999 | 400 | 1,199,600.00 |
| 3 | 王晓 | 华为荣耀P40 | 9999 | 1 | #VALUE! |
| 4 | 刘佳 | 苹果超薄750 | 12000 | 200 | 2,400,000.00 |
| 5 | 李琦 | 苹果12P | 8888 | 500 | 4,444,000.00 |
| 6 | 赵宣 | 飞利浦音响 | 150 | 700 | 105,000.00 |
| 7 | 徐蚌 | 戴尔成就3690 | 3239 | 600 | 1,943,400.00 |
| 8 | 陈毅 | OPPO K7x | 1399 | 400 | 559,600.00 |

图7-19

E9　=E2:E8

| | A | B | C | D | E |
|---|---|---|---|---|---|
| 1 | 销售员 | 商品名称 | 销售价 | 销售量 | 销售额 |
| 2 | 张宇 | 创维电视 | 2999 | 400 | 1,199,600.00 |
| 3 | 王晓 | 华为荣耀P40 | 9999 | 100 | 999,900.00 |
| 4 | 刘佳 | 苹果超薄750 | 12000 | 200 | 2,400,000.00 |
| 5 | 李琦 | 苹果12P | 8888 | 500 | 4,444,000.00 |
| 6 | 赵宣 | 飞利浦音响 | 150 | 700 | 105,000.00 |
| 7 | 徐蚌 | 戴尔成就3690 | 3239 | 600 | 1,943,400.00 |
| 8 | 陈毅 | OPPO K7x | 1399 | 400 | 559,600.00 |
| 9 | | | | | #VALUE! |

图7-20

当单元格中出现“#DIV/0!”错误值类型时，可能是因为数字被零（0）除时出现错误，如图7-21所示。

D3　=C3/0

| | A | B | C | D |
|---|---|---|---|---|
| 1 | 班组 | 生产数量 | 合格数量 | 合格率 |
| 2 | 班组A | 2000 | 1700 | 85.00% |
| 3 | 班组B | 1500 | 142 | #DIV/0! |
| 4 | 班组C | 2500 | 1300 | 52.00% |
| 5 | 班组D | 1900 | 1800 | 94.74% |
| 6 | 班组E | 1700 | 1530 | 90.00% |
| 7 | 班组F | 1450 | 1420 | 97.93% |

图7-21

当单元格中出现“#NAME?”错误值类型时，可能是因为在公式中使用了不能识别的文本，例如公式中使用了不存在的名称，如图7-22所示；或者公式中的文本没有使用双引号，如图7-23所示。

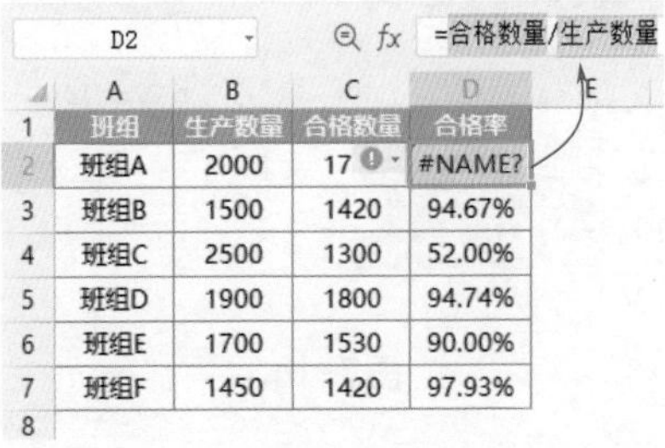

D2　=合格数量/生产数量

| | A | B | C | D |
|---|---|---|---|---|
| 1 | 班组 | 生产数量 | 合格数量 | 合格率 |
| 2 | 班组A | 2000 | 17 | #NAME? |
| 3 | 班组B | 1500 | 1420 | 94.67% |
| 4 | 班组C | 2500 | 1300 | 52.00% |
| 5 | 班组D | 1900 | 1800 | 94.74% |
| 6 | 班组E | 1700 | 1530 | 90.00% |
| 7 | 班组F | 1450 | 1420 | 97.93% |

图7-22

E10　=IF(D10>90%,合格,不合格)

| | A | B | C | D | E |
|---|---|---|---|---|---|
| 9 | 班组 | 生产数量 | 合格数量 | 合格率 | 合格情况 |
| 10 | 班组A | 2000 | 1700 | 85.0[illegible] | #NAME? |
| 11 | 班组B | 1500 | 1420 | 94.67% | 合格 |
| 12 | 班组C | 2500 | 1300 | 52.00% | 不合格 |
| 13 | 班组D | 1900 | 1800 | 94.74% | 合格 |
| 14 | 班组E | 1700 | 1530 | 90.00% | 不合格 |
| 15 | 班组F | 1450 | 1420 | 97.93% | 合格 |

图7-23

当单元格中出现“#N/A”错误值类型时，可能是因为数值对函数或公式不可用时出现错误，如图7-24所示。

当单元格中出现“#REF!”错误值类型时，可能是因为单元格引用无效时出现错误，例如删除了公式引用的单元格，如图7-25所示。

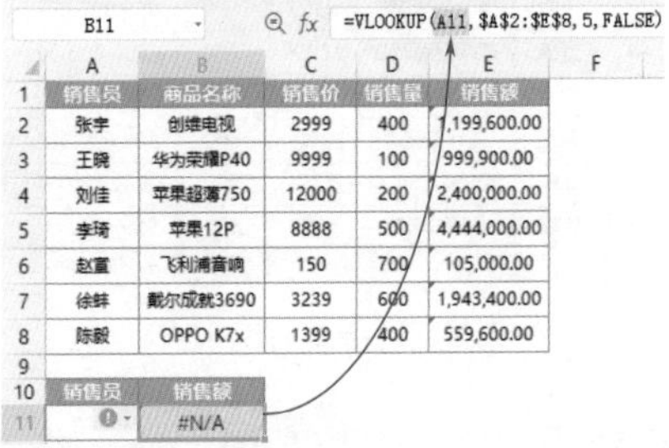

B11　=VLOOKUP(A11,$A$2:$E$8,5,FALSE)

| | A | B | C | D | E |
|---|---|---|---|---|---|
| 1 | 销售员 | 商品名称 | 销售价 | 销售量 | 销售额 |
| 2 | 张宇 | 创维电视 | 2999 | 400 | 1,199,600.00 |
| 3 | 王晓 | 华为荣耀P40 | 9999 | 100 | 999,900.00 |
| 4 | 刘佳 | 苹果超薄750 | 12000 | 200 | 2,400,000.00 |
| 5 | 李琦 | 苹果12P | 8888 | 500 | 4,444,000.00 |
| 6 | 赵宣 | 飞利浦音响 | 150 | 700 | 105,000.00 |
| 7 | 徐蚌 | 戴尔成就3690 | 3239 | 600 | 1,943,400.00 |
| 8 | 陈毅 | OPPO K7x | 1399 | 400 | 559,600.00 |
| 9 | | | | | |
| 10 | 销售员 | 销售额 | | | |
| 11 | | #N/A | | | |

图7-24

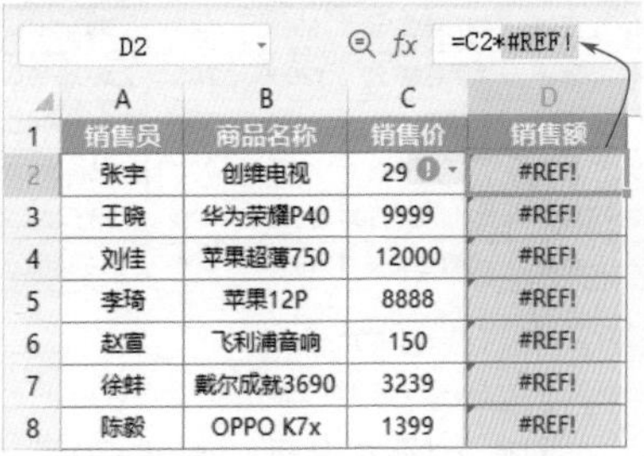

D2　=C2*#REF!

| | A | B | C | D |
|---|---|---|---|---|
| 1 | 销售员 | 商品名称 | 销售价 | 销售额 |
| 2 | 张宇 | 创维电视 | 29 | #REF! |
| 3 | 王晓 | 华为荣耀P40 | 9999 | #REF! |
| 4 | 刘佳 | 苹果超薄750 | 12000 | #REF! |
| 5 | 李琦 | 苹果12P | 8888 | #REF! |
| 6 | 赵宣 | 飞利浦音响 | 150 | #REF! |
| 7 | 徐蚌 | 戴尔成就3690 | 3239 | #REF! |
| 8 | 陈毅 | OPPO K7x | 1399 | #REF! |

图7-25

当单元格中出现“#NUM!”错误值类型时，可能是因为公式或函数中使用无效数字值时出现错误，如图7-26所示。

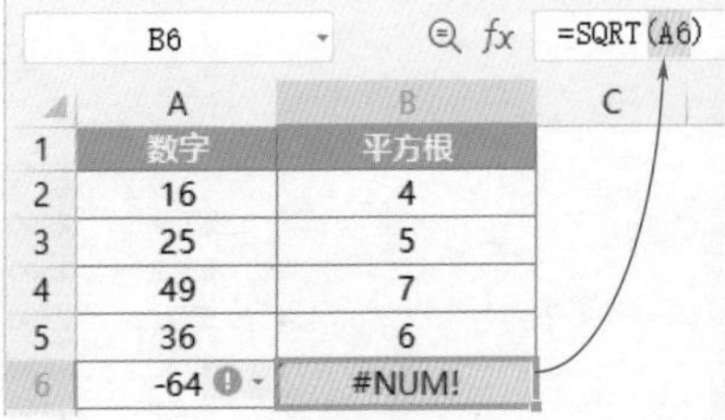

B6　=SQRT(A6)

| | A | B |
|---|---|---|
| 1 | 数字 | 平方根 |
| 2 | 16 | 4 |
| 3 | 25 | 5 |
| 4 | 49 | 7 |
| 5 | 36 | 6 |
| 6 | -64 | #NUM! |

图7-26

当单元格中出现“#NULL!”错误值类型时，可能是因为用空格表示两个引用单元格之间的相交运算符，但指定并不相交的两个区域的交点出现错误，如图7-27所示。

E9 | =SUM(E2 E8)

| | A | B | C | D | E |
|---|---|---|---|---|---|
| 1 | 销售员 | 商品名称 | 销售价 | 销售量 | 销售额 |
| 2 | 张宇 | 创维电视 | 2999 | 400 | 1,199,600.00 |
| 3 | 王晓 | 华为荣耀P40 | 9999 | 100 | 999,900.00 |
| 4 | 刘佳 | 苹果超薄750 | 12000 | 200 | 2,400,000.00 |
| 5 | 李琦 | 苹果12P | 8888 | 500 | 4,444,000.00 |
| 6 | 赵宣 | 飞利浦音响 | 150 | 700 | 105,000.00 |
| 7 | 徐蚌 | 戴尔成就3690 | 3239 | 600 | 1,943,400.00 |
| 8 | 陈毅 | OPPO K7x | 1399 | 400 | 559,600.00 |
| 9 | | | | | #NULL! |

图7-27

# 7.2 常见统计函数的应用

统计函数是从各种角度去分析统计数据，并捕捉统计数据的所有特征。下面将介绍常见统计函数的使用技巧。

## 7.2.1 使用COUNT函数统计参加考试人数

假设学生的考试分数中有0分和“缺考”信息（图7-28），现在需要将参加考试的人数统计出来。

此时，用户可以使用COUNT函数统计参加考试人数。

| | A | B |
|---|---|---|
| 1 | 姓名 | 考试分数 |
| 2 | 赵璇 | 70 |
| 3 | 王晓 | 89 |
| 4 | 孙琦 | 0 |
| 5 | 王珂 | 45 |
| 6 | 李佳 | 缺考 |
| 7 | 吴乐 | 88 |
| 8 | 赵兵 | 缺考 |
| 9 | 钱勇 | 0 |
| 10 | 周雪 | 90 |

图7-28

选择E1单元格，输入公式“=COUNT(B2:B10)”，如图7-29所示。按【Enter】键确认，即可统计出参加考试的人数，如图7-30所示。

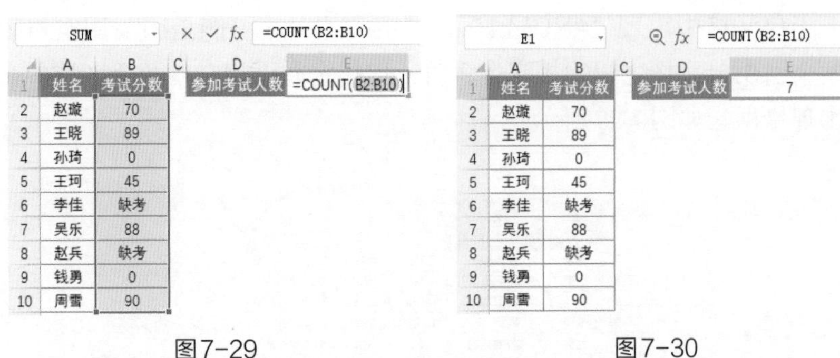

| | A | B | C | D | E |
|---|---|---|---|---|---|
| 1 | 姓名 | 考试分数 | | 参加考试人数 | =COUNT(B2:B10) |
| 2 | 赵璇 | 70 | | | |
| 3 | 王晓 | 89 | | | |
| 4 | 孙琦 | 0 | | | |
| 5 | 王珂 | 45 | | | |
| 6 | 李佳 | 缺考 | | | |
| 7 | 吴乐 | 88 | | | |
| 8 | 赵兵 | 缺考 | | | |
| 9 | 钱勇 | 0 | | | |
| 10 | 周雪 | 90 | | | |

图7-29

| | A | B | C | D | E |
|---|---|---|---|---|---|
| 1 | 姓名 | 考试分数 | | 参加考试人数 | 7 |
| 2 | 赵璇 | 70 | | | |
| 3 | 王晓 | 89 | | | |
| 4 | 孙琦 | 0 | | | |
| 5 | 王珂 | 45 | | | |
| 6 | 李佳 | 缺考 | | | |
| 7 | 吴乐 | 88 | | | |
| 8 | 赵兵 | 缺考 | | | |
| 9 | 钱勇 | 0 | | | |
| 10 | 周雪 | 90 | | | |

图7-30

COUNT函数用于返回包含数字的单元格以及参数列表中数字的个数。

语法格式：=COUNT(值1, [值2], [值3], …)

参数说明：

• 值1, 值2, …：包含或引用各种类型数据的参数(1～255个)，但只有数字类型的数据才被计数。如果参数是一个数组或引用，那么只统计数组或引用中的数字；数组中或引用的空白单元格、逻辑值、文字或错误值都将忽略。

公式解析：=COUNT(B2:B10)

B2:B10 → 统计参加考试人数的引用区域，其中文字忽略统计

## 7.2.2 使用COUNTIF函数统计销售额超过10万元的人数

假设表格中记录了销售员销售商品的单价、数量和销售额（图7-31），现在需要将销售额超过10万元的人数统计出来。

| | A | B | C | D | E |
|---|---|---|---|---|---|
| 1 | 销售员 | 商品名称 | 销售价 | 销售量 | 销售额 |
| 2 | 张宇 | 创维电视 | 2999 | 100 | 299,900 |
| 3 | 王晓 | 华为荣耀P40 | 9999 | 10 | 99,990 |
| 4 | 刘佳 | 苹果超薄750 | 12000 | 9 | 108,000 |
| 5 | 李琦 | 苹果12P | 8888 | 10 | 88,880 |
| 6 | 赵宣 | 飞利浦音响 | 150 | 120 | 18,000 |
| 7 | 徐蚌 | 戴尔成就3690 | 3239 | 80 | 259,120 |
| 8 | 陈毅 | OPPO K7x | 1399 | 60 | 83,940 |

图7-31

此时，用户可以使用COUNTIF函数统计销售额超过10万元的人数。

选择G2单元格，输入公式“=COUNTIF(E2:E8, ">100000")”，如图7-32所示。

|  | A | B | C | D | E | F | G |
|---|---|---|---|---|---|---|---|
| 1 | 销售员 | 商品名称 | 销售价 | 销售量 | 销售额 |  | 销售额超过10万元的人数 |
| 2 | 张宇 | 创维电视 | 2999 | 100 | 299,900 |  | =COUNTIF( E2:E8 ,">100000") |
| 3 | 王晓 | 华为荣耀P40 | 9999 | 10 | 99,990 |  |  |
| 4 | 刘佳 | 苹果超薄750 | 12000 | 9 | 108,000 |  |  |
| 5 | 李琦 | 苹果12P | 8888 | 10 | 88,880 |  |  |
| 6 | 赵宣 | 飞利浦音响 | 150 | 120 | 18,000 |  |  |
| 7 | 徐蚌 | 戴尔成就3690 | 3239 | 80 | 259,120 |  |  |
| 8 | 陈毅 | OPPO K7x | 1399 | 60 | 83,940 |  |  |

图7-32

按【Enter】键确认，即可统计出销售额超过10万元的人数，如图7-33所示。

|  | A | B | C | D | E | F | G |
|---|---|---|---|---|---|---|---|
| 1 | 销售员 | 商品名称 | 销售价 | 销售量 | 销售额 |  | 销售额超过10万元的人数 |
| 2 | 张宇 | 创维电视 | 2999 | 100 | 299,900 |  | 3 |
| 3 | 王晓 | 华为荣耀P40 | 9999 | 10 | 99,990 |  |  |
| 4 | 刘佳 | 苹果超薄750 | 12000 | 9 | 108,000 |  |  |
| 5 | 李琦 | 苹果12P | 8888 | 10 | 88,880 |  |  |
| 6 | 赵宣 | 飞利浦音响 | 150 | 120 | 18,000 |  |  |
| 7 | 徐蚌 | 戴尔成就3690 | 3239 | 80 | 259,120 |  |  |
| 8 | 陈毅 | OPPO K7x | 1399 | 60 | 83,940 |  |  |

图7-33

COUNTIF函数用于求满足给定条件的数据个数。

语法格式：=COUNTIF(区域,条件)

参数说明：

- 区域：要计算其中非空白单元格数目的区域。
- 条件：以数字、表达式或文本形式定义的条件。

公式解析：

=COUNTIF(E2:E8, ">100000")→计算“销售额超过10万元人数”的条件

要计算非空白单元格数目的“销售额”区域

## 7.2.3 使用MAX函数统计最高总分

假设公司对每个员工的工作能力、综合素质、工作绩效等进行评分

（图7-34），现在需要将最高得分统计出来。

此时，用户可以使用MAX函数统计最高总分。

|  | A | B | C | D | E |
|---|---|---|---|---|---|
| 1 | 员工 | 工作能力 | 综合素质 | 工作绩效 | 总分 |
| 2 | 李佳 | 50 | 30 | 45 | 125 |
| 3 | 刘欢 | 50 | 60 | 70 | 180 |
| 4 | 赵宣 | 75 | 70 | 85 | 230 |
| 5 | 徐蚌 | 70 | 73 | 98 | 241 |
| 6 | 王晓 | 55 | 69 | 73 | 197 |
| 7 | 陈毅 | 45 | 25 | 60 | 130 |
| 8 | 刘稳 | 80 | 60 | 25 | 165 |
| 9 | 曹兴 | 77 | 64 | 80 | 221 |

图7-34

选择G2单元格，输入公式“=MAX(E2:E9)”，如图7-35所示。

|  | A | B | C | D | E | F | G |
|---|---|---|---|---|---|---|---|
| 1 | 员工 | 工作能力 | 综合素质 | 工作绩效 | 总分 |  | 最高总分 |
| 2 | 李佳 | 50 | 30 | 45 | 125 |  | =MAX(E2:E9) |
| 3 | 刘欢 | 50 | 60 | 70 | 180 |  |  |
| 4 | 赵宣 | 75 | 70 | 85 | 230 |  |  |
| 5 | 徐蚌 | 70 | 73 | 98 | 241 |  |  |
| 6 | 王晓 | 55 | 69 | 73 | 197 |  |  |
| 7 | 陈毅 | 45 | 25 | 60 | 130 |  |  |
| 8 | 刘稳 | 80 | 60 | 25 | 165 |  |  |
| 9 | 曹兴 | 77 | 64 | 80 | 221 |  |  |

图7-35

按【Enter】键确认，即可统计出最高总分，如图7-36所示。

|  | A | B | C | D | E | F | G |
|---|---|---|---|---|---|---|---|
| 1 | 员工 | 工作能力 | 综合素质 | 工作绩效 | 总分 |  | 最高总分 |
| 2 | 李佳 | 50 | 30 | 45 | 125 |  | 241 |
| 3 | 刘欢 | 50 | 60 | 70 | 180 |  |  |
| 4 | 赵宣 | 75 | 70 | 85 | 230 |  |  |
| 5 | 徐蚌 | 70 | 73 | 98 | 241 |  |  |
| 6 | 王晓 | 55 | 69 | 73 | 197 |  |  |
| 7 | 陈毅 | 45 | 25 | 60 | 130 |  |  |
| 8 | 刘稳 | 80 | 60 | 25 | 165 |  |  |
| 9 | 曹兴 | 77 | 64 | 80 | 221 |  |  |

图7-36

MAX函数用于返回一组值中的最大值。

语法格式：=MAX(数值1, [数值2], [数值3], …)

参数说明：

数值1, 数值2, …：为指定需求最大值的数值或者数值所在的单元格。如果参数为错误值或不能转换成数字的文本，将产生错误。如果参数为数组或引用，则只有数组或引用中的数字将被计算。数组或引用中的空白单元格、逻辑值或文本将被忽略。

公式解析：=MAX(E2:E9)

└→计算"最高总分"的引用区域

## 7.2.4 使用RANK函数对员工销售业绩进行排名

为了方便发放奖金，公司通常会对每个销售员的销售业绩进行排名。假设表格中记录了每个销售员的销售额（图7-37），那么如何根据销售额计算排名呢？

|  | A | B | C | D | E | F |
|---|---|---|---|---|---|---|
| 1 | 销售员 | 商品名称 | 销售价 | 销售量 | 销售额 | 排名 |
| 2 | 张宇 | 创维电视 | 2999 | 350 | 1049650 |  |
| 3 | 王晓 | 华为荣耀P40 | 9999 | 50 | 499950 |  |
| 4 | 刘佳 | 苹果超薄750 | 12000 | 80 | 960000 |  |
| 5 | 李琦 | 苹果12P | 8888 | 90 | 799920 |  |
| 6 | 赵宣 | 飞利浦音响 | 150 | 250 | 37500 |  |
| 7 | 徐蚌 | 戴尔成就3690 | 3239 | 300 | 971700 |  |
| 8 | 陈毅 | OPPO K7x | 1399 | 180 | 251820 |  |

图7-37

此时，用户使用RANK函数就可以进行排名。

选择F2单元格，输入公式"=RANK(E2,$E$2:$E$8,0)"，如图7-38所示。按【Enter】键确认，即可计算出排名，然后将公式向下填充，如图7-39所示。

|  | A | B | C | D | E | F | G |
|---|---|---|---|---|---|---|---|
| 1 | 销售员 | 商品名称 | 销售价 | 销售量 | 销售额 | 排名 |  |
| 2 | 张宇 | 创维电视 | 2999 | 350 | =RANK(E2,$E$2:$E$8,0) |  |  |
| 3 | 王晓 | 华为荣耀P40 | 9999 | 50 | 499950 |  |  |
| 4 | 刘佳 | 苹果超薄750 | 12000 | 80 | 960000 |  |  |
| 5 | 李琦 | 苹果12P | 8888 | 90 | 799920 |  |  |
| 6 | 赵宣 | 飞利浦音响 | 150 | 250 | 37500 |  |  |
| 7 | 徐蚌 | 戴尔成就3690 | 3239 | 300 | 971700 |  |  |
| 8 | 陈毅 | OPPO K7x | 1399 | 180 | 251820 |  |  |

图7-38

F2 =RANK(E2,$E$2:$E$8,0)

|  | A | B | C | D | E | F |
|---|---|---|---|---|---|---|
| 1 | 销售员 | 商品名称 | 销售价 | 销售量 | 销售额 | 排名 |
| 2 | 张宇 | 创维电视 | 2999 | 350 | 1049650 | 1 |
| 3 | 王晓 | 华为荣耀P40 | 9999 | 50 | 499950 | 5 |
| 4 | 刘佳 | 苹果超薄750 | 12000 | 80 | 960000 | 3 |
| 5 | 李琦 | 苹果12P | 8888 | 90 | 799920 | 4 |
| 6 | 赵宣 | 飞利浦音响 | 150 | 250 | 37500 | 7 |
| 7 | 徐蚌 | 戴尔成就3690 | 3239 | 300 | 971700 | 2 |
| 8 | 陈毅 | OPPO K7x | 1399 | 180 | 251820 | 6 |

图7-39

RANK函数用于返回一个数值在一组数值中的排位。

语法格式：=RANK(数值,引用,[排位方式])

参数说明:

• 数值：为指定需找到排位的数值，或数值所在的单元格。

• 引用：一组数或对一个数据列表的引用。非数字值将被忽略。

• 排位方式：指定排位的方式。如果为0或忽略，为降序；升序时指定为1。

公式解析：=RANK(E2,$E$2:$E$8,0)——→指定0为降序排位

$E$2:$E$8 → 为“销售额”引用区域

E2 → 为计算“销售额”排位数值所在单元格

**注意事项**

在对相同数值进行排位时，其排位相同，但会影响后续数值的排位。

# 7.3 常见查找与引用函数的应用

查找与引用函数用于在计算过程中进行查找，或者引用某些符合要求的目标数据。下面将介绍常见查找与引用函数的使用技巧。

## 7.3.1 使用VLOOKUP函数根据工号查询实发工资

在工资表中通常会记录员工的基本工资和实发工资等信息（图7-40），现在需要根据工号查询实发工资。

| | A | B | C | D |
|---|---|---|---|---|
| 1 | 工号 | 姓名 | 基本工资 | 实发工资 |
| 2 | DS001 | 赵宣 | 6000 | 7420 |
| 3 | DS002 | 刘佳 | 5000 | 6500 |
| 4 | DS003 | 王晓 | 3000 | 4500 |
| 5 | DS004 | 徐蚌 | 7000 | 8500 |
| 6 | DS005 | 孙俪 | 4000 | 6600 |
| 7 | DS006 | 刘稳 | 3500 | 4500 |
| 8 | DS007 | 陈毅 | 6000 | 8200 |
| 9 | DS008 | 曹兴 | 5000 | 8000 |

图7-40

此时，用户可以使用VLOOKUP函数进行查询。

选择B12单元格，输入公式“=VLOOKUP (A12, $A$2:$D$9, 4, FALSE)”，

按【Enter】键确认，查询出工号为“DS005”的实发工资，如图7-41所示。

B12 fx =VLOOKUP(A12,$A$2:$D$9,4,FALSE)

| | A | B | C | D | E | F |
|---|---|---|---|---|---|---|
| 1 | 工号 | 姓名 | 基本工资 | 实发工资 | | |
| 2 | DS001 | 赵宣 | 6000 | 7420 | | |
| 3 | DS002 | 刘佳 | 5000 | 6500 | | |
| 4 | DS003 | 王晓 | 3000 | 4500 | | |
| 5 | DS004 | 徐蚌 | 7000 | 8500 | | |
| 6 | DS005 | 孙俪 | 4000 | 6600 | | |
| 7 | DS006 | 刘稳 | 3500 | 4500 | | |
| 8 | DS007 | 陈毅 | 6000 | 8200 | | |
| 9 | DS008 | 曹兴 | 5000 | 8000 | | |
| 10 | | | | | | |
| 11 | 工号 | 实发工资 | | | | |
| 12 | DS005 | 6600 | | | | |

图7-41

VLOOKUP函数用于查找指定的数值，并返回当前行中指定列处的数值。

语法格式：=VLOOKUP(查找值,数据表,列序数,[匹配条件])

参数说明：

• 查找值：为需要在数组第一列中查找的数值。可以为数值、引用或文本字符串。

• 数据表：为需要在其中查找数据的数据表，可以使用对区域或区域名称的引用。

• 列序数：为待返回的匹配值的列序号。为1时，返回数据表第一列中的数值。

• 匹配条件：指定在查找时，是要求精确匹配，还是大致匹配。如果为FALSE，为精确匹配；如果为TRUE或忽略，为大致匹配。

公式解析：=VLOOKUP(A12,$A$2:$D$9,4,FALSE)

- A12：为查找值所在单元格
- $A$2:$D$9：为整个数据表区域
- 4：为待返回的匹配值的列序号，即返回数据表的第4列
- FALSE：为精确匹配

## 7.3.2 使用MATCH函数检索书名所在的位置

在图书管理表中通常会记录书名、出版社、出版日期、定价等信息，如图7-42所示。如果用户想要在图书管理表中检索出书名所在位

置，该如何操作呢？

| | A | B | C | D | E |
|---|---|---|---|---|---|
| 1 | 序号 | 书名 | 出版社 | 出版日期 | 定价 |
| 2 | 1 | 战争与和平 | 中国文联出版社 | 2016/7/1 | 42.00 |
| 3 | 2 | 巴黎圣母院 | 人民文学出版社 | 2015/3/1 | 36.00 |
| 4 | 3 | 童年 | 四川文艺出版社 | 2019/8/1 | 108.00 |
| 5 | 4 | 呼啸山庄 | 人民文学出版社 | 2015/6/1 | 29.00 |
| 6 | 5 | 红与黑 | 海南出版社 | 2018/9/1 | 69.90 |
| 7 | 6 | 悲惨世界 | 人民文学出版社 | 2015/6/1 | 110.00 |
| 8 | 7 | 安娜·卡列尼娜 | 海南出版社 | 2020/4/1 | 99.90 |
| 9 | 8 | 飘 | 人民文学出版社 | 2015/5/1 | 72.00 |
| 10 | 9 | 大卫·科波菲尔 | 人民文学出版社 | 2018/7/1 | 69.00 |

图7-42

此时，可以使用MATCH函数进行检索。选择C13单元格，输入公式“=MATCH(C12,B2:B10,0)”，按【Enter】键确认，即可检索出书名为“悲惨世界”所在的位置，如图7-43所示。

C13　fx　=MATCH(C12,B2:B10,0)

| | A | B | C | D | E |
|---|---|---|---|---|---|
| 1 | 序号 | 书名 | 出版社 | 出版日期 | 定价 |
| 2 | 1 | 战争与和平 | 中国文联出版社 | 2016/7/1 | 42.00 |
| 3 | 2 | 巴黎圣母院 | 人民文学出版社 | 2015/3/1 | 36.00 |
| 4 | 3 | 童年 | 四川文艺出版社 | 2019/8/1 | 108.00 |
| 5 | 4 | 呼啸山庄 | 人民文学出版社 | 2015/6/1 | 29.00 |
| 6 | 5 | 红与黑 | 海南出版社 | 2018/9/1 | 69.90 |
| 7 | 6 | 悲惨世界 | 人民文学出版社 | 2015/6/1 | 110.00 |
| 8 | 7 | 安娜·卡列尼娜 | 海南出版社 | 2020/4/1 | 99.90 |
| 9 | 8 | 飘 | 人民文学出版社 | 2015/5/1 | 72.00 |
| 10 | 9 | 大卫·科波菲尔 | 人民文学出版社 | 2018/7/1 | 69.00 |
| 11 | | | | | |
| 12 | | 书名 | 悲惨世界 | | |
| 13 | | 位置 | 6 | | |

图7-43

MATCH函数用于返回指定方式下与指定数值匹配的数组中元素的相应位置。

语法格式：=MATCH(查找值,查找区域,[匹配类型])

参数说明：

• 查找值：在数组中所要查找匹配的值，可以是数值、文本或逻辑值，或者对上述类型的引用。

• 查找区域：含有要查找的值的连续单元格区域，一个数组，或是对某数组的引用。

• 匹配类型：为指定检索查找值的方法（表7-2）。

表7-2

| 匹配类型 | 检索方法 |
| --- | --- |
| 1或省略 | MATCH函数会查找小于或等于查找值的最大值。查找区域参数中的值必须按升序排列 |
| 0 | MATCH函数会查找等于查找值的第一个值。查找区域参数中的值可以按任何顺序排列 |
| −1 | MATCH函数会查找大于或等于查找值的最小值。查找区域参数中的值必须按降序排列 |

## 7.3.3 使用INDIRECT函数合并多张工作表中的数据

假设将“1月”“2月”和“3月”的商品销量单独录入到了工作表中（图7-44），现在需要将3个月的销量全部汇总到“总表”工作表中。

|  | A | B |
| --- | --- | --- |
| 1 | 商品 | 销量 |
| 2 | 短裤 | 100 |
| 3 | 短袖 | 250 |
| 4 | 短裙 | 360 |
| 5 | 连衣裙 | 480 |
| 6 | 衬衫 | 440 |
| 7 | 半身裙 | 250 |

1月

|  | A | B |
| --- | --- | --- |
| 1 | 商品 | 销量 |
| 2 | 短裤 | 200 |
| 3 | 短袖 | 450 |
| 4 | 短裙 | 300 |
| 5 | 连衣裙 | 150 |
| 6 | 衬衫 | 230 |
| 7 | 半身裙 | 360 |

2月

|  | A | B |
| --- | --- | --- |
| 1 | 商品 | 销量 |
| 2 | 短裤 | 520 |
| 3 | 短袖 | 150 |
| 4 | 短裙 | 360 |
| 5 | 连衣裙 | 170 |
| 6 | 衬衫 | 280 |
| 7 | 半身裙 | 350 |

3月

图7-44

此时，用户可以使用INDIRECT函数将多个工作表中的数据汇总到一个工作表中。打开“总表”工作表，选择B2单元格，输入公式“=INDIRECT(B$1&"!B"&ROW())”，如图7-45所示。按【Enter】键确认，即可引用1月“短裤”的销量，然后将公式向右和向下填充，如图7-46所示。

|  | A | B | C | D |
| --- | --- | --- | --- | --- |
| 1 | 商品 | 1月 | 2月 | 3月 |
| 2 | =INDIRECT(B$1&"!B"&ROW()) |  |  |  |
| 3 | 短袖 |  |  |  |
| 4 | 短裙 |  |  |  |
| 5 | 连衣裙 |  |  |  |
| 6 | 衬衫 |  |  |  |
| 7 | 半身裙 |  |  |  |

总表 1月 2月 3月

图7-45

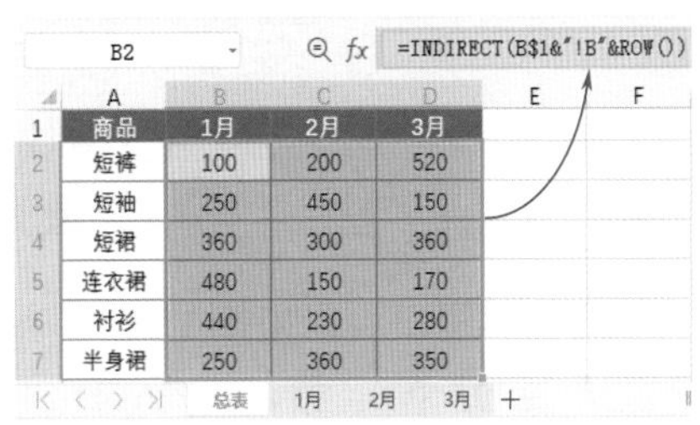


|  | A | B | C | D |
| --- | --- | --- | --- | --- |
| 1 | 商品 | 1月 | 2月 | 3月 |
| 2 | 短裤 | 100 | 200 | 520 |
| 3 | 短袖 | 250 | 450 | 150 |
| 4 | 短裙 | 360 | 300 | 360 |
| 5 | 连衣裙 | 480 | 150 | 170 |
| 6 | 衬衫 | 440 | 230 | 280 |
| 7 | 半身裙 | 250 | 360 | 350 |

总表 1月 2月 3月

图7-46

INDIRECT函数用于返回由文本字符串指定的引用。

语法格式：=INDIRECT(单元格引用,[引用样式])

参数说明：

• 单元格引用：该引用所指向的单元格中存放有对另一单元格的引用，引用的形式为A1、R1C1或是名称。

• 引用样式：逻辑值，指明包含在单元格中的引用方式。R1C1格式=FALSE；A1格式=TRUE或省略。

公式解析：=INDIRECT(B$1&"!B"&ROW())

计算结果为：1月!B2，即引用“1月”工作表中B2单元格的数据

## 7.4 常见日期与时间函数的应用

日期与时间函数是指在公式中用来分析和处理日期值和时间值的函数。下面将介绍常见日期与时间函数的使用技巧。

### 7.4.1 使用TODAY函数统计即将到期的合同数量

假设当天日期为2021年12月6日，如果公司要求，将距离到期日期小于7天的合同数量统计出来（图7-47），该如何操作呢？

| | A | B | C | D |
|---|---|---|---|---|
| 1 | 合同编号 | 到期日期 | | 即将到期的合同数量 |
| 2 | DL10025789 | 2021/12/20 | | |
| 3 | DL10025790 | 2022/1/1 | | |
| 4 | DL10025791 | 2021/12/7 | | |
| 5 | DL10025792 | 2021/12/22 | | |
| 6 | DL10025793 | 2022/1/15 | | |
| 7 | DL10025794 | 2021/12/8 | | |
| 8 | DL10025795 | 2021/12/10 | | |

图7-47

此时，用户可以使用TODAY函数和COUNTIF函数进行计算。

选择D2单元格，输入公式“=COUNTIF(B2:B8, "<" &(TODAY()+7))”，如图7-48所示。按【Enter】键确认，即可将距离到期日期小

于7天的合同数量统计出来，如图7-49所示。

| | A | B | C | D | E |
|---|---|---|---|---|---|
| 1 | 合同编号 | 到期日期 | | 即将到期的合同数量 | |
| 2 | DL10025789 | 202: | =COUNTIF(B2:B8,"<"&(TODAY()+7)) | | |
| 3 | DL10025790 | 2022/1/1 | | | |
| 4 | DL10025791 | 2021/12/7 | | | |
| 5 | DL10025792 | 2021/12/22 | | | |
| 6 | DL10025793 | 2022/1/15 | | | |
| 7 | DL10025794 | 2021/12/8 | | | |
| 8 | DL10025795 | 2021/12/10 | | | |

图7-48

| | A | B | C | D |
|---|---|---|---|---|
| 1 | 合同编号 | 到期日期 | | 即将到期的合同数量 |
| 2 | DL10025789 | 2021/12/20 | | 3 |
| 3 | DL10025790 | 2022/1/1 | | |
| 4 | DL10025791 | 2021/12/7 | | |
| 5 | DL10025792 | 2021/12/22 | | |
| 6 | DL10025793 | 2022/1/15 | | |
| 7 | DL10025794 | 2021/12/8 | | |
| 8 | DL10025795 | 2021/12/10 | | |

图7-49

TODAY函数用于返回当前日期。

语法格式：=TODAY()

TODAY函数语法没有参数。

公式解析：=COUNTIF(B2:B8,"<"&(TODAY()+7))

为“到期日期”引用区域

计算到期日小于当前系统日期加上7天的合同数量的条件

## 7.4.2 使用YEAR函数计算公司成立的周年数

假设公司成立的时间是2010年，那么用户如何操作才能计算公司成立周年数，如图7-50所示。

| | A | B | C |
|---|---|---|---|
| 1 | 公司成立时间 | | 周年 |
| 2 | 2010 | | |

图7-50

选择C2单元格，输入公式“=YEAR(TODAY())-A2”，如图7-51所示。

| | A | B | C |
|---|---|---|---|
| 1 | 公司成立时间 | | 周年 |
| 2 | 2010 | | =YEAR(TODAY())- A2 |

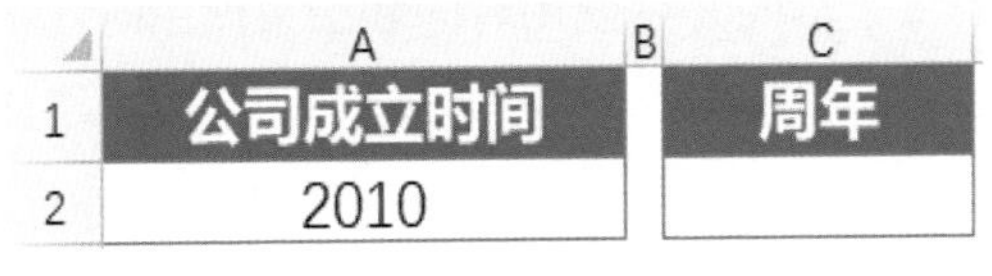

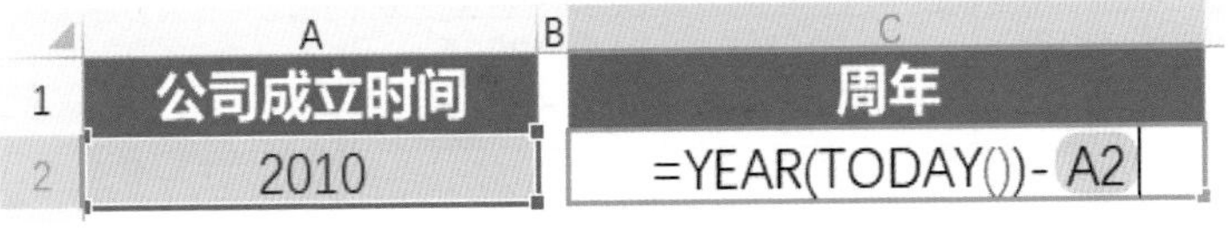

图7-51

按【Enter】键确认，即可计算出公司成立周年数，如图7-52所示。

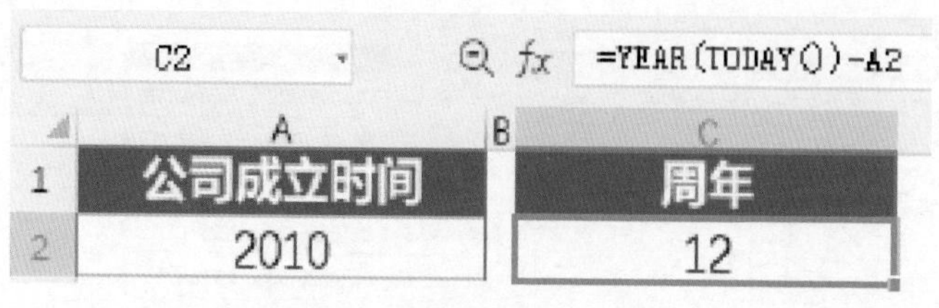

图7-52

YEAR函数用于返回某个日期对应的年份。

语法格式：=YEAR(日期序号)

参数说明：

日期序号：为一个日期值，其中包含要查找的年份。日期有多种输入方式：带引号的文本串（例如"2021/12/25"）、系列数（例如如果使用1900日期系统，则35825表示1998年1月30日）或其他公式或函数的结果。

公式解析：=YEAR(TODAY()) - A2 → 为"公司成立时间"引用单元格



## 7.4.3 使用HOUR函数计算使用时长

假设公司的每个车间开始使用时间和结束使用时间都不一样，现在需要计算每个车间的使用时长，如图7-53所示。

| | A | B | C | D |
|---|---|---|---|---|
| 1 | 车间 | 开始使用时间 | 结束使用时间 | 使用时长 |
| 2 | 车间1 | 8:30:25 | 18:20:45 | |
| 3 | 车间2 | 9:15:30 | 19:30:45 | |
| 4 | 车间3 | 7:20:35 | 17:33:50 | |
| 5 | 车间4 | 9:20:25 | 18:30:15 | |
| 6 | 车间5 | 10:45:10 | 20:30:25 | |

图7-53

此时，用户可以使用HOUR、MINUTE和SECOND函数来计算。

选择D2单元格，输入公式“=HOUR (C2-B2) &" 小时 "& MINUTE (C2-B2) & "分钟"&SECOND(C2-B2) & "秒"”，如图7-54所示。按【Enter】键确认，即可计算出使用时长，然后将公式向下填充，如图7-55所示。

| | A | B | C | D |
|---|---|---|---|---|
| 1 | 车间 | 开始使用时间 | 结束使用时间 | 使用时长 |
| 2 | 车间1 | 8:30:25 | 18:20:45 | =HOUR(C2-B2)&"小时"&MINUTE(C2-B2)&"分钟"&SECOND(C2-B2)&"秒" |
| 3 | 车间2 | 9:15:30 | 19:30:45 | |
| 4 | 车间3 | 7:20:35 | 17:33:50 | |
| 5 | 车间4 | 9:20:25 | 18:30:15 | |
| 6 | 车间5 | 10:45:10 | 20:30:25 | |

图7-54

| | A | B | C | D |
|---|---|---|---|---|
| 1 | 车间 | 开始使用时间 | 结束使用时间 | 使用时长 |
| 2 | 车间1 | 8:30:25 | 18:20:45 | 9小时50分钟20秒 |
| 3 | 车间2 | 9:15:30 | 19:30:45 | 10小时15分钟15秒 |
| 4 | 车间3 | 7:20:35 | 17:33:50 | 10小时13分钟15秒 |
| 5 | 车间4 | 9:20:25 | 18:30:15 | 9小时9分钟50秒 |
| 6 | 车间5 | 10:45:10 | 20:30:25 | 9小时45分钟15秒 |

图7-55

HOUR函数用于返回时间值的小时。

语法格式：= HOUR(日期序号)

参数说明：

日期序号：为时间值，其中包含要查找的小时。时间值有多种输入方式：带引号的文本字符串（例如"5:45PM"）、十进制数（例如0.78125表示6:45PM）或其他公式或函数的结果。

公式解析：

=HOUR(C2-B2)&"小时"&MINUTE(C2-B2)&"分钟"&SECOND(C2-B2)&"秒"

计算“使用时长”的小时　　计算“使用时长”的分钟　　计算“使用时长”的秒

### 7.4.4 使用WEEKDAY函数计算指定日期是星期几

假设值班表中记录了每个员工的值班日期，现在需要计算出值班日期对应的是星期几，如图7-56所示。

| | A | B | C |
|---|---|---|---|
| 1 | 姓名 | 值班日期 | 星期几 |
| 2 | 赵宣 | 2021/12/7 | |
| 3 | 刘佳 | 2021/12/12 | |
| 4 | 徐蚌 | 2021/12/15 | |
| 5 | 陈毅 | 2021/12/20 | |
| 6 | 刘稳 | 2021/12/25 | |
| 7 | 张宇 | 2021/12/28 | |
| 8 | 文雅 | 2021/12/31 | |

图7-56

此时，用户可以使用WEEKDAY函数计算指定日期是星期几。

选择C2单元格，输入公式“=WEEKDAY(B2, 2)”，如图7-57所示。按【Enter】键确认，即可计算出星期几，然后将公式向下填充，如图7-58所示。

| | A | B | C |
|---|---|---|---|
| 1 | 姓名 | 值班日期 | 星期几 |
| 2 | 赵宣 | 2021/12/7 | =WEEKDAY(B2,2) |
| 3 | 刘佳 | 2021/12/12 | |
| 4 | 徐蚌 | 2021/12/15 | |
| 5 | 陈毅 | 2021/12/20 | |
| 6 | 刘稳 | 2021/12/25 | |
| 7 | 张宇 | 2021/12/28 | |
| 8 | 文雅 | 2021/12/31 | |

图7-57

C2 fx =WEEKDAY(B2, 2)

| | A | B | C |
|---|---|---|---|
| 1 | 姓名 | 值班日期 | 星期几 |
| 2 | 赵宣 | 2021/12/7 | 2 |
| 3 | 刘佳 | 2021/12/12 | 7 |
| 4 | 徐蚌 | 2021/12/15 | 3 |
| 5 | 陈毅 | 2021/12/20 | 1 |
| 6 | 刘稳 | 2021/12/25 | 6 |
| 7 | 张宇 | 2021/12/28 | 2 |
| 8 | 文雅 | 2021/12/31 | 5 |

图7-58

WEEKDAY函数用于返回指定日期对应的星期数。

语法格式：=WEEKDAY(日期序号,[返回值类型])

参数说明：

- 日期序号：要返回星期数的日期。
- 返回值类型：用于确定返回值类型的数字（表7-3）。

表7-3

| 返回值类型 | 返回的数字 |
|---|---|
| 1 或省略 | 从 1（星期日）到 7（星期六） |
| 2 | 从 1（星期一）到 7（星期日） |
| 3 | 从 0（星期一）到 6（星期日） |
| 11 | 数字 1（星期一）到数字 7（星期日） |
| 12 | 数字 1（星期二）到数字 7（星期一） |
| 13 | 数字 1（星期三）到数字 7（星期二） |
| 14 | 数字 1（星期四）到数字 7（星期三） |
| 15 | 数字 1（星期五）到数字 7（星期四） |
| 16 | 数字 1（星期六）到数字 7（星期五） |
| 17 | 数字 1（星期日）到数字 7（星期六） |

## 7.5 常见数学与三角函数的应用

用户可以使用数学与三角函数进行简单的计算。下面将介绍常见数学与三角函数的使用技巧。

### 7.5.1 使用SUM函数统计所有商品销售总额

通常销售表中会根据商品的单价和销售数量计算出销售金额，如图7-59所示。如果用户想要计算合计金额，该如何操作呢？

此时，用户可以使用SUM函数进行计算。

| | A | B | C | D |
|---|---|---|---|---|
| 1 | 商品名称 | 销售数量 | 销售单价 | 销售金额 |
| 2 | 笔记本 | 50 | 4 | 200 |
| 3 | 便利贴 | 100 | 2.5 | 250 |
| 4 | 固体胶棒 | 250 | 3.5 | 875 |
| 5 | 橡皮擦 | 300 | 2 | 600 |
| 6 | 直尺 | 80 | 1.5 | 120 |
| 7 | 中性笔 | 360 | 2 | 720 |

图7-59

选择D8单元格，输入公式“=SUM(D2:D7)”，如图7-60所示。按【Enter】键确认，即可计算出所有商品销售总额，如图7-61所示。

| | A | B | C | D |
|---|---|---|---|---|
| 1 | 商品名称 | 销售数量 | 销售单价 | 销售金额 |
| 2 | 笔记本 | 50 | 4 | 200 |
| 3 | 便利贴 | 100 | 2.5 | 250 |
| 4 | 固体胶棒 | 250 | 3.5 | 875 |
| 5 | 橡皮擦 | 300 | 2 | 600 |
| 6 | 直尺 | 80 | 1.5 | 120 |
| 7 | 中性笔 | 360 | 2 | 720 |
| 8 | | | 销售总额 | =SUM(D2:D7) |

图7-60

| | A | B | C | D |
|---|---|---|---|---|
| 1 | 商品名称 | 销售数量 | 销售单价 | 销售金额 |
| 2 | 笔记本 | 50 | 4 | 200 |
| 3 | 便利贴 | 100 | 2.5 | 250 |
| 4 | 固体胶棒 | 250 | 3.5 | 875 |
| 5 | 橡皮擦 | 300 | 2 | 600 |
| 6 | 直尺 | 80 | 1.5 | 120 |
| 7 | 中性笔 | 360 | 2 | 720 |
| 8 | | | 销售总额 | 2765 |

图7-61

SUM函数用于对单元格区域中所有数值求和。

语法格式：=SUM(数值1, [数值2], …)

参数说明：

数值1, 数值2, …：为1 ~ 255个待求和的数值。单元格中的逻辑值和文本将被忽略。但当作为参数输入时，逻辑值和文本有效。

## 注意事项

如果参数为数组或引用，只有其中的数字将被计算。数组或引用中的空白单元格、逻辑值、文本将被忽略；如果参数中有错误值或为不能转换成数字的文本，将会导致错误。

## 7.5.2 使用SUMIF函数统计指定商品的销售金额

假设销售表中记录了销售商品的相关信息，现在需要统计出指定商品的销售金额，例如统计出“中性笔”的销售金额，如图7-62所示。

| | A | B | C | D | E | F |
|---|---|---|---|---|---|---|
| 1 | 销售日期 | 商品名称 | 规格 | 销售数量 | 单价 | 金额 |
| 2 | 2021/9/2 | 中性笔 | 0.5mm（黑） | 120 | 2 | 240 |
| 3 | 2021/9/4 | 橡皮擦 | 43*17*10.3mm | 500 | 3.9 | 1950 |
| 4 | 2021/9/5 | 笔记本 | A5 | 230 | 3 | 690 |
| 5 | 2021/9/7 | 固体胶棒 | 95*25mm | 350 | 4 | 1400 |
| 6 | 2021/9/10 | 橡皮擦 | 42*17*10mm | 310 | 2.5 | 775 |
| 7 | 2021/9/11 | 固体胶棒 | 81*20mm | 400 | 3 | 1200 |
| 8 | 2021/9/12 | 橡皮擦 | 65*23*13mm | 270 | 3 | 810 |
| 9 | 2021/9/13 | 中性笔 | 0.5mm（红） | 250 | 1.5 | 375 |
| 10 | 2021/9/14 | 笔记本 | A4 | 100 | 30 | 3000 |
| 11 | 2021/9/15 | 便利贴 | 43*12mm | 310 | 3 | 930 |
| 12 | 2021/9/18 | 中性笔 | 0.7mm（蓝） | 410 | 2.3 | 943 |
| 13 | 2021/9/22 | 便利贴 | 76*50mm | 330 | 1.2 | 396 |
| 14 | 2021/9/23 | 中性笔 | 0.7mm（黑） | 170 | 2.5 | 425 |

图7-62

此时，用户可以使用SUMIF函数进行统计。

选择I2单元格，输入公式“=SUMIF(B2: B14, H2, F2: F14)”，如图7-63所示。按【Enter】键确认，即可统计出“中性笔”的销售金额，如图7-64所示。

| | A | B | C | D | E | F | G | H | I |
|---|---|---|---|---|---|---|---|---|---|
| 1 | 销售日期 | 商品名称 | 规格 | 销售数量 | 单价 | 金额 | | 商品名称 | 销售金额 |
| 2 | 2021/9/2 | 中性笔 | 0.5mm（黑） | 120 | 2 | 240 | | 中性笔 | =SUMIF(B2:B14,H2,F2:F14) |
| 3 | 2021/9/4 | 橡皮擦 | 43*17*10.3mm | 500 | 3.9 | 1950 | | | |
| 4 | 2021/9/5 | 笔记本 | A5 | 230 | 3 | 690 | | | |
| 5 | 2021/9/7 | 固体胶棒 | 95*25mm | 350 | 4 | 1400 | | | |
| 6 | 2021/9/10 | 橡皮擦 | 42*17*10mm | 310 | 2.5 | 775 | | | |
| 7 | 2021/9/11 | 固体胶棒 | 81*20mm | 400 | 3 | 1200 | | | |
| 8 | 2021/9/12 | 橡皮擦 | 65*23*13mm | 270 | 3 | 810 | | | |
| 9 | 2021/9/13 | 中性笔 | 0.5mm（红） | 250 | 1.5 | 375 | | | |
| 10 | 2021/9/14 | 笔记本 | A4 | 100 | 30 | 3000 | | | |
| 11 | 2021/9/15 | 便利贴 | 43*12mm | 310 | 3 | 930 | | | |
| 12 | 2021/9/18 | 中性笔 | 0.7mm（蓝） | 410 | 2.3 | 943 | | | |
| 13 | 2021/9/22 | 便利贴 | 76*50mm | 330 | 1.2 | 396 | | | |
| 14 | 2021/9/23 | 中性笔 | 0.7mm（黑） | 170 | 2.5 | 425 | | | |

图7-63

| 销售日期 | 商品名称 | 规格 | 销售数量 | 单价 | 金额 |
|---|---|---|---|---|---|
| 2021/9/2 | 中性笔 | 0.5mm（黑） | 120 | 2 | 240 |
| 2021/9/4 | 橡皮擦 | 43*17*10.3mm | 500 | 3.9 | 1950 |
| 2021/9/5 | 笔记本 | A5 | 230 | 3 | 690 |
| 2021/9/7 | 固体胶棒 | 95*25mm | 350 | 4 | 1400 |
| 2021/9/10 | 橡皮擦 | 42*17*10mm | 310 | 2.5 | 775 |
| 2021/9/11 | 固体胶棒 | 81*20mm | 400 | 3 | 1200 |
| 2021/9/12 | 橡皮擦 | 65*23*13mm | 270 | 3 | 810 |
| 2021/9/13 | 中性笔 | 0.5mm（红） | 250 | 1.5 | 375 |
| 2021/9/14 | 笔记本 | A4 | 100 | 30 | 3000 |
| 2021/9/15 | 便利贴 | 43*12mm | 310 | 3 | 930 |
| 2021/9/18 | 中性笔 | 0.7mm（蓝） | 410 | 2.3 | 943 |
| 2021/9/22 | 便利贴 | 76*50mm | 330 | 1.2 | 396 |
| 2021/9/23 | 中性笔 | 0.7mm（黑） | 170 | 2.5 | 425 |

| 商品名称 | 销售金额 |
|---|---|
| 中性笔 | 1983 |

图7-64

SUMIF函数用于根据指定条件对若干单元格求和。

语法格式：=SUMIF(条件区域,求和条件,[求和区域])

参数说明：

• 条件区域：用于条件判断的单元格区域。

• 求和条件：以数字、表达式或文本形式定义的条件。

• 求和区域：用于求和计算的实际单元格。如果省略求和区域，条件区域就是实际求和区域。

## 7.5.3 使用RANDBETWEEN函数随机抽取中奖人员

假设需要从10个人中随机抽取一名中奖人员（图7-65），那么要如何操作才能实现随机抽取效果呢？

此时，用户可以使用RANDBETWEEN和VLOOKUP函数，随机抽取中奖人员。

选择E1单元格，输入公式“=RANDBETWEEN (1,10)”，按【Enter】键确认，即可生成1～10之间的随机数，如图7-66所示。

| 号码 | 姓名 |
|---|---|
| 1 | 赵宣 |
| 2 | 王晓 |
| 3 | 刘稳 |
| 4 | 李佳 |
| 5 | 徐蚌 |
| 6 | 张宇 |
| 7 | 文雅 |
| 8 | 李静 |
| 9 | 王学 |
| 10 | 徐慧 |

图7-65

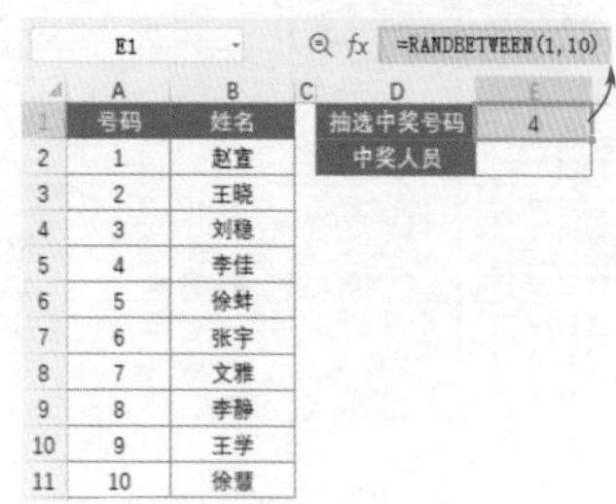

图7-66

选择E2单元格，输入公式“=VLOOKUP(E1, $A$2: $B$11, 2, FALSE)”，如图7-67所示。按【Enter】键确认，即可按照随机数求出中奖人员，如图7-68所示。

| | A | B | C | D | E |
|---|---|---|---|---|---|
| 1 | 号码 | 姓名 | | 抽选中奖号码 | 4 |
| 2 | 1 | 赵宣 | | 中奖人员 | =VLOOKUP(E1,$A$2:$B$11,2,FALSE) |
| 3 | 2 | 王晓 | | | |
| 4 | 3 | 刘稳 | | | |
| 5 | 4 | 李佳 | | | |
| 6 | 5 | 徐蚌 | | | |
| 7 | 6 | 张宇 | | | |
| 8 | 7 | 文雅 | | | |
| 9 | 8 | 李静 | | | |
| 10 | 9 | 王学 | | | |
| 11 | 10 | 徐慧 | | | |

图7-67

| | A | B | C | D | E |
|---|---|---|---|---|---|
| 1 | 号码 | 姓名 | | 抽选中奖号码 | 4 |
| 2 | 1 | 赵宣 | | 中奖人员 | 李佳 |
| 3 | 2 | 王晓 | | | |
| 4 | 3 | 刘稳 | | | |
| 5 | 4 | 李佳 | | | |
| 6 | 5 | 徐蚌 | | | |
| 7 | 6 | 张宇 | | | |
| 8 | 7 | 文雅 | | | |
| 9 | 8 | 李静 | | | |
| 10 | 9 | 王学 | | | |
| 11 | 10 | 徐慧 | | | |

图7-68

RANDBETWEEN函数用于产生整数的随机数。

语法格式：=RANDBETWEEN(最小整数,最大整数)

参数说明：

最小整数：RANDBETWEEN将返回的最小整数。

最大整数：RANDBETWEEN将返回的最大整数。

# 7.6 常见文本函数的应用

文本函数是指通过文本函数，可以在公式中处理文字串。下面将介绍常见文本函数的使用技巧。

## 7.6.1 使用LEFT函数提取产品信息

假设所有产品信息都被输入到一列中（图7-69），要想从中提取需要的产品信息（例如提取产品名称），该如何操作呢？

| | A |
|---|---|
| 1 | 产品信息 |
| 2 | 电脑型号：XRC-01价格：2564 |
| 3 | 手机型号：WED08价格：5689 |
| 4 | 耳机型号：REWT1价格：250 |
| 5 | 鼠标型号：AS01价格：50 |
| 6 | 键盘型号：SER-85价格：20 |

图7-69

由于产品名称的字数是相同的，所以用户可以使用LEFT函数提取产品信息。

选择B2单元格，输入公式“=LEFT(A2,2)”，如图7-70所示。按【Enter】键确认，即可从产品信息中提取产品名称，然后将公式向下填充，如图7-71所示。

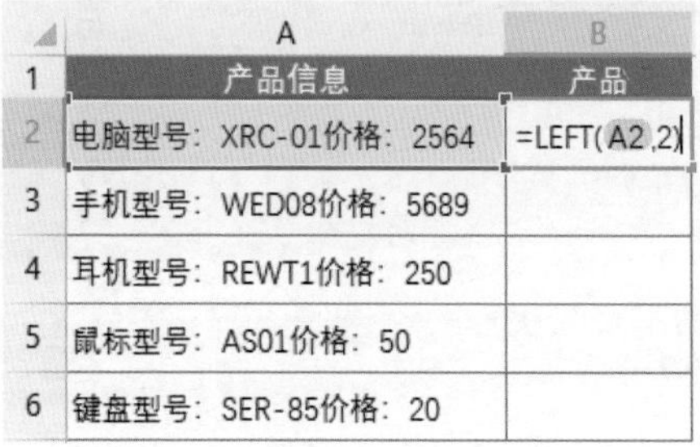

| | A | B |
|---|---|---|
| 1 | 产品信息 | 产品 |
| 2 | 电脑型号：XRC-01价格：2564 | =LEFT(A2,2) |
| 3 | 手机型号：WED08价格：5689 | |
| 4 | 耳机型号：REWT1价格：250 | |
| 5 | 鼠标型号：AS01价格：50 | |
| 6 | 键盘型号：SER-85价格：20 | |

图7-70

B2 =LEFT(A2, 2)

| | A | B |
|---|---|---|
| 1 | 产品信息 | 产品 |
| 2 | 电脑型号：XRC-01价格：2564 | 电脑 |
| 3 | 手机型号：WED08价格：5689 | 手机 |
| 4 | 耳机型号：REWT1价格：250 | 耳机 |
| 5 | 鼠标型号：AS01价格：50 | 鼠标 |
| 6 | 键盘型号：SER-85价格：20 | 键盘 |

图7-71

LEFT函数用于从字符串的左侧开始提取指定个数的字符。

语法格式：= LEFT(字符串, [字符个数])

参数说明：

- 字符串：为要提取字符的字符串。
- 字符个数：为LEFT提取的字符数。如果忽略，为1。

## 7.6.2 使用FIND函数从地址信息中提取省份

一般地址信息中包含省、市、区、街道等信息，如图7-72所示。现在需要将“省份”信息快速从地址中提取出来，该如何操作呢？

| | A | B |
|---|---|---|
| 1 | 地址 | 省份 |
| 2 | 山东省济南市大龙区 | |
| 3 | 广东省珠海市长安镇 | |
| 4 | 黑龙江省哈尔滨市平公街 | |
| 5 | 湖北省武汉市汉阳区 | |
| 6 | 四川省成都市金牛区 | |

图7-72

此时，用户可以使用FIND函数和LEFT函数提取信息。

选择B2单元格，输入公式“=LEFT(A2, FIND("省", A2))”，如图7-73所示。按【Enter】键确认，即可提取出省份，然后将公式向下填充，如图7-74所示。

| | A | B |
|---|---|---|
| 1 | 地址 | 省份 |
| 2 | 山东省济南市 | =LEFT(A2,FIND("省",A2)) |
| 3 | 广东省珠海市长安镇 | |
| 4 | 黑龙江省哈尔滨市平公街 | |
| 5 | 湖北省武汉市汉阳区 | |
| 6 | 四川省成都市金牛区 | |
| 7 | | |

图7-73

| | A | B |
|---|---|---|
| 1 | 地址 | 省份 |
| 2 | 山东省济南市大龙区 | 山东省 |
| 3 | 广东省珠海市长安镇 | 广东省 |
| 4 | 黑龙江省哈尔滨市平公街 | 黑龙江省 |
| 5 | 湖北省武汉市汉阳区 | 湖北省 |
| 6 | 四川省成都市金牛区 | 四川省 |
| 7 | | |

图7-74

FIND函数用于返回一个字符串出现在另一个字符串中的起始位置。

语法格式：=FIND(要查找的字符串,被查找字符串,[开始位置])

参数说明：

• 要查找的字符串：要查找的文本。

• 被查找字符串：包含要查找文本的文本。

• 开始位置：指定开始进行查找的字符。被查找字符串中的首字符是编号为1的字符。如果省略开始位置，则假定其值为1。

公式解析：=LEFT(A2, FIND("省",A2))

FIND("省",A2)：查找“省”字在地址中的位置

LEFT(A2, …)：将从“地址”第一个字开始到“省”字位置结束的所有字符提取出来

### 7.6.3 使用TEXT函数为金额添加单位“元”

在表格中输入金额数据时，通常为了方便查看数据，用户可以为金额数据添加单位“元”，如图7-75所示。

此时，用户可以使用TEXT函数为金额添加单位“元”，非常方便快捷。

| | A | B | C |
|---|---|---|---|
| 1 | 日期 | 费用类型 | 支出金额 |
| 2 | 2021/7/1 | 财务费用 | 1253 |
| 3 | 2021/7/2 | 办公费用 | 890 |
| 4 | 2021/7/3 | 招待费用 | 2500 |
| 5 | 2021/7/4 | 管理费用 | 780 |
| 6 | 2021/7/5 | 财务费用 | 3845 |
| 7 | 2021/7/6 | 办公费用 | 456 |
| 8 | 2021/7/7 | 招待费用 | 630 |

图7-75

选择D2单元格，输入公式“=TEXT(C2, "0元")”，如图7-76所示。按【Enter】键确认，即可为“支出金额”添加单位“元”，然后将公式向下填充，如图7-77所示。

INDIRECT　×　✓　fx　=TEXT(C2,"0元")

| | A | B | C | D |
|---|---|---|---|---|
| 1 | 日期 | 费用类型 | 支出金额 | 添加单位 |
| 2 | 2021/7/1 | 财务费用 | 1253 | =TEXT(C2,"0元") |
| 3 | 2021/7/2 | 办公费用 | 890 | |
| 4 | 2021/7/3 | 招待费用 | 2500 | |
| 5 | 2021/7/4 | 管理费用 | 780 | |
| 6 | 2021/7/5 | 财务费用 | 3845 | |
| 7 | 2021/7/6 | 办公费用 | 456 | |
| 8 | 2021/7/7 | 招待费用 | 630 | |

图7-76

D2　fx　=TEXT(C2,"0元")

| | A | B | C | D |
|---|---|---|---|---|
| 1 | 日期 | 费用类型 | 支出金额 | 添加单位 |
| 2 | 2021/7/1 | 财务费用 | 1253 | 1253元 |
| 3 | 2021/7/2 | 办公费用 | 890 | 890元 |
| 4 | 2021/7/3 | 招待费用 | 2500 | 2500元 |
| 5 | 2021/7/4 | 管理费用 | 780 | 780元 |
| 6 | 2021/7/5 | 财务费用 | 3845 | 3845元 |
| 7 | 2021/7/6 | 办公费用 | 456 | 456元 |
| 8 | 2021/7/7 | 招待费用 | 630 | 630元 |

图7-77

TEXT函数用于将数值转换为指定格式的文本。

语法格式：=TEXT(值,数值格式)

参数说明：

• 值：为数字、计算结果为数字值的公式，或者对数值单元格的引用。

• 数值格式：文字形式的数字格式。文字形式来自“单元格格式”对话框中“数字”选项卡的“自定义”选项，如图7-78所示。

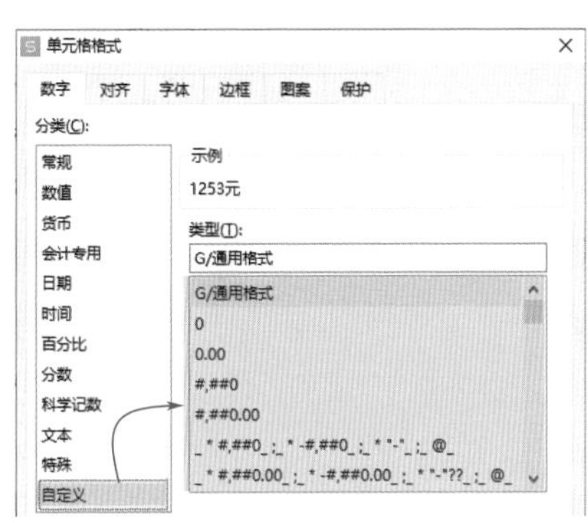


图7-78

## 7.6.4 使用REPLACE函数为手机号码打码

当表格中有手机号码、身份证号码等相关信息时，为了防止泄露用户的隐私，通常会为手机号码、身份证号码等信息打码，如图7-79所示。那么该如何操作，才能将手机号码、身份证号码等中的部分数字用“*”替代呢？

| | A | B | C |
|---|---|---|---|
| 1 | 姓名 | 性别 | 手机号码 |
| 2 | 赵宣 | 男 | 10000504061 |
| 3 | 刘佳 | 女 | 10000504062 |
| 4 | 徐蚌 | 男 | 10000504063 |
| 5 | 王晓 | 女 | 10000504064 |
| 6 | 陈毅 | 男 | 10000504065 |
| 7 | 曹兴 | 男 | 10000504066 |

图7-79

此时，用户可以使用REPLACE函数。

选择D2单元格，输入公式“=REPLACE(C2, 4, 4, "****")”，如图7-80所示。按【Enter】键确认，即可将手机号码中的部分数字用“*”替代，然后将公式向下填充，如图7-81所示。

| | A | B | C | D |
|---|---|---|---|---|
| 1 | 姓名 | 性别 | 手机号码 | 保密电话 |
| 2 | 赵宣 | 男 | 10000 | =REPLACE(C2,4,4,"****") |
| 3 | 刘佳 | 女 | 10000504062 | |
| 4 | 徐蚌 | 男 | 10000504063 | |
| 5 | 王晓 | 女 | 10000504064 | |
| 6 | 陈毅 | 男 | 10000504065 | |
| 7 | 曹兴 | 男 | 10000504066 | |
| 8 | | | | |

图7-80

| | A | B | C | D |
|---|---|---|---|---|
| 1 | 姓名 | 性别 | 手机号码 | 保密电话 |
| 2 | 赵宣 | 男 | 10000504061 | 100****4061 |
| 3 | 刘佳 | 女 | 10000504062 | 100****4062 |
| 4 | 徐蚌 | 男 | 10000504063 | 100****4063 |
| 5 | 王晓 | 女 | 10000504064 | 100****4064 |
| 6 | 陈毅 | 男 | 10000504065 | 100****4065 |
| 7 | 曹兴 | 男 | 10000504066 | 100****4066 |

图7-81

REPLACE函数用于将一个字符串中的部分字符用另一个字符串替换。

语法格式：=REPLACE(原字符串，开始位置，字符个数，新字符串)

参数说明：

- 原字符串：要进行字符串替换的文本。
- 开始位置：要在原字符串中开始替换的位置。
- 字符个数：要从原字符串中替换的字符数。
- 新字符串：用来对原字符串中指定字符串进行替换的字符串。

公式解析：=REPLACE(C2, 4, 4, "****") → 将原字符串替换成新字符串

4（第二个）→ 要替换的字符个数

4（第一个）→ 要进行开始替换的位置

C2 → 要进行字符串替换的引用单元格

扫码观看
本章视频

# 第8章 图表的创建与编辑

图表可以将数据更加直观、形象地表现出来。在WPS表格中，用户可以根据需要创建不同类型的图表，使枯燥的数据更加生动形象，便于理解。本章将对图表的创建、编辑与联动技巧进行介绍。

# 8.1 图表的创建

WPS表格提供了9种图表类型，用户可以根据需要进行创建。下面将介绍图表的创建技巧。

## 8.1.1 图表的用途

在工作中最常用到的图表包括柱形图、折线图、条形图、饼图等。

①柱形图常用于多个类别的数据比较。例如，第一季度销量对比，如图8-1所示。

②折线图主要用来表现趋势，折线图侧重于数据点的数值随时间推移的大小变化。例如，用折线图展示产品销量走势，如图8-2所示。

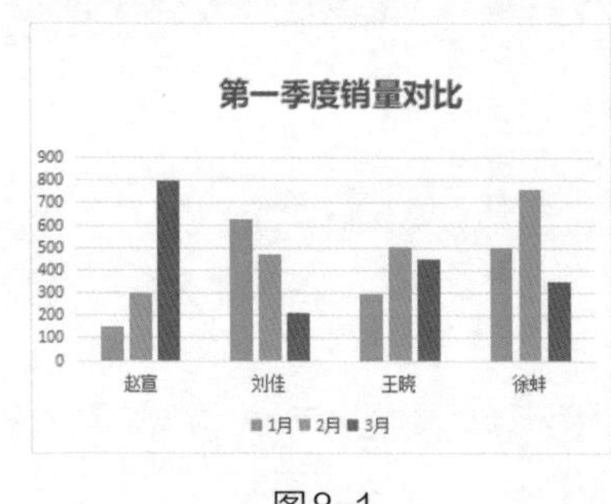


图8-1

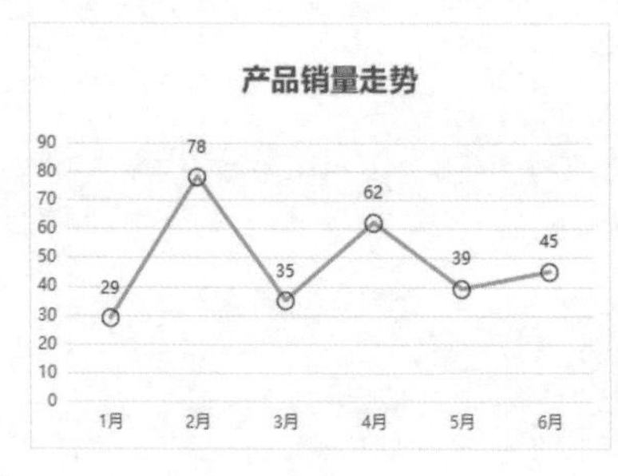


图8-2

③条形图更加适合多个类别的数值大小比较，常用于表现排行名次。例如，对产品销量进行排名，如图8-3所示。

④饼图常用来表达一组数据的百分比占比关系。例如，使用饼图展示课程成交数量占比，如图8-4所示。

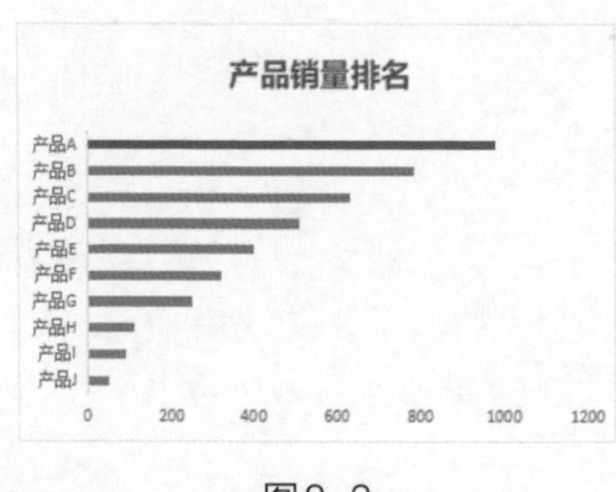


图8-3

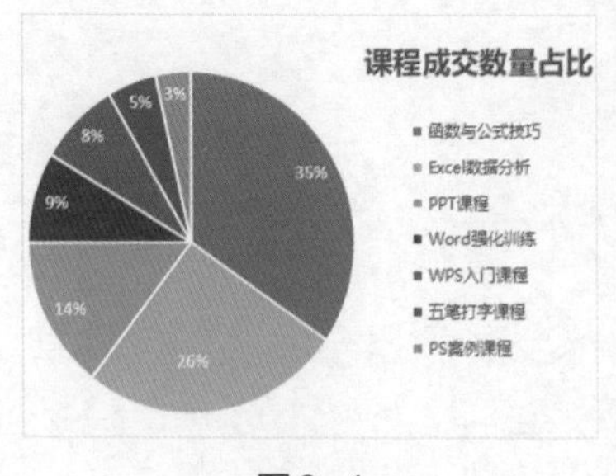


图8-4

## 8.1.2 创建复合图表

温度计图属于复合图表，因其形状像温度计的玻璃管和水银柱而得名。在财务、项目、销售等领域，经常需要用到两组数据的比较，例如计划-实际销量分析，如图8-5所示。使用温度计图可以使整体情况一目了然。

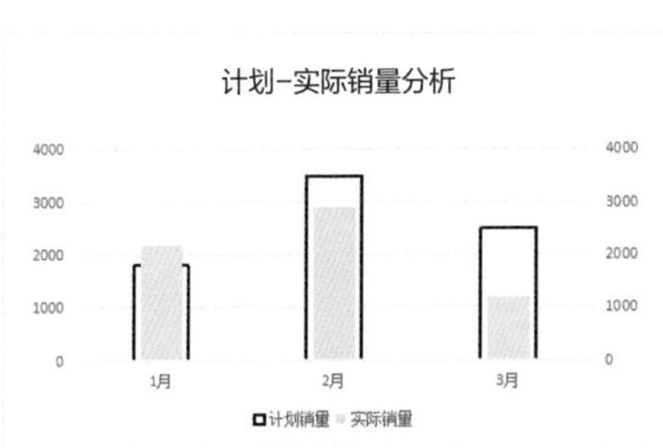


图8-5

首先准备数据源，然后插入一个“簇状柱形图”，如图8-6所示。

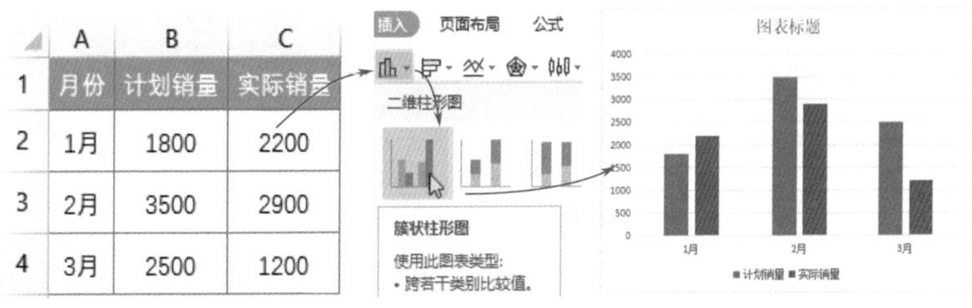


图8-6

设置“计划销量”数据系列样式，如图8-7所示。

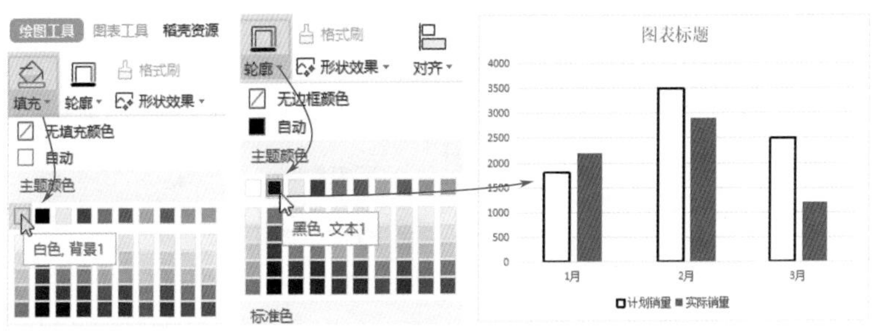


图8-7

设置"实际销量"数据系列样式，如图8-8所示。

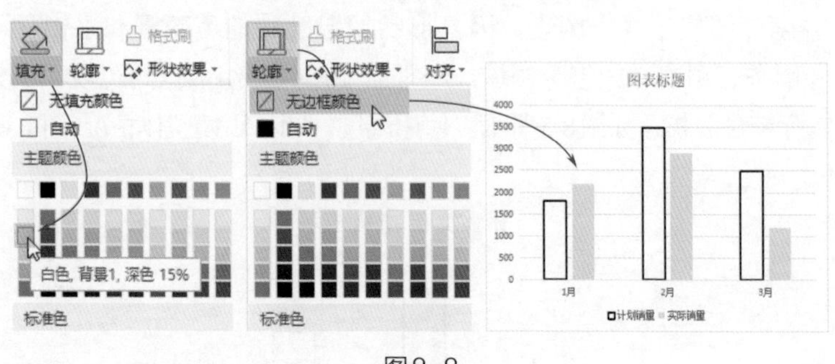


图8-8

右击"实际销量"数据系列，选择"设置数据系列格式"选项，如图8-9所示。打开"属性"窗口，设置"次坐标轴"和"分类间距"，如图8-10所示。

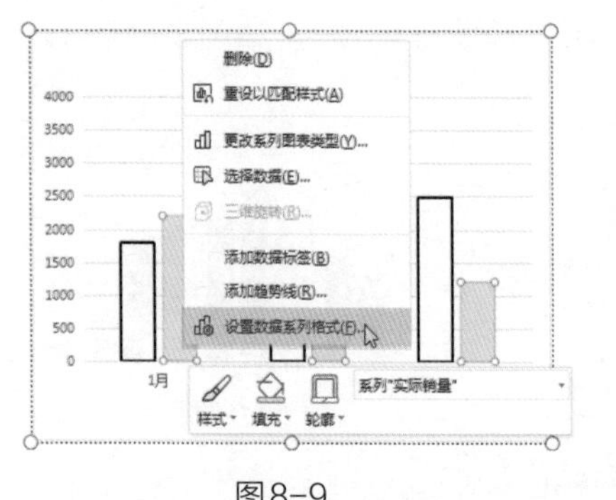


图8-9

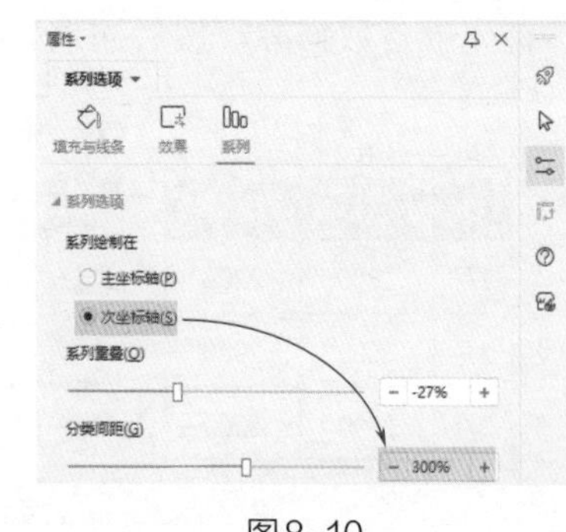


图8-10

选中"垂直（值）轴"并右击从弹出的快捷菜单中选择"设置坐标轴格式"选项，如图8-11所示。打开"属性"窗格，设置"边界"的"最大值"和主要单位，如图8-12所示。按照同样的方法设置"次要垂直（值）轴"，最后输入"图表标题"即可，如图8-13所示。

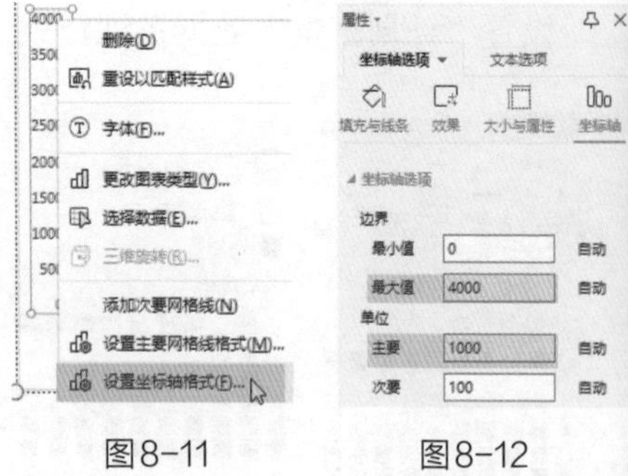


图8-11　　图8-12

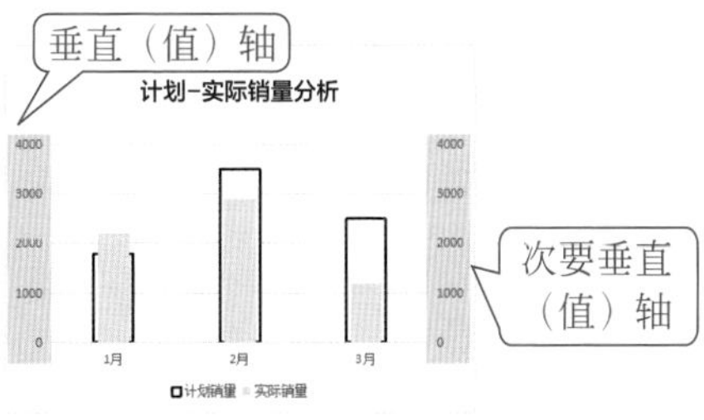


图8-13

### 8.1.3 创建组合图表

组合图表就是在一张图表中显示两组或多组数据的变化趋势。最常用的组合图是由柱形图和折线图组成的线柱组合图，例如“2021年上半年销售情况”组合图表，如图8-14所示。它可以包含更多的信息，充分利用空间，让传达数据更高效。

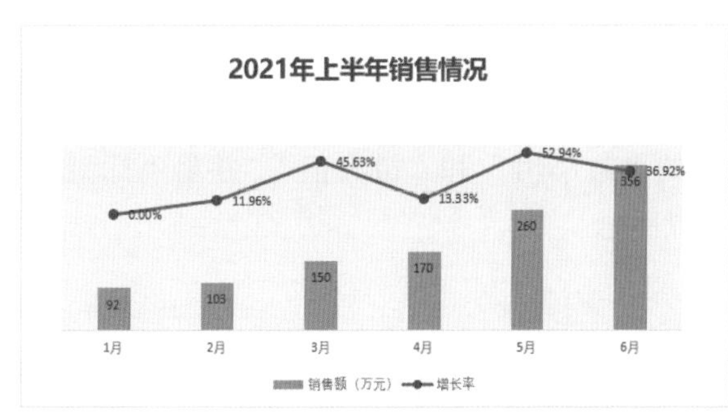


图8-14

首先准备数据源，在“插入”选项卡中单击“全部图表”下拉按钮，选择“全部图表”选项，如图8-15所示。

| | A | B | C |
|---|---|---|---|
| 1 | 月份 | 销售额（万元） | 增长率 |
| 2 | 1月 | 92 | 0.00% |
| 3 | 2月 | 103 | 11.96% |
| 4 | 3月 | 150 | 45.63% |
| 5 | 4月 | 170 | 13.33% |
| 6 | 5月 | 260 | 52.94% |
| 7 | 6月 | 356 | 36.92% |

数据源

插入 页面布局
全部图表
全部图表(R)
在线图表(O)

图8-15

打开“图表”对话框，选择“组合图”选项，并设置“系列名”“图表类型”和“次坐标轴”，单击“插入预设图表”按钮，如图8-16所示。

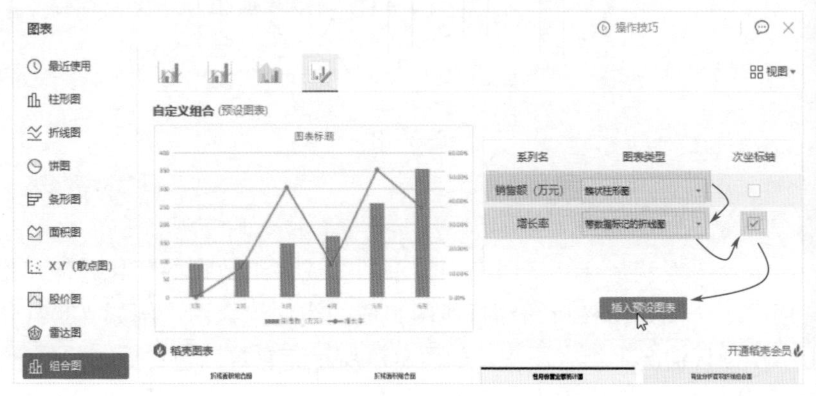


图8-16

插入一个线柱组合图，输入图表标题，选择次坐标轴并右击，从弹出的快捷菜单中选择“设置坐标轴格式”选项，打开“属性”窗口，设置“边界”的“最小值”和“最大值”，并将“标签位置”设置为“无”，如图8-17所示。

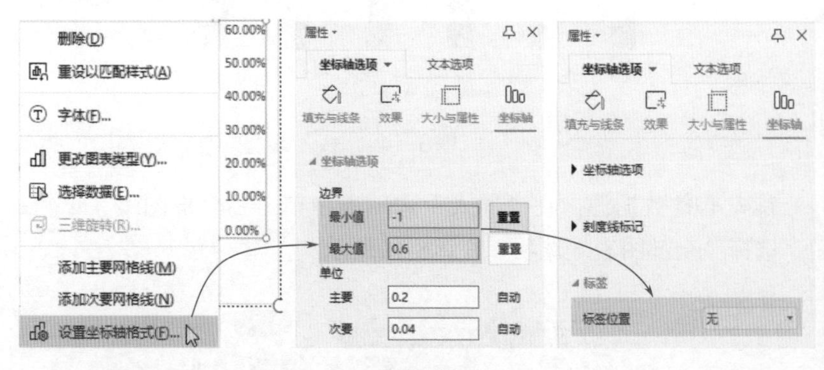


图8-17

按照上述方法，将垂直轴的“标签位置”也设置为“无”，并取消图表“网格线”的显示，如图8-18所示。

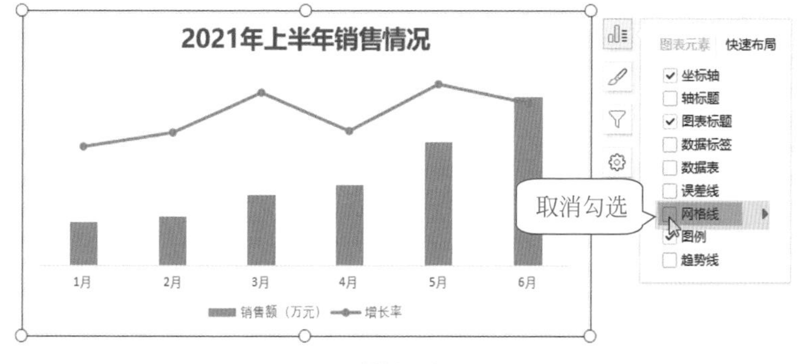


图8-18

在“图表工具”选项卡中更改数据系列的颜色，并为图表添加数据标签，如图8-19所示。

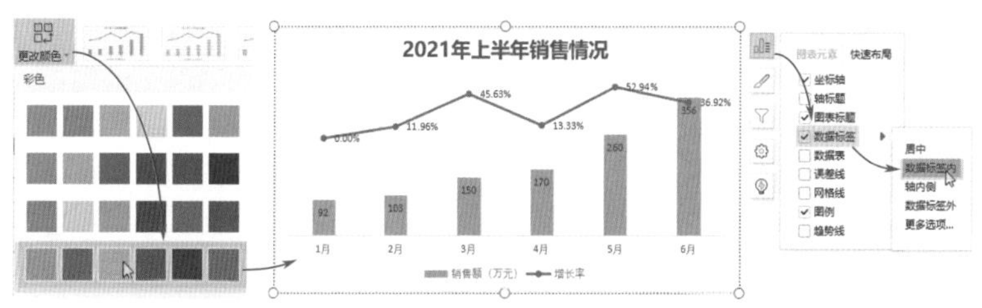


图8-19

选择“增长率”数据系列并右击，从弹出的快捷菜单中选择“设置数据系列格式”选项，打开“属性”窗口，设置“标记”的类型、大小、填充颜色和线条轮廓，如图8-20所示。

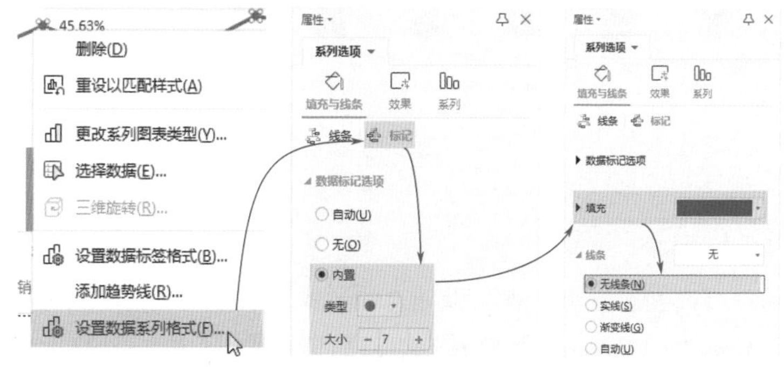


图8-20

选择“绘图区”，为其设置合适的填充颜色，如图8-21所示。最后适当调整图表的大小和布局即可。

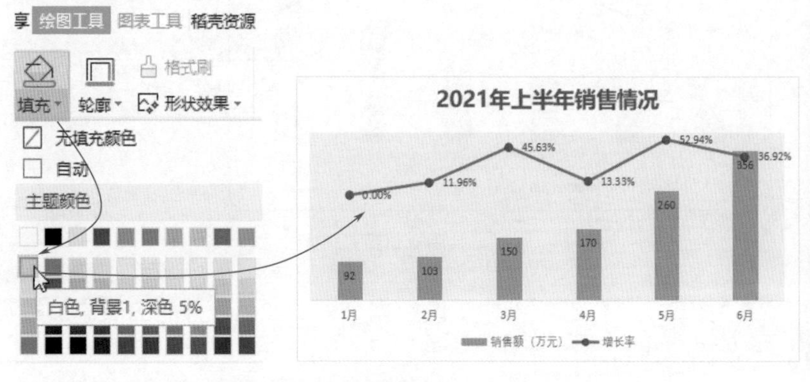


图8-21

## 知识链接

如果用户想要调整绘图区的大小，则可以选择绘图区，将光标移至绘图区的控制点上，当光标变为“↘”形状时，拖动鼠标调整大小即可，如图8-22所示。

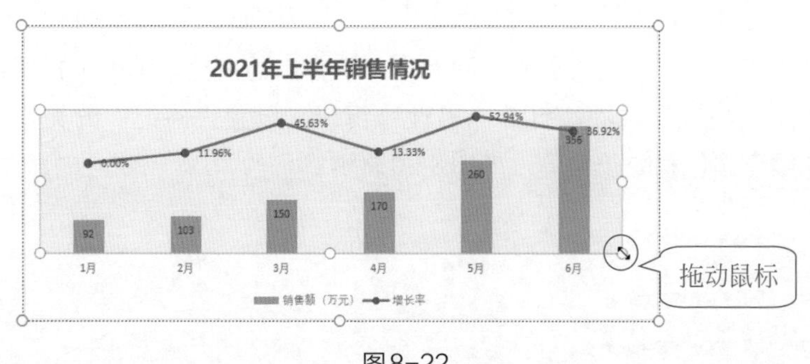


图8-22

## 8.1.4 创建动态图表

用户可以创建一个图表，以动态的形式显示相关数据，例如在图表中动态显示“1月”“2月”“3月”等产品销量数据，如图8-23所示。

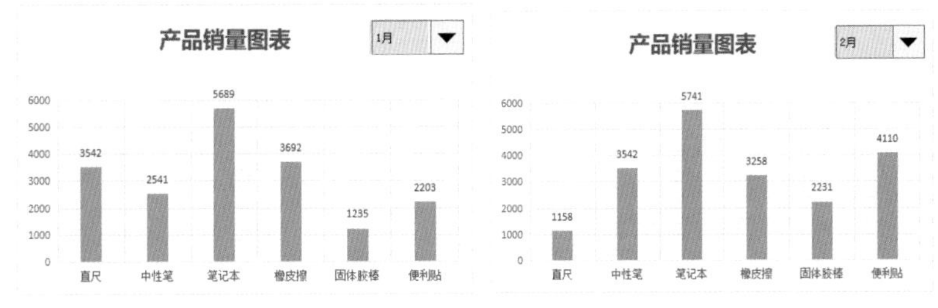


图8-23

首先准备数据源，并在辅助表中输入公式“=INDEX(B2:G2,B$9)”，如图8-24所示。

输入公式

| | A | B | C | D | E | F | G |
|---|---|---|---|---|---|---|---|
| 1 | 产品名称 | 1月 | 2月 | 3月 | 4月 | 5月 | 6月 |
| 2 | 直尺 | 3542 | 1158 | 2874 | 3895 | 2410 | 5745 |
| 3 | 中性笔 | 2541 | 3542 | 2541 | 3375 | 5847 | 2523 |
| 4 | 笔记本 | 5689 | 5741 | 1254 | 6542 | 3842 | 4568 |
| 5 | 橡皮擦 | 3692 | 3258 | 2236 | 4456 | 2510 | 3087 |
| 6 | 固体胶棒 | 1235 | 2231 | 1748 | 1963 | 4589 | 1658 |
| 7 | 便利贴 | 2203 | 4110 | 3102 | 5874 | 1542 | 2369 |
| 9 | 产品名称 | | | 月份 | | | |
| 10 | =INDEX(B2:G2,B$9) | | | 1月 | | | |
| 11 | 中性笔 | | | 2月 | | | |
| 12 | 笔记本 | | | 3月 | | | |
| 13 | 橡皮擦 | | | 4月 | | | |
| 14 | 固体胶棒 | | | 5月 | | | |
| 15 | 便利贴 | | | 6月 | | | |

图8-24

将公式向下填充到B15单元格，并在B9单元格中输入1，如图8-25所示。选择A10:B15单元格区域，插入一个簇状柱形图，如图8-26所示。

| | A | B | C |
|---|---|---|---|
| 1 | 产品名称 | 1月 | 2月 |
| 2 | 直尺 | 3542 | 1158 |
| 3 | 中性笔 | 2541 | 3542 |
| 4 | 笔记本 | 5689 | 5741 |
| 5 | 橡皮擦 | 3692 | 3258 |
| 6 | 固体胶棒 | 1235 | 2231 |
| 7 | 便利贴 | 2203 | 4110 |
| 9 | 产品名称 | 1 | |
| 10 | 直尺 | 3542 | |
| 11 | 中性笔 | 2541 | |
| 12 | 笔记本 | 5689 | |
| 13 | 橡皮擦 | 3692 | |
| 14 | 固体胶棒 | 1235 | |
| 15 | 便利贴 | 2203 | |

图8-25

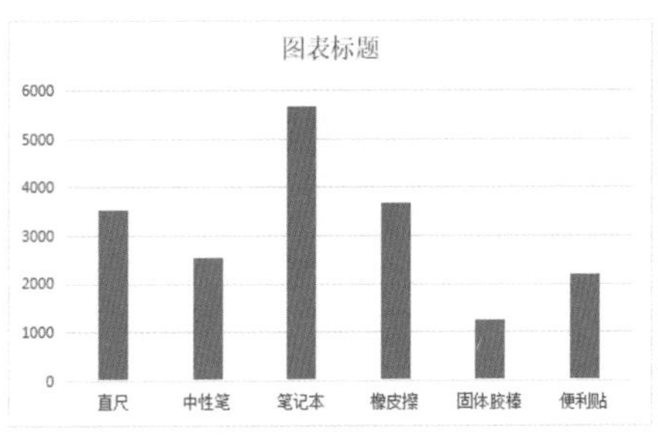


图8-26

输入图表标题，并更改数据系列颜色，如图8-27所示。通过“图表工具”选项卡中的“添加元素”按钮，为图表添加“数据标签”和“网格线”，如图8-28所示。

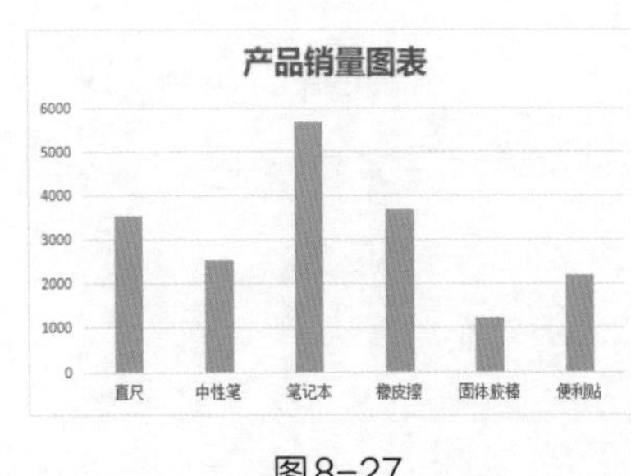


图8-27

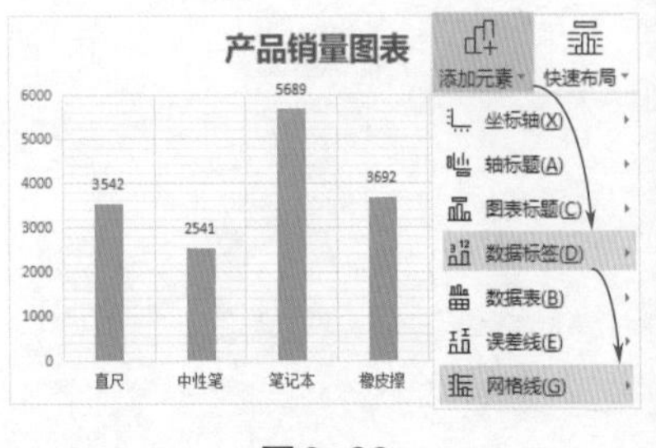


图8-28

在“插入”选项卡中单击“窗体”下拉按钮，选择“组合框”选项，在图表合适位置绘制一个组合框控件，如图8-29所示。

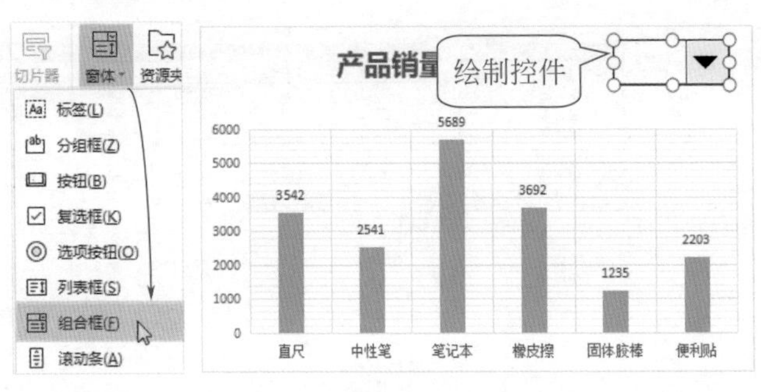


图8-29

右击组合框控件，从弹出的快捷菜单中选择“设置对象格式”选项，如图8-30所示。打开“设置对象格式”对话框，在“控制”选项卡中设置“数据源区域”“单元格链接”和“下拉显示项数”，单击“确定”按钮，如图8-31所示。

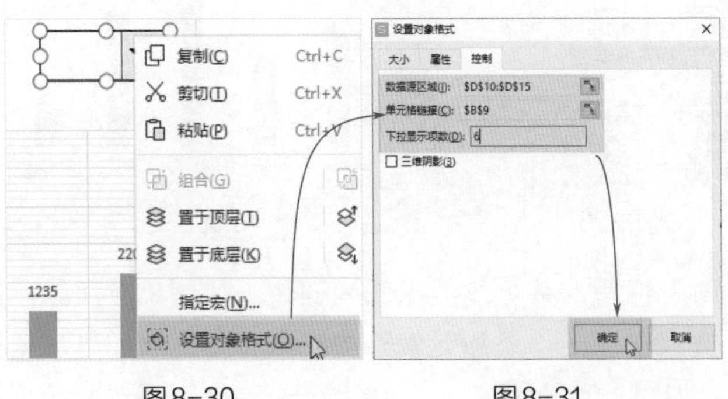


图8-30　图8-31

此时，单击组合框控件下拉按钮，从列表中选择需要的月份，如图8-32所示。图表中即可显示相关数据。

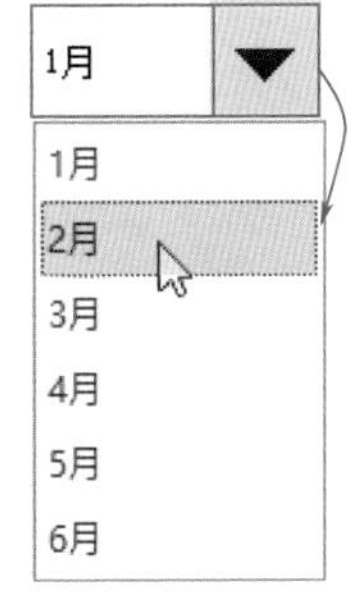


图8-32

## 8.1.5 创建半圆饼图

传统的饼图已经司空见惯，用户稍微对饼图进行改造，就可以制作出更加吸引人眼球的图表，例如将饼图制作成半圆饼图，如图8-33所示。

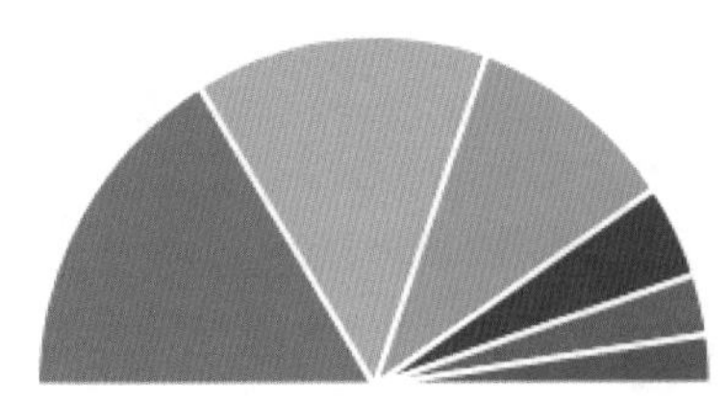


图8-33

首先准备一张数据源，如图8-34所示。接着对“销售额”数据进行“降序”排序，如图8-35所示。然后新增一个“总计”行，计算总销售额，如图8-36所示。

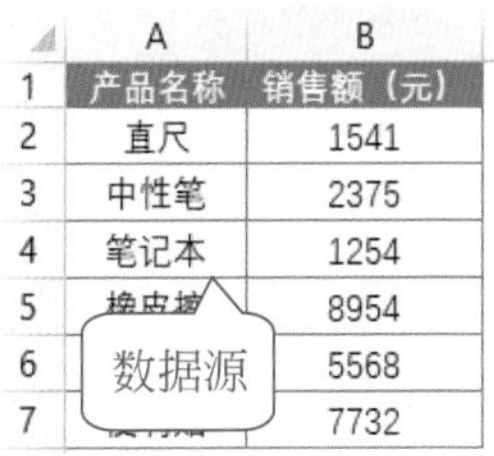

| | A | B |
|---|---|---|
| 1 | 产品名称 | 销售额（元） |
| 2 | 直尺 | 1541 |
| 3 | 中性笔 | 2375 |
| 4 | 笔记本 | 1254 |
| 5 | 橡皮擦 | 8954 |
| 6 | | 5568 |
| 7 | | 7732 |

数据源

图8-34

| | A | B |
|---|---|---|
| 1 | 产品名称 | 销售额（元） |
| 2 | 橡皮擦 | 8954 |
| 3 | 便利贴 | 7732 |
| 4 | 固体胶棒 | 5568 |
| 5 | 中性笔 | 2375 |
| 6 | 直尺 | 1541 |
| 7 | 笔记本 | 1254 |

图8-35

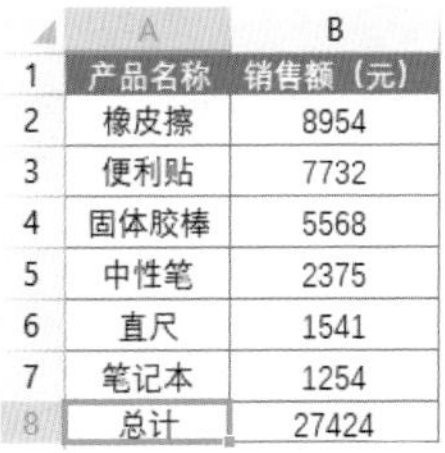

| | A | B |
|---|---|---|
| 1 | 产品名称 | 销售额（元） |
| 2 | 橡皮擦 | 8954 |
| 3 | 便利贴 | 7732 |
| 4 | 固体胶棒 | 5568 |
| 5 | 中性笔 | 2375 |
| 6 | 直尺 | 1541 |
| 7 | 笔记本 | 1254 |
| 8 | 总计 | 27424 |

图8-36

选择A1:B8单元格区域，插入一个饼图，如图8-37所示。

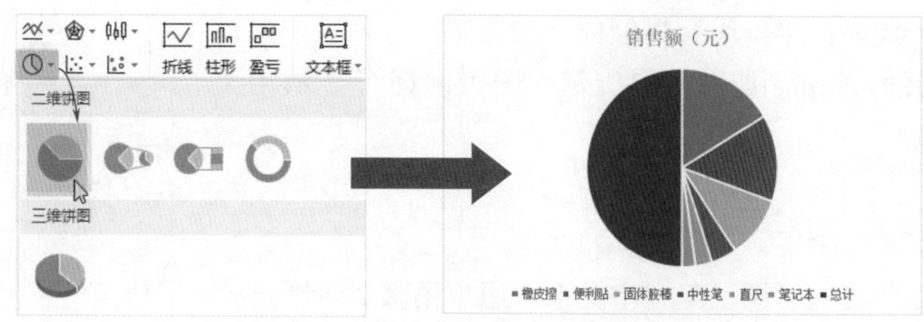


图8-37

在“图表工具”选项卡中，更改饼图的颜色，如图8-38所示。

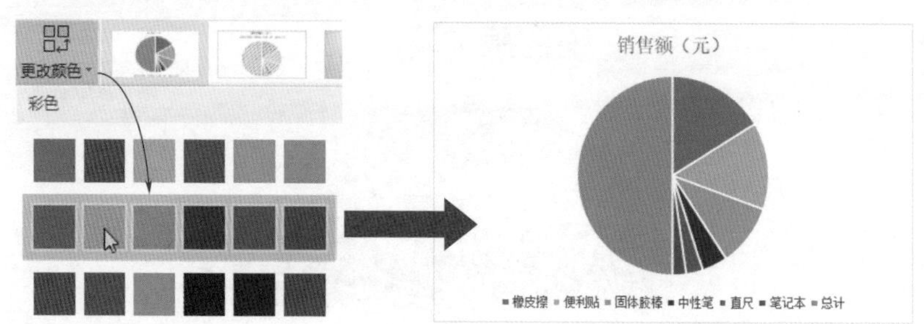


图8-38

选择饼图数据系列并右击，从弹出的快捷菜单中选择“设置数据系列格式”选项，打开“属性”窗口，将“第一扇区起始角度”设置为“270°”，即可将最大的扇形转到底部，如图8-39所示。

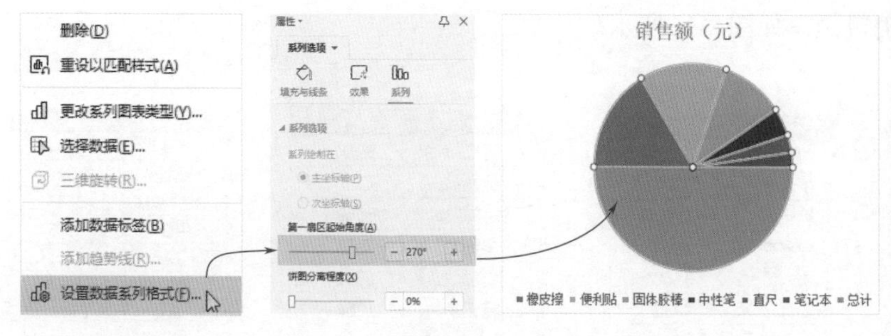


图8-39

选择底部扇形，将填充颜色设置为“无填充颜色”，即可将扇形隐形，如图8-40所示。

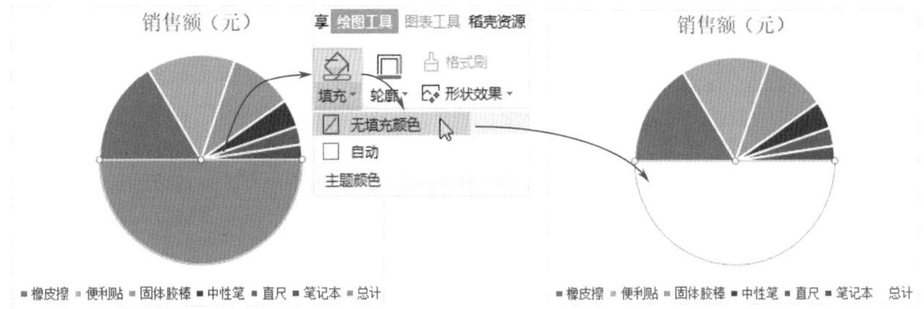


图8-40

最后，调整半圆饼图的整体布局，并删除“总计”图例项。

### 8.1.6 创建创意图表

为了使图表看起来更加生动、有趣，用户可以对图表进行修饰，例如将条形图中的柱形用图片填充，如图8-41所示。

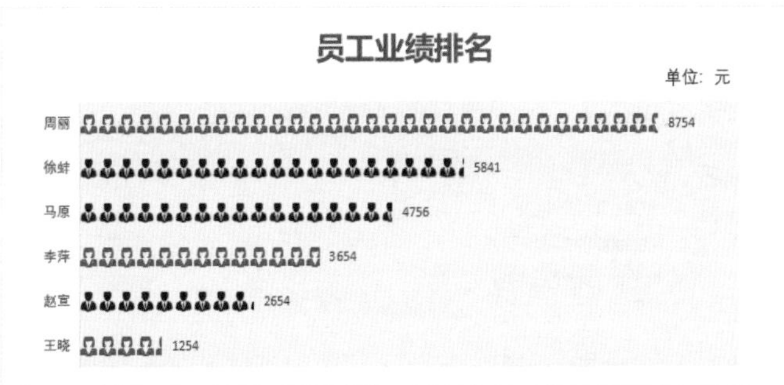


图8-41

首先准备一张数据源，并对“业绩”进行升序排序，接着插入一张“簇状条形图”，如图8-42所示。

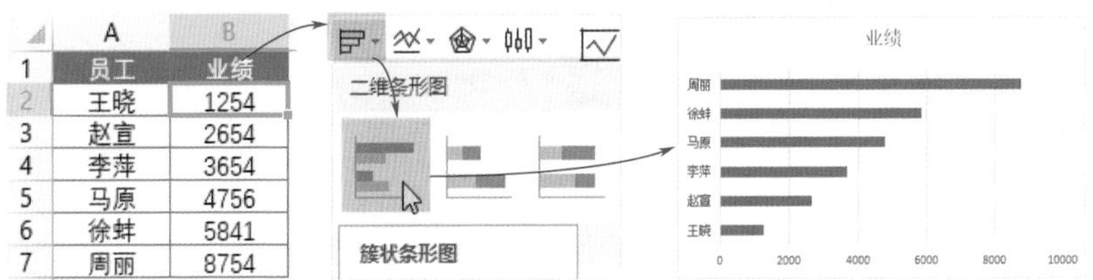


图8-42

输入图表标题，并取消网格线的显示，如图8-43所示。

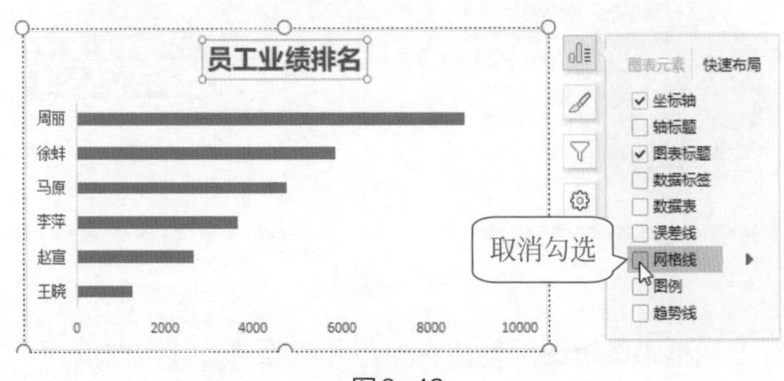


图8-43

将水平轴的“标签位置”设置为“无”，如图8-44所示。选择数据系列，打开“属性”窗口，在“系列选项”中设置“分类间距”，如图8-45所示。

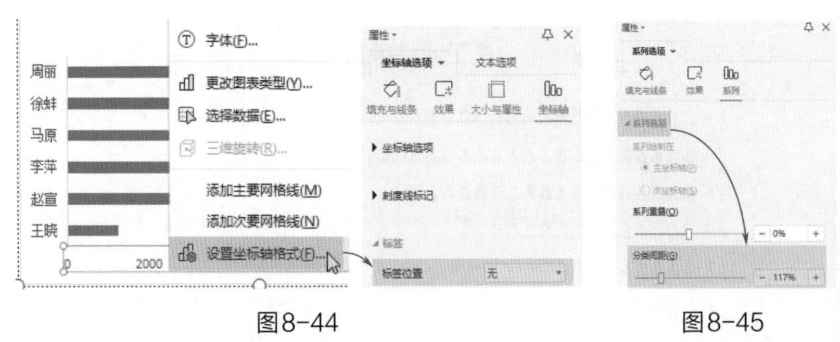


图8-44　　　　图8-45

在工作表中插入图标，然后复制，在图表中选择单个柱形并右击，从弹出的快捷菜单中选择“设置数据点格式”选项，如图8-46所示。

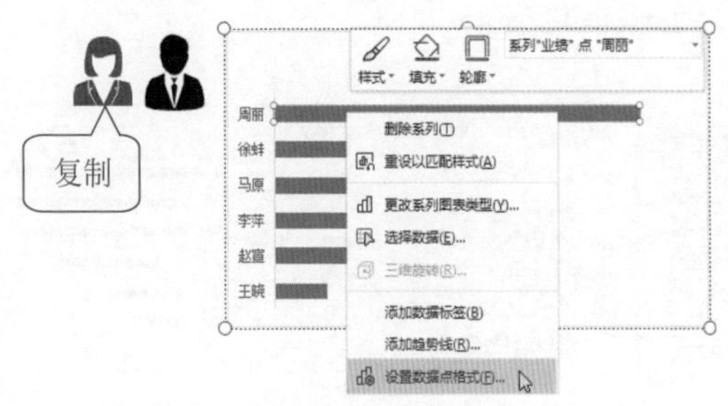


图8-46

打开“属性”窗口，在“填充”选项中设置“图片或纹理填充”，并选择“层叠”单选按钮，即可将图标填充到柱形中，如图8-47所示。按照同样的方法，为其他柱形填充图标，并为绘图区设置填充颜色，最后为图表添加数据标签，并适当调整一下图表，如图8-48所示。

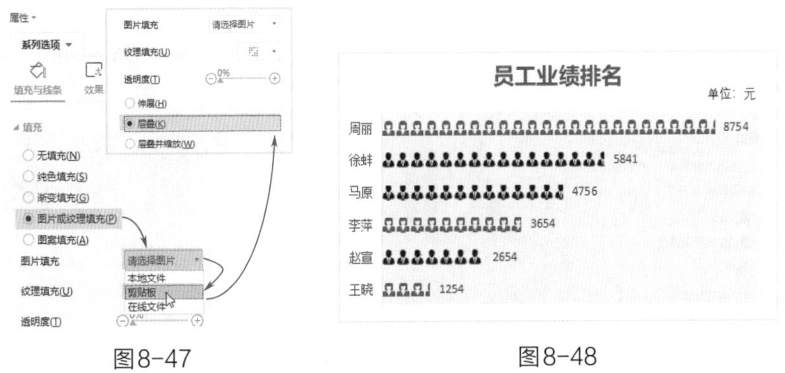


图8-47　　图8-48

## 8.2 图表的编辑

创建图表后，为了使图表更加符合要求，通常需要对图表进行编辑。下面将介绍图表的编辑技巧。

### 8.2.1 精确选择图表中的元素

图表默认由图表区、绘图区、水平（类别）轴、垂直（值）轴、图表标题、数据系列、网格线、图例等元素组成，如图8-49所示。

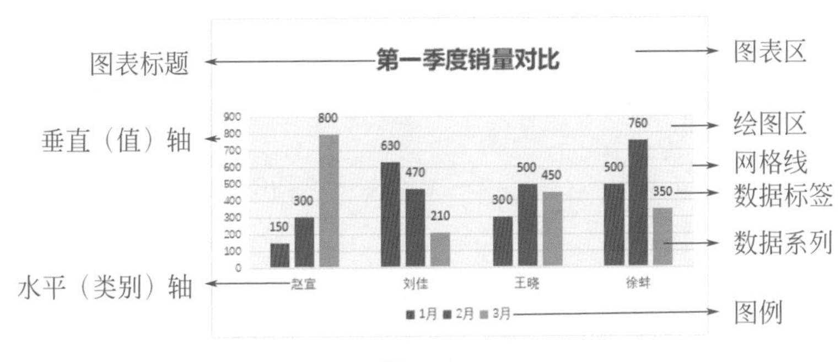


图8-49

如果用户想要精确选择图表中的元素，则可以在“图表工具”列表中进行选择，如图8-50所示。

此外，用户也可以直接单击图表中的元素，将其选中，如图8-51所示。

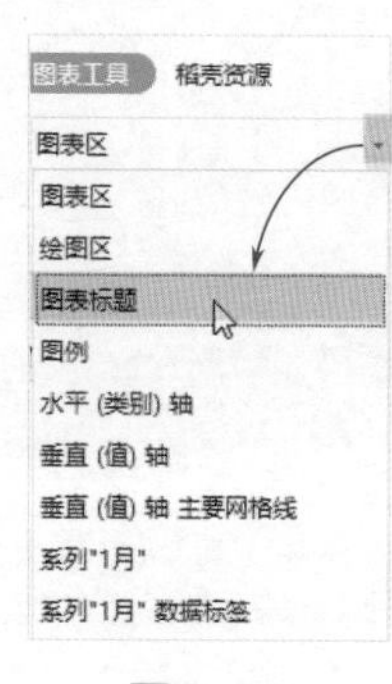


图8-50

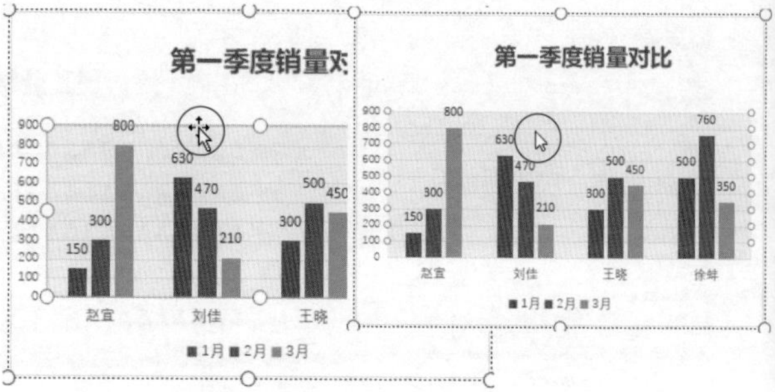

图8-51

## 知识链接

用户在“图表工具”选项卡中，单击“添加元素”下拉按钮，从列表中可以为图表添加“数据标签”“数据表”“误差线”“网格线”“图例”“趋势线”等元素。

### 8.2.2 分离饼图扇区

当用户需要突出显示某块扇区的数据时，可以将该扇区从饼图中分离出来，以起到强调作用，如图8-52所示。

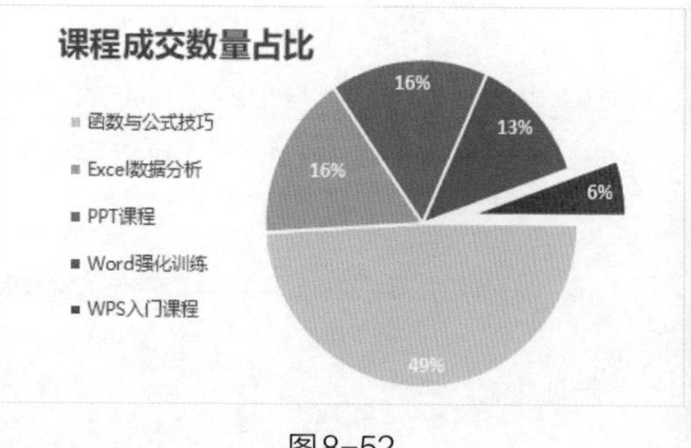


图8-52

用户可以通过鼠标拖动或设置“点爆炸型”，来分离饼图扇区。

选中扇区，然后按住鼠标左键不放，向外拖动鼠标，即可将最小的扇区分离出来，如图8-53所示。

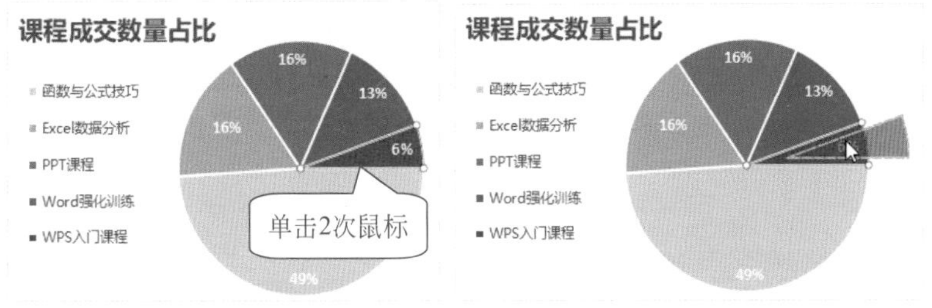


图8-53

此外，打开“属性”窗口，在“系列选项”选项卡中设置“点爆炸型”，也可以分离扇区，如图8-54所示。

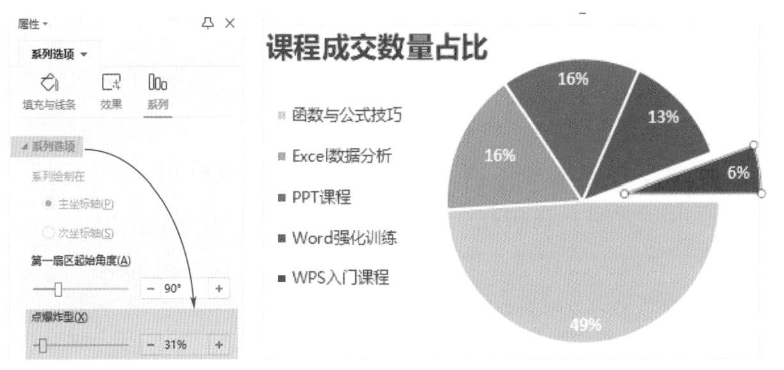


图8-54

## 8.2.3 突出显示折线图中的最大值和最小值

在折线图中，为了使图表看上去一目了然，可以将折线图中的最大值和最小值突显出来，如图8-55所示。

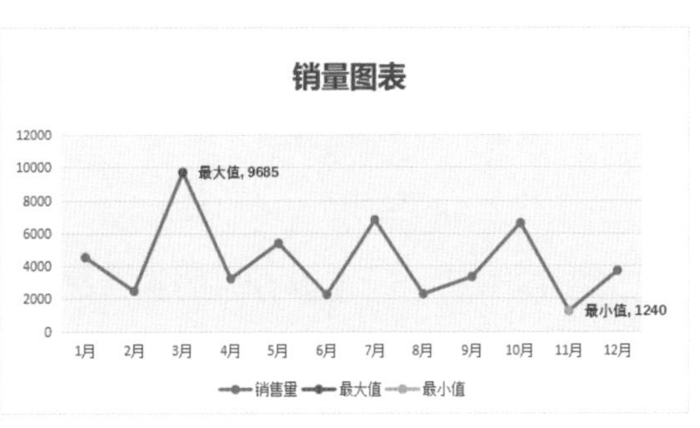


图8-55

其中，用户需要使用MAX函数和MIN函数，计算最大值和最小值。

使用公式“=IF(B2=MAX($B$2:$B$13),B2,NA())”，计算销售量的“最大值”；使用公式“=IF(B2=MIN($B$2:$B$13),B2,NA())”，计算销售量的“最小值”，如图8-56所示。

=IF(B2=MAX($B$2:$B$13),B2,NA())

=IF(B2=MIN($B$2:$B$13),B2,NA())

| | A | B | C | D |
|---|---|---|---|---|
| 1 | 月份 | 销售量 | 最大值 | 最小值 |
| 2 | 1月 | 4521 | #N/A | #N/A |
| 3 | 2月 | 2456 | #N/A | #N/A |
| 4 | 3月 | 9685 | 9685 | #N/A |
| 5 | 4月 | 3210 | #N/A | #N/A |
| 6 | 5月 | 5368 | #N/A | #N/A |
| 7 | 6月 | 2245 | #N/A | #N/A |
| 8 | 7月 | 6785 | #N/A | #N/A |
| 9 | 8月 | 2275 | #N/A | #N/A |
| 10 | 9月 | 3321 | #N/A | #N/A |
| 11 | 10月 | 6587 | #N/A | #N/A |
| 12 | 11月 | 1240 | #N/A | 1240 |
| 13 | 12月 | 3687 | #N/A | #N/A |

图8-56

选择A1:D13单元格区域，插入一个“带数据标记的折线图”，如图8-57所示。此时，在折线图中已经标识出最大值和最小值。

最后，为最大值和最小值添加数据标签，美化一下图表。

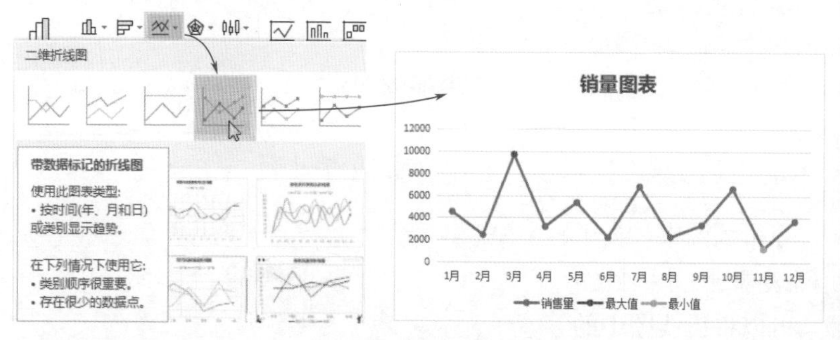


图8-57

## 8.2.4 在饼图中让接近0%的数据隐藏起来

在饼图中，小于1且大于0的数据会被系统默认显示为0%，如图8-58所示。对于此类情况，可以设置隐藏接近于0%的数据，如图8-59所示。

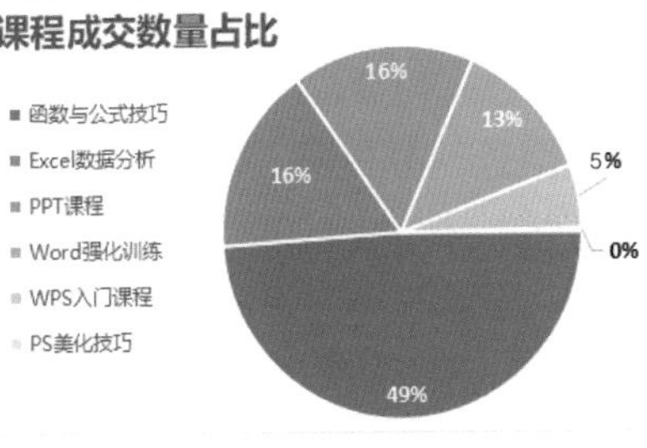


图8-58

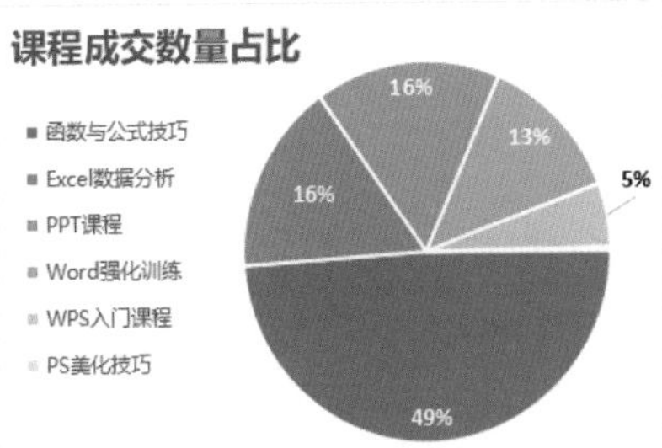


图8-59

用户通过自定义标签格式，就可以将接近于0%的数据标签隐藏起来。

双击图表中的数据标签，打开“属性”窗口，在“标签选项”中将数字“类别”设置为“自定义”，如图8-60所示。接着输入格式代码，单击“添加”按钮（图8-61），即可将图表中接近于0%的数据标签隐藏起来。

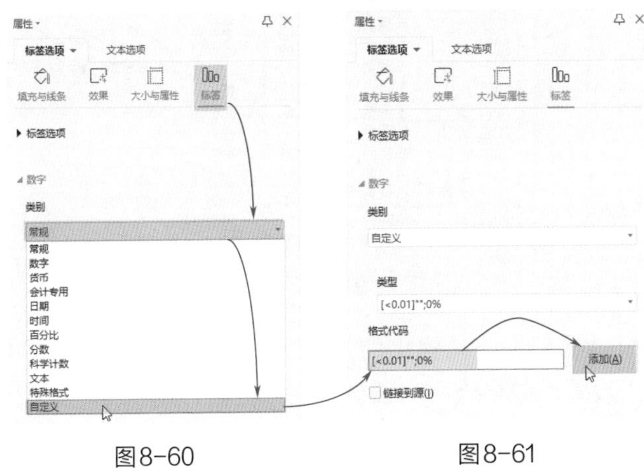


图8-60　　图8-61

# 8.3 图表的联动

在对一些复杂的数据进行分析时，使用多个图表展示数据，可以更全面地分析数据。下面将介绍图表的联动。

## 8.3.1 使用控件实现图表联动

假设用户使用圆环图和柱形图，来展示每月各部门的支出费用，只要选择月份，圆环图和柱形图中的数据就会随着变化，如图8-62所示。

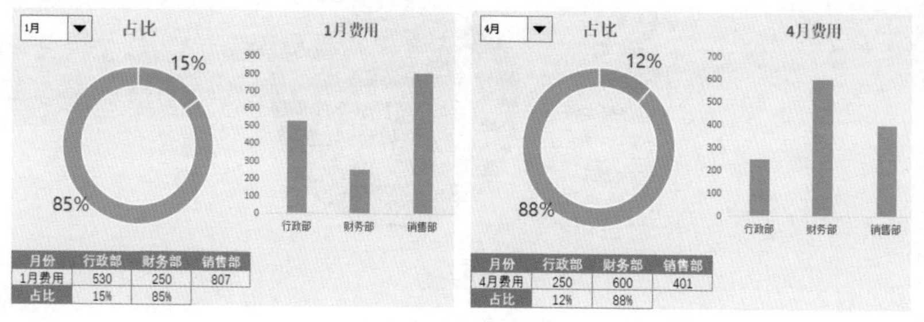


图8-62

首先，在工作表中插入一个组合框控件，如图8-63所示。

切片器 窗体 资源夹

标签(L)
分组框(Z)
按钮(B)
复选框(K)
选项按钮(O)
列表框(S)
组合框(F)
滚动条(A)

| | A | B | C | D |
|---|---|---|---|---|
| 1 | 日期 | 费用类别 | 部门 | 金额 |
| 2 | 2021/1/4 | 办公费 | 行政部 | 300 |
| 3 | 2021/1/7 | 车辆费 | 财务部 | 250 |
| 4 | 2021/1/12 | 办公费 | 销售部 | 807 |
| 5 | 2021/1/20 | 车辆费 | 行政部 | 230 |
| 6 | 2021/2/7 | 招待费 | 财务部 | 459 |
| 7 | 2021/2/11 | 差旅费 | 销售部 | 805 |
| 8 | 2021/2/15 | 培训费 | 行政部 | 137 |
| 9 | 2021/2/27 | 车辆费 | 财务部 | 563 |
| 10 | 2021/3/6 | 办公费 | 销售部 | 500 |
| 11 | 2021/3/19 | 招待费 | 行政部 | 300 |
| 12 | 2021/3/24 | 车辆费 | 财务部 | 280 |
| 13 | 2021/3/28 | 培训费 | 销售部 | 520 |

绘制控件

| O |
|---|
| 月份 |
| 1月 |
| 2月 |
| 3月 |
| 4月 |
| 5月 |
| 6月 |

图8-63

右击组合框控件，从弹出的快捷菜单中选择“设置对象格式”选项，打开“设置对象格式”对话框，在“控制”选项卡中设置“数据源区域”“单元格链接”，单击“确定”按钮，如图8-64所示。

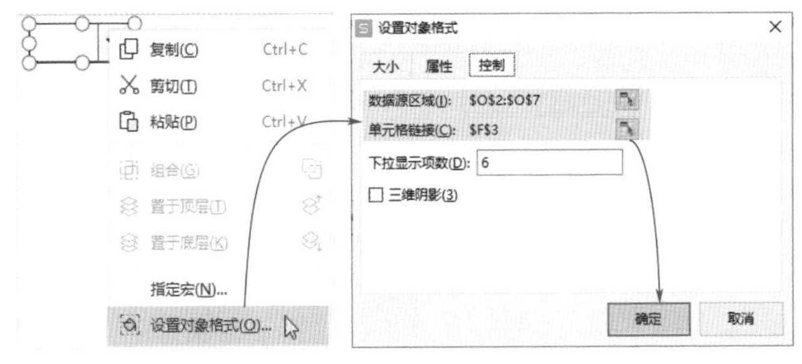


图8-64

然后，在组合框控件列表中选择合适的选项，这里选择“1月”，如图8-65所示。

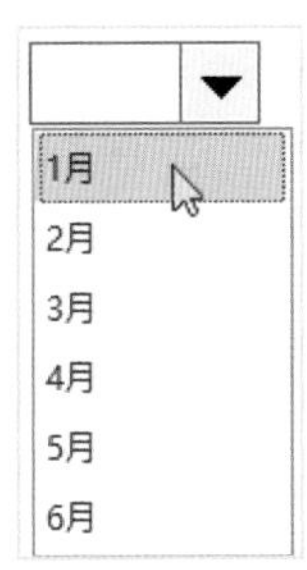


图8-65

接着获取柱形图相关数据，在F17单元格中输入公式“=F3&"月费用"”，计算“月份”，如图8-66所示。在G17单元格中输入公式“=SUMPRODUCT ((MONTH ($A$2:$A$24)=$F$3)*($C$2:$C$24=G$16)*$D$2:$D$24)”，计算各部门金额，如图8-67所示。

F17 =F3&"月费用"

| | F | G | H | I |
|---|---|---|---|---|
| 16 | 月份 | 行政部 | 财务部 | 销售部 |
| 17 | 1月费用 | | | |
| 18 | 占比 | | | |

图8-66

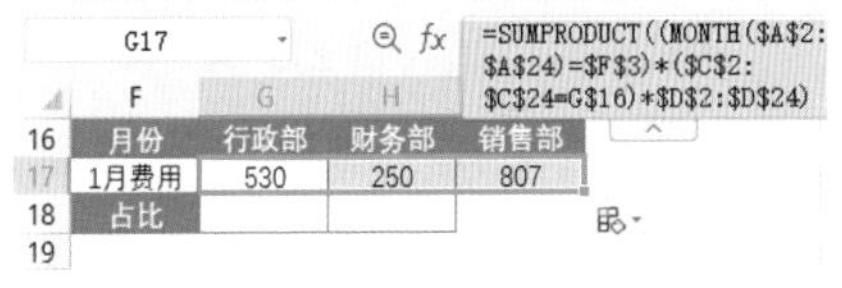

G17 =SUMPRODUCT((MONTH($A$2:$A$24)=$F$3)*($C$2:$C$24=G$16)*$D$2:$D$24)

| | F | G | H | I |
|---|---|---|---|---|
| 16 | 月份 | 行政部 | 财务部 | 销售部 |
| 17 | 1月费用 | 530 | 250 | 807 |
| 18 | 占比 | | | |
| 19 | | | | |

图8-67

获取圆环图相关数据，在G18单元格中输入公式“=SUM(G17:I17)/SUM(D:D)”，计算1月费用占比，如图8-68所示。在H18单元格中输入公式“=1-G18”，计算其他占比，如图8-69所示。

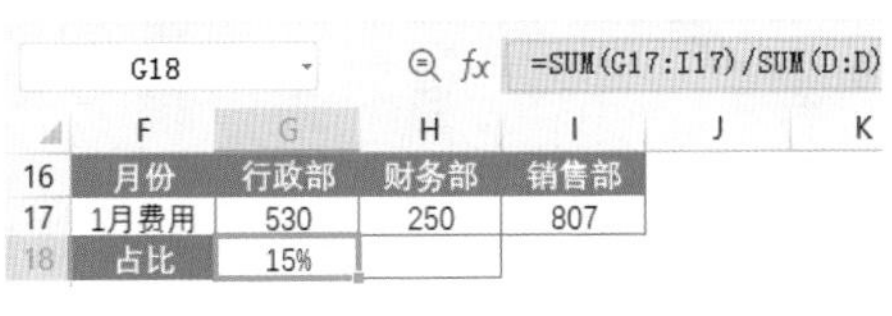

G18 =SUM(G17:I17)/SUM(D:D)

| | F | G | H | I |
|---|---|---|---|---|
| 16 | 月份 | 行政部 | 财务部 | 销售部 |
| 17 | 1月费用 | 530 | 250 | 807 |
| 18 | 占比 | 15% | | |

图8-68

H18 =1-G18

| | F | G | H | I |
|---|---|---|---|---|
| 16 | 月份 | 行政部 | 财务部 | 销售部 |
| 17 | 1月费用 | 530 | 250 | 807 |
| 18 | 占比 | 15% | 85% | |

图8-69

选择F16:I17单元格区域，插入一个“簇状柱形图”，如图8-70所示。

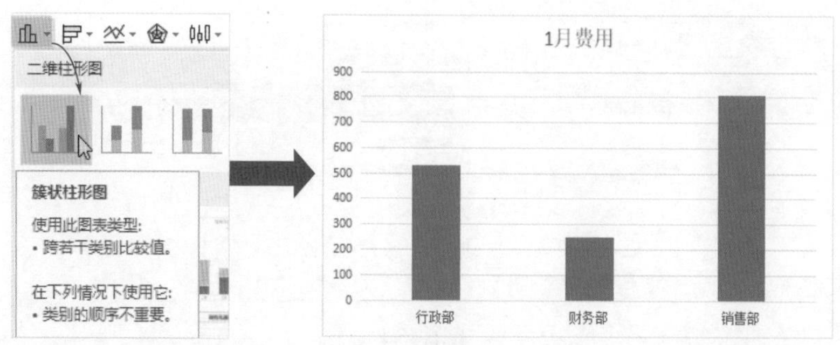


图8-70

选择F18:H18单元格区域，插入一个“圆环图”，如图8-71所示。

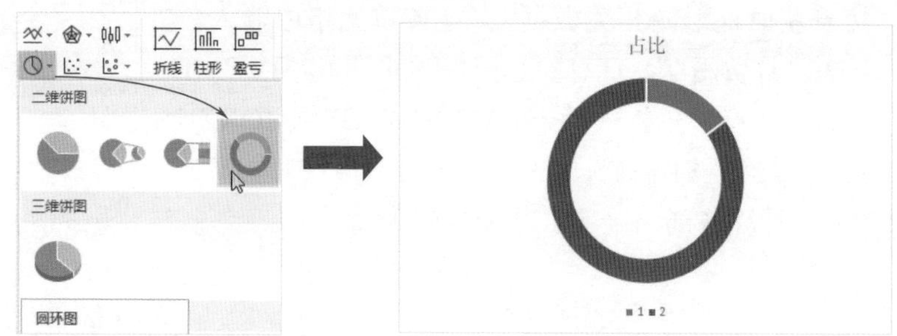


图8-71

将柱形图和圆环图移至合适位置，如图8-72所示。

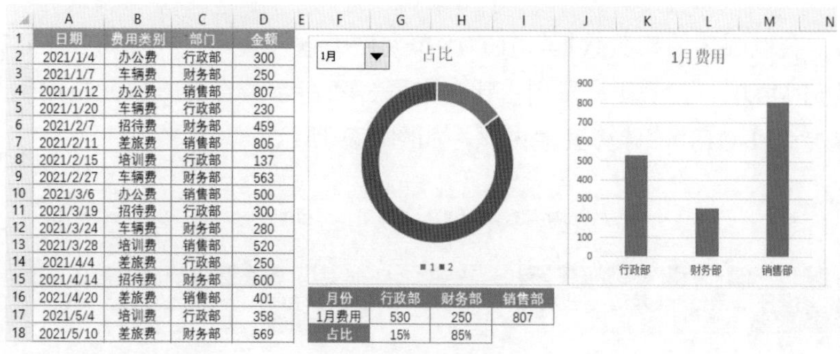

| | A | B | C | D |
|---|---|---|---|---|
| 1 | 日期 | 费用类别 | 部门 | 金额 |
| 2 | 2021/1/4 | 办公费 | 行政部 | 300 |
| 3 | 2021/1/7 | 车辆费 | 财务部 | 250 |
| 4 | 2021/1/12 | 办公费 | 销售部 | 807 |
| 5 | 2021/1/20 | 车辆费 | 行政部 | 230 |
| 6 | 2021/2/7 | 招待费 | 财务部 | 459 |
| 7 | 2021/2/11 | 差旅费 | 销售部 | 805 |
| 8 | 2021/2/15 | 培训费 | 行政部 | 137 |
| 9 | 2021/2/27 | 车辆费 | 财务部 | 563 |
| 10 | 2021/3/6 | 办公费 | 销售部 | 500 |
| 11 | 2021/3/19 | 招待费 | 行政部 | 300 |
| 12 | 2021/3/24 | 车辆费 | 财务部 | 280 |
| 13 | 2021/3/28 | 培训费 | 销售部 | 520 |
| 14 | 2021/4/4 | 差旅费 | 行政部 | 250 |
| 15 | 2021/4/14 | 招待费 | 财务部 | 600 |
| 16 | 2021/4/20 | 差旅费 | 销售部 | 401 |
| 17 | 2021/5/4 | 培训费 | 行政部 | 358 |
| 18 | 2021/5/10 | 差旅费 | 财务部 | 569 |

| 月份 | 行政部 | 财务部 | 销售部 |
|---|---|---|---|
| 1月费用 | 530 | 250 | 807 |
| 占比 | 15% | 85% | |



图8-72

最后，设置图表元素，美化图表，如图8-73所示。

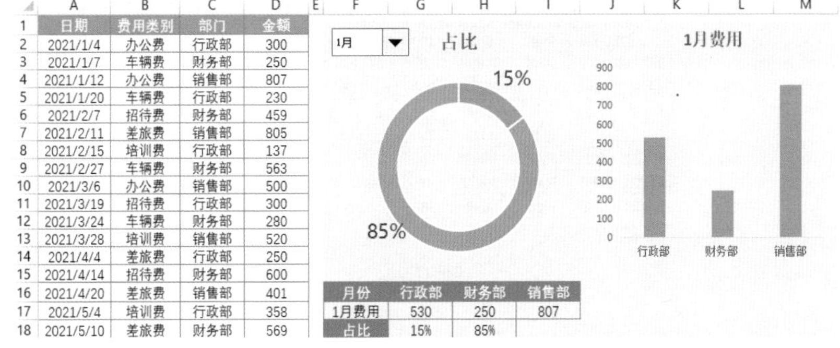

|  | A | B | C | D |
|---|---|---|---|---|
| 1 | 日期 | 费用类别 | 部门 | 金额 |
| 2 | 2021/1/4 | 办公费 | 行政部 | 300 |
| 3 | 2021/1/7 | 车辆费 | 财务部 | 250 |
| 4 | 2021/1/12 | 办公费 | 销售部 | 807 |
| 5 | 2021/1/20 | 车辆费 | 行政部 | 230 |
| 6 | 2021/2/7 | 招待费 | 财务部 | 459 |
| 7 | 2021/2/11 | 差旅费 | 销售部 | 805 |
| 8 | 2021/2/15 | 培训费 | 行政部 | 137 |
| 9 | 2021/2/27 | 车辆费 | 财务部 | 563 |
| 10 | 2021/3/6 | 办公费 | 销售部 | 500 |
| 11 | 2021/3/19 | 招待费 | 行政部 | 300 |
| 12 | 2021/3/24 | 车辆费 | 财务部 | 280 |
| 13 | 2021/3/28 | 培训费 | 销售部 | 520 |
| 14 | 2021/4/4 | 差旅费 | 行政部 | 250 |
| 15 | 2021/4/14 | 招待费 | 财务部 | 600 |
| 16 | 2021/4/20 | 差旅费 | 销售部 | 401 |
| 17 | 2021/5/4 | 培训费 | 行政部 | 358 |
| 18 | 2021/5/10 | 差旅费 | 财务部 | 569 |

| 月份 | 行政部 | 财务部 | 销售部 |
|---|---|---|---|
| 1月费用 | 530 | 250 | 807 |
| 占比 | 15% | 85% |  |



图8-73

此时，用户在控件列表中选择不同的月份，圆环图和柱形图中的数据就会随着变化。

## 8.3.2 使用“切片器”实现图表联动

要想实现多个图表之间的联动，除了使用控件外，用户还可以使用切片器。例如，单击切片器按钮进行筛选，柱形透视图和饼形透视图会同步发生变化，如图8-74所示。

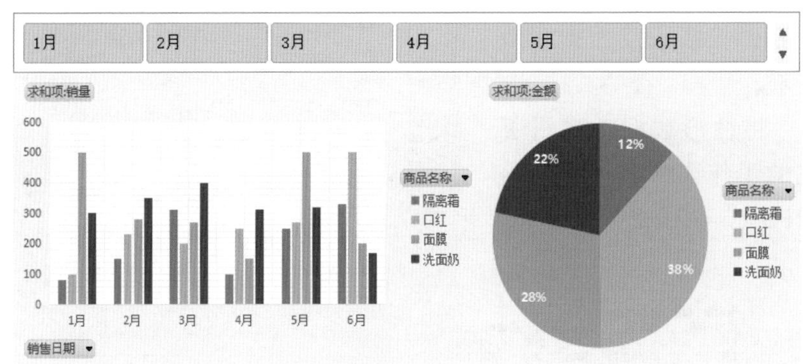


图8-74

首先，用户准备一张数据源，然后选择“数据透视图”按钮，如图8-75所示。

创建第一张数据透视图，如图8-76所示。

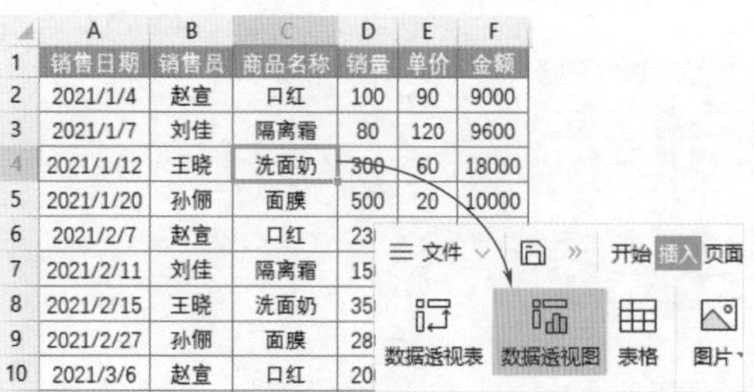

| | A | B | C | D | E | F |
|---|---|---|---|---|---|---|
| 1 | 销售日期 | 销售员 | 商品名称 | 销量 | 单价 | 金额 |
| 2 | 2021/1/4 | 赵宣 | 口红 | 100 | 90 | 9000 |
| 3 | 2021/1/7 | 刘佳 | 隔离霜 | 80 | 120 | 9600 |
| 4 | 2021/1/12 | 王晓 | 洗面奶 | 300 | 60 | 18000 |
| 5 | 2021/1/20 | 孙俪 | 面膜 | 500 | 20 | 10000 |
| 6 | 2021/2/7 | 赵宣 | 口红 | 23 | | |
| 7 | 2021/2/11 | 刘佳 | 隔离霜 | 15 | | |
| 8 | 2021/2/15 | 王晓 | 洗面奶 | 35 | | |
| 9 | 2021/2/27 | 孙俪 | 面膜 | 28 | | |
| 10 | 2021/3/6 | 赵宣 | 口红 | 20 | | |



图8-75

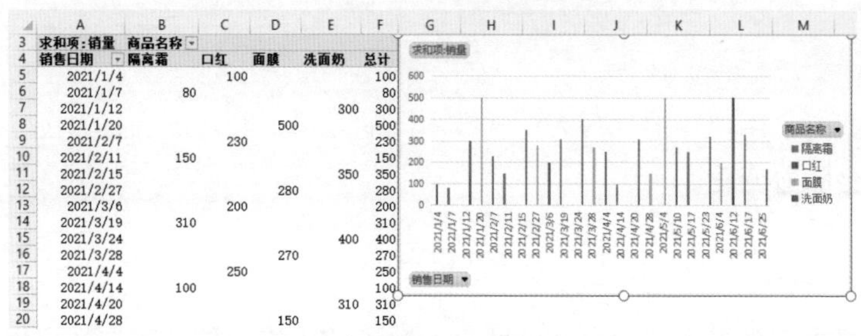

| | A | B | C | D | E | F |
|---|---|---|---|---|---|---|
| 3 | 求和项:销量 | 商品名称 | | | | |
| 4 | 销售日期 | 隔离霜 | 口红 | 面膜 | 洗面奶 | 总计 |
| 5 | 2021/1/4 | | 100 | | | 100 |
| 6 | 2021/1/7 | 80 | | | | 80 |
| 7 | 2021/1/12 | | | | 300 | 300 |
| 8 | 2021/1/20 | | | 500 | | 500 |
| 9 | 2021/2/7 | | 230 | | | 230 |
| 10 | 2021/2/11 | 150 | | | | 150 |
| 11 | 2021/2/15 | | | | 350 | 350 |
| 12 | 2021/2/27 | | | 280 | | 280 |
| 13 | 2021/3/6 | | 200 | | | 200 |
| 14 | 2021/3/19 | 310 | | | | 310 |
| 15 | 2021/3/24 | | | | 400 | 400 |
| 16 | 2021/3/28 | | | 270 | | 270 |
| 17 | 2021/4/4 | | 250 | | | 250 |
| 18 | 2021/4/14 | 100 | | | | 100 |
| 19 | 2021/4/20 | | | | 310 | 310 |
| 20 | 2021/4/28 | | | 150 | | 150 |



图8-76

用户使用“组合”命令，让“销售日期”按照“月份”显示，如图8-77所示。

将柱形数据透视图所在的工作表命名为“柱形透视图”，如图8-78所示。

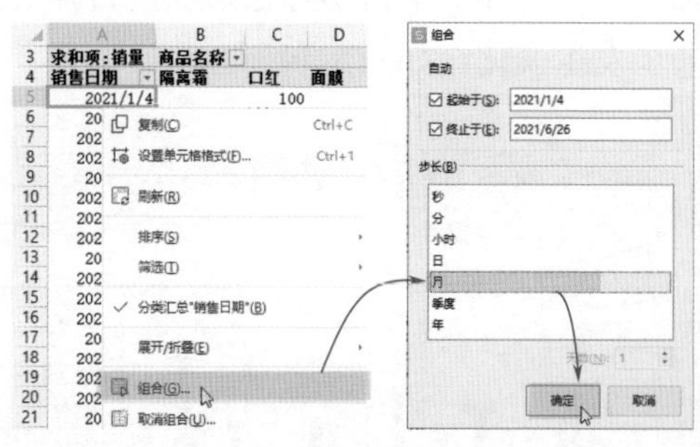



图8-77

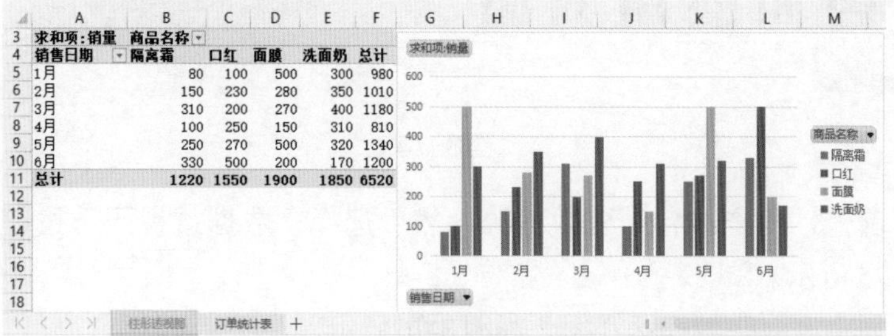

| | A | B | C | D | E | F |
|---|---|---|---|---|---|---|
| 3 | 求和项:销量 | 商品名称 | | | | |
| 4 | 销售日期 | 隔离霜 | 口红 | 面膜 | 洗面奶 | 总计 |
| 5 | 1月 | 80 | 100 | 500 | 300 | 980 |
| 6 | 2月 | 150 | 230 | 280 | 350 | 1010 |
| 7 | 3月 | 310 | 200 | 270 | 400 | 1180 |
| 8 | 4月 | 100 | 250 | 150 | 310 | 810 |
| 9 | 5月 | 250 | 270 | 500 | 320 | 1340 |
| 10 | 6月 | 330 | 500 | 200 | 170 | 1200 |
| 11 | 总计 | 1220 | 1550 | 1900 | 1850 | 6520 |



图8-78

按照同样的方法，创建第二张数据透视图，如图8-79所示。

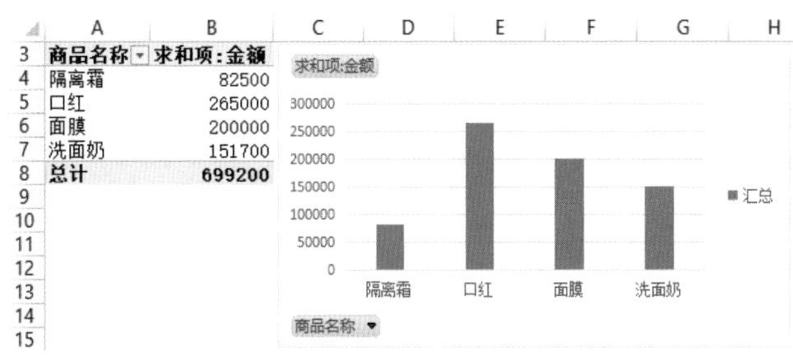


图8-79

将柱形透视图更改为饼形透视图，并将工作表命名为“饼形透视图”，如图8-80所示。

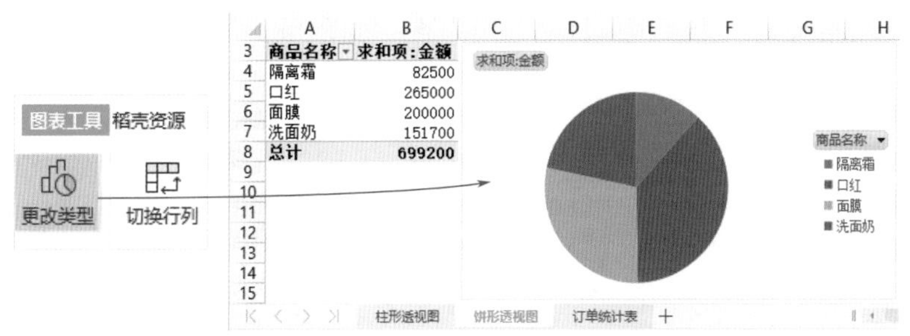


图8-80

新建一个工作表，命名为“交互式联动图表”，将两张数据透视图剪切到该工作表中，并放置合适位置，如图8-81所示。

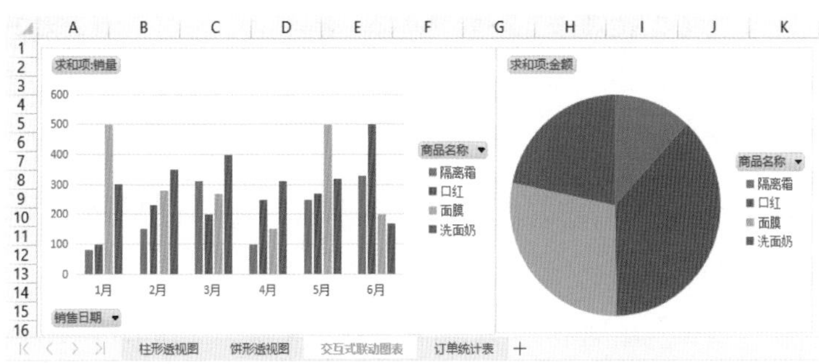


图8-81

对两张数据透视图进行美化，并添加相应的图表元素，如图8-82所示。

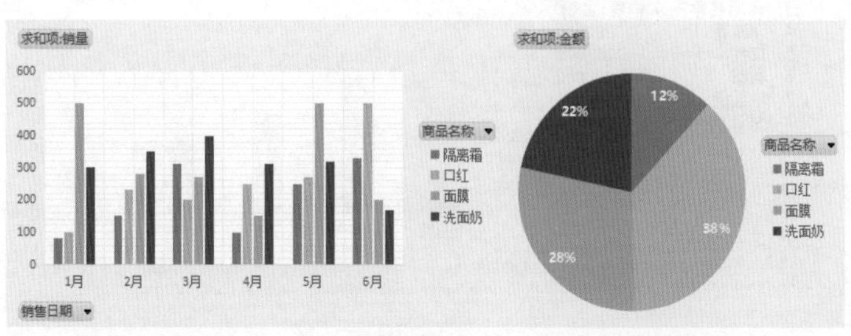


图8-82

选择柱形透视图，在“分析”选项卡中单击“插入切片器”按钮，在打开的“插入切片器”对话框中勾选“销售日期”，单击“确定”按钮，即可插入一个“销售日期”切片器，如图8-83所示。

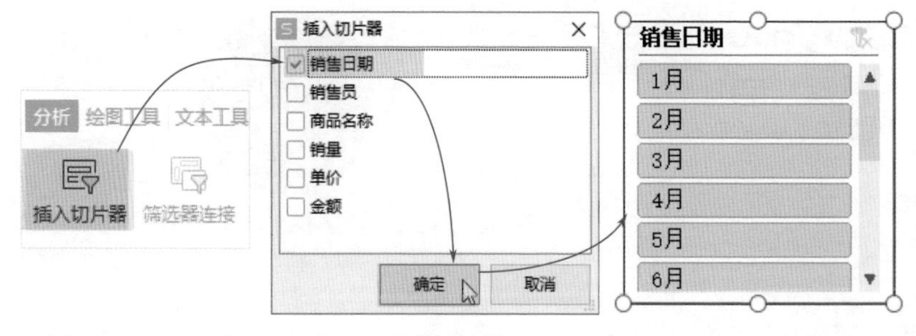


图8-83

选中“销售日期”切片器，在“选项”选项卡中单击“报表连接”按钮，将“销售日期”切片器关联到“数据透视表2”，也就是“饼形透视图”工作表，如图8-84所示。

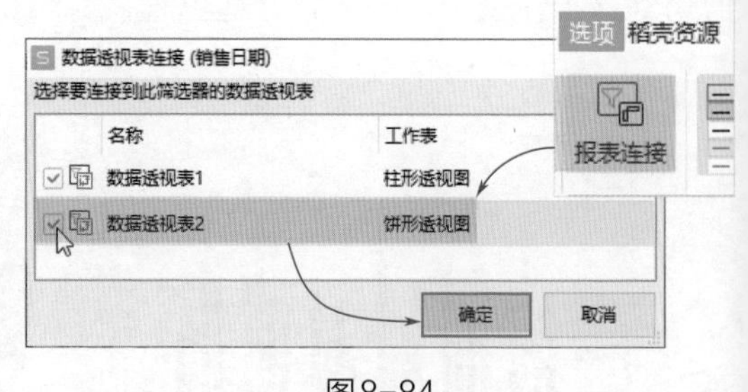


图8-84

通过“选项”选项卡中的内置样式，可更改切片器的外观样式，如图8-85所示。

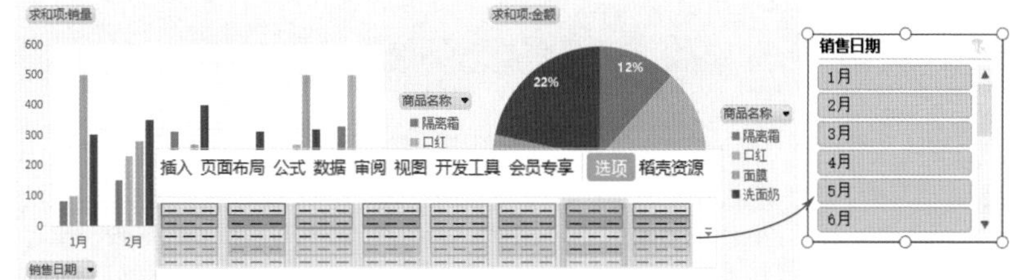


图8-85

通过“选项”选项卡中的“切片器设置”“列宽”“按钮高度”等选项，可以对切片器进行调整，如图8-86所示。

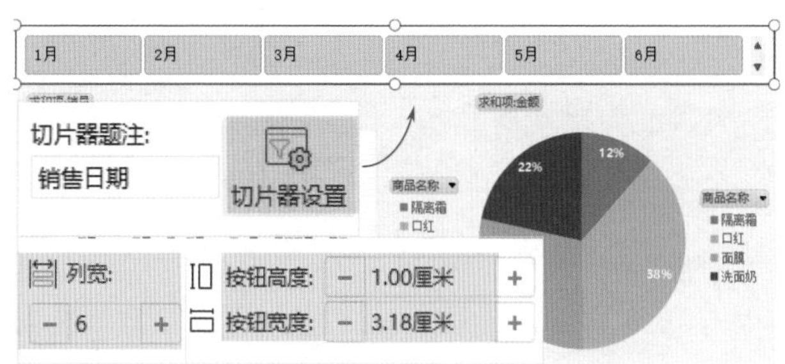


图8-86

最后，用户单击切片器中的选项，可以同步对柱形透视图和饼形透视图进行筛选，如图8-87所示。

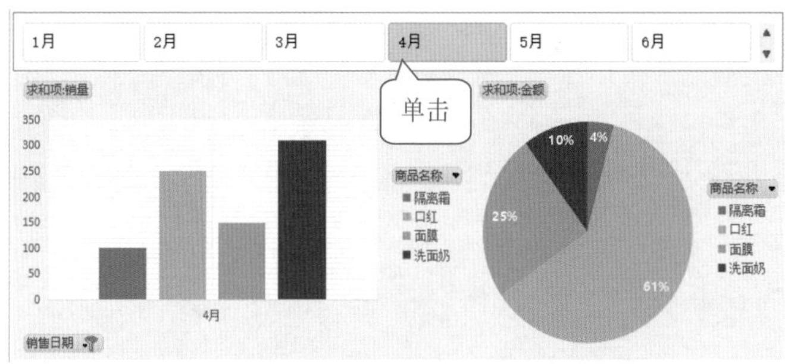


图8-87

扫码观看
本章视频

# 第9章 幻灯片的编辑操作

幻灯片通常用来辅助演讲、教学、公益宣传等，其以图文并茂的形式展示用户所表达的信息，更能吸引观众的眼球。本章将对幻灯片的页面元素设计和幻灯片页面排版方法进行介绍。

# 9.1 页面元素的设计

幻灯片页面中的元素包括文字、图片、图形、表格等。下面将介绍页面元素的设计技巧。

## 9.1.1 制作缺角文字

通常在幻灯片中所见到的文字，都是横置或竖置，如图9-1所示。如果用户想让文字更有创意，则可以制作缺角文字，如图9-2所示。

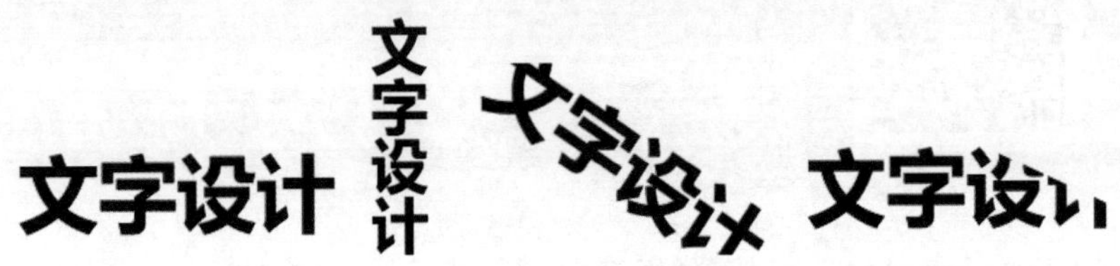


图9-1　　图9-2

用户可以通过“图片旋转裁剪法”和“合并形状法”来制作缺角文字。

首先使用“文本框”选项输入文本，如图9-3所示。然后将文本框旋转到合适角度，如图9-4所示。将文本框剪切，并粘贴为图片，如图9-5所示。

图9-3　　图9-4　　图9-5

选中图片，在“图片工具”选项卡中使用“裁剪”命令，拖动裁剪框对图片进行裁剪，如图9-6所示。裁剪好后按【Enter】键，即可退出裁剪模式，如图9-7所示。

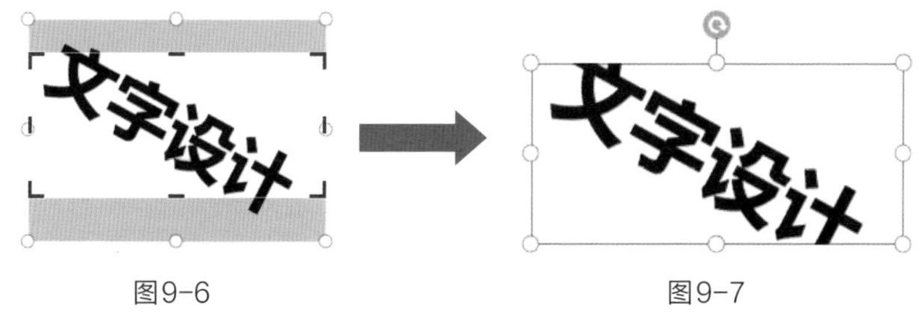


图9-6　　　　图9-7

此外，使用“文本框”选项输入文本后，再使用“形状”选项绘制一个矩形，如图9-8所示。

移动并旋转矩形，将矩形放置文本的合适位置，如图9-9所示。

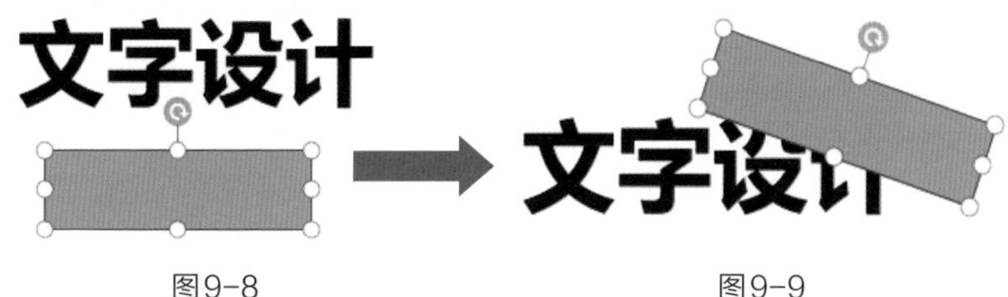


图9-8　　　　图9-9

选择文本，按【Ctrl】键，再选择矩形，在“绘图工具”选项卡中单击“合并形状”下拉按钮，从列表中选择“剪除”选项即可，如图9-10所示。

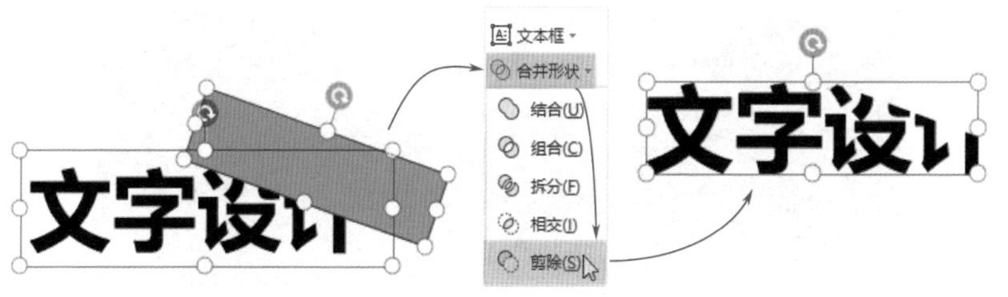


图9-10

## 知识链接

在“插入”选项卡中单击“形状”下拉按钮，从列表中可以绘制直线、矩形、圆形、三角形、菱形等，如图9-11所示。

单击“文本框”下拉按钮，通过“横向文本框”和“竖向文本框”选项，可以输入横排或竖排文字，如图9-12所示。

图9-11　　　　图9-12

## 9.1.2　制作抖音文字效果

用户在网上会看到各种酷炫的抖音字体，其实不需要复杂的操作，用户也可以轻松地制作出这样的字体，如图9-13所示。

图9-13

通过更改字体的颜色，就可以制作出抖音风格的字体效果。

首先使用“文本框”选项输入文本，并将“字体颜色”设置为白色，如图9-14所示。复制两个文本框，并更改文本框中的字体颜色，如图9-15所示。

图9-14

图9-15

将蓝色字体设置为“下移一层”，并移至白色字体下方合适位置，如图9-16所示。将红色字体设置为“置于底层”，并移至蓝色字体下方合适位置即可，如图9-17所示。

图9-16

图9-17

## 9.1.3 制作粉笔字效果

在设计怀旧风格的演示文稿时，用户可以使用粉笔字效果的字体，这样更能符合主题风格，如图9-18所示。

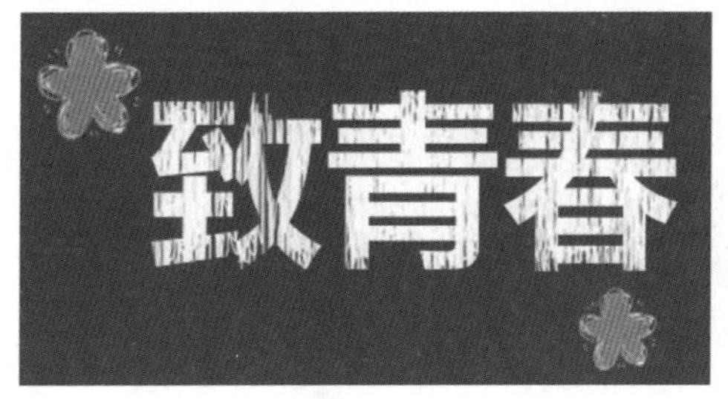


图9-18

其实，用户通过“图片填充”功能，就可以制作出粉笔字效果。

使用“形状”中的“自由曲线”选项，绘制一小段纹理，如图9-19所示。

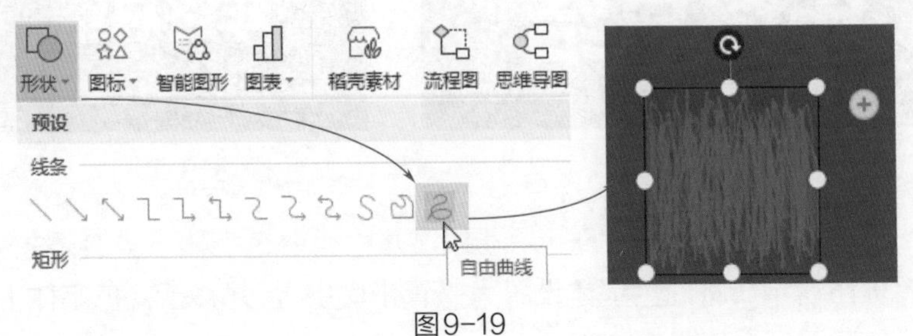


图9-19

然后将纹理的“轮廓”设置成白色，并通过复制粘贴成为一大段，如图9-20所示。

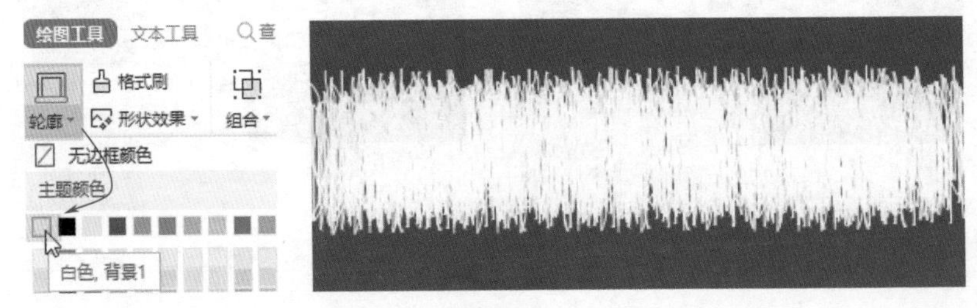


图9-20

将纹理线条复制粘贴成为图片。使用“文本框”命令输入文本，复制图片，右击文本框，从弹出的快捷菜单中选择“设置对象格式”选项，如图9-21所示。打开“文本选项”选项卡，选择“图片或纹理填充”单选按钮，并进行相关设置即可，如图9-22所示。

图9-21

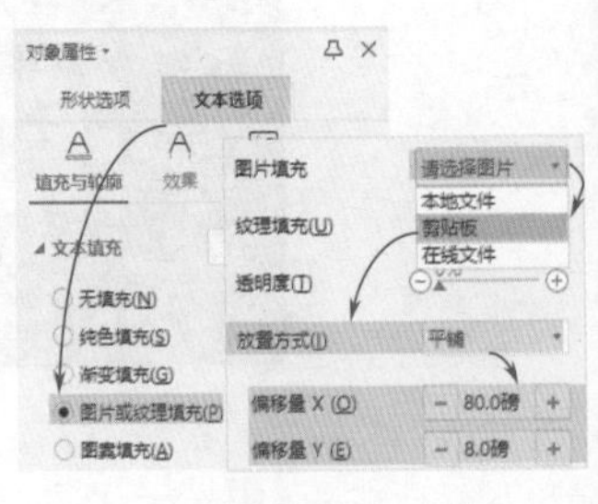


图9-22

### 9.1.4 制作创意文字

在一些设计海报中，通常会出现创意文字，例如将文字的某个偏旁部首，用图片、图标等元素代替（图9-23）,这样可以增加文字的趣味性。

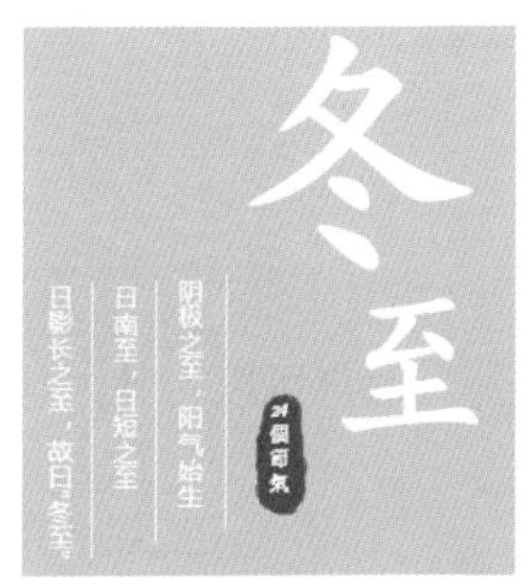

图9-23

制作这样的创意文字并不难，其实就是利用了形状与文字间的拆分操作。

在“冬”字上方绘制一个矩形，并将其完全覆盖，如图9-24所示。

先选中矩形，再选择文字，在“绘图工具”选项卡中单击“合并形状”下拉按钮，从列表中选择“拆分”选项，完成文字笔画拆分，删除无用的部分，得到拆分后的形状文字，如图9-25所示。

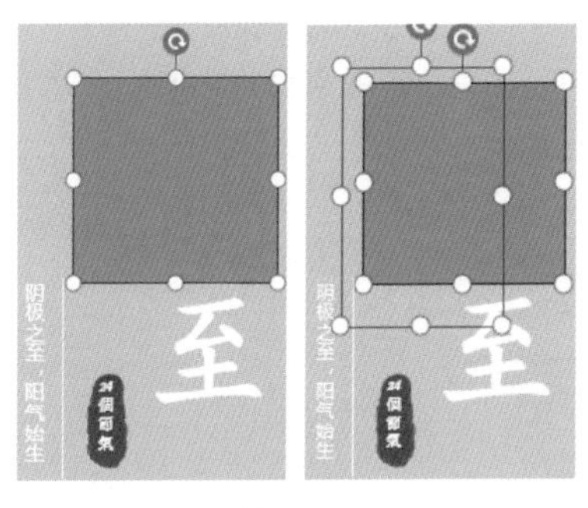


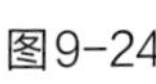
图9-24

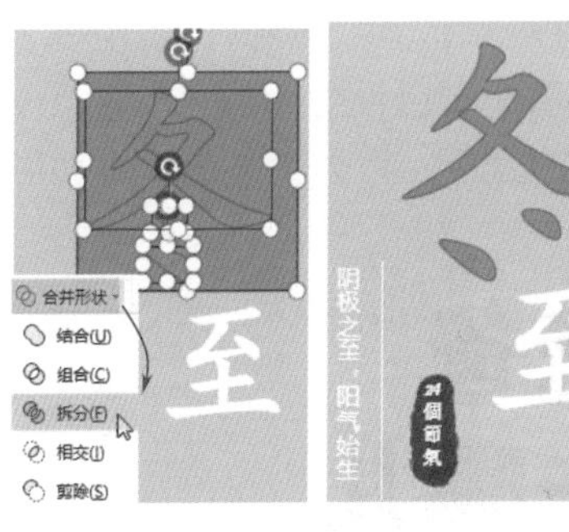


图9-25

将“冬”字的两点删除，用“雪花”图片替换，如图9-26所示。最后选中形状文字，在“绘图工具”选项卡中设置形状文字的填充颜色和轮廓即可，如图9-27所示。

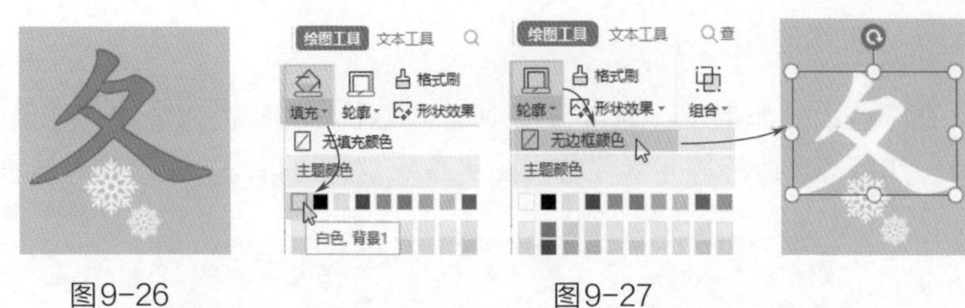


图9-26 图9-27

## 9.1.5 制作文字描边效果

为了使文字看起来更加童趣、可爱，用户可以为其添加一个描边效果，如图9-28所示。

图9-28

用户利用文本轮廓的设置，就可以制作出该效果。

首先在文本框中输入文本，右击文本框，在弹出的快捷菜单中选择“设置对象格式”选项，如图9-29所示。打开“文本选项”选项卡，将文本填充颜色设置为白色，如图9-30所示。然后设置文本轮廓的线条、颜色、宽度、短划线类型等，如图9-31所示。

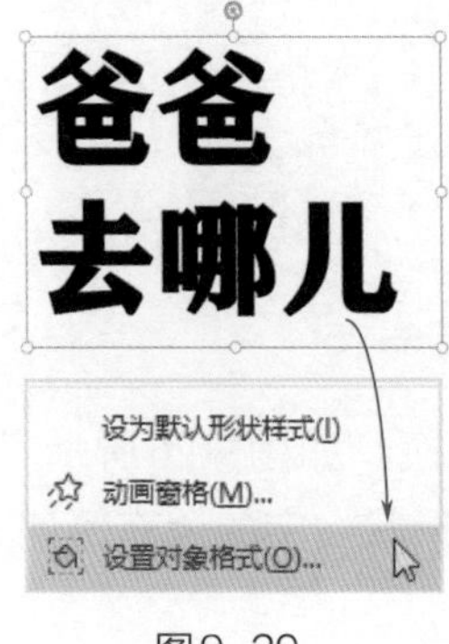


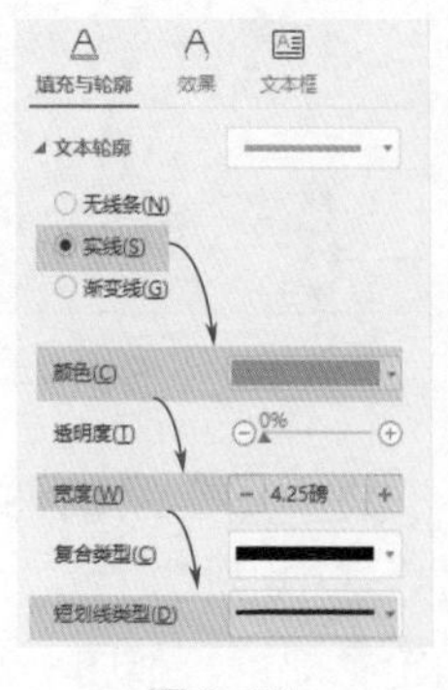


图9-29 图9-30 图9-31

## 知识链接

在“文本工具”选项卡中，单击“文本效果”下拉按钮，从列表中可以为文本设置“阴影”“倒影”“发光”“三维旋转”等效果，如图9-32所示。

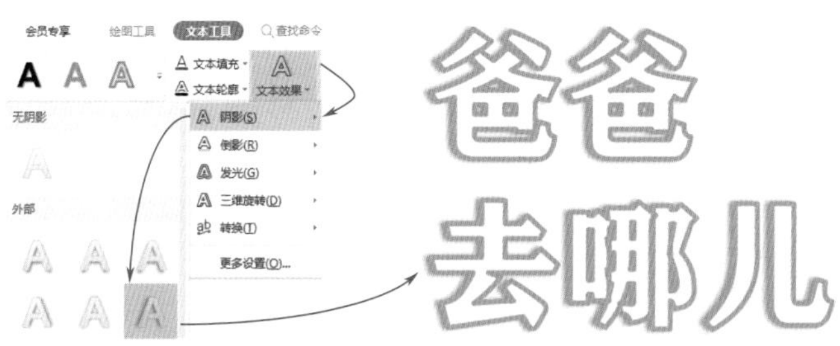


图9-32

### 9.1.6 制作渐隐文字效果

渐隐文字就是文字的一边如同逐渐被隐藏掉了，如图9-33所示。其实想要制作出这样的文字效果并不难。

图9-33

用户通过为文本设置“渐变填充”，就可以制作出渐隐文字效果。

首先分别在文本框中输入文字，通过单击文字上方的“横向分布”和“靠上对齐”按钮，使文本框对齐显示，如图9-34所示。

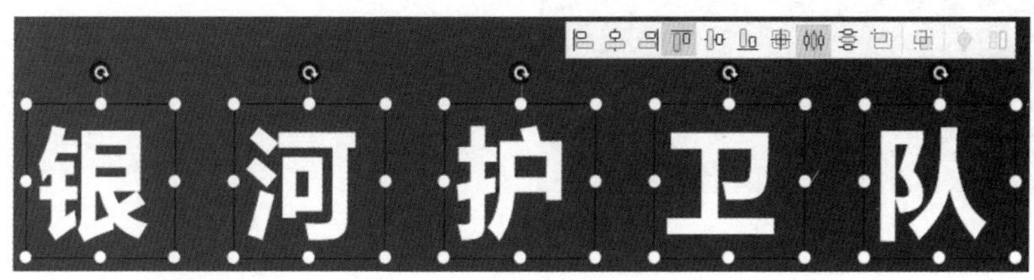


图9-34

右击所有的文本框，在弹出的快捷菜单中选择“设置对象格式”选项，打开“文本选项”选项卡，将“文本填充”设置为“渐变填充”，如图9-35所示。删除多余的光圈，只留下三个。将三个光圈的颜色都调整成白色。将第三个光圈的“角度”设置为“0.0°”，将“位置”设置为“90%”，将“透明度”调整为“100%”，如图9-36所示。

为了让“渐隐”的效果更明显，用户可以在“效果”选项卡中设置“阴影”效果，如图9-37所示。

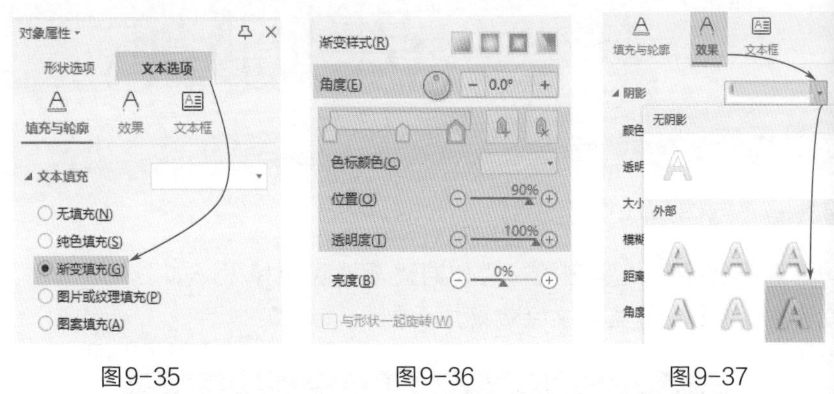


图9-35　　图9-36　　图9-37

## 9.1.7 使用形状制作蒙版效果

当图片的背景颜色太深或者太花哨，在其上方输入文本时，就会影响阅读，如图9-38所示。此时，用户可以为图片制作一个蒙版，来弱化图片背景，如图9-39所示。

图9-38

图9-39

用户只需要设置图形的透明度，就可以制作出一个蒙版。

首先在图片上方绘制一个矩形，右击矩形，选择“设置对象格式”选项，如图9-40所示。打开“形状选项”选项卡，将“填充”设置为“纯色填充”，并将填充颜色设置为白色，将“透明度”设置为30%，将“线条”设置为“无线条”即可，如图9-41所示。

图9-40

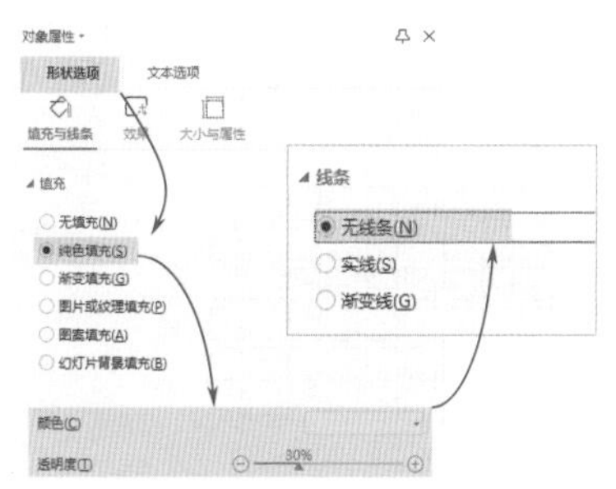


图9-41

## 知识链接

选择图片，在“图片工具”选项卡中单击“透明度”按钮，从列表中选择合适的“预设透明度”样式或者自定义透明度（图9-42），也可以将图片制作成蒙版效果。

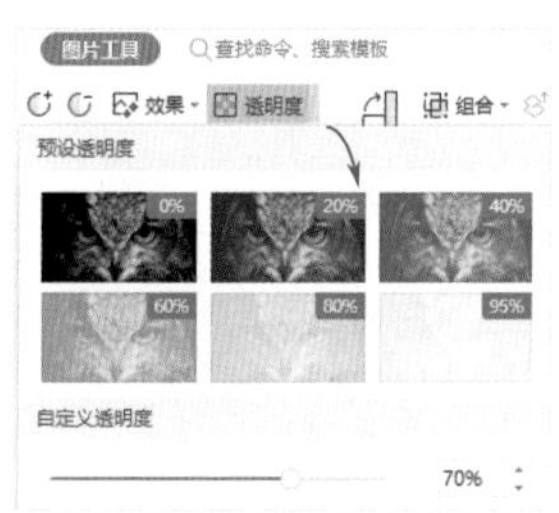


图9-42

### 9.1.8 使用表格制作多格创意拼图效果

在幻灯片中，有时会需要用到一些比较文艺的排版效果，例如拼图效果（图9-43），这样的幻灯片会让人眼前一亮。

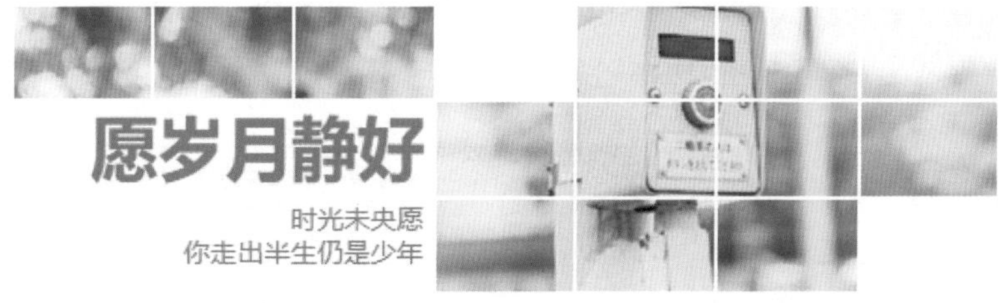


图9-43

那么如何制作出创意拼图效果呢？其实，使用“表格”功能就可以轻松实现。

在幻灯片中插入一张图片，然后使用“表格”选项，插入一个和图片等比例大小的表格，如图9-44所示。

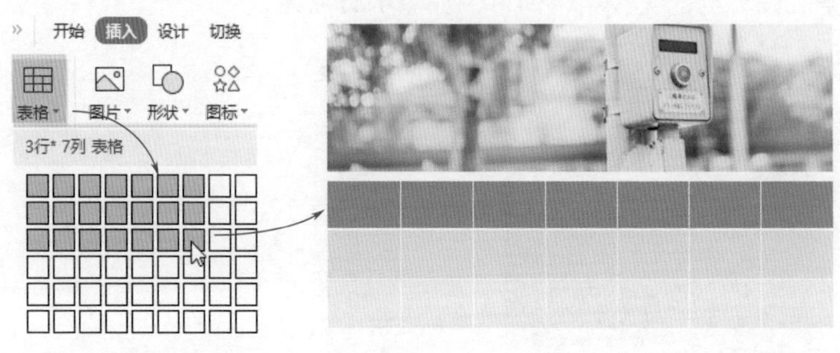


图9-44

复制图片，右击表格，选择“设置对象格式”选项，打开“形状选项”选项卡，设置“图片或纹理填充”，如图9-45所示。

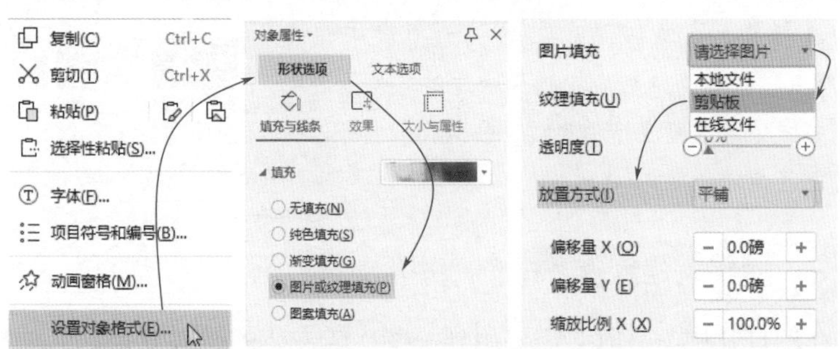


图9-45

在“表格样式”选项卡中，设置表格边框的粗细、颜色，并应用至所有框线上，如图9-46所示。

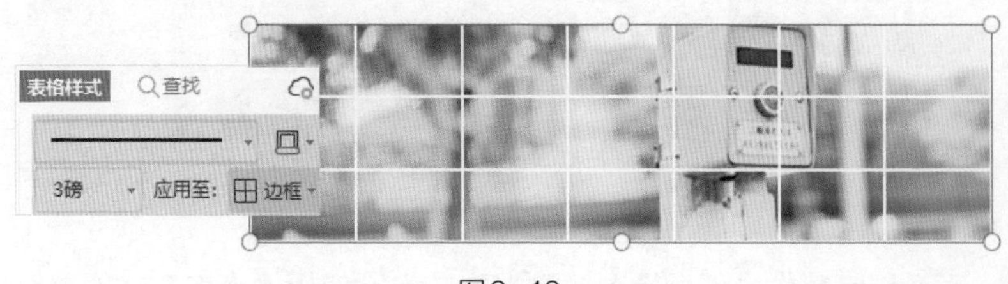


图9-46

合并部分单元格，并为单元格设置白色填充颜色，如图9-47所示。最后在单元格中输入相关文本即可。

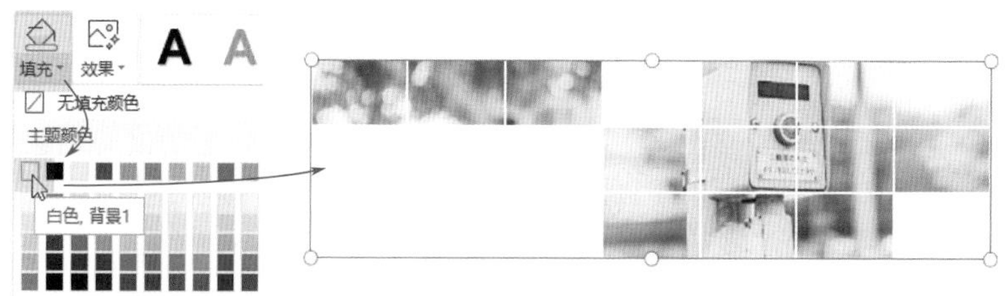


图9-47

## 知识链接

用户使用“形状”功能，也可以制作出拼图效果。绘制3个矩形，并将其组合在一起，复制图片，选择组合图形，打开“形状选项”选项卡，设置“图片或纹理填充”和“线条”，如图9-48所示。即可将图片填充到组合图形中，制作出拼图效果，如图9-49所示。

图9-48

图9-49

## 9.1.9 创意裁剪图片

用户除了裁剪图片的大小，或者将图片裁剪成圆形、矩形等形状外，还可以将图片裁剪成其他复杂的图形，如图9-50所示。

图9-50

用户只需要使用“裁剪”功能中的“创意裁剪”选项，就可以将图片裁剪成其他任意形状。

选择图片，在“图片工具”选项卡中单击“裁剪”下拉按钮，从列表中选择“创意裁剪”选项，从其级联菜单中选择免费的裁剪图形即可，如图9-51所示。

图9-51

### 9.1.10 制作图片合成效果

图片合成效果，就是将两张图片融合成一张图片，使其看起来非常有创意，如图9-52所示。

图9-52

用户使用“设置透明色”选项，就可以轻松地制作出该效果。

在幻灯片中插入一张全黑的图片，在“图片工具”选项卡中单击“设置透明色”按钮，鼠标变为吸管形状，单击黑色区域，将其设置为透明，如图9-53所示。

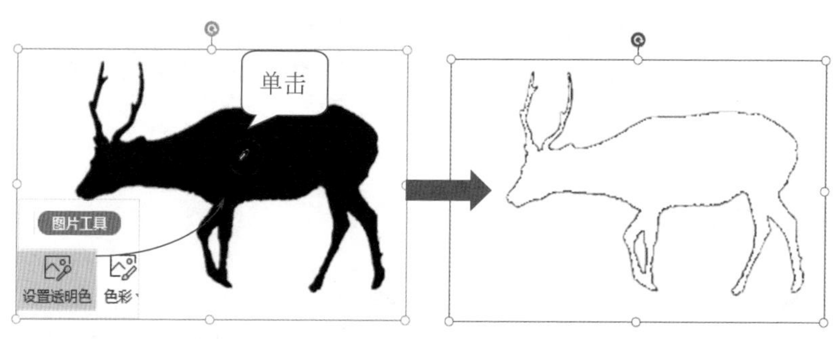


图9-53

接着插入一张图片并复制，如图9-54所示。右击透明图片，从弹出的快捷菜单中选择“设置对象格式”选项，打开“填充与线条”选项卡，设置“图片或纹理填充”，如图9-55所示。

图9-54

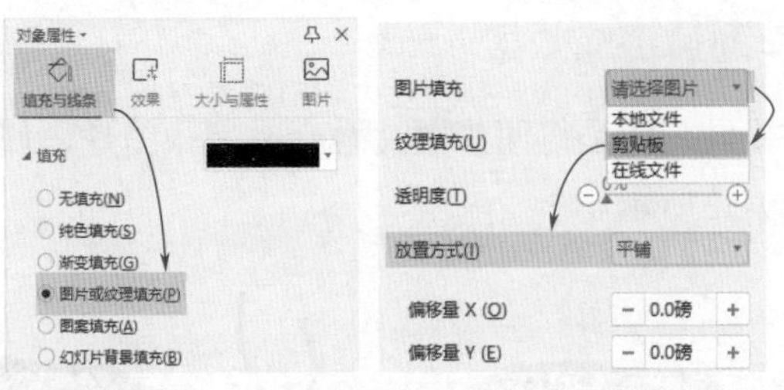


图9-55

# 9.2 幻灯片页面排版方法

要想制作出美观、大方的幻灯片，其页面排版至关重要。下面将介绍幻灯片页面排版技巧。

## 9.2.1 使用“网格线和参考线”排版

网格线和参考线都是用于定位各元素（例如图片、文字、色块等）的工具。通常利用网格线进行页面中各元素的对齐，如图9-56所示。利用参考线，进行页面之间的对齐，使得版面整齐好看，如图9-57所示。

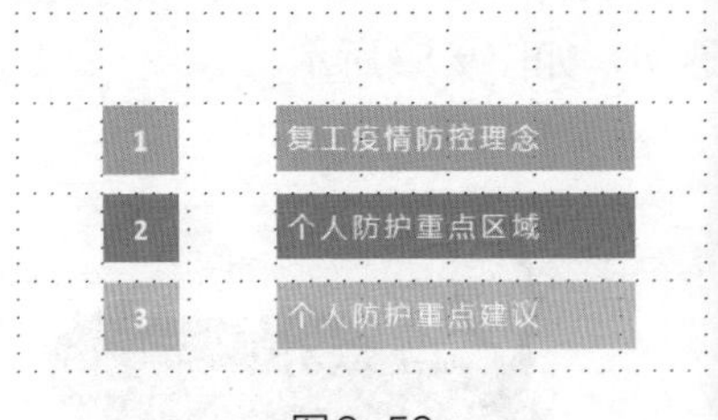


图9-56

图9-57

在“视图”选项卡中勾选“网格线”复选框，即可在幻灯片页面中显示网格线，如图9-58所示。

图9-58

在“视图”选项卡中单击“网格和参考线”按钮，打开“网格线和参考线”对话框，勾选“屏幕上显示绘图参考线”，即可打开参考线，如图9-59所示。

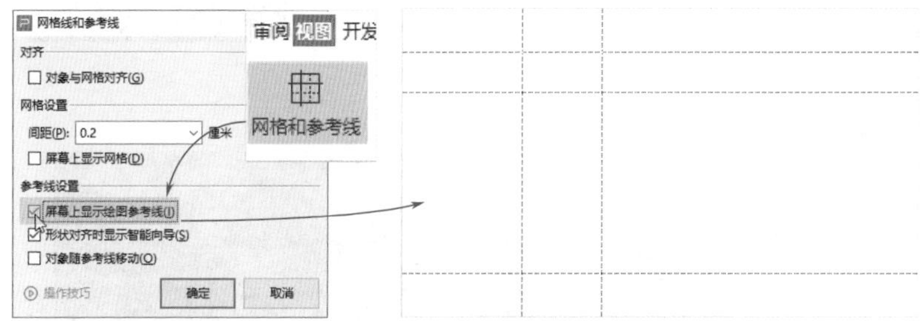


图9-59

## 9.2.2 智能参考线的应用

智能参考线在平时是看不见的，当移动幻灯片中的对象时才会出现，如图9-60所示。

图9-60

智能参考线会自动寻找画面里的中心点、中心线、页面边界、物体边界，沿这些可吸附位置会出现临时参考线，沿临时参考线释放鼠标左键，页面元素会自动对齐，如图9-61所示。

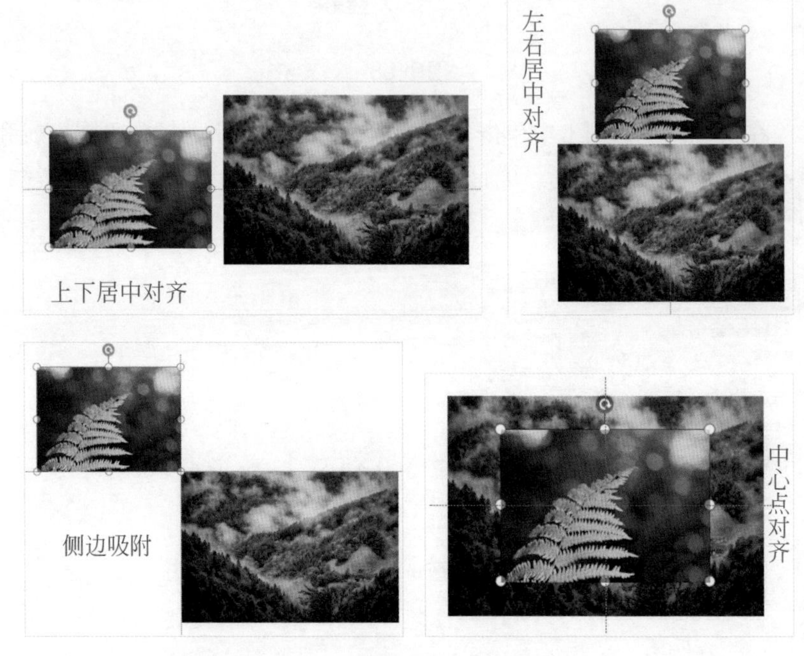


图9-61

## 9.2.3 手动旋转与特定角度旋转

有时需要对幻灯片中的对象进行旋转操作，例如将对象旋转90°、水平翻转或垂直翻转等，如图9-62所示。

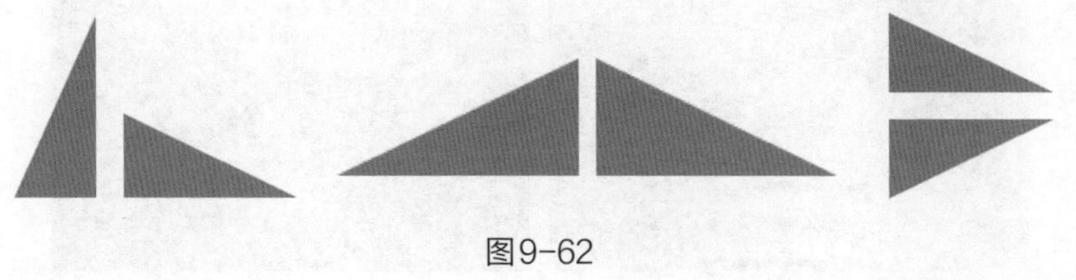

图9-62

用户使用“绘图工具”选项卡中的“旋转”选项，就可以将对象按照特定角度旋转，如图9-63所示。

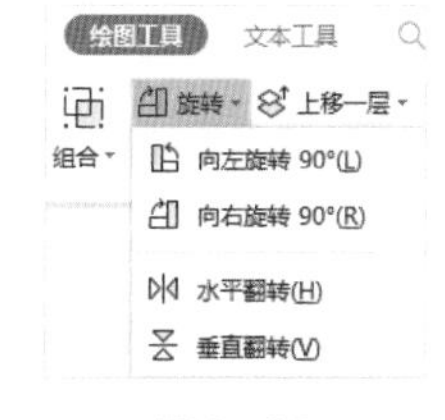

图9-63

此外，用户还可以手动旋转对象。选中对象后会出现一个旋转手柄，将鼠标移至手柄处，按住鼠标左键不放，拖动鼠标至合适位置，即可旋转对象，如图9-64所示。

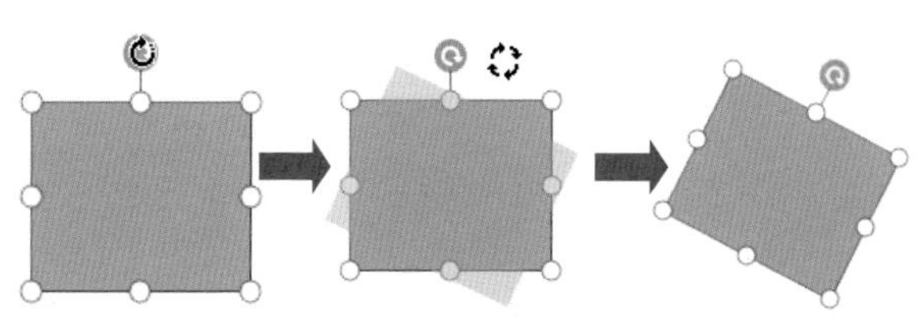
图9-64

通过旋转对象，可以把一些简单的形状变化出更多的样式。例如，泪滴形旋转变成项目符号，如图9-65所示。

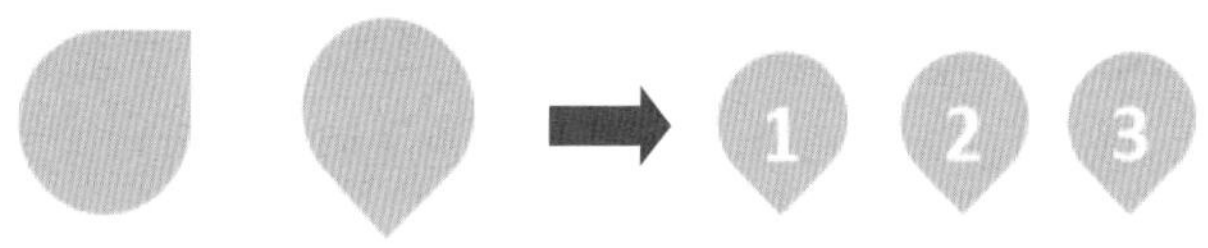

图9-65

五边形旋转变成序号，如图9-66所示。

图9-66

### 9.2.4 排版中的“对齐”命令

很多人喜欢用鼠标逐一对齐页面元素，这样不但效率低，而且鼠标对齐的精度不可控。此时，用户使用“对齐”功能，可以快速完成页面的排版，如图9-67所示。

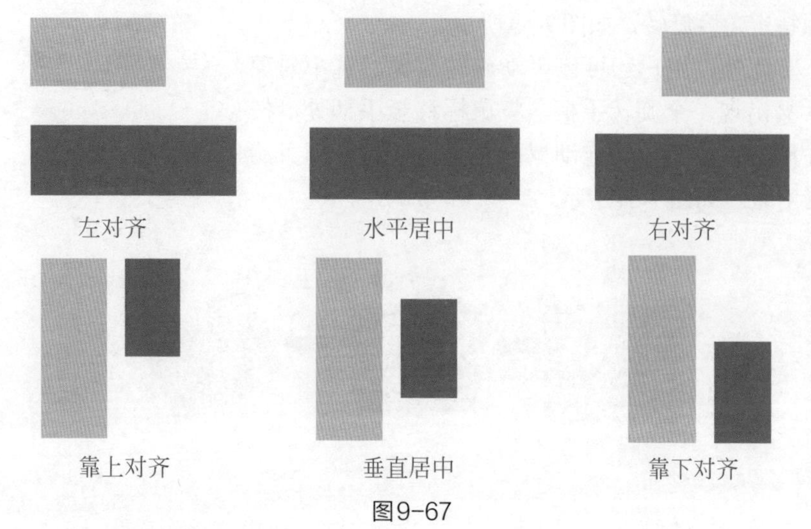


图9-67

在“绘图工具”选项卡中，通过单击“对齐”下拉按钮，就可以设置对齐所选对象，如图9-68所示。

此外，使用“对齐”命令，还可以将形状组成一个新的图形。例如，两条直线运用“靠上对齐”和“右对齐”命令，可以完美地连接到一起，如图9-69所示。

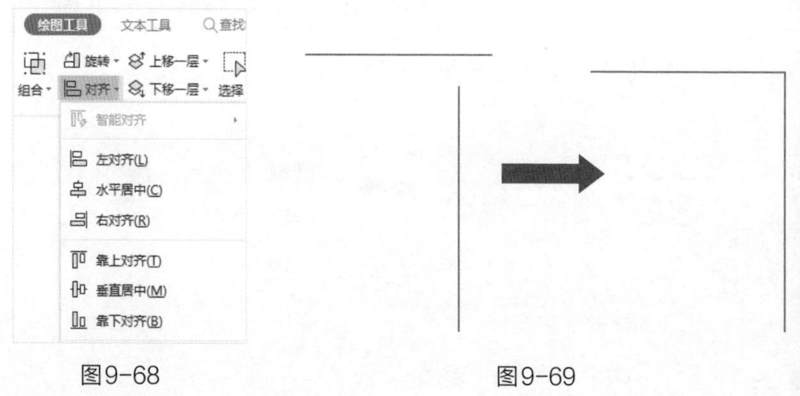


图9-68　　图9-69

### 9.2.5　快速排版之分布

有时在幻灯片页面中，需要让几个对象的间距相同，此时使用“分布”功能即可实现，如图9-70所示。

图9-70

用户可以在“对齐”选项卡中找到“分布”选项，如图9-71所示。“横向分布”与“纵向分布”的意思是：把物体在页面上横向/纵向均匀地排列。

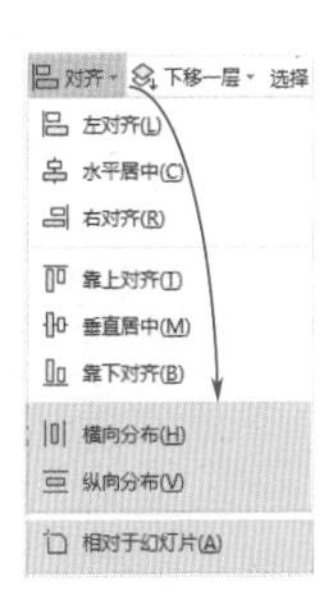


图9-71

这里要注意在设置时选中或不选中“相对于幻灯片”的区别，如果选中“相对于幻灯片”，则会以整个幻灯片宽度平均分布对象间距，如图9-72所示。

图9-72

如果不选中“相对于幻灯片”，则只是平均分布对象之间的宽度间距，如图9-73所示。

图9-73

扫码观看
本章视频

# 第10章 交互动画效果设置

动画能够使静止的对象动起来。放映演示文稿时，为了使整个幻灯片页面活泼、生动，可以为其设置动画效果。本章将对交互式幻灯片的设置、动画效果的设置进行介绍。

# 10.1 交互式幻灯片的设置

为了使幻灯片在放映的过程中更容易掌控，用户可以进行交互设置。下面将介绍超链接的添加技巧。

## 10.1.1 单击文字跳转到其他幻灯片

放映幻灯片时，如果用户想要单击某个文字，就可以跳转到相关幻灯片（图10-1），则可以为文字设置超链接。

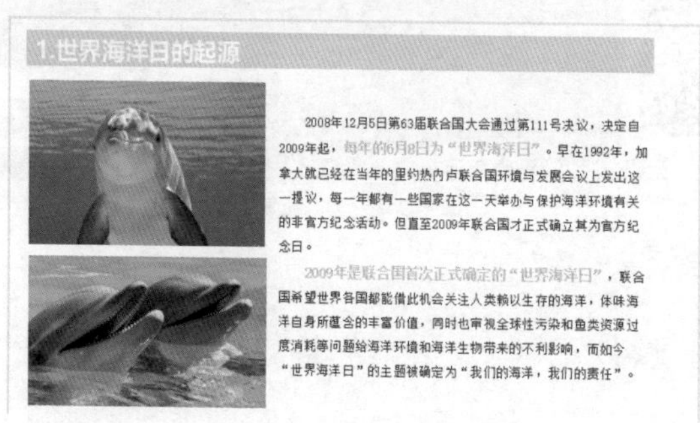


图10-1

通过“超链接”命令（图10-2），就可以实现该操作。

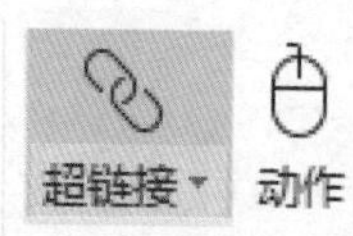


图10-2

选择文字所在文本框，在“插入”选项卡中单击“超链接”按钮，打开“插入超链接”对话框，从中进行相关设置即可，如图10-3所示。

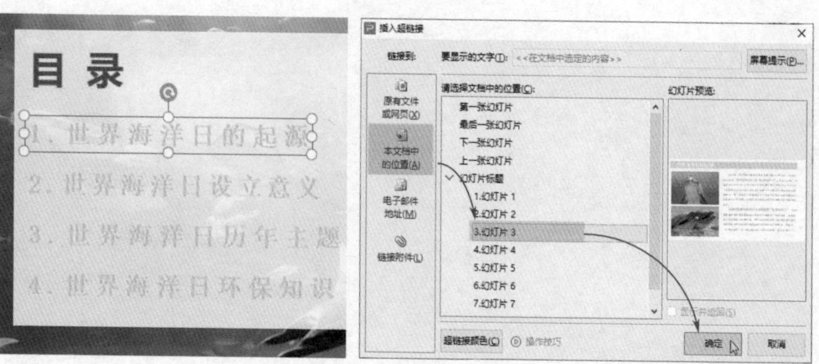


图10-3

## 10.1.2 单击文字打开其他文档

为了拓展或延伸内容，用户可以将对象链接到其他文档，例如单击文字可以打开文档内容，如图10-4所示。

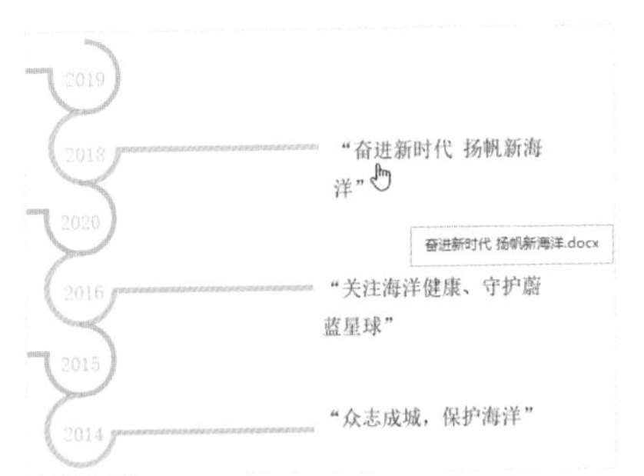


**2018 年世界海洋日活动主题：奋进新时代 扬帆新海洋**

在6月8日第十个世界海洋日和第十一个全国海洋宣传日到来之际，自然资源部办公厅日前印发《关于开展2018年世界海洋日暨全国海洋宣传日活动的通知》（以下简称《通知》），明确2018年世界海洋日活动主题为"奋进新时代 扬帆新海洋"，主场活动设在浙江省舟山市。

2018年世界海洋日主场活动由自然资源部和浙江省人民政府共同主办，内容包括2017年度海洋人物颁奖、"海洋公益形象大使"授予、海上丝绸之路沿线国家及岛屿国家海洋空间规划国际论坛及国际展、海洋文化名人分享会、休渔谢洋大典等。

除此之外，沿海各省、自治区、直辖市及计划单列市海洋厅（局），部属各涉海单位联合驻地涉海企事业单位，各涉海高校在校院内外或所在社区，有关社会团体等也将在海洋日期间举办宣传活动，包括公众开放日、广场宣传、海洋知

图10-4

用户同样可以在"插入超链接"对话框中进行相关设置。

选择文本框并右击，从弹出的快捷菜单中选择"超链接"选项，打开"插入超链接"对话框，进行相关设置后，单击"确定"按钮，即可将文字链接到文档，如图10-5所示。

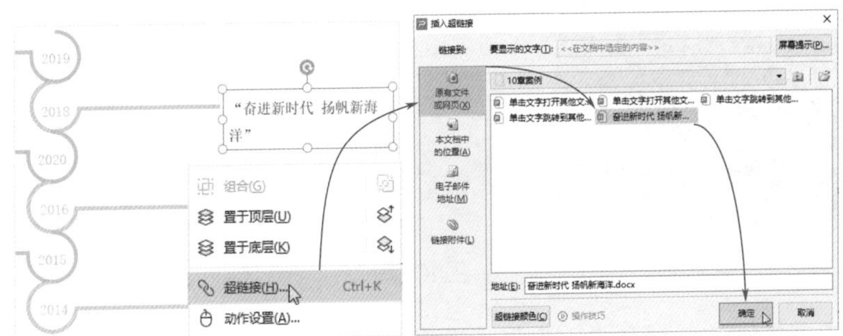


图10-5

### 知识链接

如果用户想要删除超链接，则右击已添加了超链接的对象，从弹出的快捷菜单中选择"超链接"选项，然后选择"取消超链接"选项即可，如图10-6所示。

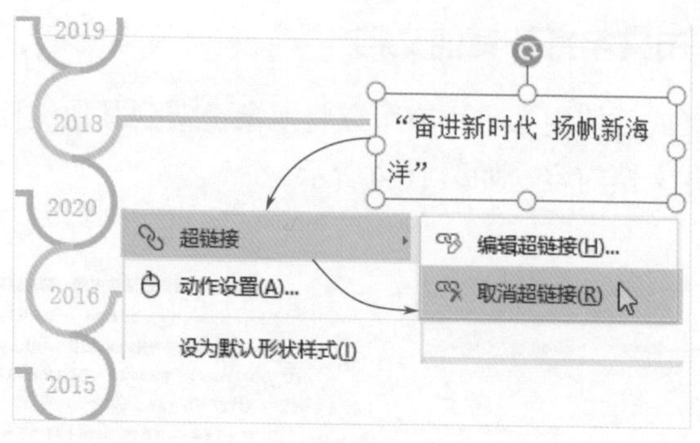


图10-6

### 10.1.3 单击图片或文字跳转到网页

在放映幻灯片时，为了扩大信息范围，用户可以将对象链接到网页，例如单击图片可以跳转到相关网页，如图10-7所示。

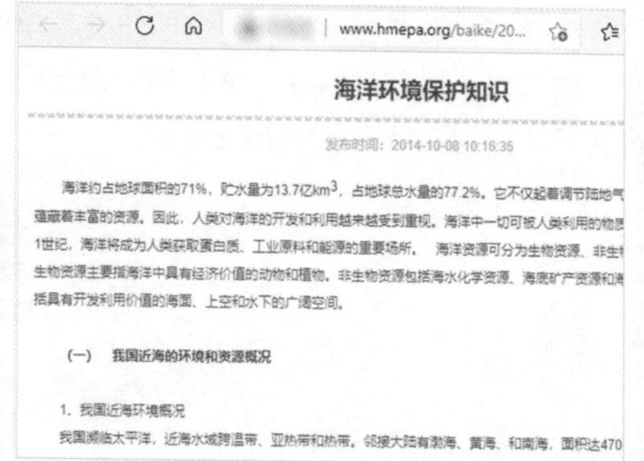


图10-7

选择图片，打开“插入超链接”对话框，直接在“地址”文本框中输入网址即可，如图10-8所示。

此外，如果用户需要为超链接设置屏幕提示，则在“插入超链接”对话框中单击“屏幕提示”按钮，如图10-8所示。打开“设置超链接屏幕提示”对话框，输入屏幕提示文字，单击“确定”按钮即可，如图10-9所示。按【F5】键放映幻灯片时，将光标悬停在该链接对象上方，光标下方即出现屏幕提示文字。

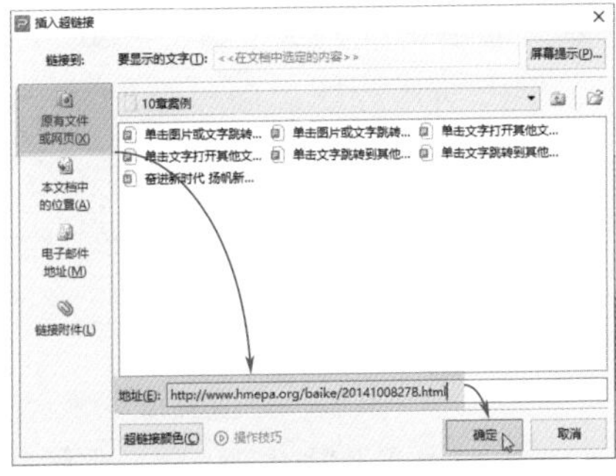


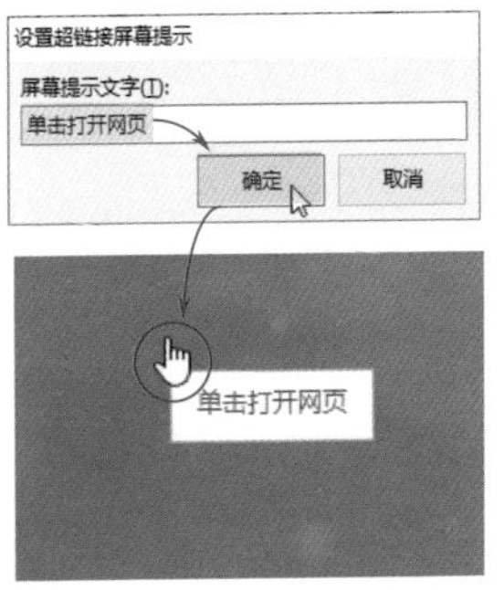

图10-8

图10-9

## 10.1.4 通过动作按钮进行跳转

为了更灵活地控制幻灯片的放映，用户可以为幻灯片添加动作按钮，通过单击该按钮，可以快速返回首页或上一页，如图10-10所示。

图10-10

通过“形状”命令，就可以为幻灯片添加动作按钮，如图10-11所示。在“形状”列表中选择所需动作按钮，然后在幻灯片中拖动鼠标绘制动作按钮，如图10-12所示。

图10-11

图10-12

绘制好后弹出一个“动作设置”对话框，直接单击“确定”按钮，如图10-13所示。放映幻灯片时，单击动作按钮，即可返回第一张幻灯片。

此外，在“绘图工具”选项卡中，用户可以对动作按钮进行美化操作，如图10-14所示。

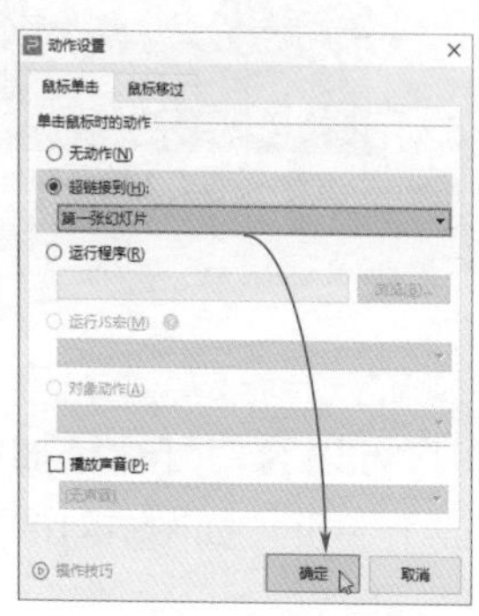


图10-13

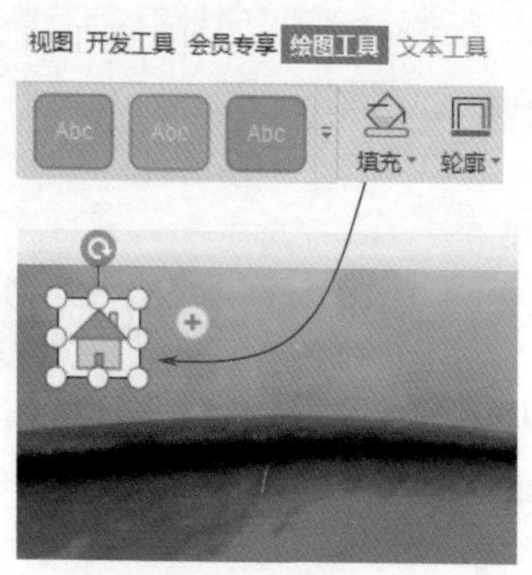


图10-14

## 10.2 动画效果的设置

用户可以为文字、图片等添加动画效果，制作出特定的动画。下面将介绍动画效果的设置技巧。

### 10.2.1 制作文字分割动画

文字分割动画，就是文字从中间分割开来，朝上下两个方向移动，同时中间出现一段小号文字，如图10-15所示。

图10-15

其实制作这样的动画很简单，用户需要使用“直线”路径动画和“渐入”进入动画。

首先，在文本框中输入文字，然后通过剪切、粘贴命令，将文本框粘贴为图片，如图10-16所示。

图10-16

将图片文字复制为两份，并重叠在一起，将两张图片分别裁剪上半部分和下半部分，如图10-17所示。

图10-17

裁剪好后，虽然表面上看还是完整的文字，但是已经被裁剪为两部分了，如图10-18所示。

最后，在“10年间”中间插入一行“城市人口平均每年增长万人”文字，如图10-19所示。

图10-18

图10-19

选中上半部分的文字，为其添加“直线”路径动画，如图10-20所示。

图10-20

选中下半部分的文字，同样为其添加“直线”路径动画，并适当调整直线的开始位置和结束位置，如图10-21所示。

选中小字所在的文本框，为其添加“渐入”动画，如图10-22所示。

图10-21　　图10-22

最后在“动画”选项卡中设置动画播放参数，即播放方式、持续时间和延迟时间，如图10-23所示。单击“预览效果”按钮，即可预览动画效果。

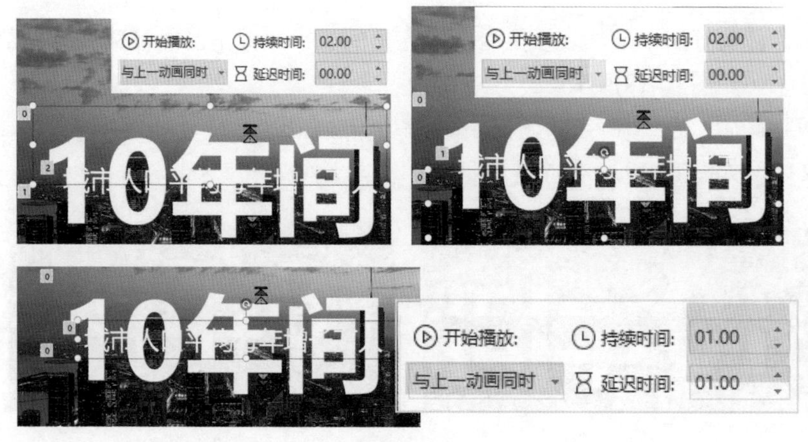


图10-23

## 10.2.2 制作球体滚动动画

球体在向前运动的同时，它自身也是在旋转的，如图10-24所示。因此在制作球体滚动动画时，千万别忽视球体自身旋转的规律。

图10-24

要想达到球体在向前运动的同时，其自身也在旋转的效果，需要为球体添加“直线”路径动画和“陀螺旋”强调动画。

选择“小球”图片，为其添加“直线”路径动画，如图10-25所示。

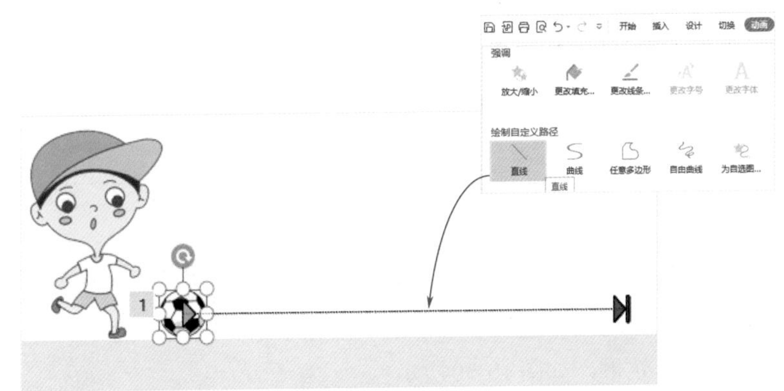


图10-25

打开“动画窗格”，通过“添加效果”命令，为“小球”再次添加一个“陀螺旋”强调动画，如图10-26所示。

在“动画窗格”下方，单击“陀螺旋”动画选项，选择“计时”选项，如图10-27所示。

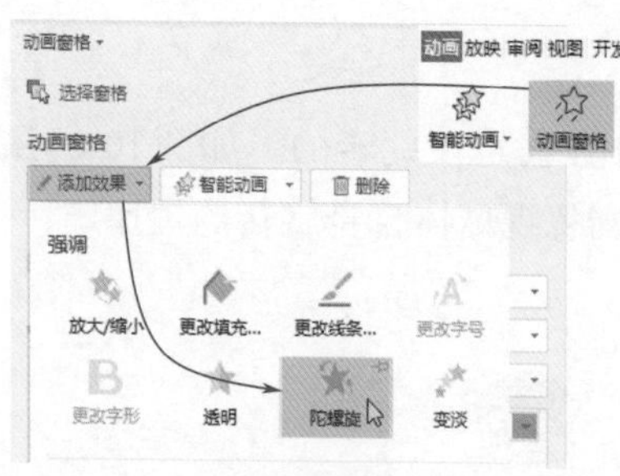


图10-26

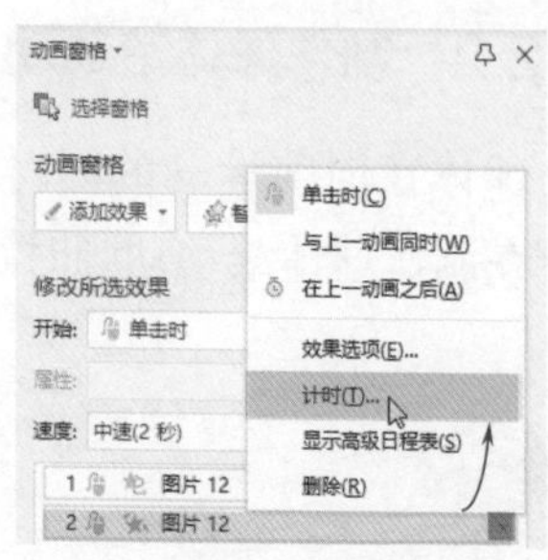


图10-27

打开“陀螺旋”对话框，在“计时”选项卡中设置“开始”“延迟”“速度”和“重复”内容，单击“确定”按钮，如图10-28所示。

在“动画窗格”选项卡下方选择“直线”路径动画选项，将“开始”设置为“与上一动画同时”，如图10-29所示。

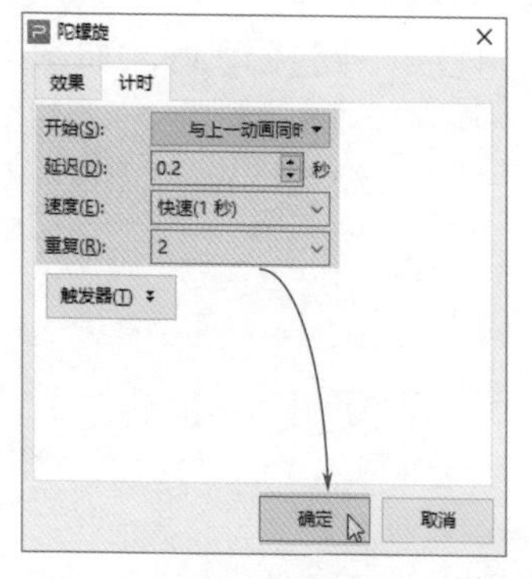


图10-28

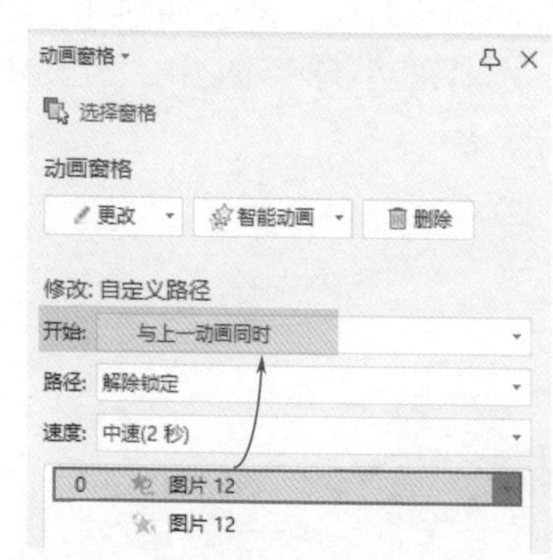


图10-29

最后，在“动画”选项卡中单击“预览效果”按钮，就可以预览制作的踢球动画效果，如图10-30所示。

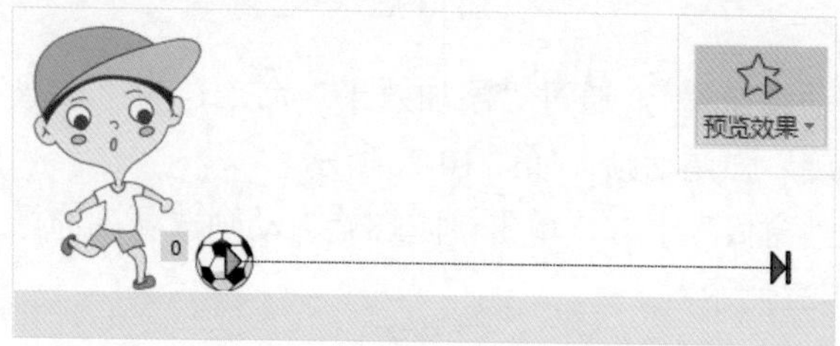


图10-30

## 知识链接

如果用户想要删除对象上的动画，则在“动画窗格”中选择需要删除的动画选项，单击“删除”按钮即可，如图10-31所示。或者单击选择动画标志，按【Delete】键删除，如图10-32所示。

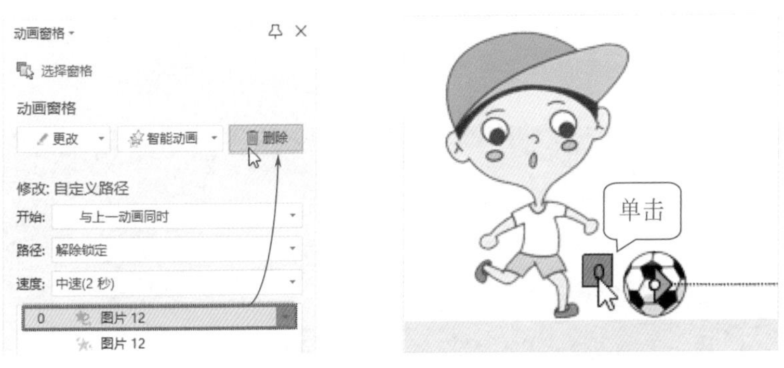


图10-31　　图10-32

### 10.2.3　制作弹幕动画

弹幕动画就是大量评论性文字像子弹一样从屏幕飘过，如图10-33所示。其实这种动画效果，在幻灯片中也可以轻松地制作出来。

图10-33

制作弹幕动画，需要为文本添加“飞入”动画效果。

在幻灯片中输入文本，并设置文本的字体颜色，将其放置页面合适位置，如图10-34所示。

图10-34

为所有文本添加“飞入”动画效果，如图10-35所示。

图10-35

打开“动画窗格”，设置“飞入”动画的“开始”“方向”和“速度”选项，如图10-36所示。

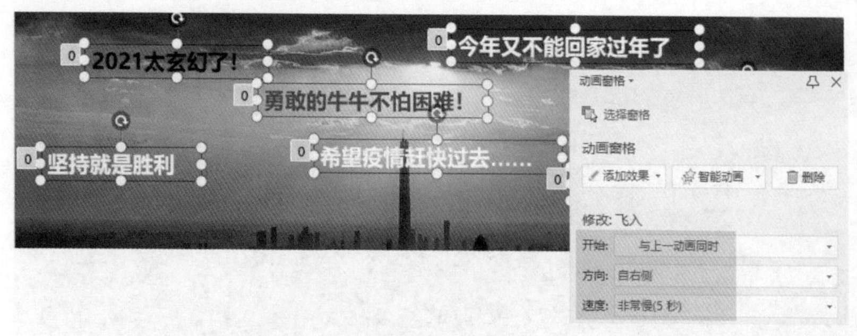


图10-36

为了让文本有序地出现，用户需要在“动画”选项卡中设置各文本的延迟时间，如图10-37所示。

要想弹幕飞过屏幕，需要将所有的文本拖至幻灯片左侧，如图10-38所示。

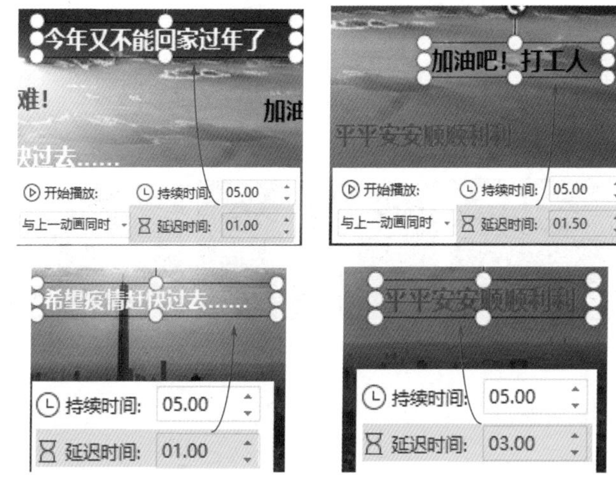


图10-37

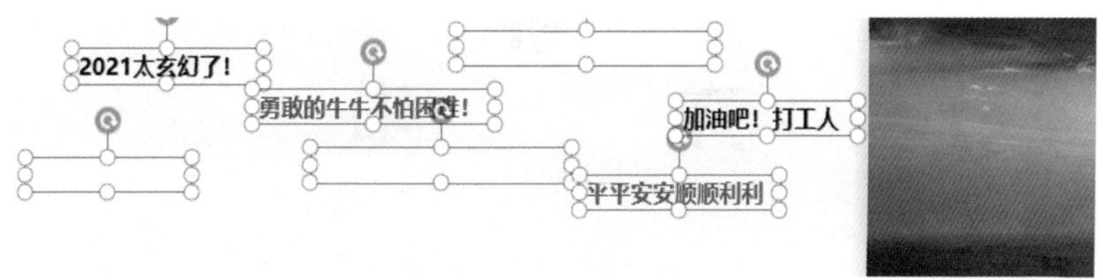


图10-38

最后，为了使弹幕重复出现，需要在“动画窗格”中打开“飞入”对话框，在“计时”选项卡中设置“重复”选项即可，如图10-39所示。

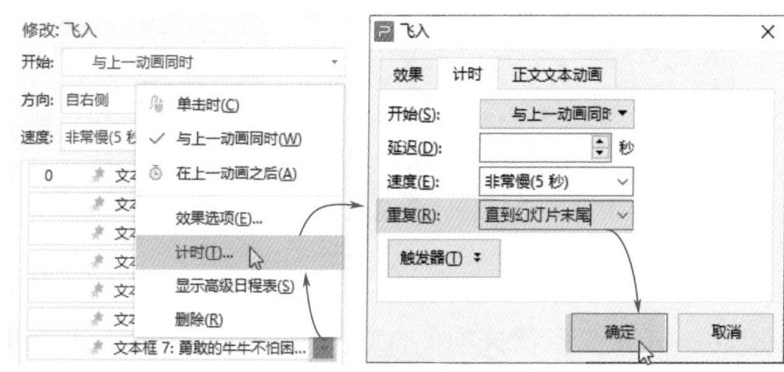


图10-39

### 10.2.4 制作遮罩动画

如果想要具有聚光灯效果的动画，可以制作遮罩动画。例如，光圈移至某个文字上，即可显示该文字，如图 10-40 所示。

图10-40

制作遮罩动画，需要使用“直线”路径动画。

首先，在幻灯片中输入文本，并放置页面合适位置，如图 10-41 所示。

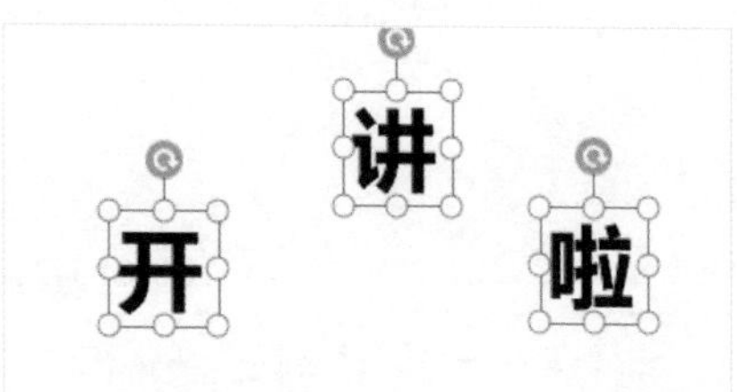


图10-41

绘制一个大矩形，矩形大小可超出幻灯片页面范围，并覆盖输入的文字。然后绘制一个圆形，先选择矩形，再选择圆形，通过“剪除”命令，形成一个镂空的圆形，如图 10-42 所示。

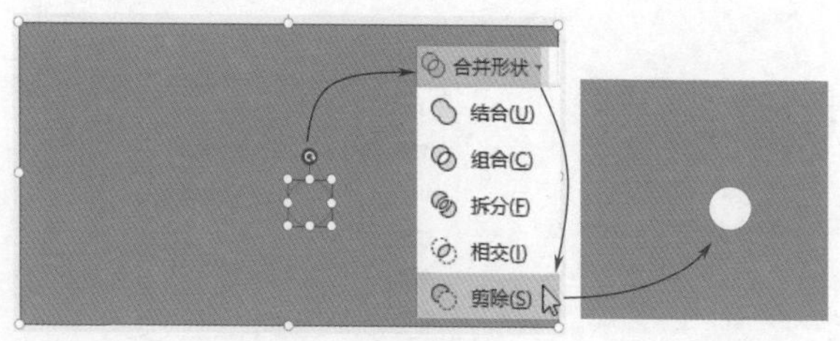


图10-42

选择矩形，打开“形状选项”选项卡，设置填充颜色和透明度，然后设置线条的颜色和宽度，如图 10-43 所示。

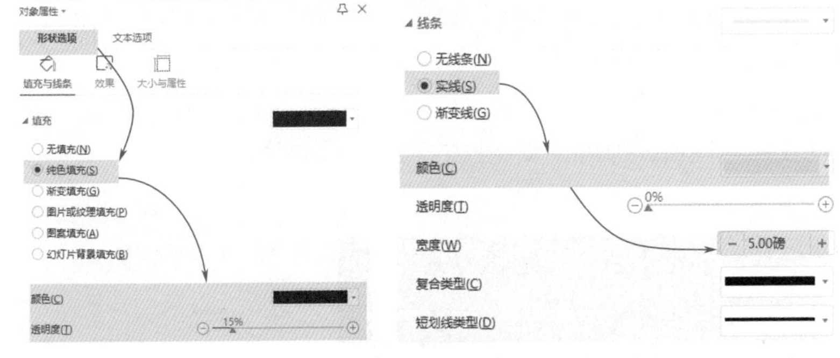


图10-43

选择矩形，为其添加“直线”路径动画，并适当调整直线的起始和结束位置（图10-44），使镂空的圆形可以移动到“开”字上。

再次选择矩形，打开“动画窗格”，通过“添加效果”命令，再次添加一个“直线”路径动画，如图10-45所示。

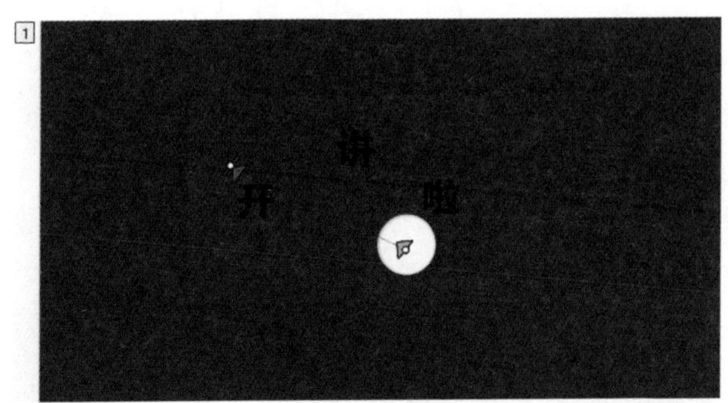


图10-44

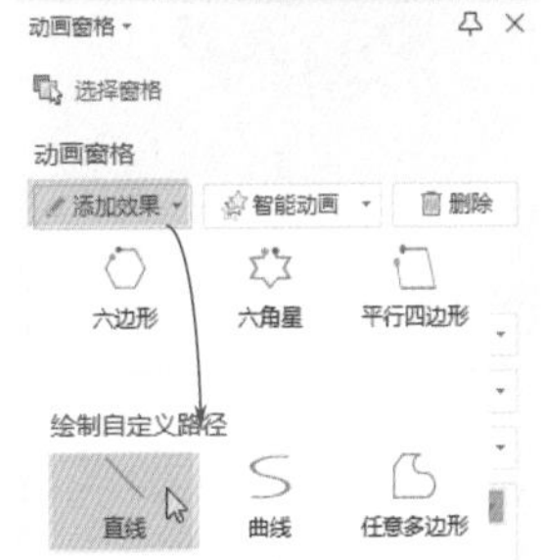


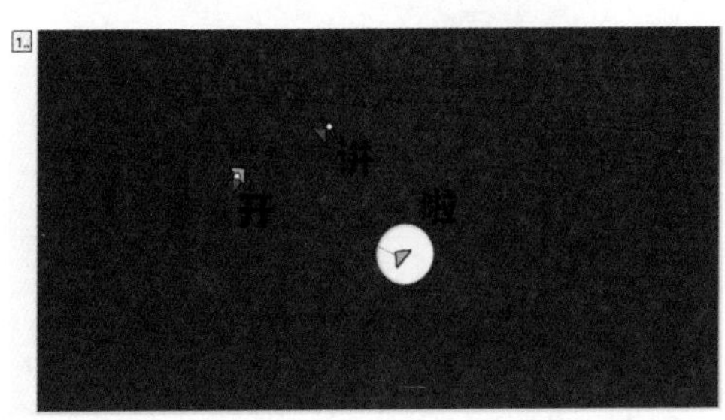


图10-45

按照上述方法，接着添加“直线”路径动画，绘制出移动路径，调整路径的起始位置和结束位置，如图10-46所示。

最后设置“直线”路径动画的开始方式，如图10-47所示。单击“预览效果”按钮，即可预览制作的遮罩动画效果。

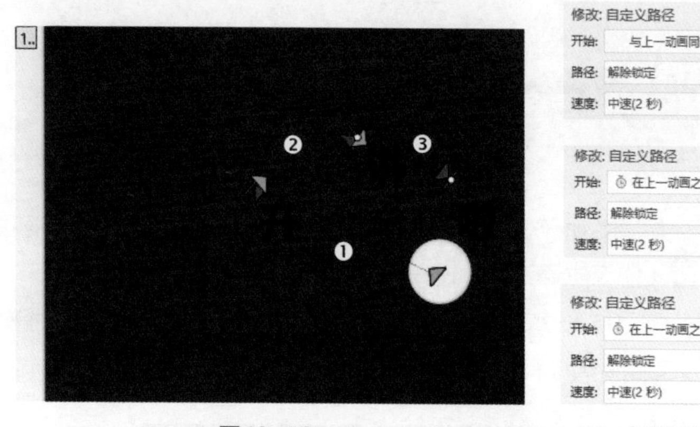


图10-46　　图10-47

### 10.2.5 制作倒计时动画

有时需要使用倒计时动画，来引入幻灯片主题内容，如图10-48所示。这种动画是如何制作出来的呢？

图10-48

其实很简单，只需要为数字添加“缩放”动画和设置换片方式即可。

首先在幻灯片中绘制图形，然后使用文本框输入数字“3”，为数字“3”添加“缩放”动画，并设置“动画属性”，如图10-49所示。

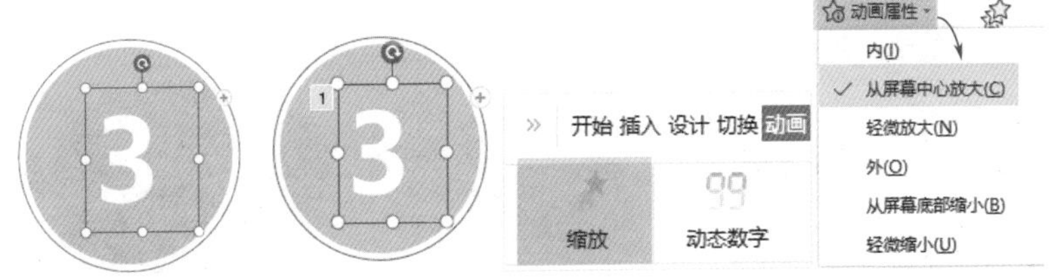

图10-49

复制两张幻灯片，并更改文本框中的数字，如图10-50所示。

图10-50

最后在“切换”选项卡中设置“自动换片”相关内容，并单击“应用到全部”按钮即可，如图10-51所示。

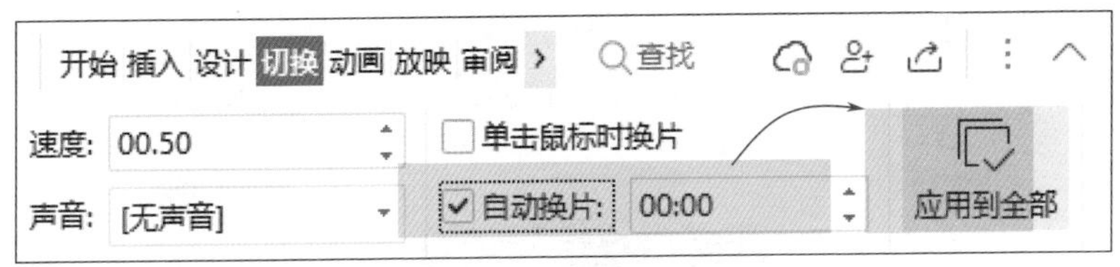

图10-51

### 10.2.6 使用触发器制作星级评比动画

如果用户想要实现单击某个图片出现相关内容，则可以制作触发动画。例如，单击“美食”图片，出现评比星数，如图10-52所示。

图10-52

其中，用户需要使用“触发器”制作触发动画。

首先选择图片，打开“选择窗格”，将“图片3”名称更改为“寿司”，如图10-53所示。

图10-53

按照上述方法，更改其他图片的名称，如图10-54所示。选择“4颗星”图片，为其添加“出现”动画效果，如图10-55所示。

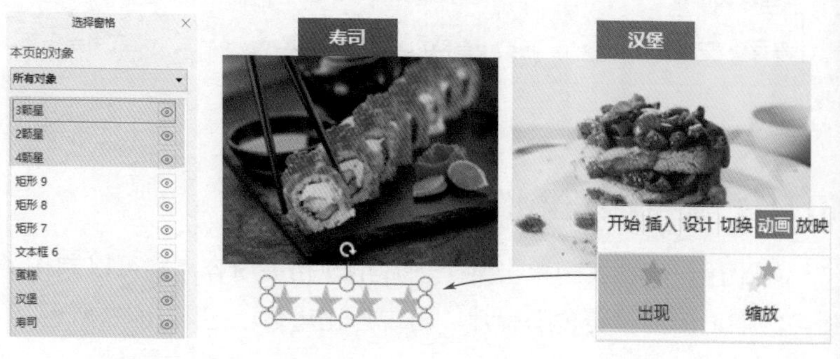


图10-54　　图10-55

然后使用“动画刷”功能，将“出现”动画复制到其他星级图片上，如图10-56所示。

图10-56

打开“动画窗格”，单击“4颗星”动画选项，选择“计时”选项，打开“出现”对话框，设置“触发器”选项，如图10-57所示。

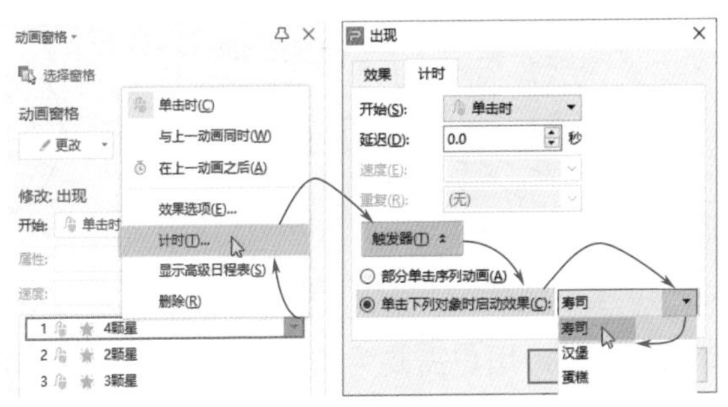


图10-57

按照同样的方法，设置“2颗星”和“3颗星”动画选项的触发器即可，如图10-58所示。

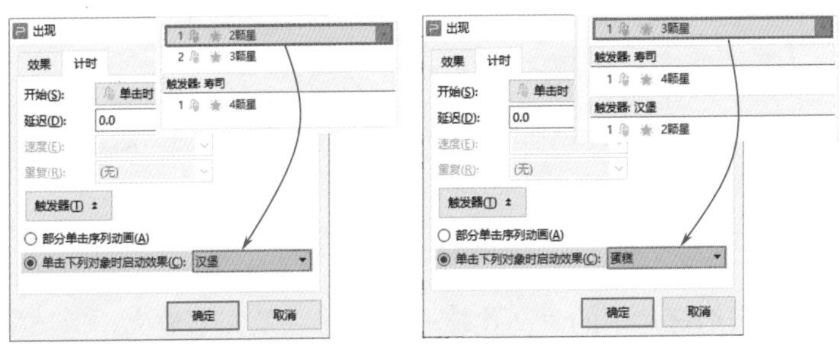


图10-58

最后按【F5】键放映幻灯片，单击“寿司”图片，即可在其下方出现评比星数。

### 10.2.7 制作平滑动画效果

平滑动画效果可以将对象所在的位置、大小以及颜色进行平滑过渡，使幻灯片的转场更加顺畅、自然，如图10-59所示。

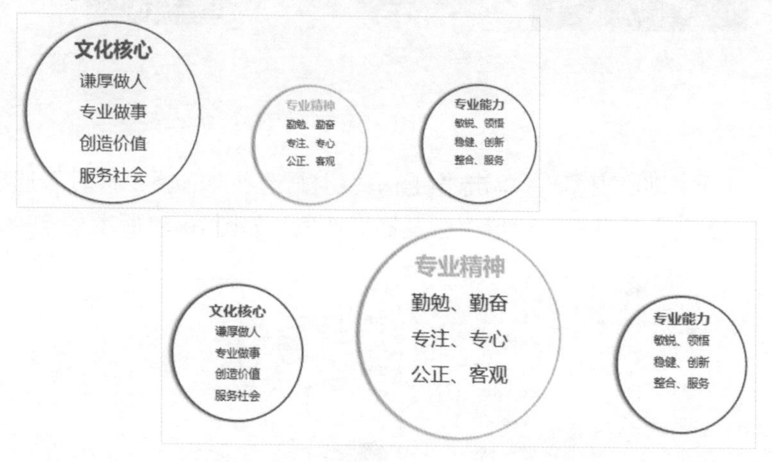


图10-59

制作平滑动画效果，用户需要为幻灯片添加“平滑”切换动画。首先复制幻灯片，创建第二张幻灯片，如图10-60所示。

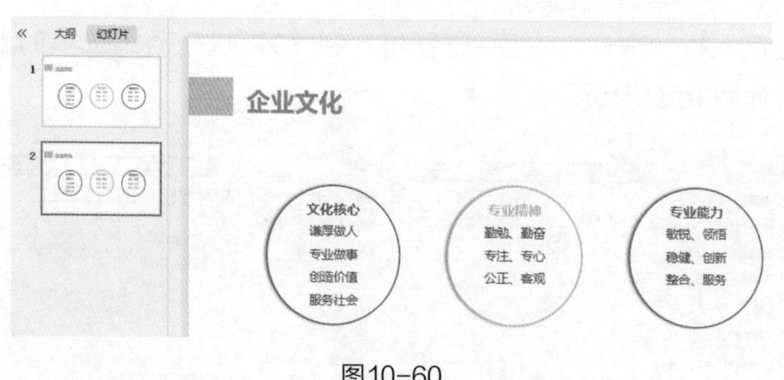


图10-60

将第二张幻灯片中的“文化核心”图形以及文字放大，适当缩小其他两个图形，如图10-61所示。

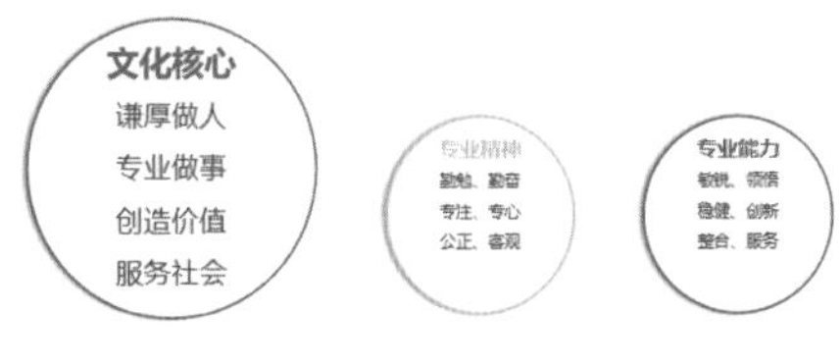


图10-61

复制第二张幻灯片，创建第三张幻灯片，放大“专业精神”图形与文字，缩小“文化核心”图形与文字，如图10-62所示。

图10-62

**注意事项**

平滑效果是页面切换效果，所以幻灯片数量必须在两页以上（含两页）才可设置，并且各页面必须使用同一个对象。

按照同样的操作，创建第四张幻灯片，并放大“专业能力”图形与文字，缩小“专业精神”图形与文字，如图10-63所示。

图10-63

然后选择第一张幻灯片，在“切换”选项卡中为其添加“平滑”切换效果，并设置切换速度，单击“应用到全部”按钮，如图10-64所示。将该效果应用至所有幻灯片中。最后按【F5】键就可以查看平滑动画效果。

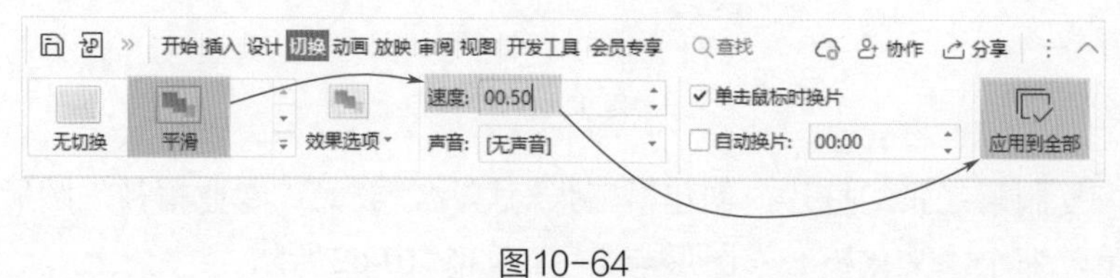


图10-64

## 知识链接

如果用户想要删除“平滑”切换动画，则将切换动画设置为“无切换”，如图10-65所示。

图10-65

扫码观看
本章视频

# 第11章
# 放映与输出文稿

幻灯片的放映操作其实很简单，但如果想要按照不同场合进行放映，还需要掌握一些放映技巧，此外也可以根据需要将幻灯片输出为不同格式。本章将对幻灯片的放映与输出技巧进行介绍。

# 11.1 幻灯片的放映

用户按【F5】键，可以从头开始放映幻灯片；按【Shift+F5】组合键，可以从当前幻灯片开始放映。下面将介绍幻灯片的其他放映技巧。

## 11.1.1 自定义幻灯片放映

默认情况下，在放映幻灯片时，系统会按照幻灯片前后顺序依次放映所有幻灯片。如果用户想要放映指定的几张幻灯片，例如放映第三、四、六张幻灯片（图 11-1），则可以设置自定义放映。

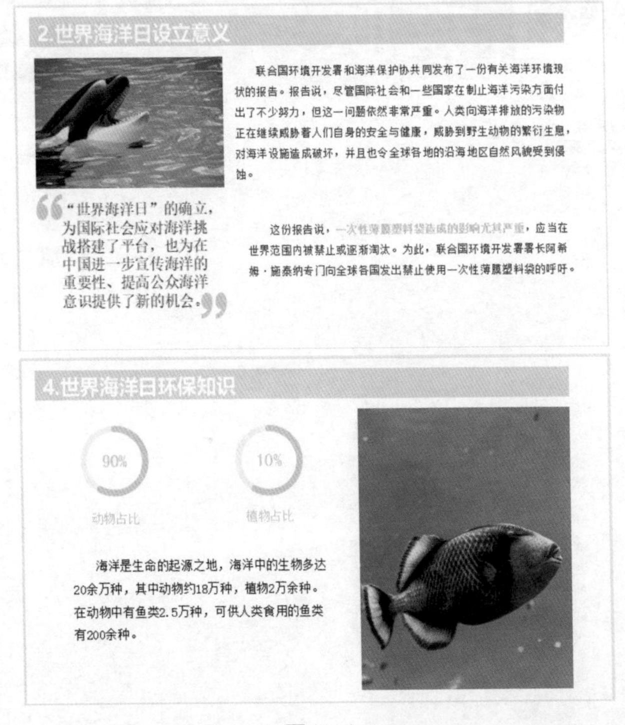


图11–1

其中，通过“自定义放映”命令（图 11-2），就可以设置放映指定幻灯片。

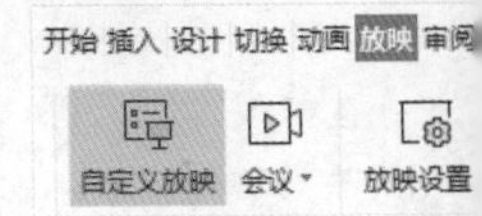


图11–2

在“放映”选项卡中单击“自定义放映”按

钮，打开“自定义放映”对话框，从中单击“新建”按钮，如图11-3所示。

打开“定义自定义放映”对话框，设置“幻灯片放映名称”，并指定放映第三、四、六张幻灯片，单击“确定”按钮，返回“自定义放映”对话框，直接单击“放映”按钮，即可放映演示文稿中的第三、四、六张幻灯片，如图11-4所示。

图11-3

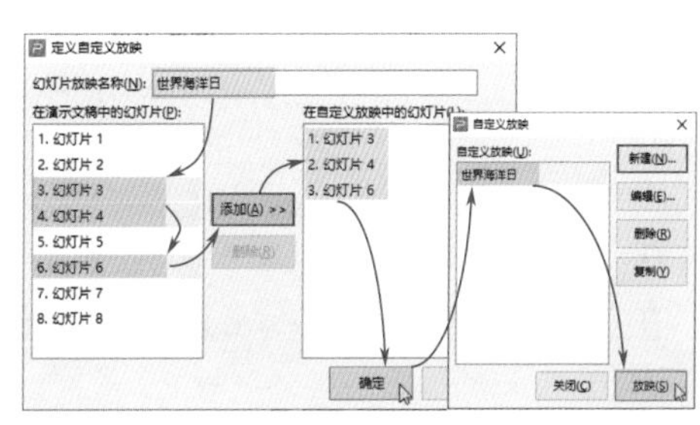


图11-4

## 知识链接

当用户想要删除设置的自定义放映时，需要打开“自定义放映”对话框，在“自定义放映”列表框中选择幻灯片放映名称，然后单击“删除”按钮即可。

### 11.1.2 让每张幻灯片按排练的时间放映

如果用户想让每张幻灯片按照指定的时间放映，则可以为幻灯片设置排练计时，如图11-5所示。

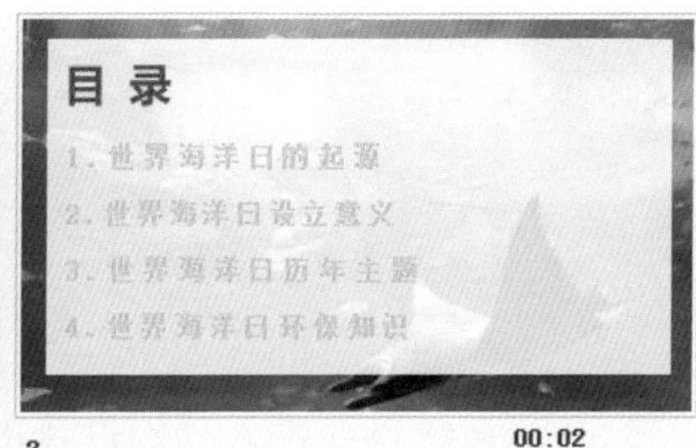


图11-5

为幻灯片设置排练计时，可以记录每张幻灯片所使用的时间，然后系统按照设置的时间自动放映幻灯片。用户在“预演”工具栏中就可以进行相关操作，如图11-6所示。

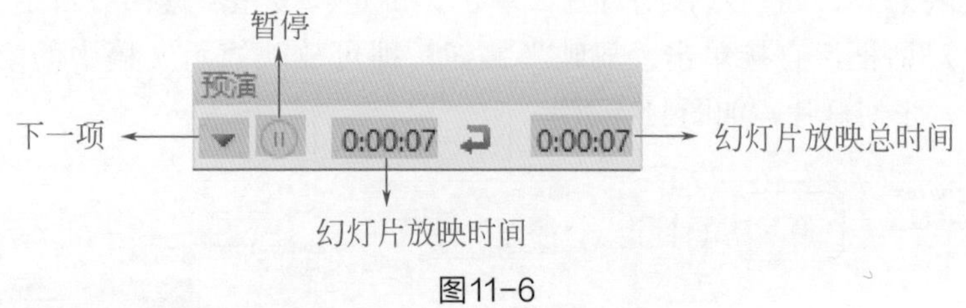


图11-6

在“放映”选项卡中单击“排练计时”按钮，幻灯片进入放映状态，在左上角显示“预演”工具栏，如图11-7所示。

图11-7

在“预演”工具栏中单击“下一项”按钮，设置每张幻灯片的放映时间，设置好后会弹出一个对话框（图11-8），单击“是”按钮，即可保留幻灯片排练时间。

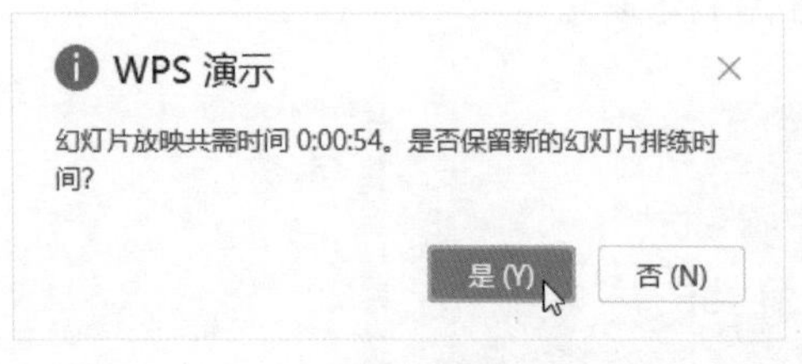


图11-8

此时，系统自动进入“幻灯片浏览”视图，在该视图中可以看到每张幻灯片放映所需的时间。

## 11.1.3 在放映幻灯片时隐藏光标



放映幻灯片时，鼠标光标会显示在幻灯片页面上，如图11-9所示。那么如何操作才能让光标永远隐藏起来呢？

图11-9

用户可以通过设置"箭头选项"，来隐藏鼠标光标。

按【F5】键放映幻灯片，右击幻灯片页面，从弹出的快捷菜单中选择"墨迹画笔"选项，并从其级联菜单中选择"箭头选项"选项，然后选择"永远隐藏"选项，如图11-10所示。

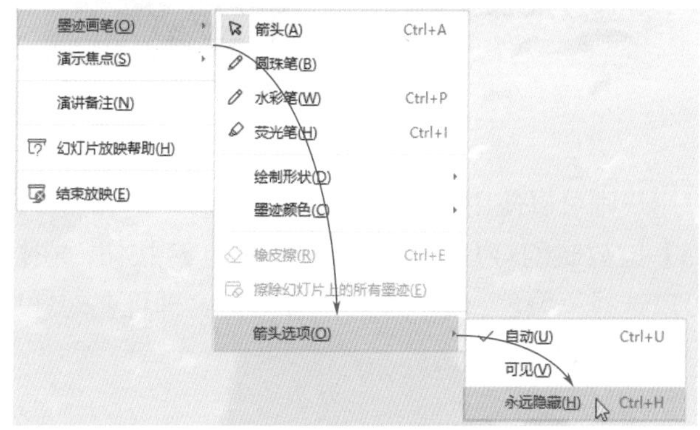


图11-10

### 知识链接

放映幻灯片时，用户在右键菜单中选择"定位"选项，并从其级联菜单中选择"按标题"选项，然后选择需要的幻灯片，即可快速定位到该幻灯片页面，如图11-11所示。

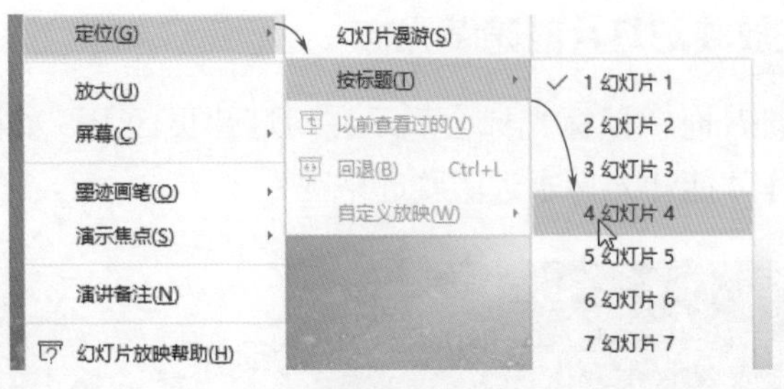


图11-11

## 11.1.4 放映幻灯片时标记重点内容

在使用幻灯片进行演讲时，通常需要对重点内容进行标记，以起到强调作用，如图 11-12 所示。

图11-12

此时，用户则可以使用“荧光笔”“圆珠笔”等功能进行标记。

按【F5】键放映幻灯片，单击屏幕左下角 ✎ 按钮，在打开的列表中，用户可以选择笔颜色和笔类型，选择好后，即可在幻灯片中添加标记，如图 11-13 所示。

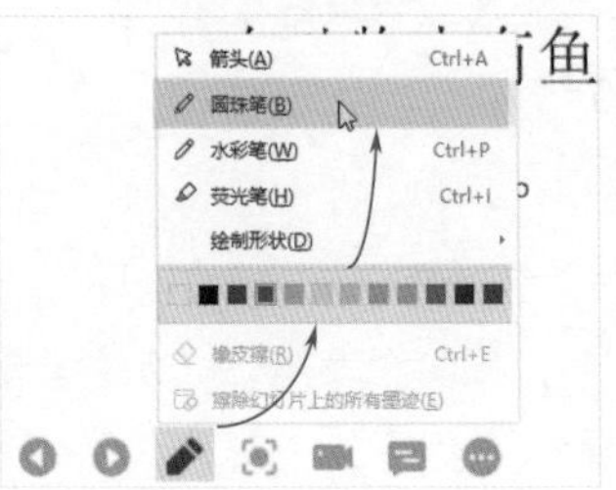


图11-13

如果标记错误，则可在列表中选择“橡皮擦”选项，擦除标记。

放映结束后会弹出一个对话框，询问用户是否保留墨迹注释，单击“保留”按钮，则保留标记；单击“放弃”按钮，则清除标记，如图11-14所示。

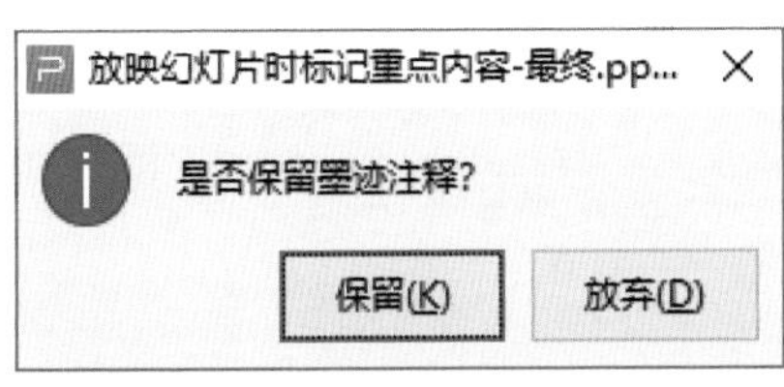


图11-14

**注意事项**

墨迹功能仅用于演讲者放映类型，其他放映类型则不可用。

## 11.1.5 放映幻灯片时放大显示内容

在放映幻灯片时，用户可以放大幻灯片中的部分内容，以起到聚焦的作用，如图11-15所示。

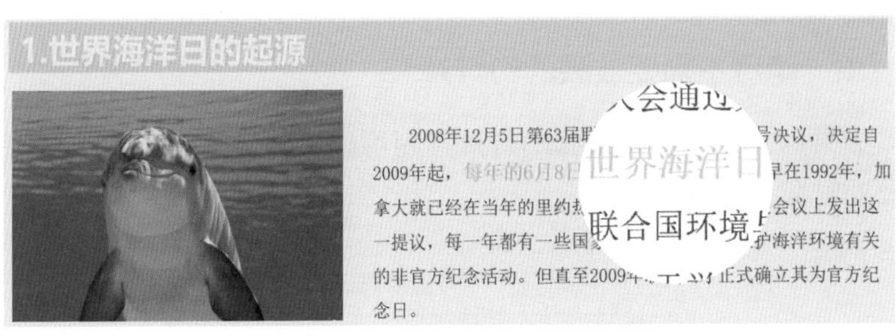


图11-15

其中，用户通过“放大镜”功能，就可以实现该操作。

放映幻灯片后，在幻灯片页面左下角单击“◙”按钮，从列表中选择“放大镜”选项，如图11-16所示。或者右击幻灯片页面，从弹出的快捷菜单中选择“演示焦点”选项，并从其级联菜单中选择“放大镜”选项，如图11-17所示。此外，用户按【Esc】键，可以退出放大镜效果。

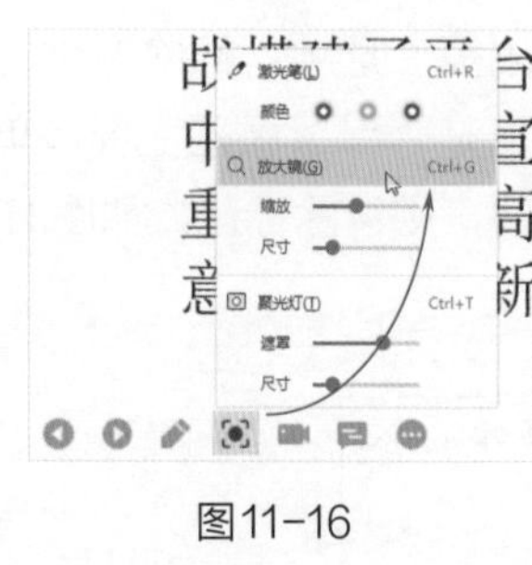


图11-16

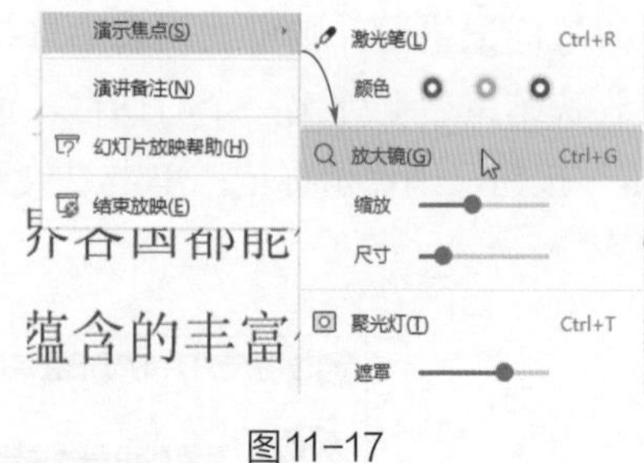


图11-17

## 知识链接

如果用户在列表中选择“聚光灯”选项，则可以聚焦幻灯片中的部分内容，如图11-18所示。

图11-18

## 11.1.6 隐藏不需要放映的幻灯片

如果用户不想放映某张幻灯片，则可以将幻灯片隐藏（图11-19），需要的时候再显示出来。

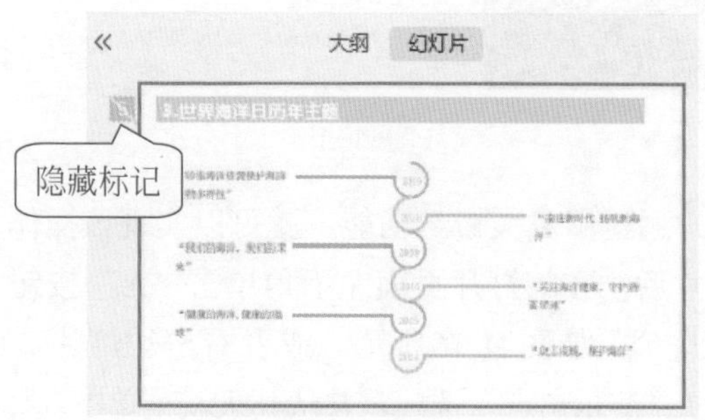


图11-19

用户只需要使用“隐藏幻灯片”选项，就可以实现该操作。

选择需要隐藏的幻灯片，在“放映”选项卡中单击“隐藏幻灯片”按钮，如图11-20所示。或者右击幻灯片页面，从弹出的快捷菜单中选择“隐藏幻灯片”选项，如图11-21所示。

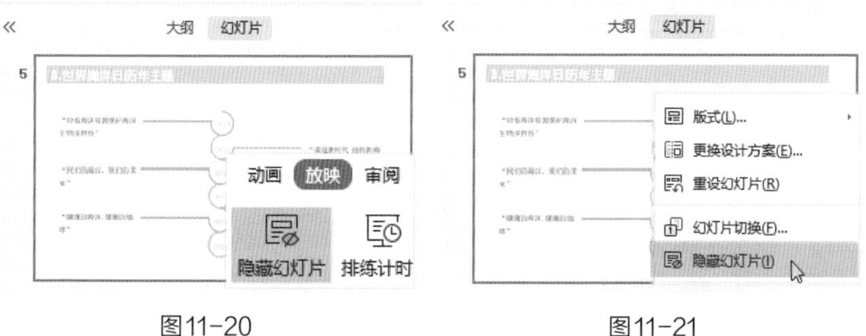


图11-20　　　　图11-21

如果需要将隐藏的幻灯片放映出来，则再次单击“隐藏幻灯片”按钮即可。

## 知识链接

在“放映”选项卡中单击“放映设置”按钮，打开“设置放映方式”对话框，用户可以对放映类型、放映选项、放映范围、换片方式等进行设置，如图11-22所示。

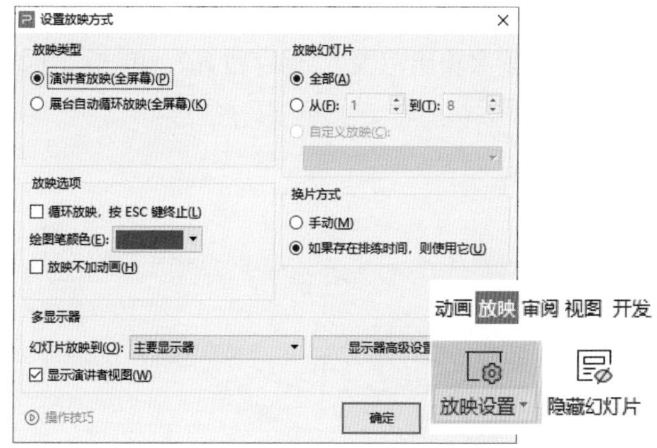


图11-22

# 11.2 幻灯片的输出

幻灯片制作好后，为了方便其他人传阅浏览，可将幻灯片输出成各种文件，例如图片、PDF、视频等。下面将介绍幻灯片的输出技巧。

## 11.2.1 将幻灯片输出为PDF文件

将幻灯片转换成PDF文件（图11-23），可以有效地避免幻灯片在传输过程中版式出现偏差。

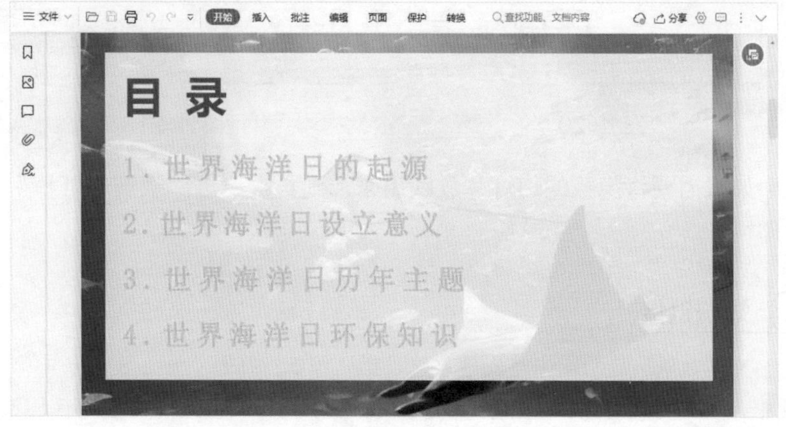


图11-23

单击“文件”按钮，选择“输出为PDF”选项，打开“输出为PDF”窗口，从中设置“输出范围”“保存位置”，单击“开始输出”按钮即可，如图11-24所示。

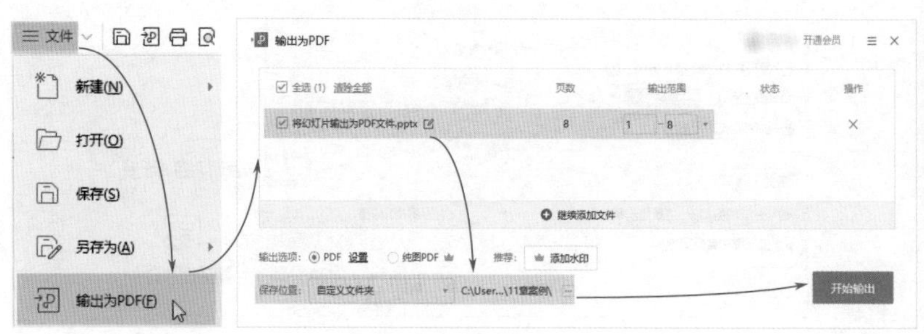


图11-24

## 11.2.2 将幻灯片输出为图片

将幻灯片以图片的形式呈现（图11-25），不仅方便传阅，而且还有效地避免他人对幻灯片内容的修改。

图11-25

单击“文件”按钮，选择“输出为图片”选项，打开“输出为图片”窗口，从中设置“输出方式”“水印设置”“输出尺寸”等，单击“输出”按钮，即可将幻灯片以图片的形式输出到文件夹中，如图11-26所示。

图11-26

### 知识链接

如果用户开通了WPS会员，则可以在“会员专享”选项卡中，进行输出设置，如图11-27所示。

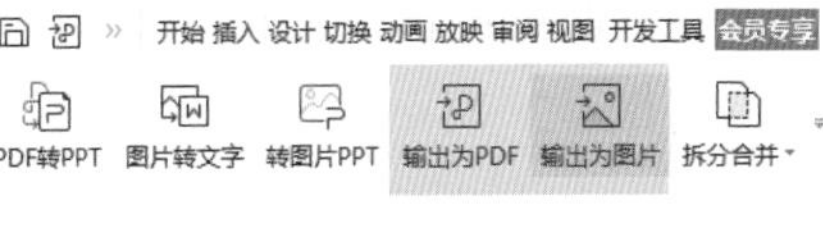


图11-27

## 11.2.3 将幻灯片输出为视频

在某些场合，用户需要将幻灯片输出成视频，以视频的形式进行播放（图11-28），使演讲更加生动、活跃。

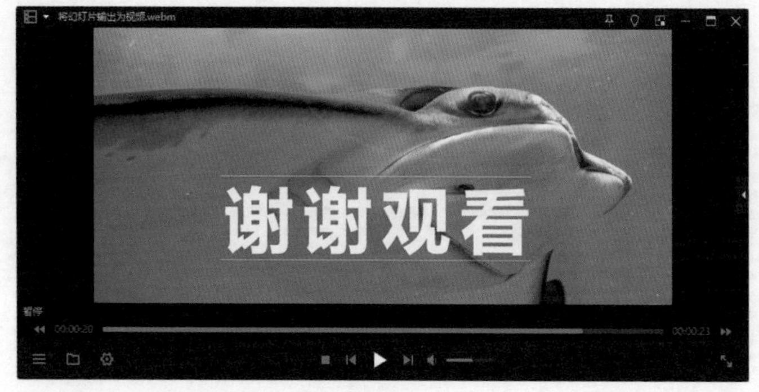


图11-28

单击“文件”按钮，选择“另存为”选项，并从其级联菜单中选择“输出为视频”选项，打开“另存文件”对话框，设置保存位置和文件名，单击“保存”按钮，如图11-29所示。

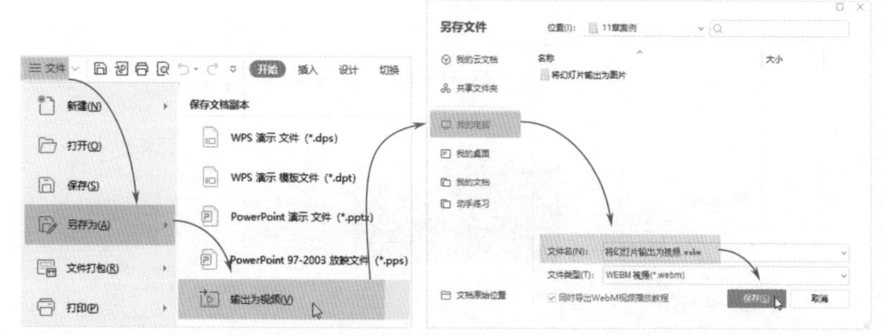


图11-29

视频输出完成后弹出一个窗口，单击“打开视频”或“打开所在文件夹”按钮，即可查看视频，如图11-30所示。

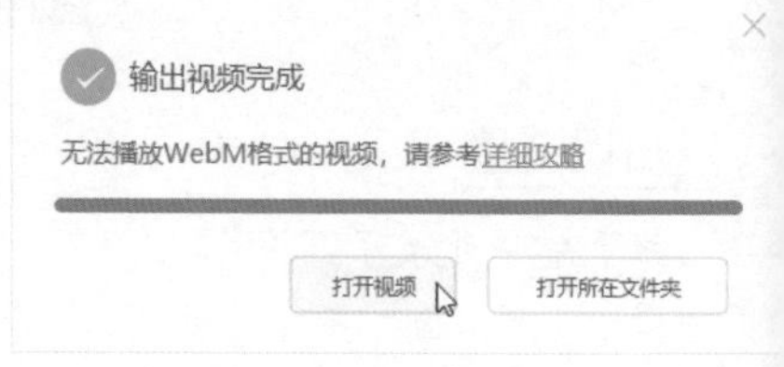


图11-30

## 11.2.4 将演示文稿保存为自动播放模式

如果用户想要打开演示文稿，就立刻放映幻灯片，则可以将演示文稿保存为自动播放模式，如图11-31所示。

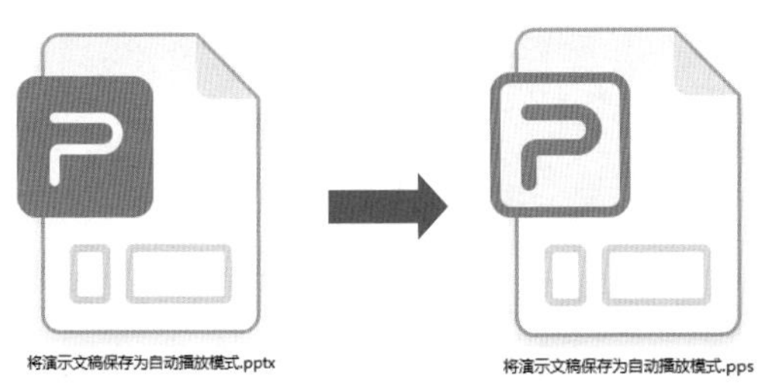


图11-31

单击“文件”按钮，选择“另存为”选项，并从其级联菜单中选择“PowerPoint97-2003放映文件”选项，如图11-32所示。

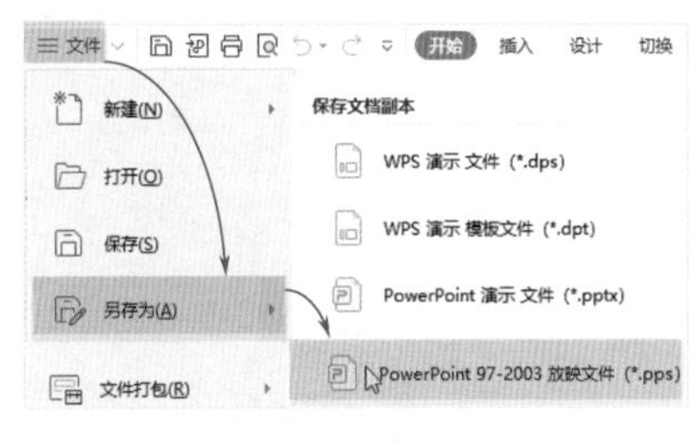


图11-32

打开“另存文件”对话框，设置保存位置和文件名，单击“保存”按钮，如图11-33所示。

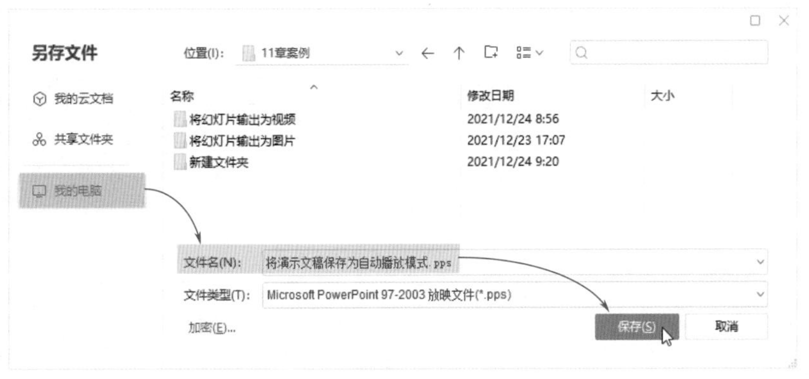


图11-33

扫码观看
本章视频

# 第12章 WPS Office特色功能应用

WPS Office为用户提供了多种特色功能，如流程图、思维导图、PDF等，其中流程图可以用来绘制各种流程，思维导图可以直观地梳理复杂的工作，科学地整理知识点。本章将对WPS Office特色功能的应用进行介绍。

# 12.1 PDF文件的应用

PDF文件是一款便携的电子文档格式，用户可以使用WPS PDF阅读器打开PDF文件，进行查看或编辑。下面将介绍PDF文件的使用技巧。

## 12.1.1 查看PDF文件

用户在工作中需要查看PDF文件时（图12-1），可以使用哪种方法将其打开？

图12-1

此时，用户可以使用WPS自带的PDF阅读器，打开PDF文件。

打开WPS Office软件，在“新建”界面选择“新建PDF”选项，在右侧单击“打开”选项，打开“打开文件”对话框，选择PDF文件，如图12-2所示。然后单击“打开”按钮即可。

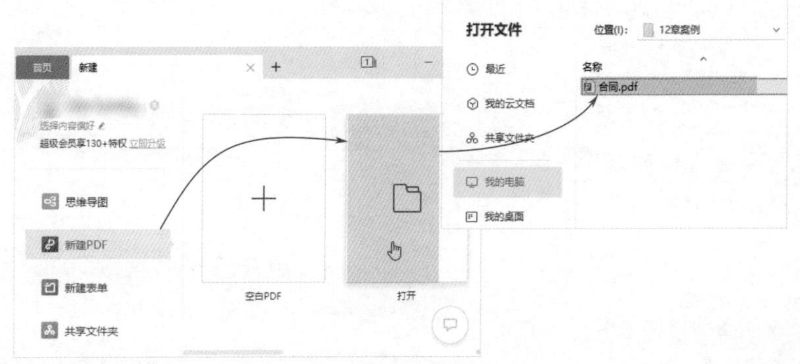

图12-2

### 知识链接

安装WPS Office软件后，系统会将所有PDF文件图标自动转换为它自带的阅读器图标，如图12-3所示。双击该图标即可启动PDF阅读器，并打开PDF文件，如图12-4所示。

图12-3

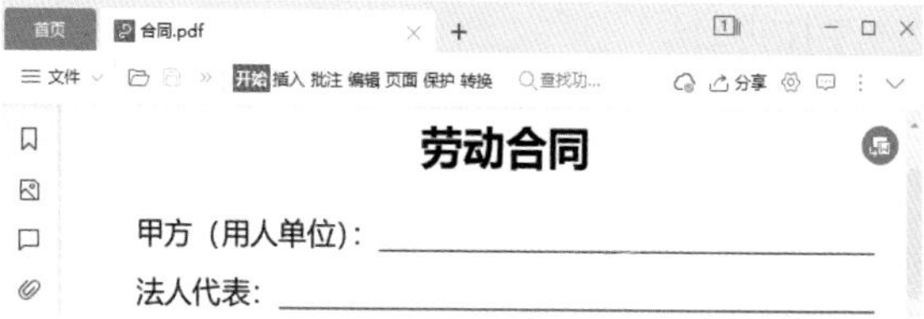

图12-4

## 12.1.2 设置PDF文件的页面背景

用户可以根据需要，将PDF文件的页面背景设置为“夜间”“护眼”“羊皮纸”等模式，如图12-5所示。

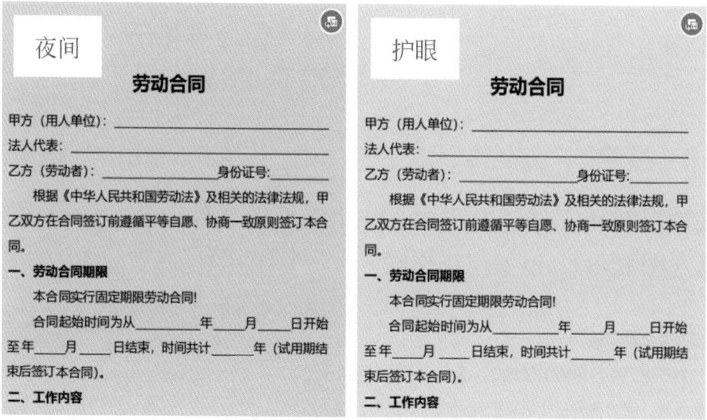

图12-5

通过PDF阅读器打开PDF文件后，在状态栏中单击“背景”按钮，从列表中选择合适的选项，即可为PDF文件设置页面背景，如图12-6所示。

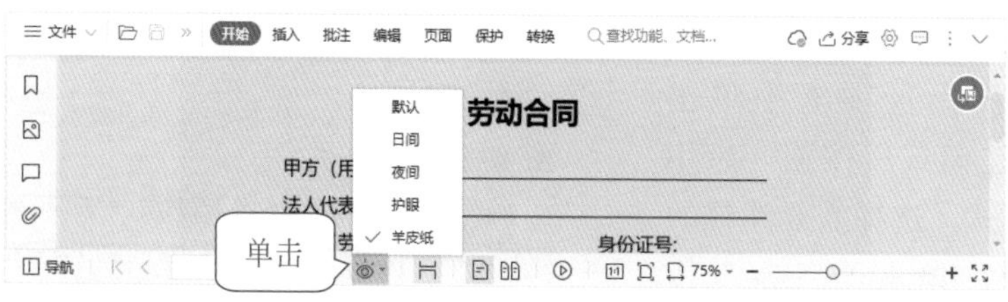


图12-6

## 知识链接

打开PDF文件后，在“插入”选项卡中单击“文档背景”下拉按钮，选择“添加背景”选项，在打开的“添加背景”窗口中为PDF文件设置更多的背景，如图12-7所示。但需要用户注册会员才能使用。

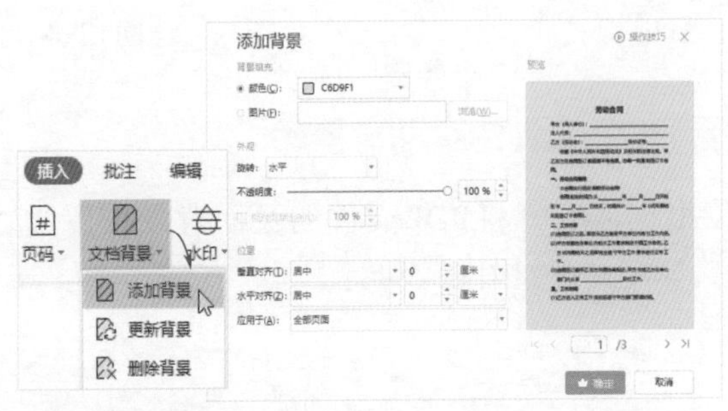


图12-7

### 12.1.3 在PDF文件中添加批注

在浏览PDF文件的过程中，如果需要对文件中的某些内容添加注释信息（图12-8），该如何操作呢？

**四、保险及福利待遇**

乙方在进入甲方单位工作满3个月后，甲方即可给予乙方缴纳保险，保险费用为公司承担当地规定的正常标准，乙方承担的由甲方从乙方工资内扣除。

在乙方正常工作时间内，如果因工作要求发生意外伤害及其他事故，则甲方按照相关的法律法规给予乙方正常赔偿。

图12-8

此时，用户可以在“批注”选项卡中进行操作。

打开PDF文件，在“批注”选项卡中单击“批注模式”按钮，启用该模式。选择需要注释的文字，单击“高亮”按钮，如图12-9所示。

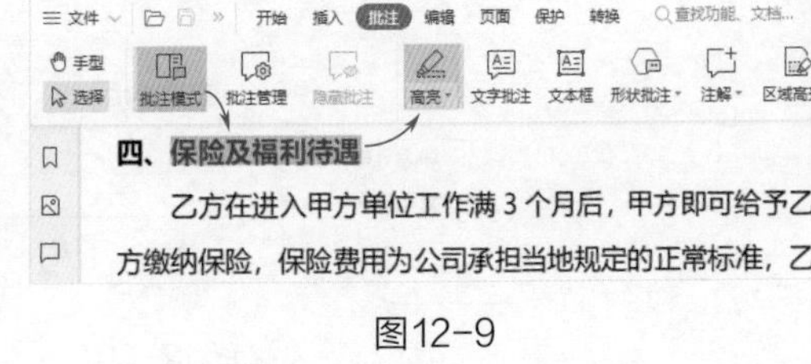


图12-9

在页面右侧出现一个批注框，在批注框中输入注释内容，如图12-10所示。

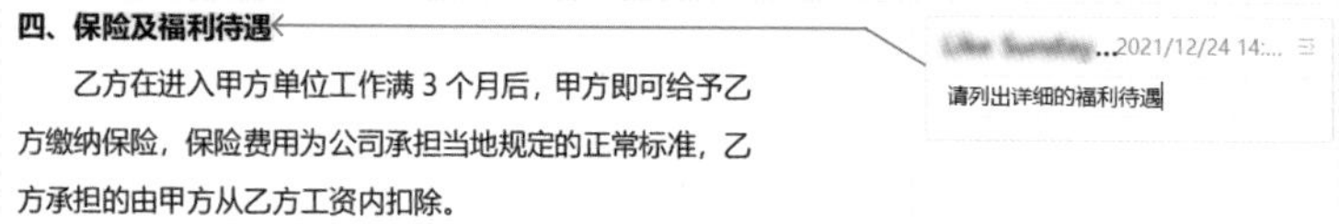

四、保险及福利待遇
乙方在进入甲方单位工作满 3 个月后，甲方即可给予乙方缴纳保险，保险费用为公司承担当地规定的正常标准，乙方承担的由甲方从乙方工资内扣除。
...2021/12/24 14:...
请列出详细的福利待遇

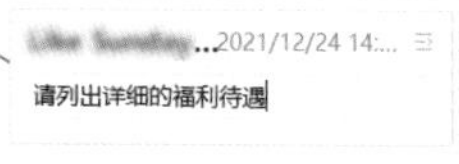

图12-10

此外，在“批注”选项卡中单击“文字批注”按钮，然后在指定位置单击鼠标，可以添加一个文字备注，如图12-11所示。

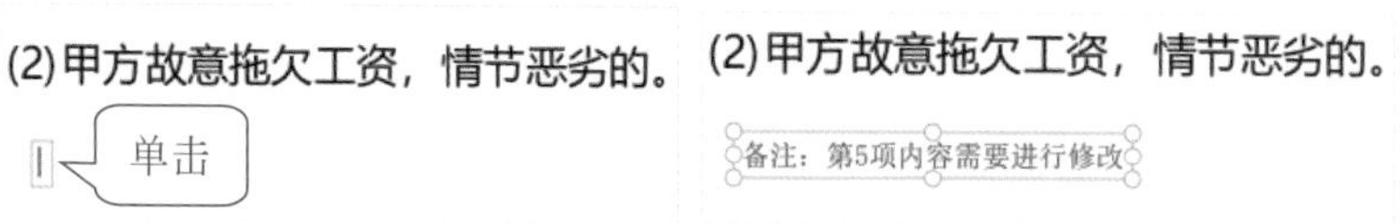

(2)甲方故意拖欠工资，情节恶劣的。
单击
(2)甲方故意拖欠工资，情节恶劣的。
备注：第5项内容需要进行修改

图12-11

在“批注工具”选项卡中，可以设置文字批注的字体、字号、字体颜色，如图12-12所示。

文件
开始 插入 批注 编辑 页面 保护 转换 批注工具
手型
选择
文字批注
字体 宋体
字号 五号
字体颜色
退出编辑
备注：第5项内容需要进行修改

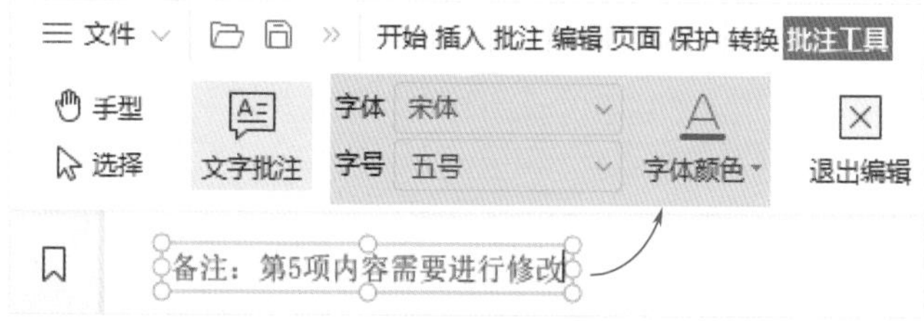

图12-12

如果用户在“批注”选项卡中单击“注解”按钮，可以为某个词语进行注解，如图12-13所示。

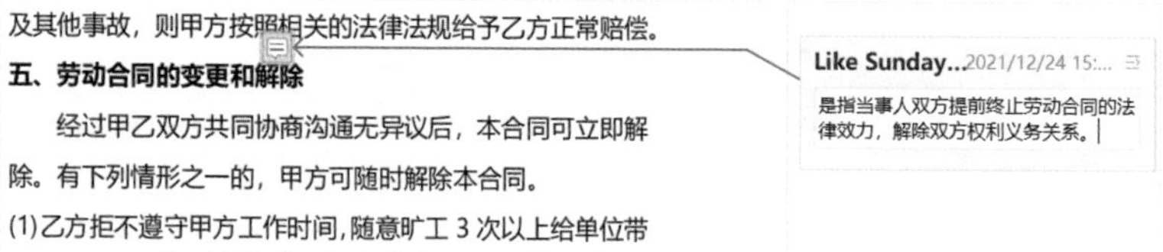

及其他事故，则甲方按照相关的法律法规给予乙方正常赔偿。
五、劳动合同的变更和解除
经过甲乙双方共同协商沟通无异议后，本合同可立即解除。有下列情形之一的，甲方可随时解除本合同。
(1)乙方拒不遵守甲方工作时间，随意旷工 3 次以上给单位带
Like Sunday...2021/12/24 15:...
是指当事人双方提前终止劳动合同的法律效力，解除双方权利义务关系。

图12-13

当用户想要删除批注时，则右击批注，从弹出的快捷菜单中选择“删除”选项即可，如图12-14所示。

当需要回复批注时，则选择“回复注释”选项，在批注框中可以回复批注信息，如图12-15所示。

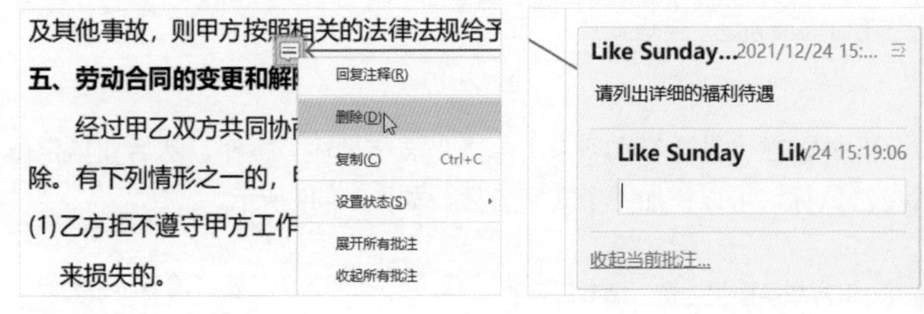


图12-14　　　　图12-15

## 知识链接

用户添加批注后，在“批注”选项卡中再次单击“批注模式”按钮（图12-16），即可退出该模式。

图12-16

## 12.1.4 调整PDF视图模式

打开的PDF文件默认以“单页”模式浏览，如果用户需要一次性浏览多张页面，则可以将其设置成“双页”模式，如图12-17所示。

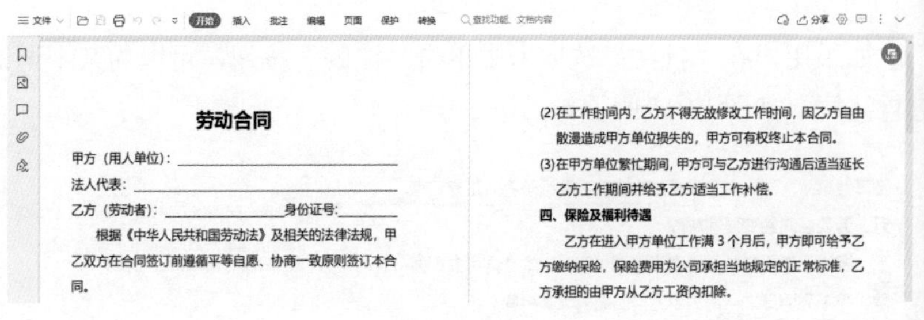


图12-17

只需要在“开始”选项卡中单击“双页”按钮（图12-18），即可并排显示两页。

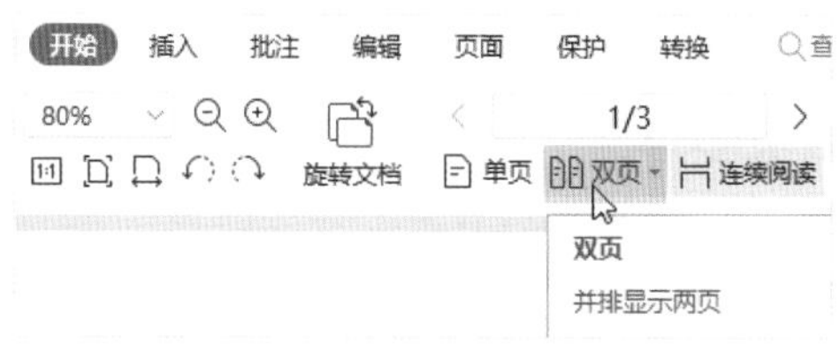


图12-18

此外，若用户想要选择更简洁、专注的阅读方式，则可以在“开始”选项卡中单击“阅读模式”按钮，如图12-19所示。

右击阅读模式页面，从弹出的快捷菜单中选择“退出阅读模式”选项（图12-20），即可退出阅读模式。

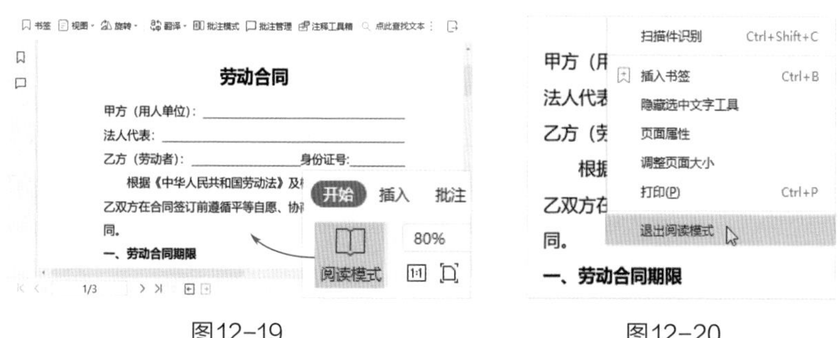


图12-19　　图12-20

## 知识链接

在“开始”选项卡中单击“自动滚动”按钮（图12-21），系统即可自动滚动页面。按【Esc】键即可退出自动滚动。

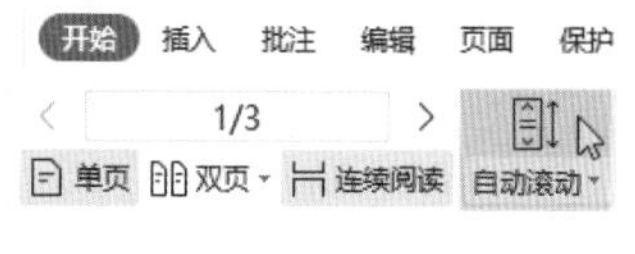


图12-21

### 12.1.5　为PDF文件加密

在WPS PDF阅读器中，用户可以对PDF文件进行复制、注释、打印等操作，如果用户想要禁止这些操作，则可以为PDF文件设置加密，如图12-22所示。

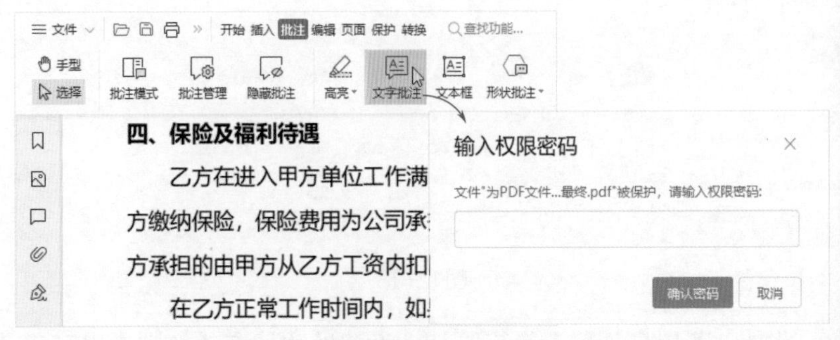


图12-22

其中，用户使用“文档加密”选项（图12-23），就可以实现对PDF文件的加密操作。

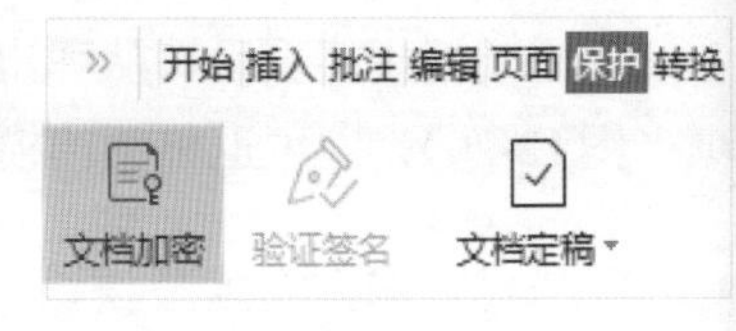


图12-23

在“保护”选项卡中单击“文档加密”按钮，打开“加密”窗口，勾选“设置编辑及页面提取密码”复选框，并设置密码，选择加密功能，单击“确认”按钮，如图12-24所示。

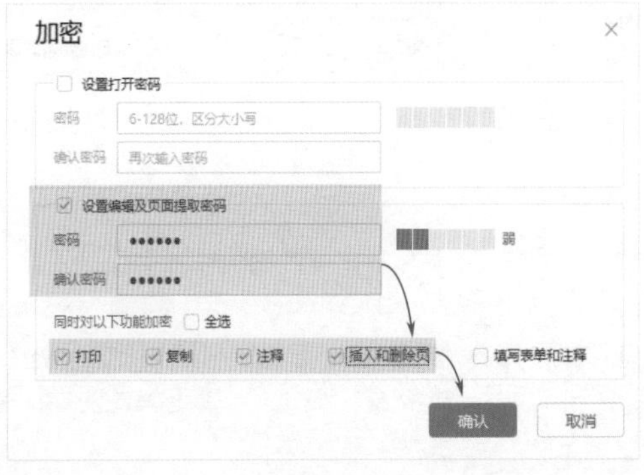


图12-24

保存PDF文件后，当用户对文件中的内容进行复制、注释、打印操作时，会弹出一个“输入权限密码”对话框，只有输入设置的密码才能进行上述操作。

## 知识链接

用户也可以为PDF文件设置一个打开密码，只有输入密码后，才能打开该PDF文件。只需要在“加密”窗口中勾选“设置打开密码”复选框，然后输入并确认密码，确认后保存PDF文件即可。

### 12.1.6 将PDF文件转换为文档

在工作中，有时需要将一个PDF文件转换成文档格式（图12-25），方便对文档内容进行更多编辑操作。

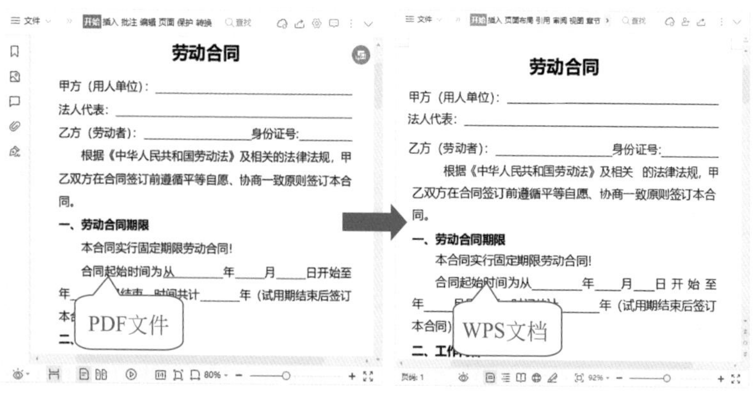


图12-25

此时，用户可以直接将PDF文件导出为Word。单击“文件”按钮，选择“导出PDF为”选项，然后选择“Word”选项，如图12-26所示。

图12-26

打开“金山PDF转换”窗口，设置“输出目录”，单击“开始转换”按钮，如图12-27所示。

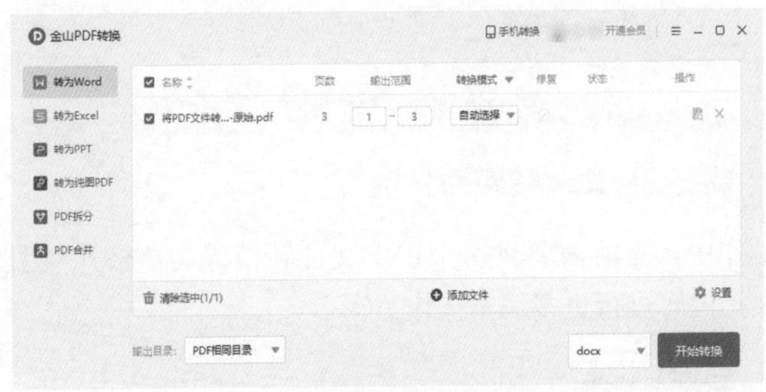


图12-27

**注意事项**

使用金山PDF转Word，用户只能完成5页及以内的PDF转换，升级会员后才可以进行5页以上的转换。

# 12.2 流程图的应用

流程图是对过程、算法、流程的一种图像表示，可以直观、清晰地描述一个工作过程的具体步骤。下面将介绍流程图的使用技巧。

## 12.2.1 流程图的常用图形符号

流程图有一套标准的图形符号，每个图形符号代表特定的含义。其中常用的图形符号包括流程、判定、开始/结束、文档、子流程、页面内引用等，如表12-1所示。

表12-1

| 图形符号 | 名称 | 定义 |
| --- | --- | --- |
| ○ | 页面内引用 | 表示流程图之间的接口 |

续表

| 图形符号 | 名称 | 定义 |
| --- | --- | --- |
|  | 流程 | 表示具体某一个步骤或者操作 |
|  | 开始/结束 | 表示流程图的“开始”与“结束” |
|  | 判定 | 表示问题判断或判定（审核/审批/评审）环节 |
|  | 文档 | 表示输入或者输出的文件 |
|  | 子流程 | 表示决定下一个步骤的一个子进程 |

## 知识链接

流程图的缺点：所占篇幅较大；由于允许使用流程线，过于灵活，不受约束，使用者可使流程任意转向，从而造成程序阅读和修改上的困难，不利于结构化程序的设计。

### 12.2.2 绘制流程图

用户要想绘制流程图（例如绘制一个“印章管理工作流程图”，如图12-28所示），可以使用WPS Office软件中自带的“流程图”功能。

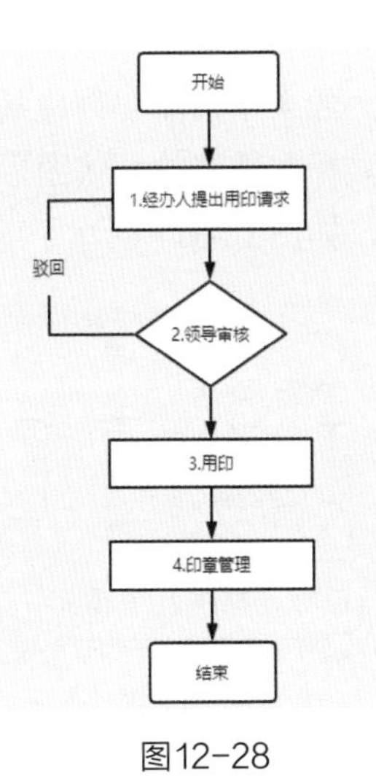


图12-28

用户在绘制流程图之前，需要新建一个空白流程图，在空白图上进行绘制。

在“新建”界面中选择“流程图”选项，并在右侧单击“新建空白流程图”十按钮，即可新建一个空白图，如图12-29所示。

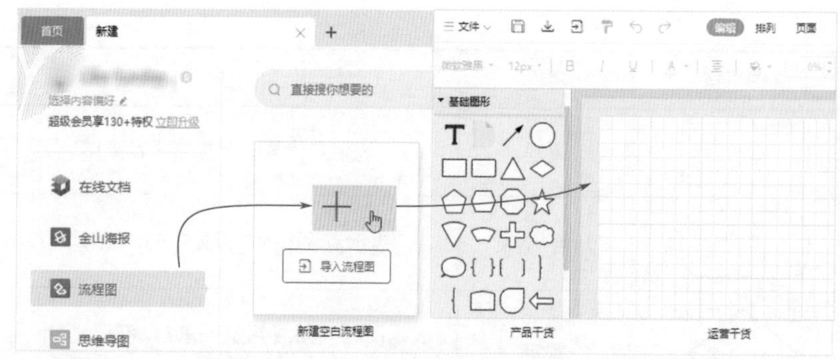


图12-29

流程图由一些图形符号组成，绘制流程图需要先创建图形符号。在空白图页面左侧内置了“基础图形”“Flowchart流程图”和“泳池/泳道”三种类型的图形符号，如图12-30所示。

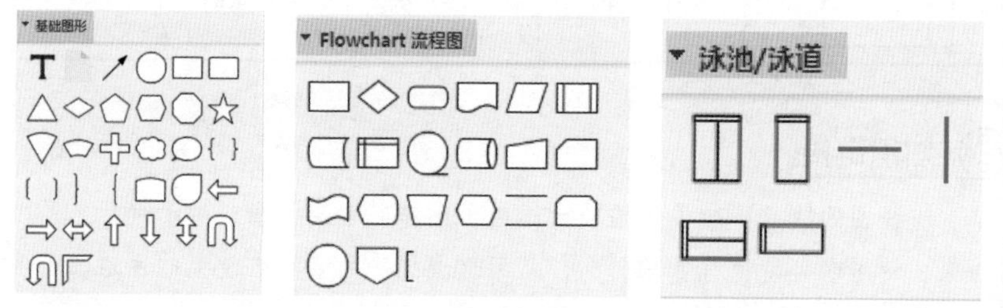


图12-30

如果用户需要创建基础图形，则可以将鼠标光标放在图形上方，按住鼠标左键不放，将图形拖至右侧空白页面，即可创建一个所选基础图形，如图12-31所示。

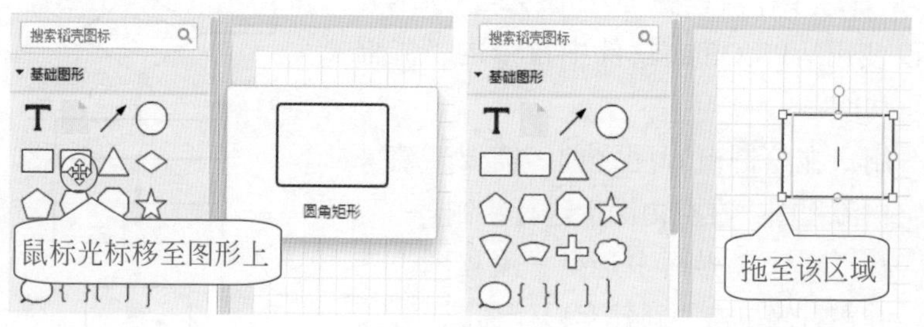


图12-31

用户可以直接在图形中输入文本内容，将鼠标光标移至图形周围任意圆形控制点上，按住鼠标左键不放，拖动鼠标，即可绘制箭头，如图12-32所示。

绘制好箭头后，弹出一个面板，在面板中选择其他基础图形，即可继续创建图形，如图12-33所示。

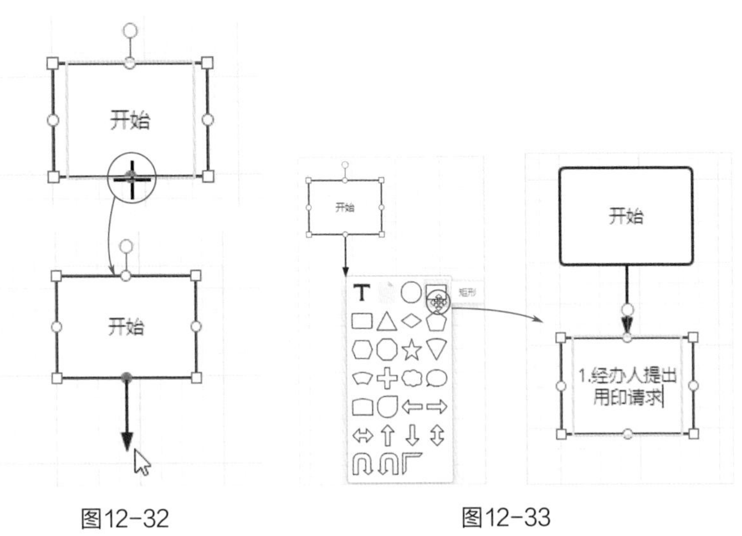


图12-32 图12-33

## 知识链接

如果用户想要调整图形大小，则选择图形，将鼠标光标移至图形四周的小方块上，按住鼠标左键不放，拖动鼠标，即可调整图形的大小，如图12-34所示。

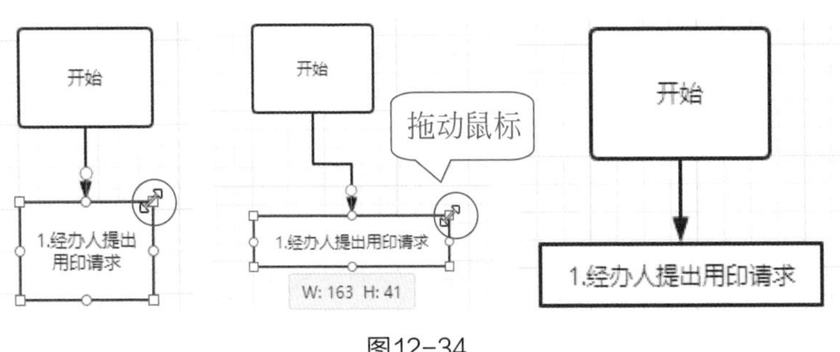


图12-34

### 12.2.3 更改流程图的风格

绘制好流程图后，如果用户觉得流程图的外观不是很好看，可以更改流程图的风格，如图12-35所示。

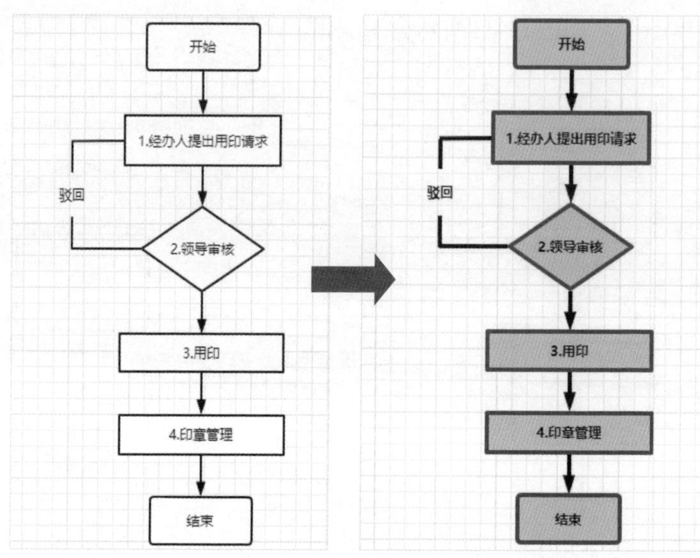


图12-35

只需要在“编辑”选项卡中单击“风格”下拉按钮，从列表中选择合适的风格样式，如图12-36所示。

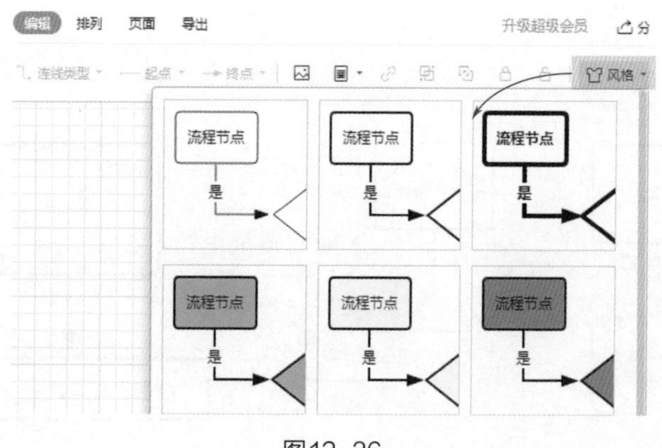


图12-36

## 知识链接

用户可以设置图形之间连线类型、起点类型和终点类型。选择图形之间连线，在“编辑”选项卡中单击“连线类型”按钮，可以选择合适的连线类型；单击“起点”按钮，可以选择合适的起点类型；单击“终点”按钮，可以选择合适的终点类型，如图12-37所示。

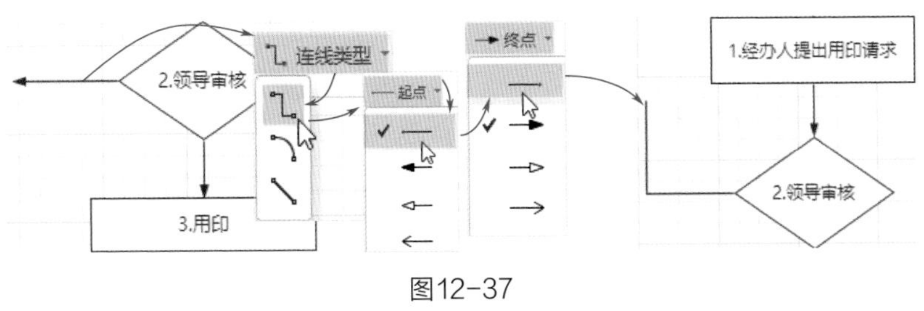


图12-37

### 12.2.4 设置流程图的线条样式

用户可以对流程图的线条颜色、线条宽度、线条样式等进行设置，使其看起来更加美观，如图12-38所示。

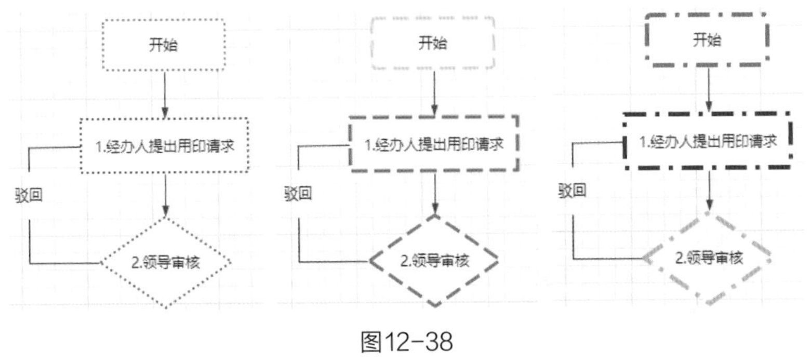


图12-38

用户只需要在“编辑”选项卡中进行相关设置，如图12-39所示。

图12-39

选择图形符号，在“线条颜色”列表中选择合适的颜色，在“线条宽度”列表中选择合适的宽度，在“线条样式”列表中选择需要的样式，如图12-40所示。

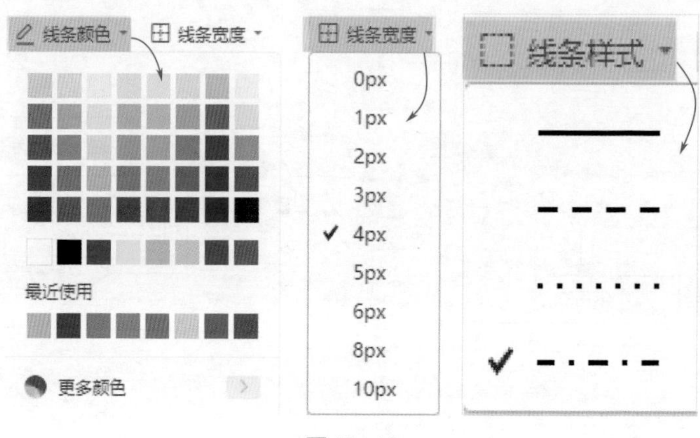


图12-40

## 知识链接

用户也可以为图形符号设置填充样式。选择图形符号，在“编辑”选项卡中单击“填充样式”下拉按钮，选择合适的颜色，如图12-41所示。

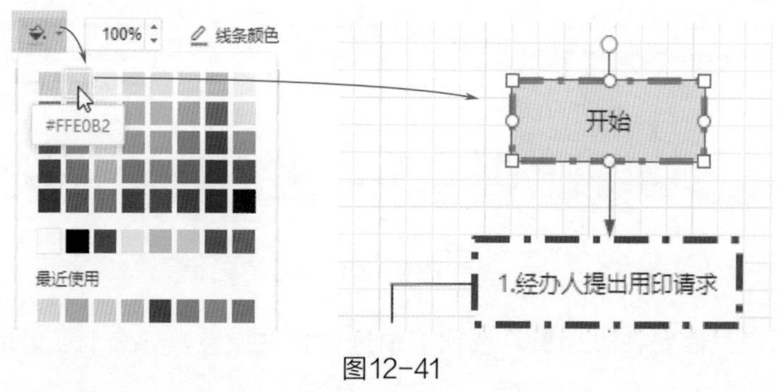


图12-41

### 12.2.5 导出流程图

为了方便使用流程图，需要将流程图导出，用户可以将流程图导出为“png”“jpg”“pdf”等格式，如图12-42所示。

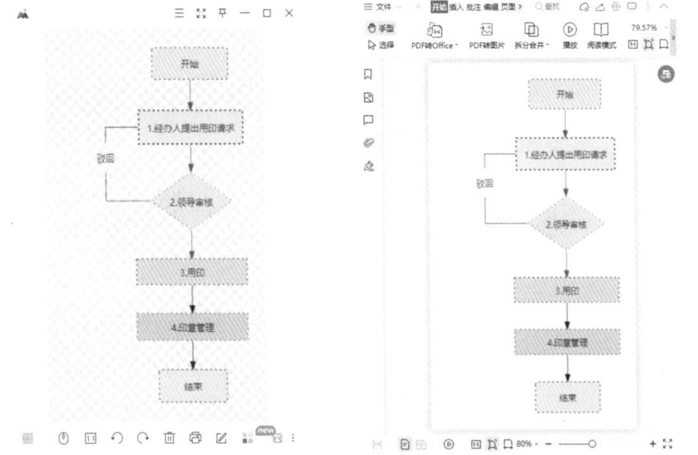


图12-42

其中，在“导出”选项卡中就可以进行相关操作，如图12-43所示。

图12-43

单击“JPG图片”按钮，打开“导出为JPG图片”窗口，设置保存目录、文件名称、导出品质等，单击“导出”按钮，弹出一个对话框，从中选择“打开”或“打开所在文件夹”按钮来查看文件，如图12-44所示。

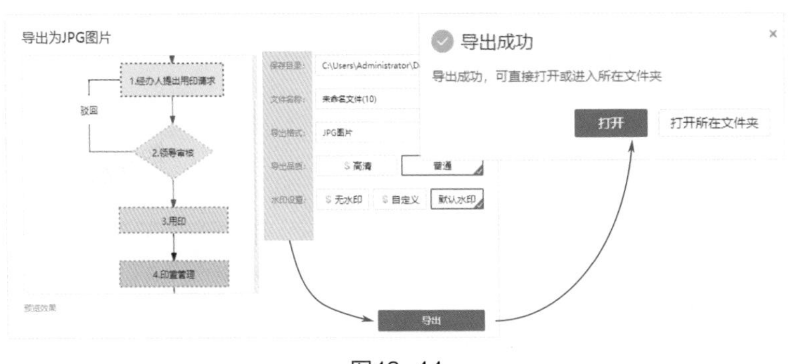


图12-44

# 12.3 思维导图的应用

思维导图是一种将思维形象化的方法，其运用图文并重的技巧，把各级主题的关系用相互隶属与相关的层级图表现出来，把主题关键词与图像、颜色等建立记忆链接。下面将介绍思维导图的使用技巧。

## 12.3.1 绘制思维导图

如果用户想要绘制一张思维导图，则可以使用WPS Office软件自带的“思维导图”功能。例如，绘制“面试技巧”思维导图如图12-45所示。

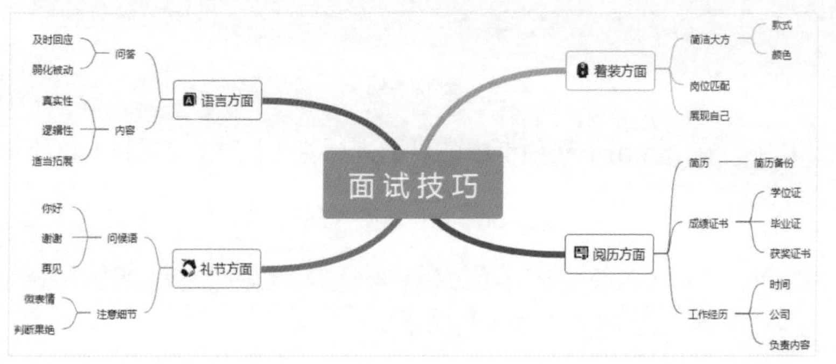


图12-45

首先，用户需要新建一张空白思维导图，然后进行相关绘制。在“新建”界面选择“思维导图”选项，在右侧单击“新建空白思维导图”按钮，即可创建一个空白画布（该图中包含一个中心节点），如图12-46所示。

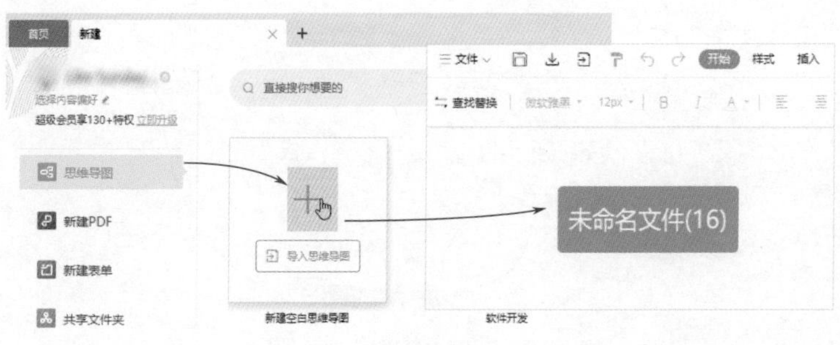


图12-46

用户双击节点，就可以在节点中输入内容，如图12-47所示。

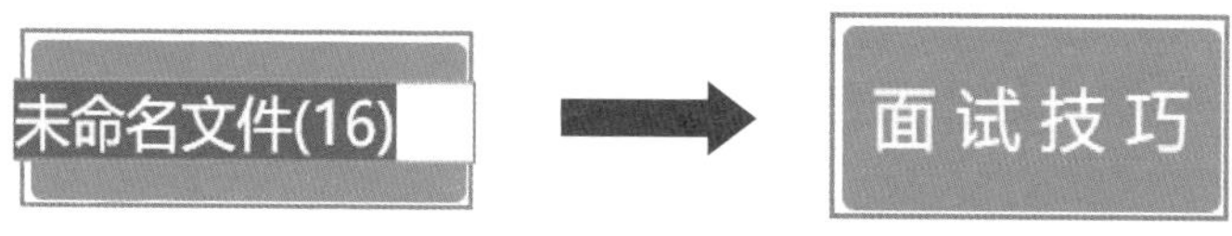


图12-47

选择节点，通过单击“子主题”按钮，添加一个分支主题，如图12-48所示。

图12-48

选择分支主题，单击“同级主题”按钮，可以添加其他分支主题，如图12-49所示。单击“子主题”按钮，可以添加一个“子主题”节点，如图12-50所示。

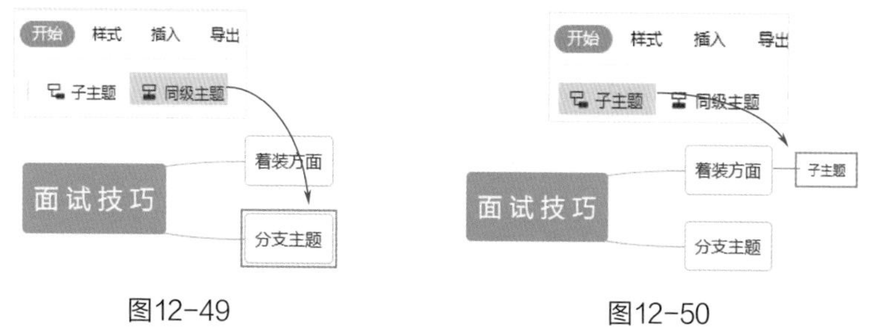


图12-49　　图12-50

此外，选择“子主题”节点，按【Enter】键，即可快速添加其他子主题，如图12-51所示。

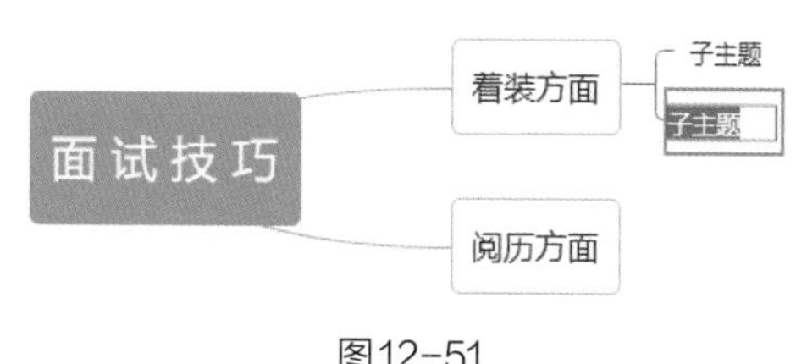


图12-51

## 知识链接

如果用户想要删除主题节点，则选择主题节点，按【Delete】键即可，如图12-52所示。

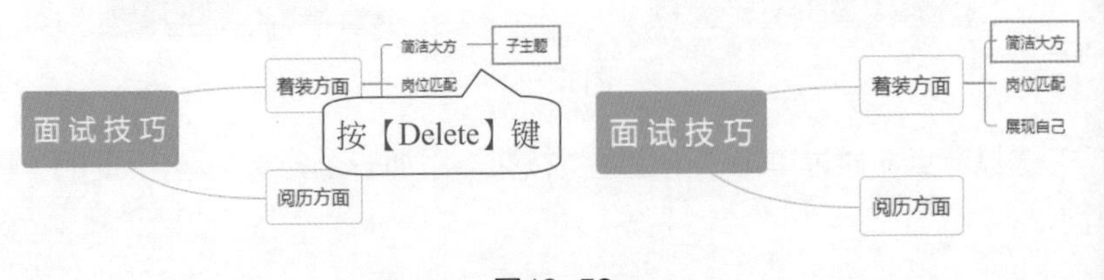


图12-52

### 12.3.2 在主题中插入图标

为了使思维导图中的内容更加直观、形象，用户可以在主题中插入图标，如图12-53所示。

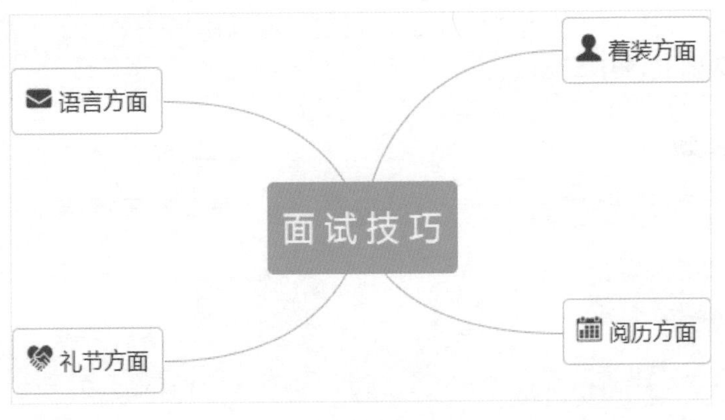


图12-53

其中，在“插入”选项卡中可以插入WPS思维导图内置的图标样式，如图12-54所示。

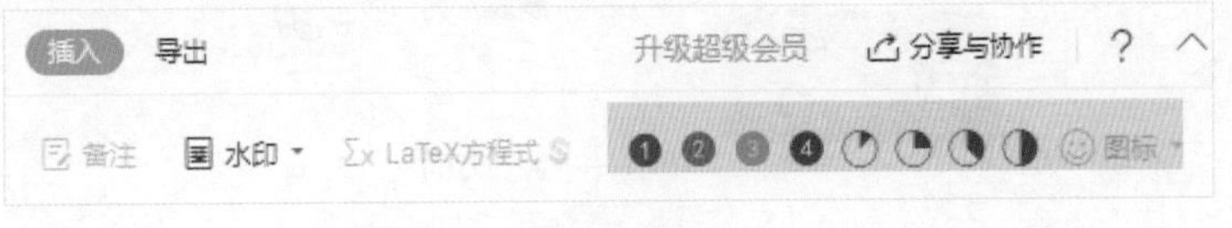


图12-54

选择主题，单击“图标”下拉按钮，从列表中选择需要的图标样式，即可将该图标插入到主题中，如图 12-55 所示。

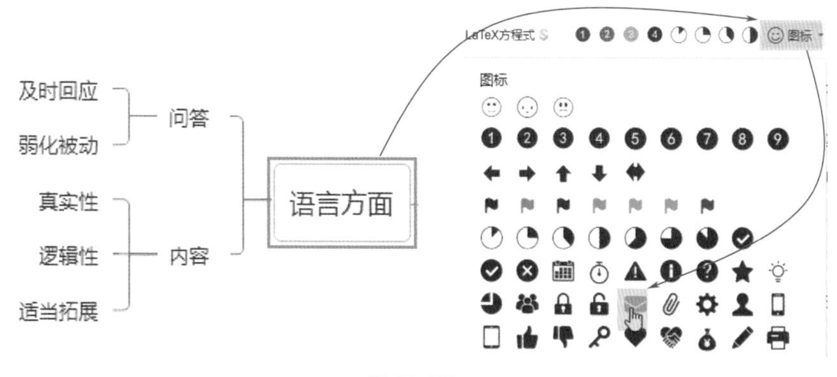


图12-55

## 12.3.3 设置节点和连线效果

用户可以对思维导图的节点和连线进行美化，使其呈现出想要的效果，如图 12-56 所示。

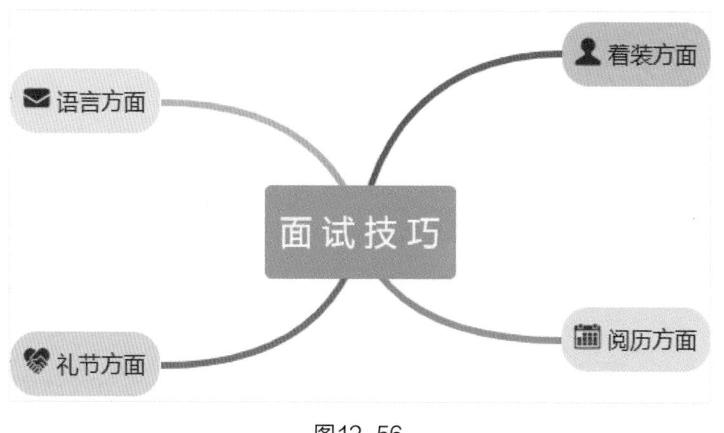


图12-56

用户只需要在“样式”选项卡中设置“节点样式”“节点背景”“连线颜色”“连线宽度”，如图 12-57 所示。

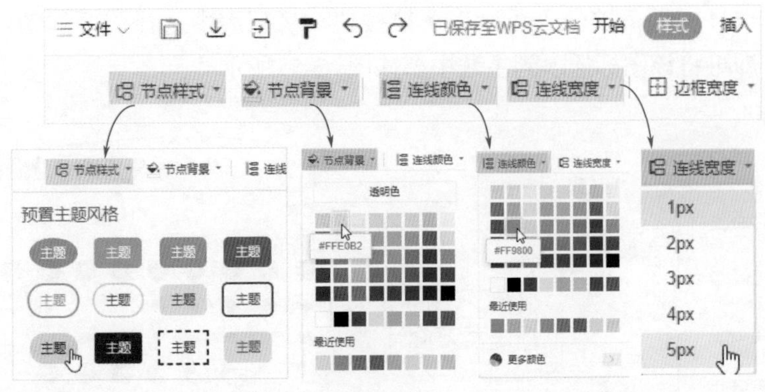


图12-57

## 知识链接

如果用户想要清除设置的节点样式，则选择主题，在“样式”选项卡中单击“清除样式”按钮，如图12-58所示。

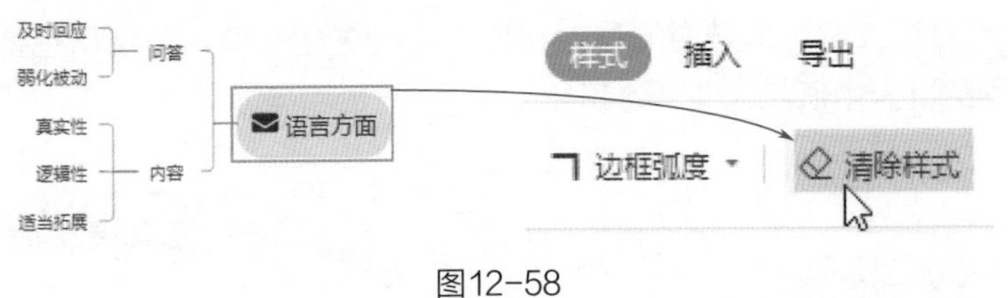


图12-58

### 12.3.4 更改主题风格

思维导图的主题风格多种多样，用户可以将其设置为极简、彩虹、商务、黑白等风格，如图12-59所示。

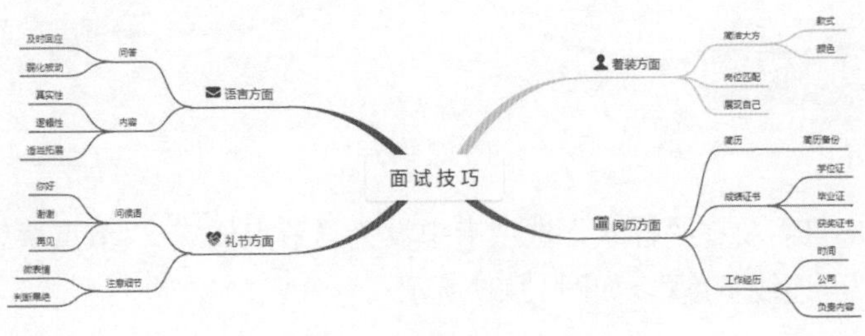


图12-59

用户只需要在“样式”选项卡中单击“风格”按钮，从列表中选择合适的风格样式，如图12-60所示。

## 知识链接

如果用户想要更改思维导图的结构，则单击“结构”按钮，从列表中可以将思维导图设置为右侧分布、左侧分布、树状组织结构图、组织结构图等，如图12-61所示。

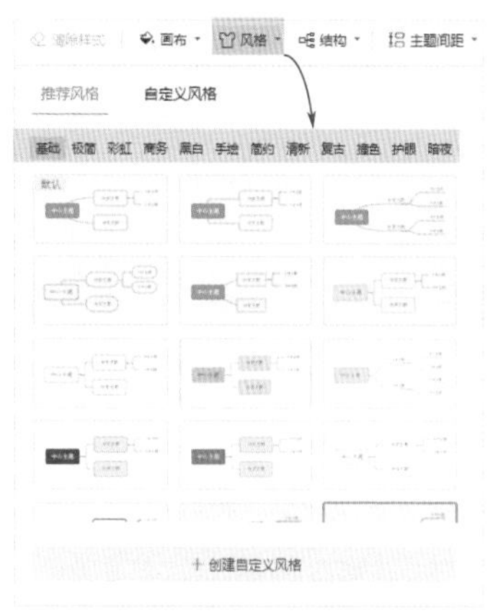


图12-60

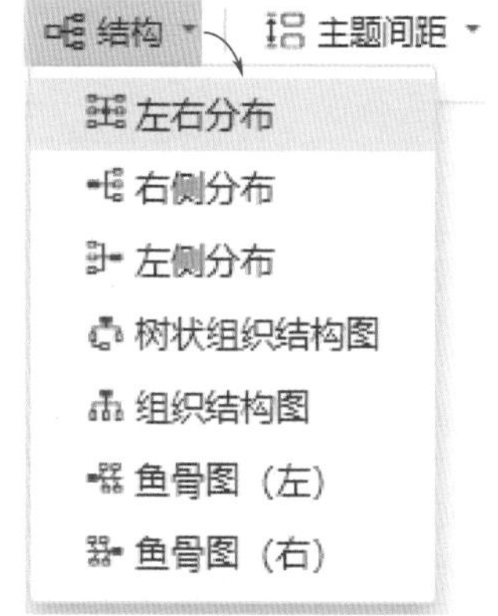


图12-61